Mecanizado CNC 4.0

Felipe Casado

Mecanizado CNC 4.0

Felipe Casado

Marcombo 75 años 1945-2020

Mecanizado CNC 4.0

Primera edición, 2020

Diseño de la cubierta: ENEDENÚ DISEÑO GRÁFICO
Maquetación: David Márquez
Corrección: Mónica Muñoz y Manel Fernández
Dirección de producción: M.ª Rosa Castillo

ISBN: 978-84-267-2977-4
D.L.: B-12707-2020

Impreso en Ulzama
Printed in Spain

*Quiero dedicar este libro a mis padres por inculcarme
los valores que tengo y espero poder transmitir a mis hijos.*

*Quiero dar las gracias a mi mujer Isabel, por su apoyo incondicional,
y también a mis hermanas y mis hijos.*

Inés y Felipe

Índice general

Mi nombre es Felipe Casado. Soy un tipo de esos que necesita mancharse las manos y hacer cosas para estar siempre motivado y con ganas de nuevos retos. He trabajado como mecánico, fresador, programador CNC-CAD/CAM y ahora me encuentro impartiendo formación. Me gusta mucho transmitir conocimientos y ver cómo mis alumnos, en pocos meses, son capaces de fabricar piezas en máquinas de control numérico sin ningún conocimiento previo de la profesión. Para mí, es un orgullo muy grande cuando, al final del curso, me dan las gracias y me dicen, incrédulos, que nunca habían imaginado que pudiesen ser capaces de programar una máquina CNC. Está claro que les queda mucho por aprender y mucha viruta que arrancar, pero la base ya la tienen, las ganas también. ¿Qué más hace falta?

Imagen de Hoffmann Group.

Es, gracias a esa motivación que mis alumnos me dan, que me he atrevido a escribir este libro. Quiero poner mi granito de arena y ayudar, o por lo menos intentarlo, a todas aquellas personas que quieran aprender sobre mecanizado. Vamos a aprender casi desde cero todo lo que se necesita saber para comenzar a mecanizar. Vamos a hablar de máquinas, de herramientas, de cómo usarlas y para qué esas herramientas. Vamos a aprender a programar máquinas de control numérico en diferentes idiomas de programación y vamos a practicar programando con simuladores reales. Lo vamos a pasar bien.

Mi idea es la de hacer un libro diferente. Quiero que aprendas, de primera mano, cómo es el trabajo y el día a día en un taller de mecanizado. Tengo en una estantería cantidad de libros sobre mecanizado y programación, gracias a los cuales he aprendido muchas cosas, pero he de reconocer que muchos de esos libros tienen información difícil de comprender, unida a cientos de páginas con información poco útil que hace que termine pasando las hojas sin leer y fijándome solamente en algunas imágenes.

Por eso voy a hablarte a ti y permíteme que te tutee: me gusta el trato cercano con las personas en este mundo tan tecnológico, en el que cada vez nos cuesta más trabajo hablar con la persona que tenemos al lado y, sin embargo, hablamos con Siri, con Cortana o con Alexa; es muy triste. Lo primero que quiero hacer es proponerte un trato: continúa leyendo todo el libro paso a paso y, a cambio, te aseguro que no te defraudaré y que adquirirás unos cuantos conocimientos y una buena base sobre la que seguir avanzando y aprendiendo una profesión muy bonita y, además, con gran demanda de empleo. En todos los capítulos, iremos desgranando información y detalles importantes que debes conocer antes de continuar con el siguiente capítulo.

Los tiempos han cambiado mucho en los últimos años y las máquinas, pero, sobre todo, la forma de trabajar es muy diferente. No podemos aprender una profesión en continuo desarrollo y crecimiento con documentación anticuada; hay que estar continuamente reciclándose y adaptándose a las novedades que van surgiendo. Si no hacemos esto, en pocos años quedamos obsoletos y vemos cómo el trabajo que sabíamos hacer ha cambiado, las máquinas, las herramientas... y nos vamos a encontrar fuera de lugar.

Imagen de Ibarmia.

Nada tienen que ver los talleres de mecanizado de hoy día con aquellos talleres oscuros, sucios, desorganizados y peligrosos que funcionaban hasta hace pocos años. Todavía quedan, eso seguro, pero son pocos. Los talleres modernos son limpios, desde el suelo pintado y señalizado hasta la iluminación, las medidas de seguridad, las propias máquinas modernas con diseños futuristas y colores alegres, lejos de las típicas máquinas pintadas con el famoso verde máquina. Este es solo un ejemplo de lo que te quiero enseñar. Pues, lo mismo que los talleres han cambiado, también lo han hecho las formas de trabajar; las piezas que se fabrican cada vez son más precisas, con mejores acabados y con mucha importancia, tanto funcional como estética.

Hoy fabricas una pieza que puede ser para un avión que se monta en Alemania o para una máquina que se construye en Brasil. Puedes fabricar una prótesis para operar a una persona en Suiza o un simple repuesto para tu vecino de nave que, sin esa pieza, no puede sacar adelante la producción.

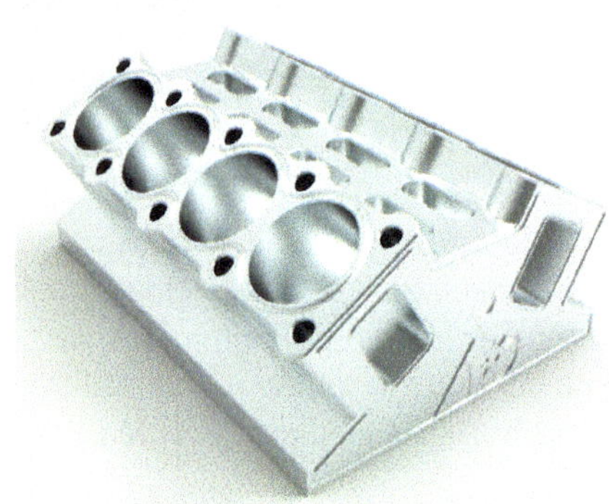

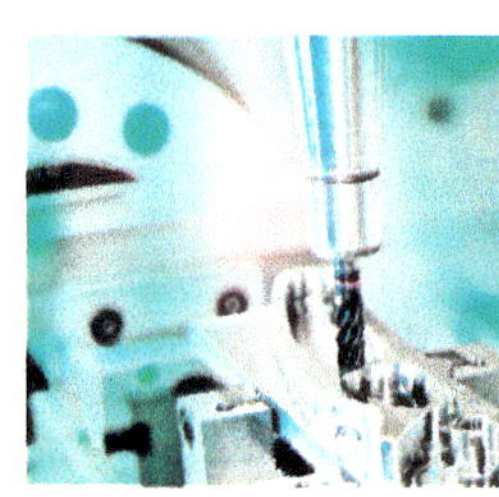

Imagen de Hoffmann Group.

Tenemos la suerte de pertenecer a una generación que está comenzando una nueva revolución industrial: **LA INDUSTRIA 4.0.** La inteligencia artificial, el *big data,* la conexión de todos los sistemas digitales, las fábricas inteligentes, los nuevos procesos y medios de producción, eso es la industria 4.0.

Necesitamos estar preparados para ser capaces de adaptarnos y avanzar. Las máquinas, los robots y los sistemas automatizados formarán parte de nuestro día a día. Solo depende de ti unirte a esta revolución.

Los talleres cada vez son más seguros para trabajar: lo primero de todo, por las propias máquinas, que cada vez cuentan con más medidas de seguridad y, por supuesto, por la famosa Ley de Prevención de Riesgos Laborales, por la que se obliga a todas las empresas a cumplir una normativa. Pero yo quiero decirte una cosa: sentido común. Con un poco de sentido común que le pongas a tu trabajo, todo irá sobre ruedas. Yo no voy a enseñarte ninguna normativa de prevención de riesgos; yo voy a enseñarte a mecanizar y, por eso, me permito solamente darte un consejo: utiliza siempre gafas de seguridad. Vas a trabajar o trabajas arrancando viruta; eso quiere decir que pequeños fragmentos y virutas de material están continuamente volando por el aire y nuestros ojos corren peligro. Por supuesto, utiliza todos los EPI que te entreguen y sigue siempre las normas de seguridad para el puesto en el que te encuentres.

Para ser un buen profesional, tienes que empezar por cuidar tu puesto de trabajo. Sé organizado, limpio; cuida el material como si fuera tuyo; recoge tus herramientas todos los días al terminar el trabajo; pon cada una en su sitio; trata a las herramientas como corresponde a cada una y, sobre todo, utiliza cada herramienta para lo que fue fabricada y diseñada. ¿Clavarías una punta con tu teléfono móvil? Seguro que no. Todas las herramientas que vas a utilizar en un taller de mecanizado son frágiles y caras y, para que tú puedas hacer bien el trabajo, necesitas esas herramientas y que estén en buenas condiciones.

Imagen de Hoffmann Group.

Cuídalas.

Esta profesión, como la mayoría de las profesiones, es muy extensa y, en algunas partes, compleja y requiere de mucha formación para poder comprender una gran multitud de factores, quizá no tanto por la parte de programación y manejo de las máquinas, sino con respecto a las herramientas, su correcto uso y procedimientos que seguir para un buen mecanizado de los materiales, que son muchos y muy variados, y con unas características que pueden darnos algunos dolores de cabeza a la hora de trabajar con ellos.

Por esta razón, quiero que tengas clara una cosa importante antes de comenzar: mi intención no es la de aburrirte con datos, tablas y normativas difíciles de entender para alguien que está empezando. No te voy a detallar todas y cada una de las máquinas ni todas las herramientas ni todos los procedimientos de corte.

El ritmo que vamos a seguir es el de «generalizar», en la mayoría de los casos, y ceñirnos al día a día, los trabajos más habituales, las máquinas más comunes que vamos a encontrar en la mayoría de los talleres y la «realidad» con la que nos encontramos a la hora de trabajar. Todos los libros nos dan muchos datos, muchos cálculos precisos. Nuestro comercial de maquinaria nos dirá todas las maravillas que podemos hacer con nuestra máquina y nuestro vendedor de herramientas nos va contar lo increíblemente buena que es su herramienta. Por supuesto que eso es cierto, pero hay que ser realista; en ocasiones, no resulta fácil aplicar la teoría.

Imagen de Haas Automation Inc.

Hoy día, casi toda la información que necesitamos está al alcance de la mano, literalmente hablando. Desde nuestro teléfono móvil, podemos acceder a Internet y buscar, en un segundo, información sobre máquinas o herramientas, o bien ver vídeos en YouTube de máquinas trabajando. Y, además, podemos descargar aplicaciones para el móvil que, en su mayoría, son gratuitas. Nos dan mucha información y nos ayudan a realizar casi cualquier cálculo, sin necesidad de ser ingenieros. Te recomiendo que uses estos recursos. Si avanzamos, tenemos que avanzar para todo. No podemos tener un teléfono inteligente que nos diga el tiempo que hace en cualquier parte del mundo en este instante y, luego, usar lápiz y papel para calcular un ángulo.

Si buscas con un poco de interés, en Internet encontrarás información muy valiosa que te ayudará en tu trabajo. En YouTube, tienes multitud de vídeos sobre mecanizado donde puedes ver máquinas trabajando.

He tenido la suerte de ponerme en contacto con importantes fabricantes de maquinaria y herramental durante el proceso de confección de este libro, los cuales, muy amablemente, me han aportado documentación e imágenes que he incluido, consiguiendo un libro didáctico y muy ilustrativo, además de moderno y actual. En las últimas páginas, tienes la información sobre estas empresas y, por supuesto, un agradecimiento a todas ellas. Es imposible incluir a todas, ya que son muchas las que se dedican a esta labor. En España tenemos la suerte de contar con muchos de los fabricantes de máquina herramienta más importantes a nivel mundial, la gran mayoría con una amplia trayectoria y que han sabido adaptarse a los nuevos tiempos y las nuevas tecnologías de forma exitosa.

Por último, antes de empezar, quiero decirte que todas las opiniones que expongo en este libro son personales. No represento a nadie ni vendo ningún producto. No soy comercial ni recibo gratificaciones por publicitar nada. No tengo patrocinadores, no vendo humo y no me gusta la gente que lo vende. Si hago menciones sobre determinadas máquinas, herramientas, utillajes, *softwares,* etc., es simplemente porque las conozco, las he utilizado y tengo una buena opinión sobre ellas.

¿Comenzamos?

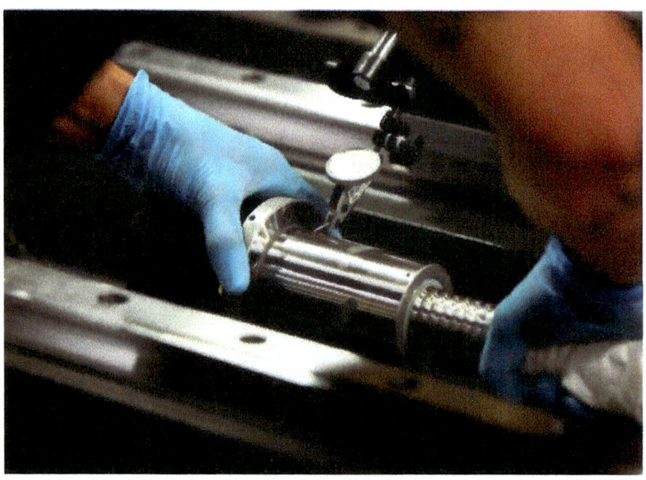

Imagen de Haas Automation Inc.

Capítulo 1

Dibujo técnico CAD

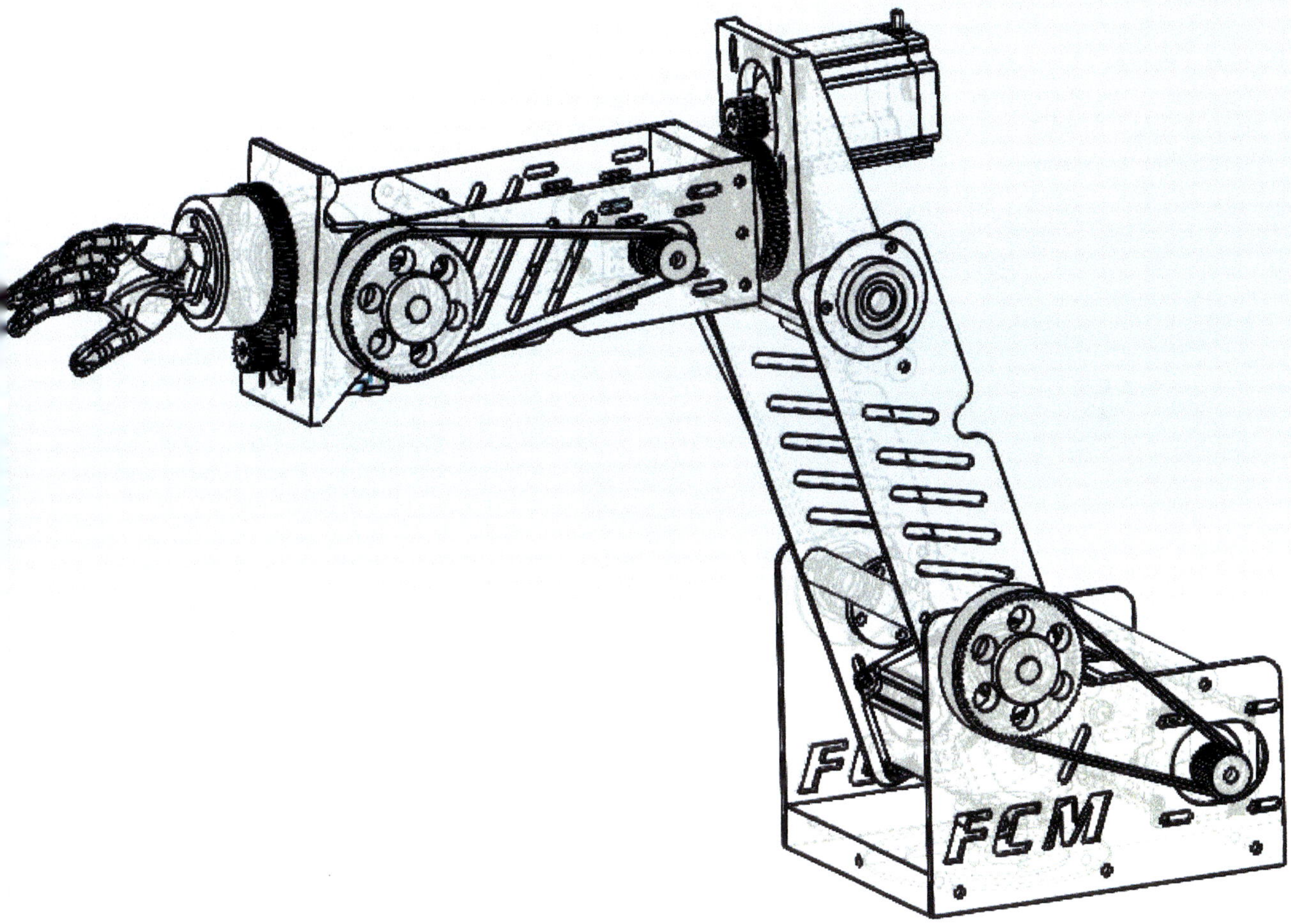

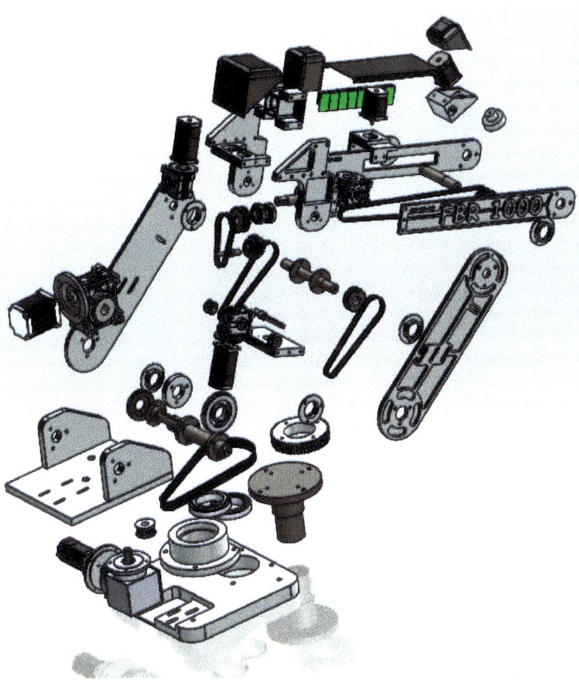

No podemos empezar este libro sin hablar sobre el dibujo técnico. En tu trabajo, tendrás que reparar piezas usadas; otras veces, tendrás una pieza de muestra y la tendrás que replicar, pero la mayor parte del tiempo te dedicarás a fabricar piezas a partir de un plano. Por esta razón, es muy importante que tengas unos buenos conocimientos sobre dibujo y sepas interpretar un plano sin problemas. Si no entiendes lo que pone en el plano, difícilmente podrás fabricar esa pieza.

En un plano se recoge toda la información acerca de la pieza que se vaya a fabricar. Aquí encontrarás toda la información necesaria para poder hacer tu trabajo. Hallarás las medidas de la pieza, las tolerancias dimensionales, la rugosidad, los tratamientos térmicos y superficiales...

El alzado, la planta, el perfil, las vistas de sección o las roturas son los dibujos que aparecen reflejados en un plano y donde se incluyen las medidas. Pero, para poder dibujar, también es necesario saber utilizar las herramientas de medición. Si tengo una pieza en mis manos y tengo que dibujar un plano para poder fabricarla, voy a necesitar croquizarla. Esto quiere decir que tengo que ir midiendo la pieza por partes e ir dibujándola. Al final, en un plano es tan importante el dibujo como las cotas. Si mi pieza no tiene cotas, es imposible fabricarla.

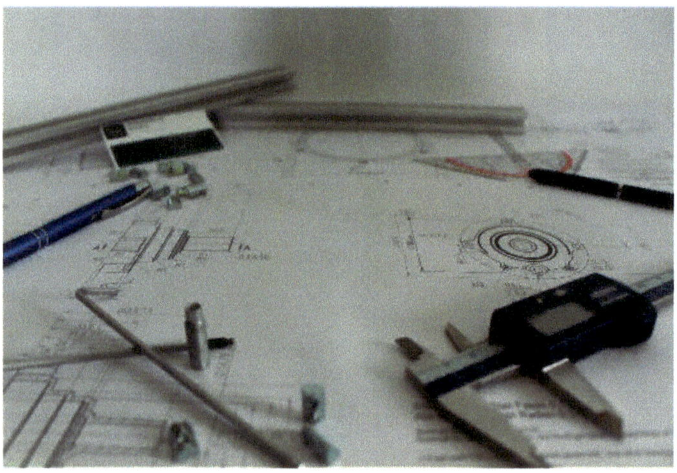

Hasta hace unos años, los planos se hacían a mano, con regla, escuadra y cartabón.

Comenzábamos dibujando en dos dimensiones. Esto quiere decir que dibujábamos las vistas del alzado o la planta.

Hoy día, esta práctica ya no se usa. Ahora disponemos de programas informáticos que nos ayudan a hacer este trabajo.

El dibujo por ordenador se denomina **CAD.** Seguro que te suena el programa AutoCAD. Creo que es uno de los programas de dibujo más conocidos, puesto que es utilizado en muchas profesiones.

La manera de dibujar ha cambiado mucho. Dibujamos en tres dimensiones y, gracias a ello, tenemos acceso a todas las caras de la pieza; la podemos girar, rotar, ver desde diferentes ángulos... Este dibujo tridimensional se llama **SÓLIDO.** Una vez que tenemos el sólido completamente definido, el programa puede generar automáticamente las vistas para hacer el plano.

Existen muchos *softwares* de diseño, cada cual con unas características distintas. Si nunca utilizaste ningún programa de este tipo, te aconsejo que busques algo de información por Internet sobre los distintos tipos que existen. Vas a encontrarte *softwares* gratuitos Open Source y otros que requieren de una licencia y que, en su mayoría, suelen tener un precio alto. Es verdad que los programas buenos presentan un precio elevado, pero hay que reconocer que la mayoría de ellos valen cada céntimo, puesto que son programas muy buenos, potentes y hacen muy fácil nuestro trabajo.

Yo he utilizado, durante varios años, un programa llamado SolidWorks y solo puedo hablar maravillas sobre él.

Es un programa exageradamente completo, que dispone de complementos que puedes ir instalando, en función del uso que necesites darle. Puedes hacer esquemas eléctricos, dibujar tuberías, diseñar moldes, chapa plegada, superficies, cálculos... Aunque, solamente con lo básico, ya vas a poder hacer casi cualquier cosa que te imagines.

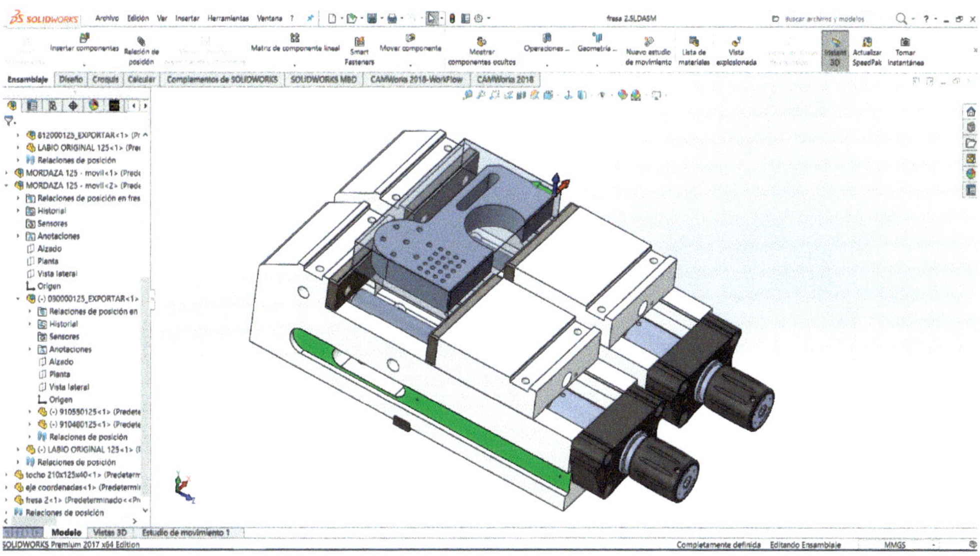

Esta es una pieza real dibujada con SolidWorks. La idea es ir dibujando todas y cada una de las piezas que necesites.

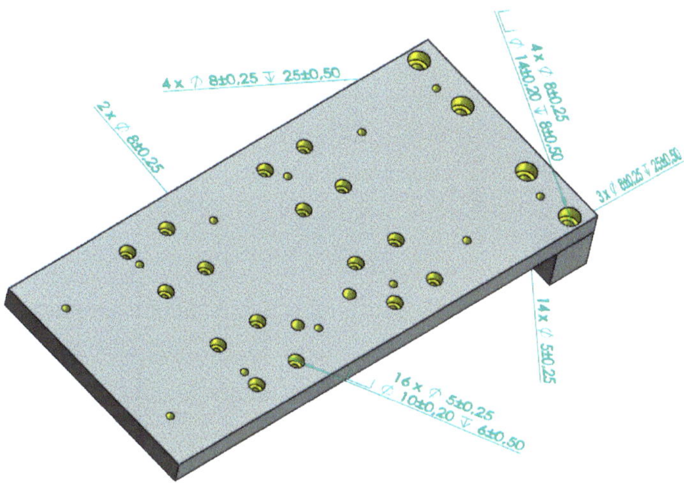

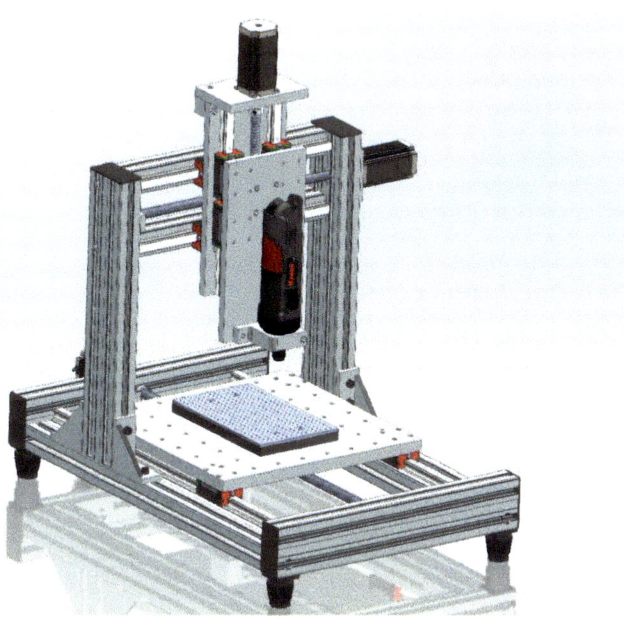

Una vez que dibujamos varias piezas, podemos hacer un montaje en el que ensamblamos esas piezas y podemos crear nuestra máquina o mecanismo.

De esta forma, podemos comprobar, antes de la fabricación, si nuestras piezas van a encajar bien y si, a la hora de la verdad, todo funcionará correctamente. Puedes hacer simulaciones de movimientos y detectar posibles fallos en el diseño.

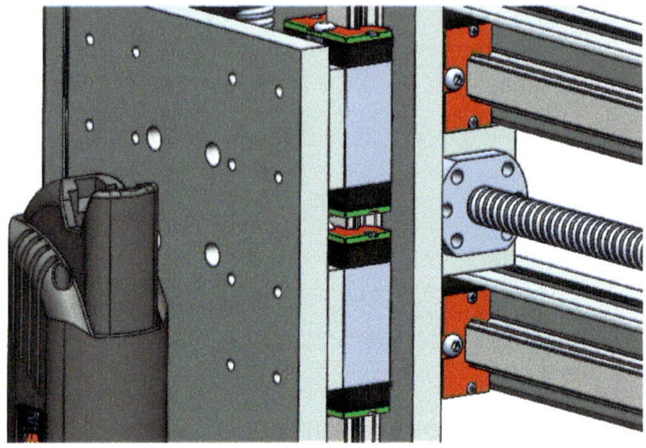

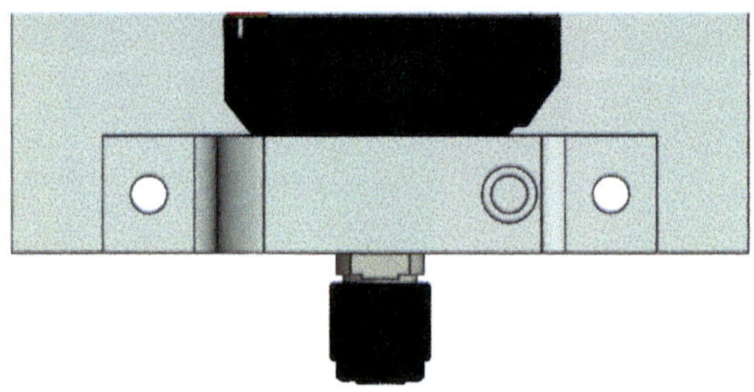

Cuando todo está correcto, se realizan los planos de fabricación, donde tenemos las vistas y medidas de todas las piezas.

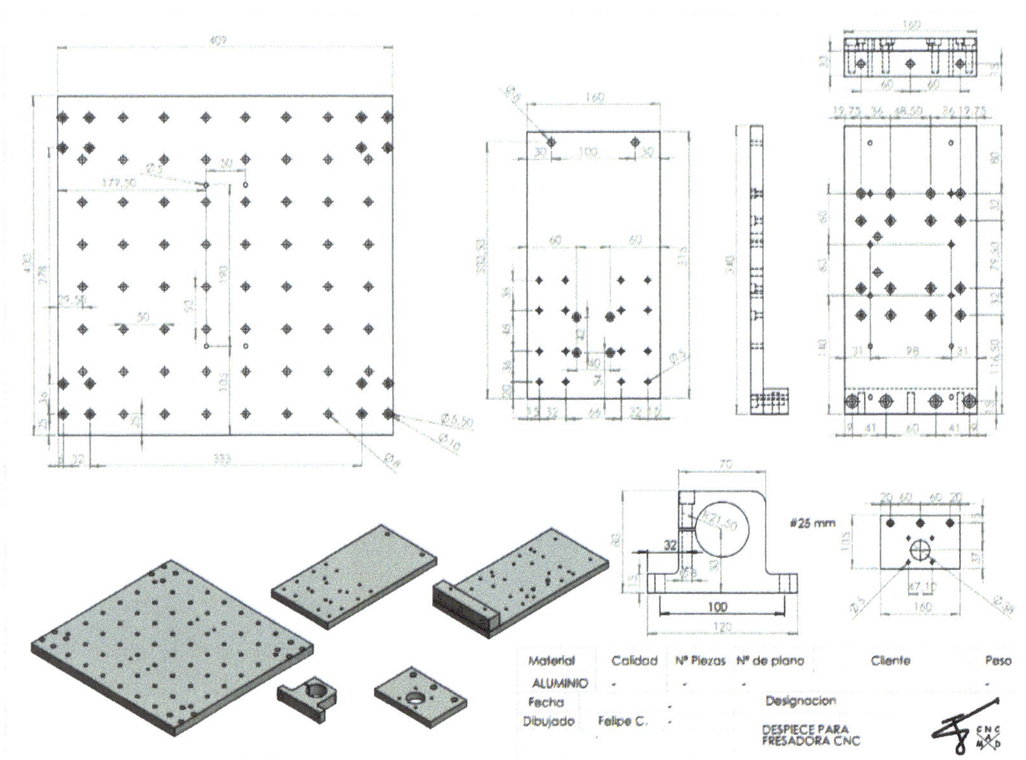

Gracias a los diseños y a los planos, podemos fabricar todas las piezas que queramos, según las medidas.

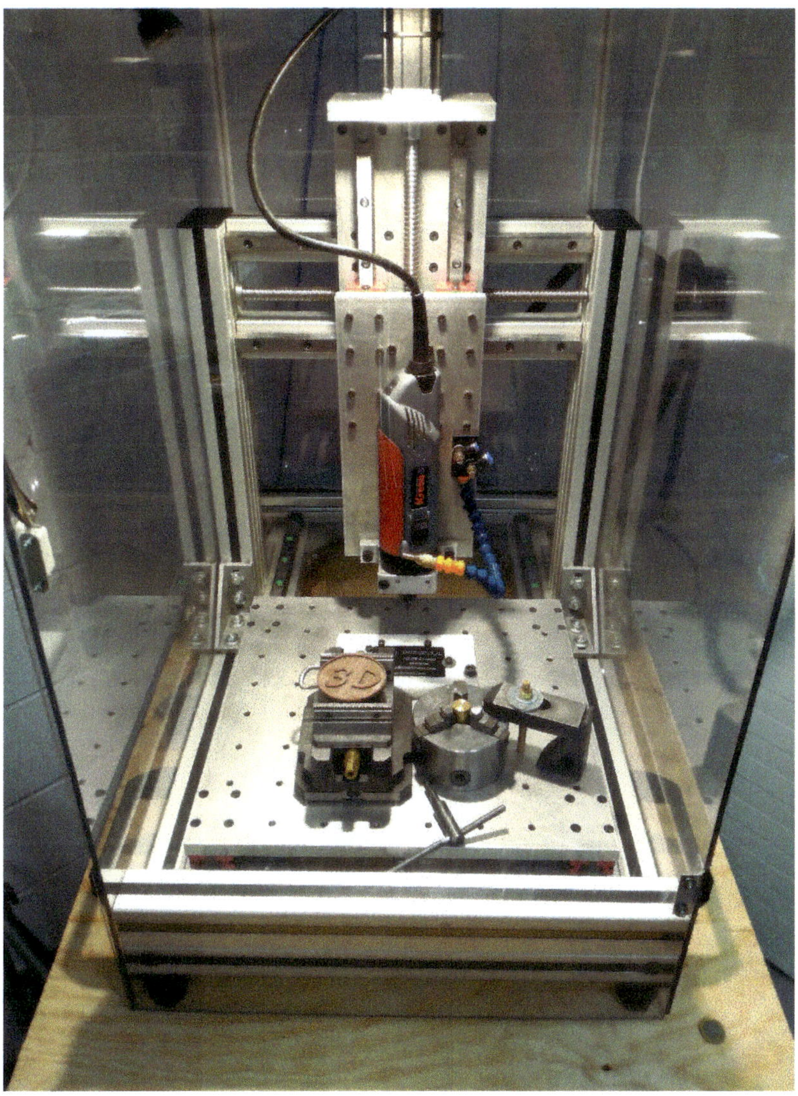

Y, como resultado final, tenemos nuestra máquina perfectamente ensamblada y operativa, sin contratiempos y sin tener que hacer modificaciones de última hora.

No hay nada más gratificante, después de tanto esfuerzo, que la sensación de un trabajo bien hecho.

Hoy día, tienes en Internet multitud de páginas web donde descargar archivos **CAD** de una gran variedad de piezas.

Los propios fabricantes, tanto de máquinas como de herramientas, accesorios, mecanismos, sistemas neumáticos e hidráulicos, componentes eléctricos, etc. son los primeros que ofrecen los archivos **CAD** de sus productos, para que el diseñador pueda incorporarlos en sus proyectos y, de esta forma, facilitar su labor.

En nuestro caso concreto, nos es de mucha ayuda disponer de los dibujos en tres dimensiones de nuestras propias máquinas, ya que, de esta manera, podemos comprobar desde el ordenador, sin necesidad de interferir en los trabajos que se están realizando en la máquina y verificar si la pieza que necesitamos mecanizar entra dentro de las dimensiones de la máquina, cómo quedaría el útil una vez colocado en la mesa o cómo sujetar la pieza.

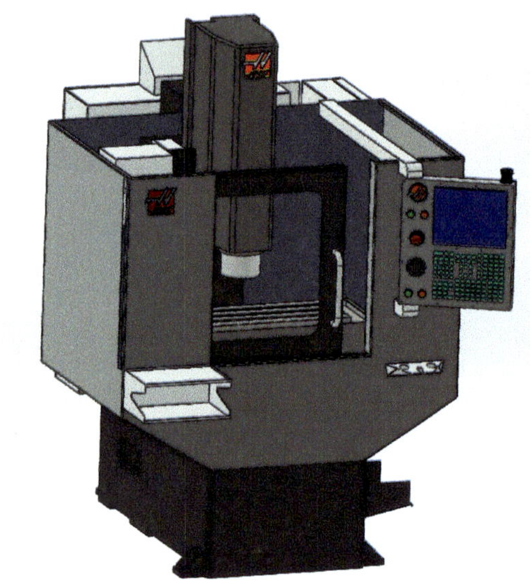

Aquí tienes como ejemplo un centro de mecanizado del fabricante Haas, que ofrece la posibilidad de descargar los archivos de sus máquinas en formatos **CAD,** para que puedas tener toda la información sobre las dimensiones de la máquina.

Si trabajas en una oficina técnica y tienes que hacer la programación mediante **CAD-CAM,** sin duda que esta ayuda te será de gran utilidad.

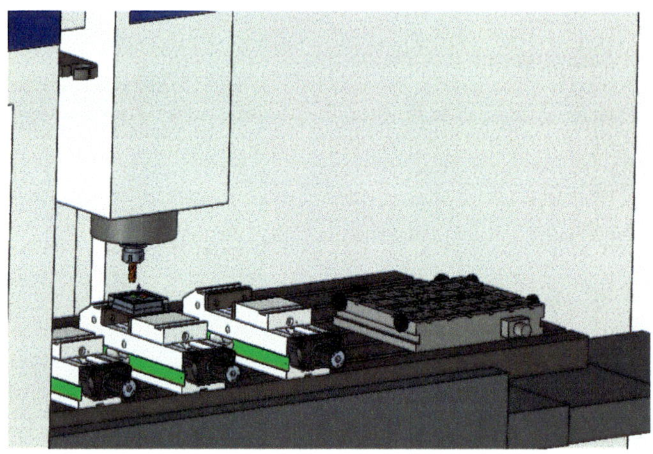

Gracias a los *softwares* **CAD** y a los archivos que nos ofrecen los fabricantes de utillajes, aumentamos la producción, ya que no perdemos tiempo en hacer pruebas *in situ,* sino que ya disponemos de toda la información antes de comenzar con el trabajo.

Esta información es muy valiosa. Utilízala.

Tanto si empiezas de cero como si ya tienes conocimientos y quieres convertirte en un auténtico profesional del dibujo con SolidWorks, te recomiendo *El gran libro de SolidWorks*, escrito por Sergio Gómez González.

En él encontrarás toda la documentación y ejercicios prácticos donde poner a prueba tus conocimientos.

Pero eso lo dejamos para otro momento; ahora vamos a arrancar viruta...

Capítulo 2
Metrología

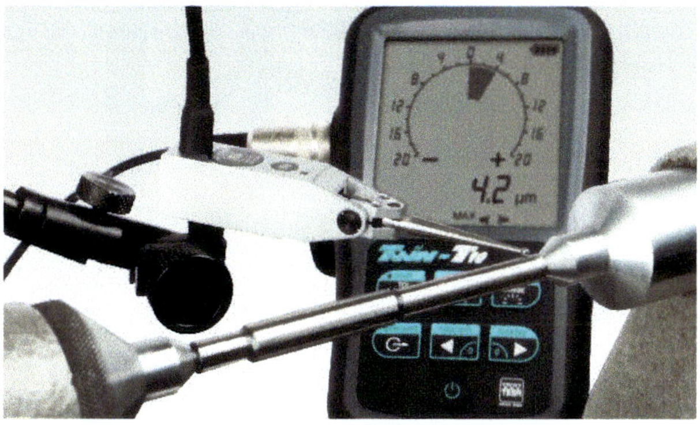

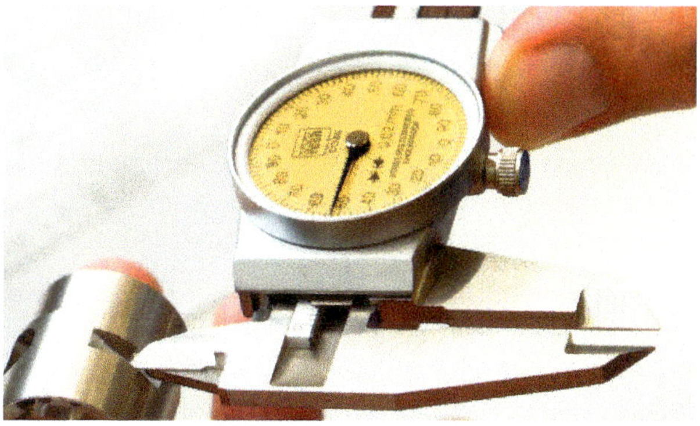

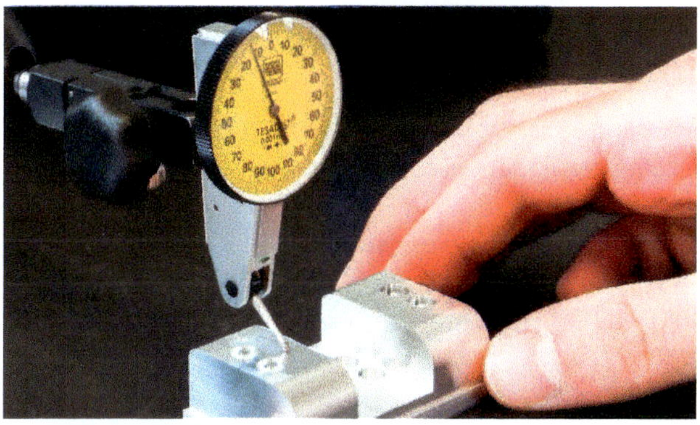

La medición tiene una especial importancia a la hora de fabricar, porque no importa lo bueno que seas y la destreza que alcances mecanizando si no sabes medir bien lo que fabricas.

Vas a tener en cuenta unas tolerancias dimensionales que nuestra pieza tiene que cumplir y, solo si sabes medir bien, puedes estar seguro de que tu trabajo está bien hecho.

En la imagen a tu derecha, puedes ver una mesa de verificación. Quiero que tengas siempre presente la importancia que tiene y por qué comienzo este tema hablando de ella.

En los talleres, vas a encontrarte con una mesa de estas características. Está fabricada con un bloque de mármol.

¿Por qué de mármol? Porque es un material al cual no le afecta la temperatura y esto es algo importante.

A casi todos los materiales les afecta la temperatura; pueden aumentar de tamaño o disminuir, en función del calor o el frío al que estén expuestos.

El ejemplo más claro lo tienes en la madera: una puerta de madera que está ajustada en el marco va a cerrar más suave o ajustada dependiendo de la temperatura y de la humedad. Lo mismo les ocurre a los plásticos y también al acero, aunque las diferencias no sean tan grandes y fáciles de apreciar a simple vista.

Puedes fabricar una pieza en Sevilla que cumpla perfectamente las tolerancias exigidas por el plano y enviar esa pieza a tu cliente de Rusia, que no la dará por válida, al no cumplir las tolerancias.

¿Eso es posible? Por supuesto. Has fabricado la pieza a una temperatura ambiental de +40 °C y el cliente ha recibido la pieza a –10 °C, lo cual quiere decir que esa pieza ha cambiado su forma y las medidas ya no son iguales.

Para que esto no ocurra, se utiliza una medida universal, de modo que todas las mediciones deben realizarse con una temperatura de la pieza de +20 °C. Así, no importa dónde o cómo se fabriquen las piezas, puesto que, a la hora de medir, siempre tendremos en cuenta la temperatura.

Imagen de Hoffmann Group.

Para poder llevar a cabo esta tarea, se suele habilitar una estancia climatizada donde conseguir la temperatura de +20 °C durante todo el año y en cualquier parte del mundo. Por eso, las empresas donde se fabrican piezas delicadas suelen disponer de naves industriales climatizadas durante todo el año, con el fin de conseguir los niveles de calidad en la producción exigidos por el cliente.

He querido darte esta explicación breve porque la considero interesante para que comprendas la importancia que tiene nuestro trabajo. Aunque debo reconocer que tanta precisión no la vamos a necesitar continuamente. Para la mayoría de los trabajos, nos moveremos en tolerancias de décimas de milímetro. Empieza a ser importante la temperatura cuando hablamos de centésimas y milésimas de milímetro.

Aun así, acostúmbrate a no tener en las manos, cuando no las utilices, herramientas de medición como micrómetros o comprobadores pasa-no pasa, ya que así evitamos transmitirles nuestro calor corporal.

De igual modo, procura siempre apoyar estas herramientas sobre zonas o superficies limpias y, si es posible, mejor déjalas en sus propias cajas o sobre bases de goma o madera.

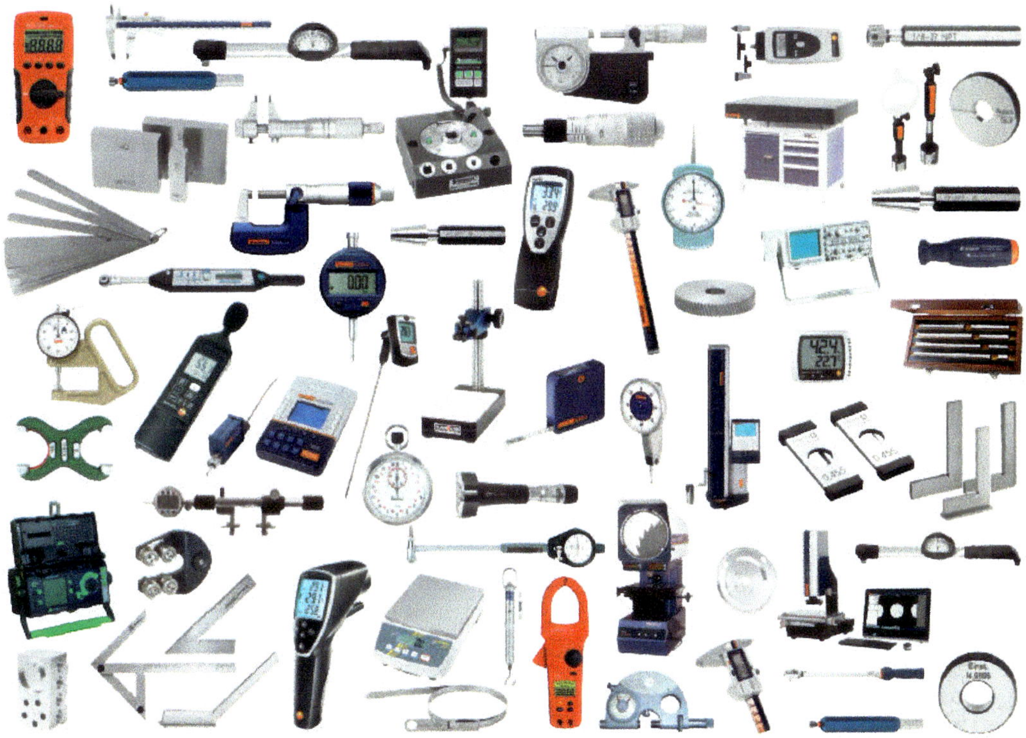

Imagen de Hoffmann Group.

La herramienta de medición que más vamos a utilizar es, sin duda, el **calibre,** también llamado «pie de rey». Siempre digo a mis alumnos que deben traer el calibre encima, en un bolsillo del pantalón donde esté a salvo de golpes, pero siempre a mano, ya que continuamente lo vamos a utilizar.

Existen muchos modelos distintos de calibres, en virtud del uso que vayamos a darles, aunque el más habitual es del tipo que se presenta en la siguiente imagen. Suele contar con un rango de medición de unos 150 mm y una precisión de 5 centésimas (0,05 mm).

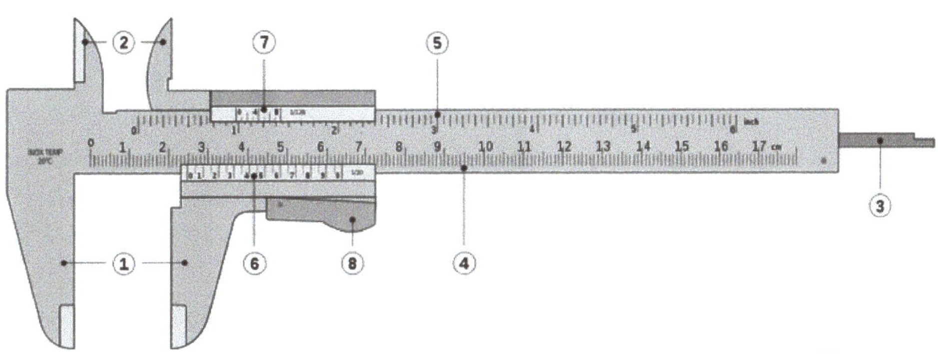

Imagen de Mitutoyo.

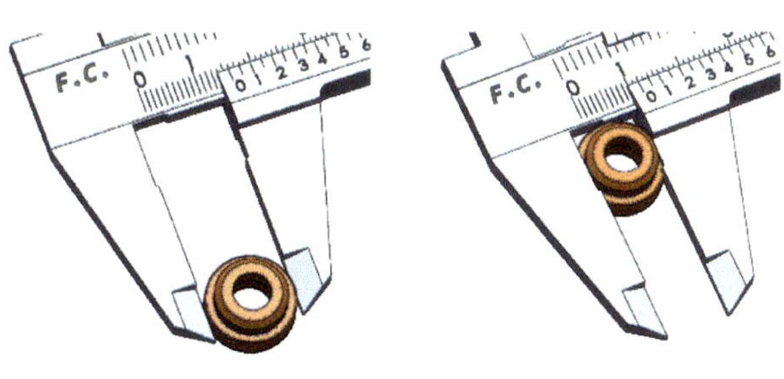

Ninguna de estas medidas es válida.

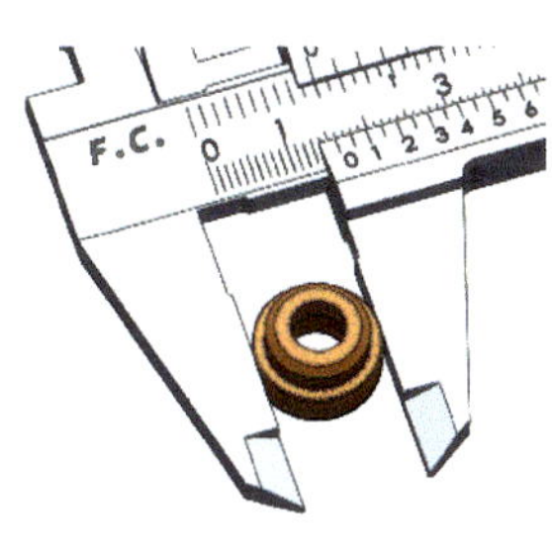

Esta es la forma correcta.

A la hora de tomar medidas, procura posicionar bien el calibre y evita utilizar la punta donde tenemos menos superficie de contacto y es más difícil obtener una buena medición.

De igual modo, si apoyas el calibre en la parte más profunda, la medida no será la correcta, ya que el espacio que queda libre no nos muestra la medida real. Emplea siempre la parte central de las patillas, como puedes ver en las imágenes anteriores.

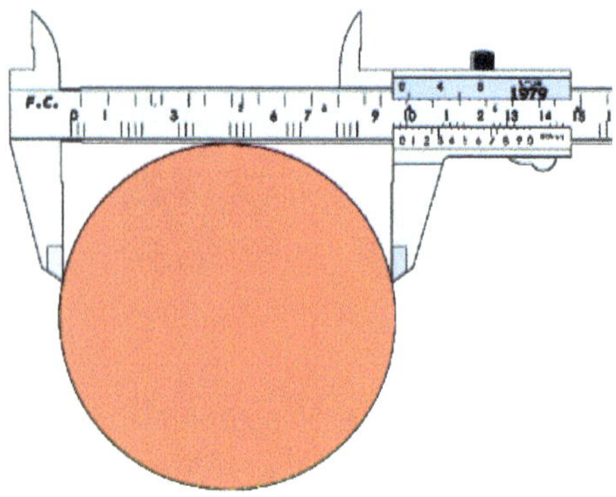

También has de tener en cuenta, cuando midas un redondo, que debes poder tener acceso al diámetro mayor, ya que, de lo contrario, la medida no es válida.

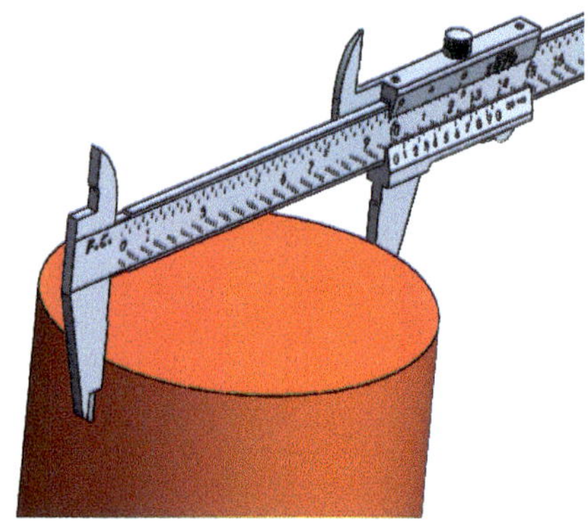

Nunca coloques el calibre en esta posición, ya que así resulta imposible saber dónde se encuentra el centro del diámetro y, por lo tanto, la medida tampoco será la apropiada.

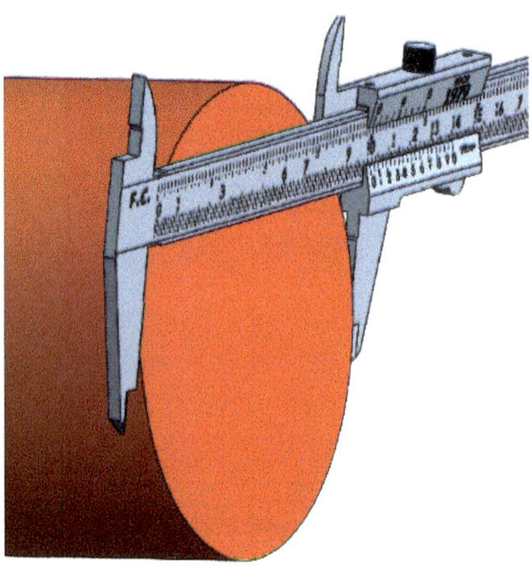

Es mejor que inclines el calibre, para poder posicionar las patillas sobre el diámetro mayor.

Esta es la manera correcta.

Cuando tenemos que medir piezas o zonas en las cuales nuestro calibre estándar no sirve, utilizaremos un calibre largo también llamado **calibre de tornero.**

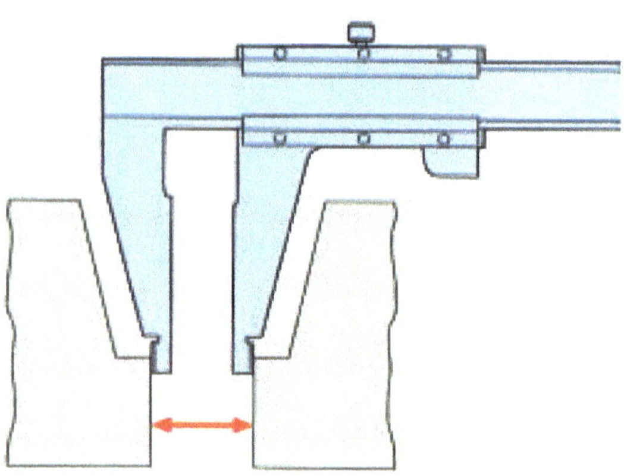

Imagen de Mitutoyo.

La principal diferencia se encuentra en las patillas, que son más largas, para poder profundizar más y medir esos diámetros grandes a los cuales el calibre estándar no llega.

Cuando usamos un calibre largo, debemos tener cuidado con la presión que ejercemos sobre las patillas, ya que, cuanto más alejadas se encuentran, más error se produce en la medición, al provocar una flexión sobre las patillas.

También es posible que tengas que sumar el ancho de la punta de las patillas, para conocer la medida correcta.

Hablamos de que, con la mayoría de los calibres, obtenemos una apreciación de medición de 0,05 mm, pero, siendo realistas, limitaremos la medición a milímetros y décimas de milímetro, ya que, si necesitamos medir centésimas, quiere decir que nuestra pieza requiere de mayor precisión y un calibre no sirve para ello, ya que, según quién haga la medición, esta puede variar, debido a una mayor o menor presión a la hora de tomar la medida.

Para ello, utilizaremos otra herramienta fundamental en el taller, que es el **micrómetro.**

Aunque tenemos micrómetros con una apreciación de 0,001 mm, lo más habitual es una precisión de 0,01 mm (una centésima de milímetro).

Un **micrómetro** dispone de un trinquete o ruleta para girar el tornillo encargado de tomar la medida. Esa ruleta es muy sensible y, una vez encuentra un obstáculo, salta, lo que evita un sobreesfuerzo para que la medida siempre sea la correcta.

De este modo, cuando las zonas de contacto se encuentran en su posición correcta sobre la pieza para medir y seguimos girando la ruleta, el tornillo no cambia su medida y, así, tenemos una lectura perfecta.

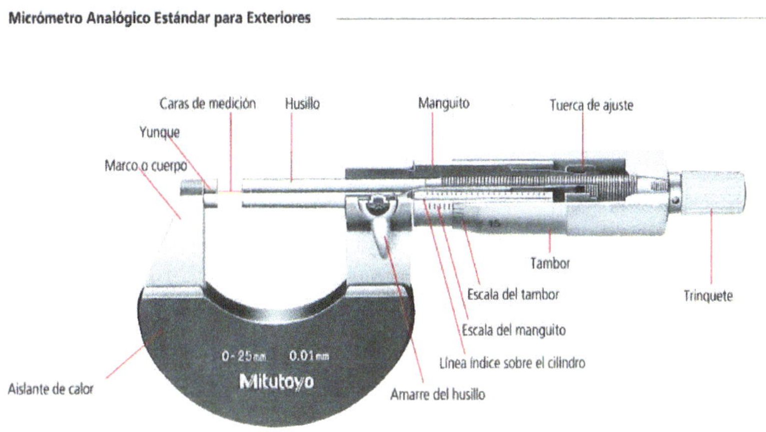

Imagen de Mitutoyo.

Estas imágenes pertenecen a un manual de uso de herramientas de medición del fabricante Mitutoyo.

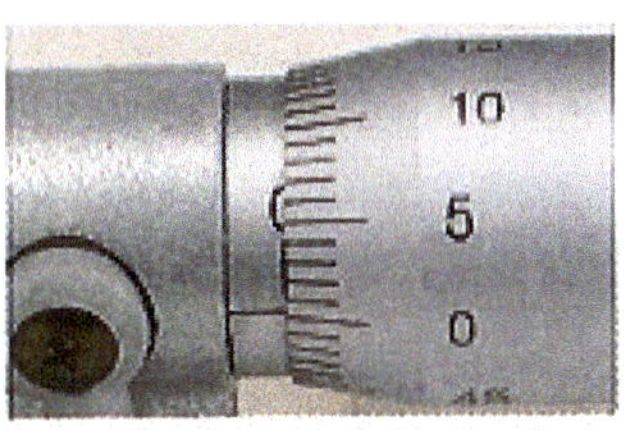

(a) Desde encima de la línea índice.

A continuación, comentamos algunos errores típicos a la hora de medir y de sujetar un micrómetro.

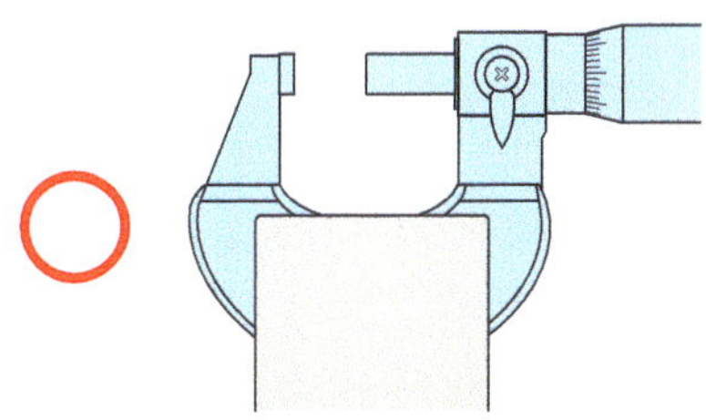

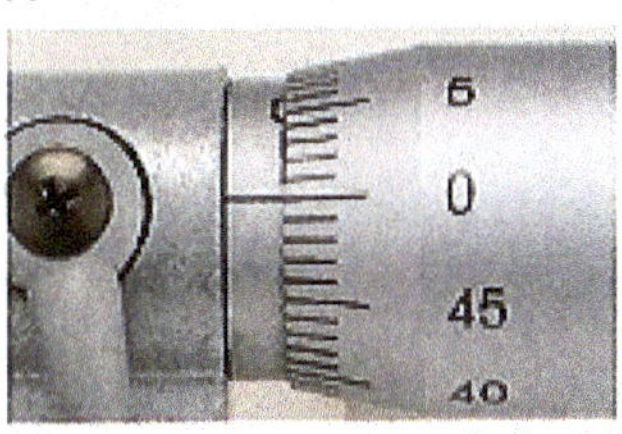

(b) Mirando directamente a la línea índice.

En la imagen izquierda, puedes ver el error que se aprecia si miramos la medida desde un punto no adecuado.

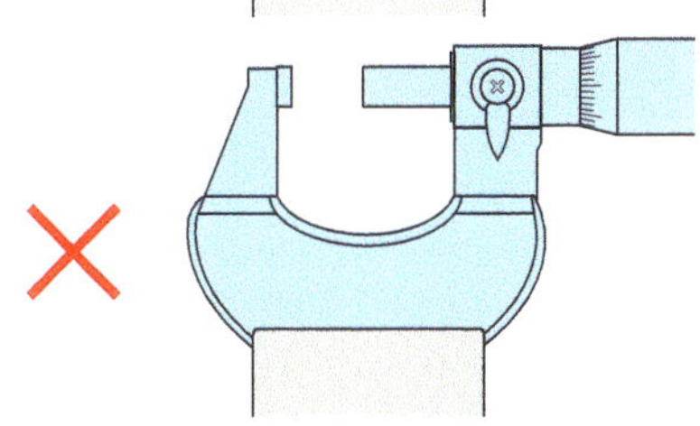

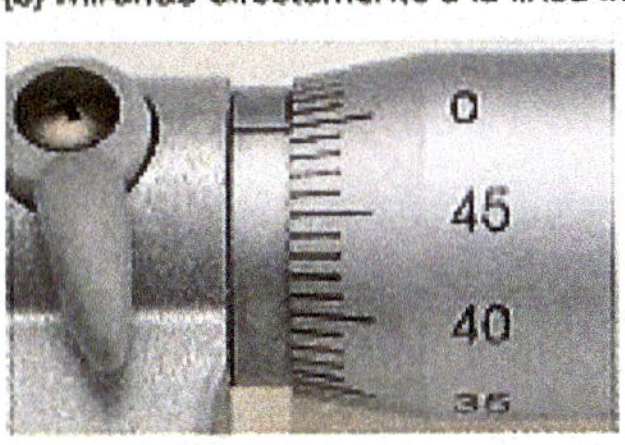

(c) Desde debajo de la línea índice.

En la imagen derecha, vemos un micrómetro sujeto en una base y la forma correcta de colocarlo.

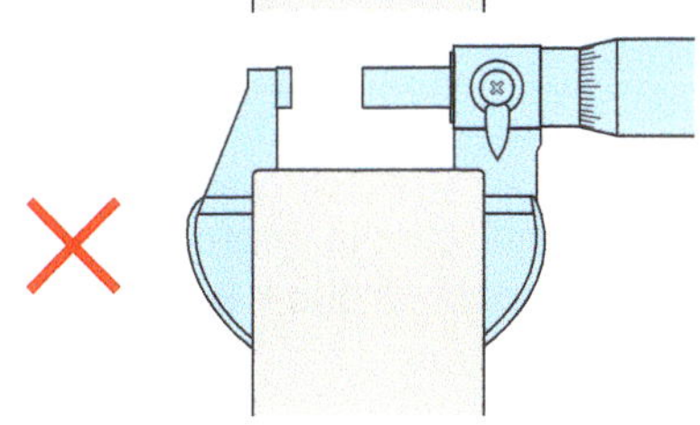

A diferencia de los **calibres,** los cuales abarcan unas dimensiones grandes, vamos a necesitar varios micrómetros para hacer diferentes medidas, ya que su mecánica solo permite la medición en tramos de 25 mm o 1 pulgada, aproximadamente.

1 pulgada es igual a 25,4 mm. Es importante que sepas este dato; lo utilizarás a menudo.

Si con un **calibre** estándar puedo medir una pieza de entre 0 y 150 mm, para abarcar este abanico, necesitaremos varios **micrómetros** que admitan la medida de 0 a 25, 25 a 50, 50 a 75, y así sucesivamente.

Imagen de Hoffmann Group.

Hasta ahora, solo hemos visto **micrómetros** para medidas exteriores, pero existen, en el mercado, una amplia gama de formatos, en función de las necesidades.

Tenemos **micrómetros para medir interiores,** como el que tienes en la imagen.

Has de tener en cuenta que, en este caso concreto, no disponemos de esa ruleta para limitar la presión; por lo tanto, tenemos que ser más precisos para obtener una medición correcta.

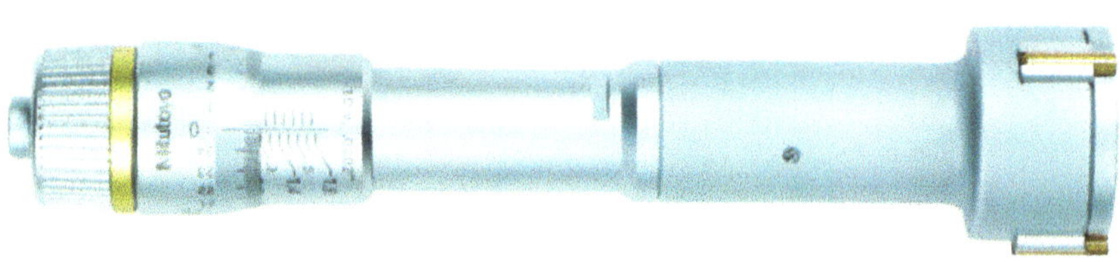

Imágenes de Hoffmann Group.

Este micrómetro de la imagen superior sirve para medir diámetros interiores y consta de tres patillas para tomar la medida, lo que hace más fiable la medición, y, además, dispone de la ruleta con sensibilidad para un trabajo óptimo.

Este es otro tipo de micrómetro para zonas interiores de difícil acceso.

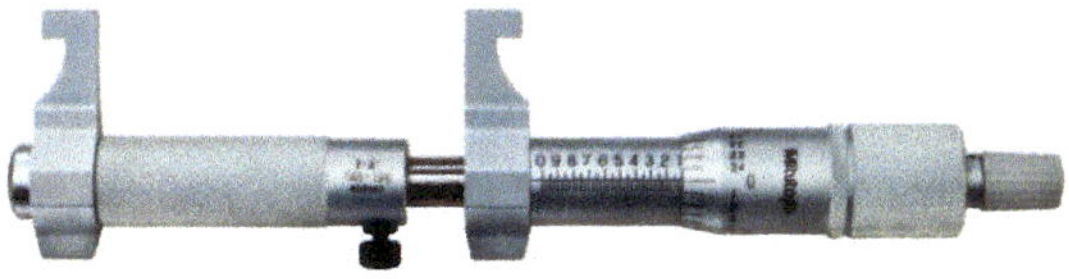

Imágenes de Hoffmann Group.

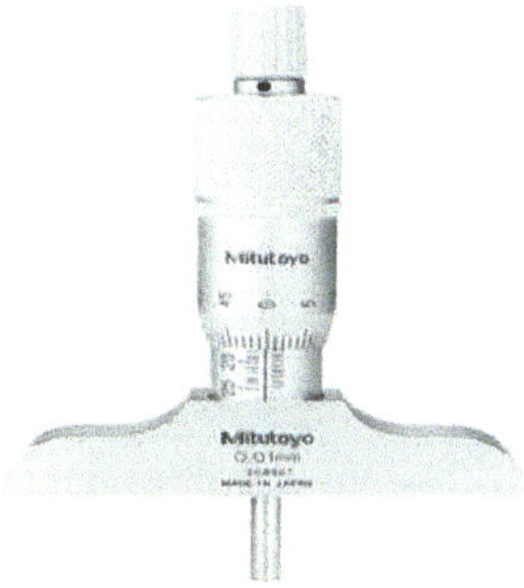

También tenemos micrómetros para medir profundidades.

Como ya sabes, no es mi estilo ni mi intención llenar páginas de información que encontrarás en cualquier parte. Puedes buscar información sobre cómo utilizar un **calibre** o un **micrómetro** en casi cualquier libro. Puedes hacerlo también en Internet, e incluso ver vídeos en YouTube donde te enseñan a realizar tales trabajos. En los catálogos de herramientas, dispones de todos los modelos y sistemas de medición.

En este libro, nos centramos en esos detalles que siempre debes conocer y tener presentes a la hora de trabajar.

Imagen de Haas Automation Inc.

Es importante, siempre que utilicemos cualquier herramienta de medición, verificar si la medida que se nos muestra es la correcta. Para ello, disponemos de bloques patrón con medidas precisas sobre las que verificar nuestras herramientas.

Estos bloques patrón sirven para comprobar nuestras herramientas y también los podemos utilizar a modo de galgas, pero siempre con mucho cuidado, para no rayarlos ni estropearlos.

En todos los aparatos de medición, es bueno aplicar un poco de vaselina neutra sobre las zonas de contacto, para evitar que se oxiden con el tiempo y para que los mecanismos móviles no se agarroten.

Medidores de altura

Estas herramientas de medición, a diferencia de las anteriores, no las podremos utilizar para medir la pieza directamente en la máquina.

Será necesario sacar la pieza y colocarla sobre una base rectificada o, mucho mejor, sobre nuestro mármol de medición.

Constan de una escala calibrada y, como su nombre indica, sirven para medir alturas, tomando como referencia el punto cero o base del medidor.

Aunque, dependiendo del modelo en cuestión si, por ejemplo, se trata de un medidor digital, podremos configurar el cero a la altura deseada y continuar la medición desde ese punto en concreto.

Como explicamos con las herramientas anteriores, hemos de procurar ejercer la presión justa para realizar una buena medida y no cometer errores.

Por supuesto, asegúrate de que la base esté perfectamente limpia y el apoyo sea preciso.

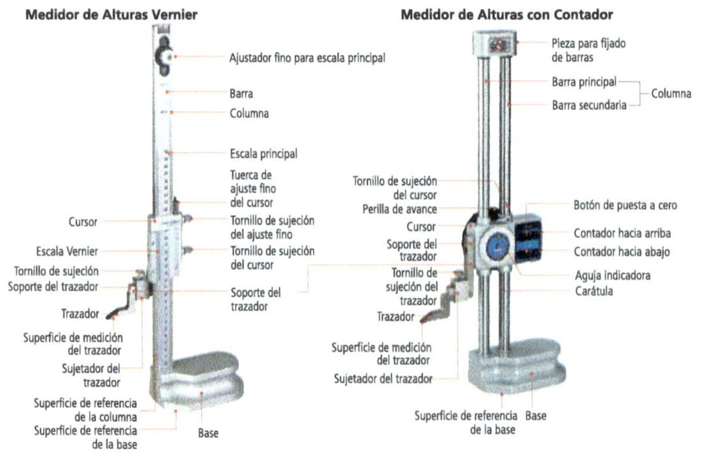

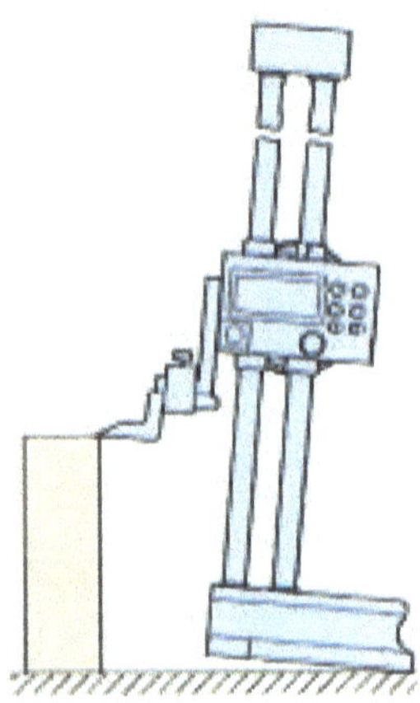

Imágenes de Mitutoyo.

El reloj comparador

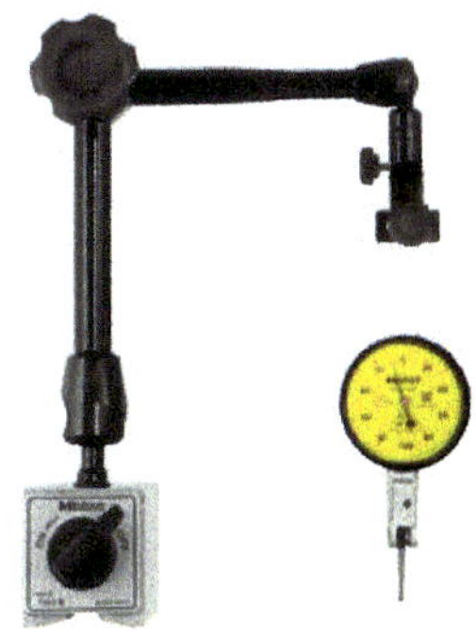

El uso del reloj comparador va más allá de hacer simples mediciones.

Siempre sujeto en una base que, por lo general, será magnética para conseguir una buena sujeción, utilizaremos el reloj comparador en el torno, para verificar si la pieza se coloca de manera perfectamente concéntrica. En la fresadora, se alinean las piezas y se verifica la posición de los útiles de amarre. Se coloca, además, en el medidor de alturas, para comparar las diferentes medidas en las piezas.

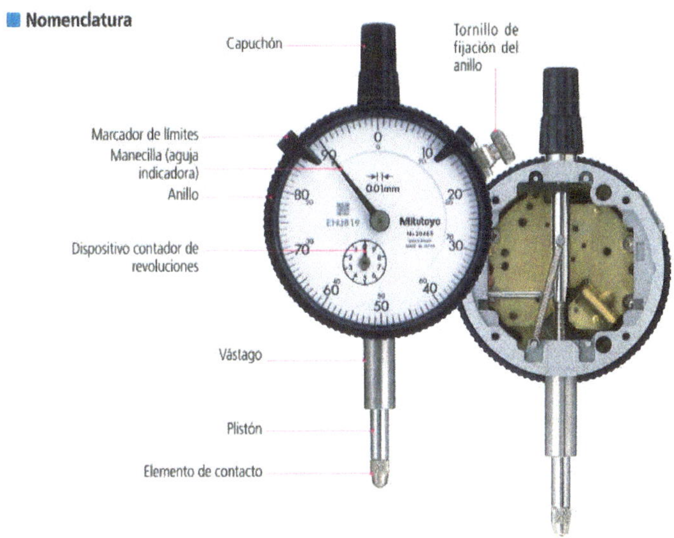

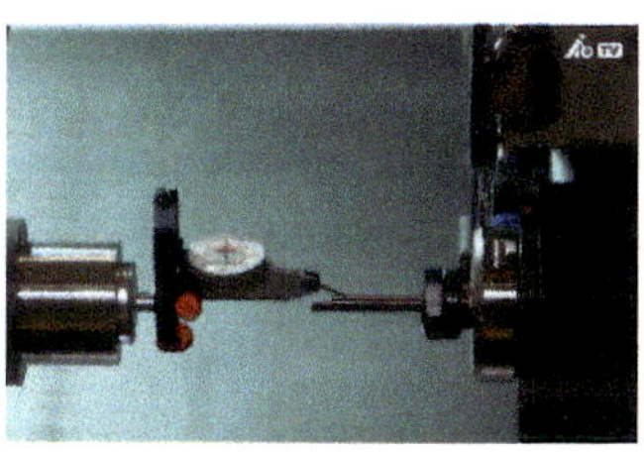

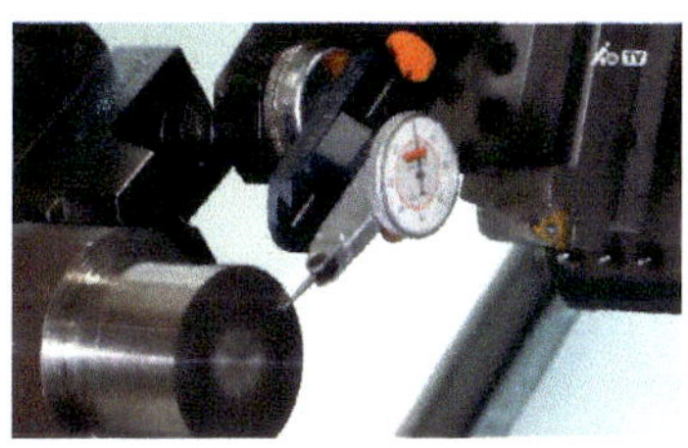

Ejemplos de utilización de los relojes comparadores para verificación.

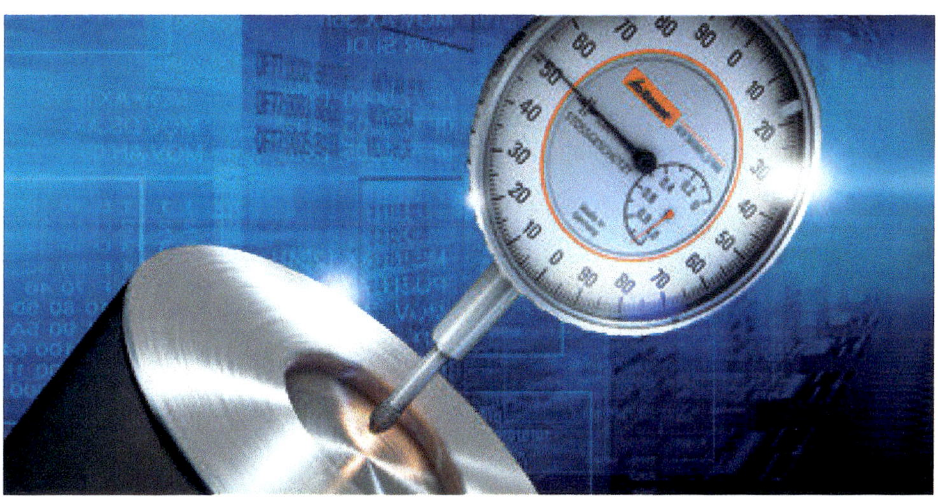

Imágenes de Hoffmann Group.

Otros instrumentos de medición que utilizamos constantemente son los comprobadores pasa-no pasa, los calibres de ranura y calibres de rosca.

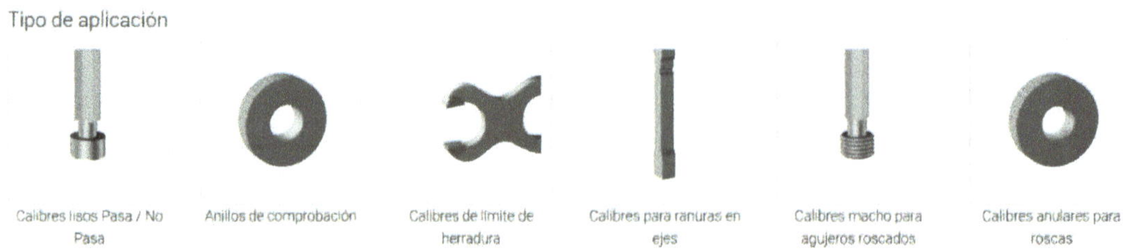

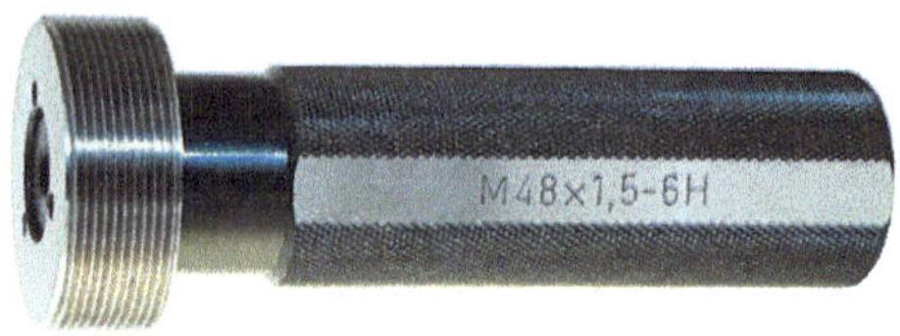

Comprobador de rosca M48 × 1,5-6 H.

Pasa-no pasa 32H7.

Todas estas Imágenes son de Hoffmann Group.

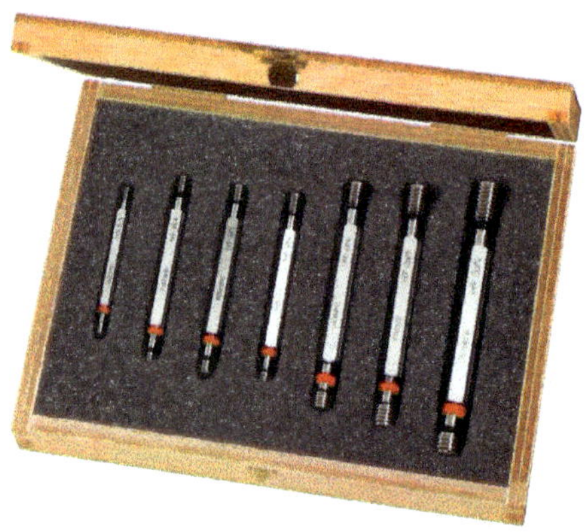

En estas imágenes, puedes ver algunos ejemplos de comprobadores. El detalle más importante que debes tener en cuenta es que, cuando trabajas con ajustes muy pequeños, has de ser minucioso y cuidadoso a la hora de las comprobaciones; por ejemplo, si quieres comprobar un ajuste H7 con un **pasa-no pasa,** sitúa el comprobador perfectamente perpendicular al agujero y, con mucho tacto, haz un ligero movimiento para intentar introducir el comprobador sin hacer presión. Si este no entra, nunca lo fuerces; tendrás que continuar mecanizando hasta conseguir la medida exacta. Estos comprobadores están tratados y rectificados, pero, si no los tratas con sumo cuidado, los puedes rayar y no tienen reparación.

En el caso de las roscas, cerciórate bien de que los filetes están perfectamente limpios de virutas antes de introducir un comprobador.

Comencé este capítulo dándote una explicación sobre la importancia de la temperatura en la metrología. Pues bien, hoy día ya son muchos los talleres de mecanizado que incorporan en su parque de maquinaria una máquina de medición por coordenadas (MMC).

Estas máquinas necesitan estar aisladas en una sala climatizada, para garantizar las medidas exactas de las piezas. Son máquinas muy frágiles, que debemos tratar con mucho cuidado.

Imagen de Hexagon Metrology.

Para que te hagas una idea aproximada, te diré que son una especie de fresadora. Cuentan con los tres ejes principales y, al igual que las fresadoras, se les pueden ir añadiendo más ejes, incorporando cabezales automáticos con posicionamientos fijos o multiposición y un largo etcétera de accesorios.

Imágenes de Hexagon Metrology.

En lugar de colocar una herramienta de corte en su cabezal, ponemos unas puntas que suelen ser de rubí y que varían en diámetros y longitudes para poder adaptarse a las necesidades y llegar a los lugares más inaccesibles.

Al tratarse de máquinas muy precisas, la forma de trabajar es por contacto.

Cuando la punta toca sobre una superficie con un leve roce, ya puede detectar esa posición y enviarla al control.

A medida que vamos haciendo contactos en distintas posiciones, conseguimos más información sobre la pieza y, después, el control nos podrá decir dónde se encuentran esos puntos y las distancias que hay entre ellos.

Estas máquinas trabajan con *softwares* especiales creados para ellas específicamente y, al igual que en el mecanizado, podremos programar o trabajar con la máquina de forma «manual» o definiendo los puntos sobre un modelo CAD, y el control se encargará de mandar a la punta de medición a dichos puntos.

También podemos utilizar otro tipo de sistemas, como el que tienes en la imagen.

Es una **sonda de medición,** integrada en nuestra máquina, y la utilizaremos para varios trabajos; entre otros, los de tomar ceros en la pieza.

En los capítulos sobre utillajes y programación ISO, te explico un poco más acerca de su funcionamiento.

Las imágenes son de Blum-Novotest.

Otro sistema para hacer mediciones rápidas, aunque menos versátil, son los microscopios de medición. Nos ayudan a visualizar el perfil de la pieza y tomar las medidas que necesitemos de ellas.

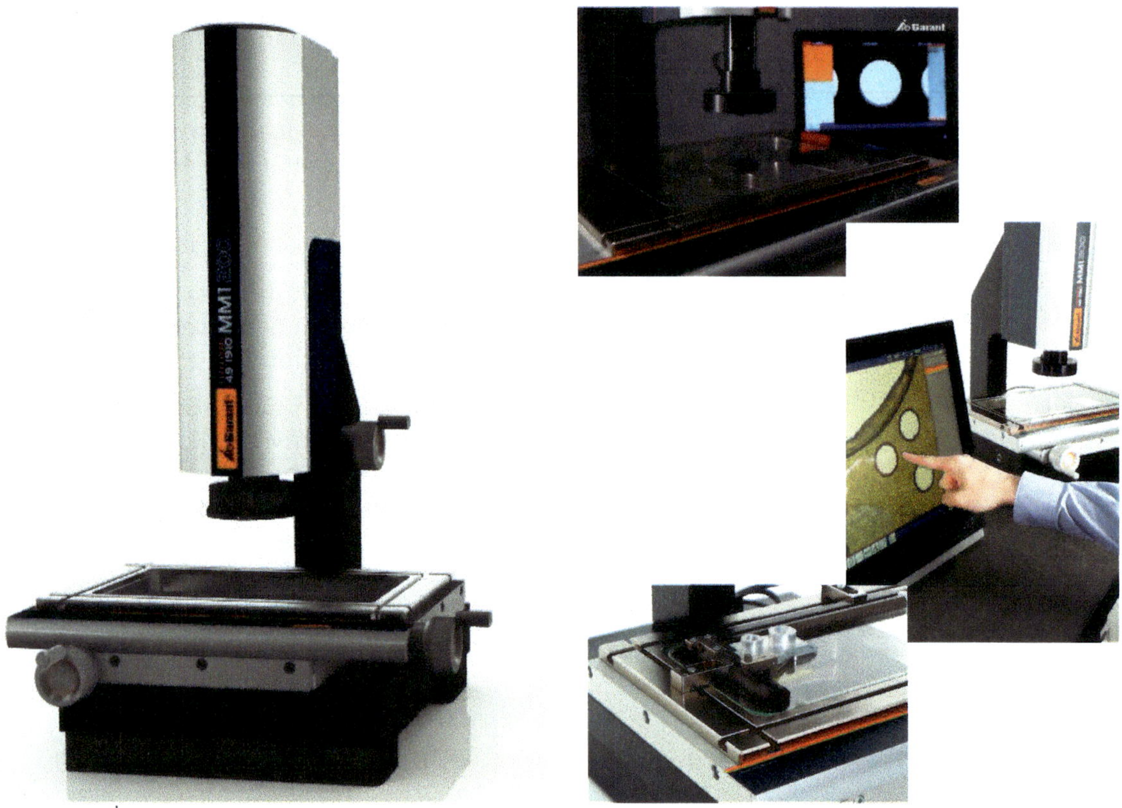

Imágenes de Hoffmann Group.

Como ves, el proceso de medición ha evolucionado mucho; ya no resulta suficiente con saber utilizar un calibre y un micrómetro. Los clientes necesitan certificados y controles dimensionales que acrediten que las piezas cumplen con medidas, rugosidades y una serie de normativas cada vez mayores.

Por esta razón, es obligatorio contar con este tipo de máquinas y acompañar nuestras piezas de un certificado con el que se garantice que las medidas han sido verificadas con una máquina que cumple unas normativas y, cada cierto tiempo, dicha máquina pasa un control y una revisión por una empresa homologada.

Imagen de Hexagon Metrology.

Supongo que ya te has dado cuenta de que, hoy día, el uso del calibre sigue siendo necesario, aunque podemos reducir su trabajo casi exclusivamente para el taller propiamente dicho.

En cuanto necesitamos precisión, optaremos por otro tipo de sistemas más sofisticados.

Te dejo unas imágenes sobre diferentes sistemas. Puedes buscar información sobre lo que más te llame la atención en https://www.hexagonmi.com/es-ES/products/metrology-hardware.

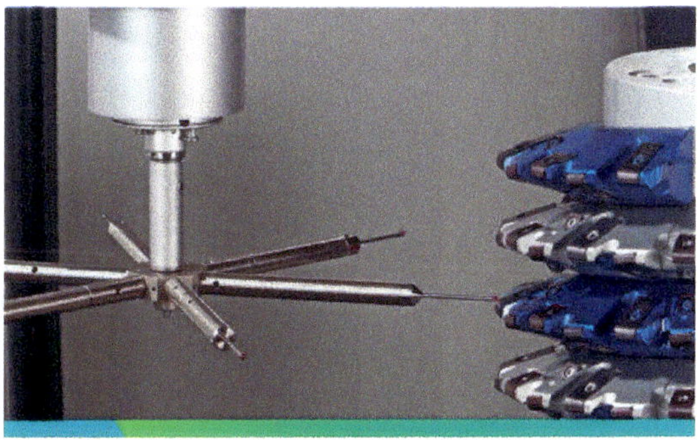

Máquinas de medición de coordenadas.

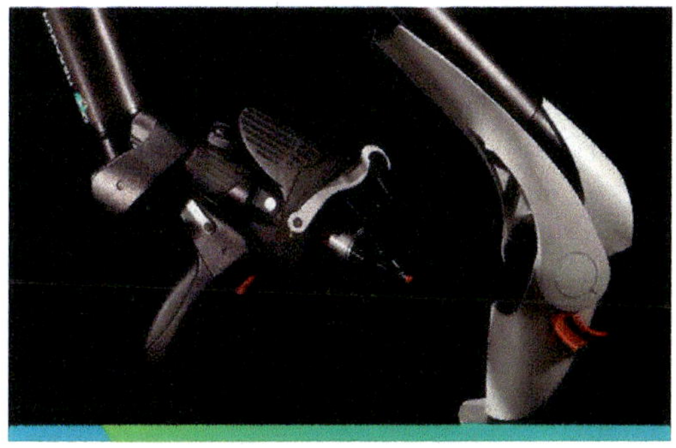

Brazos medición portátil.

Escáneres láser.

Sistemas Láser Tracker.

Teodolitos industriales.

Soluciones automatizadas.

MMC multisensor y ópticas.

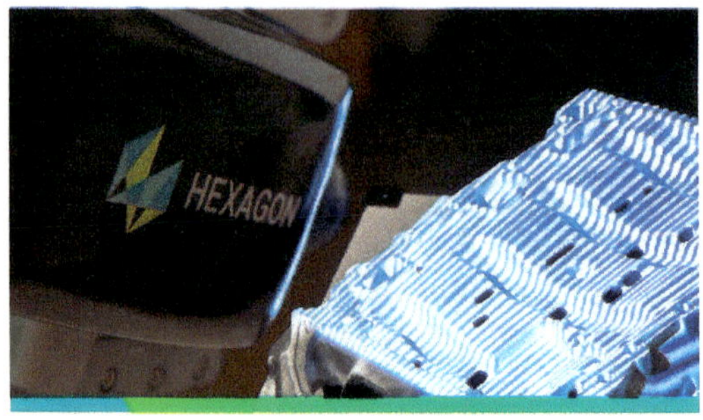

Sistemas escáner luz blanca.

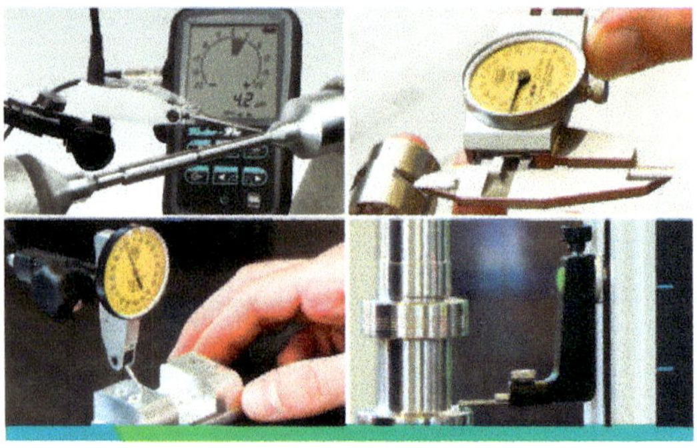

Micrómetros, calibres y galgas.

Medición en máquina herramienta.

Photogrammetry.

Medición de perfil y superficie.

Imágenes de Hexagon Metrology.

Capítulo 3
Las máquinas convencionales

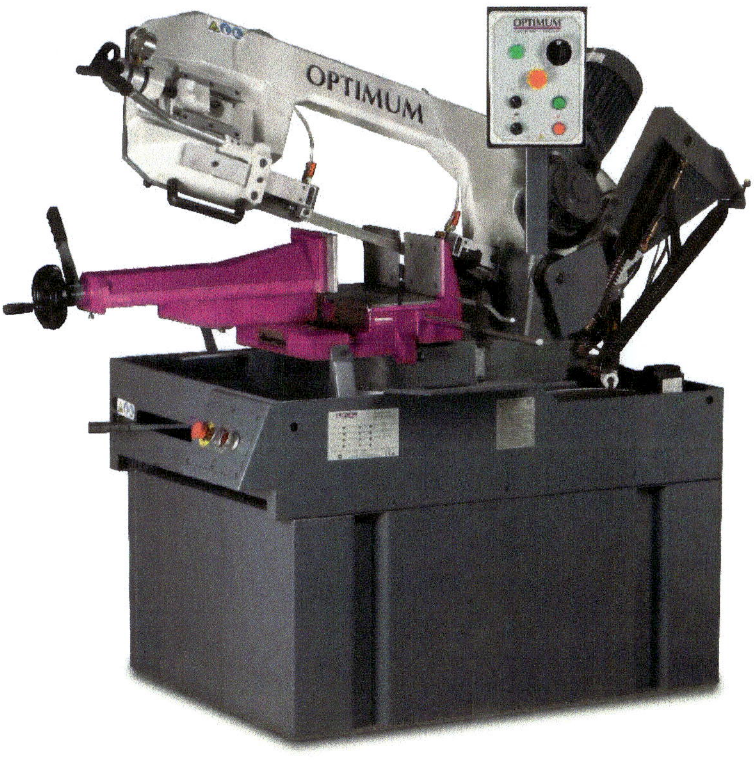

No debes confundir una máquina convencional con una máquina antigua o vieja.

Estos dos tornos pertenecen al mismo fabricante, pero han pasado unos cuantos años entre ellos.

En la imagen superior, puedes ver cómo eran los primeros tornos Pinacho que se fabricaron y, en la imagen inferior, tienes los tornos que se fabrican hoy día.

Imágenes de Metosa Group.

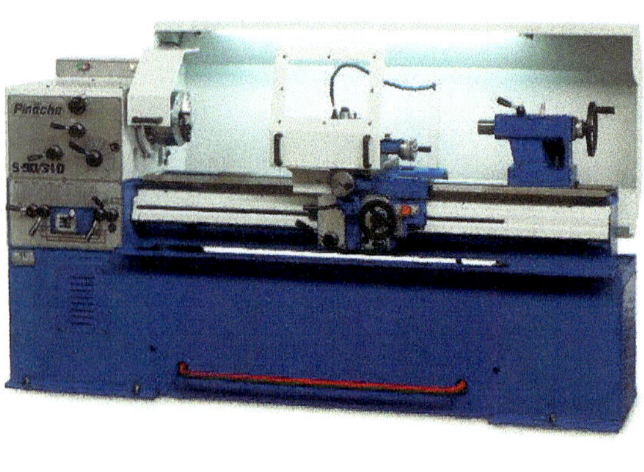

Este libro trata sobre el mecanizado CNC, así que no vamos a perder mucho tiempo hablando sobre máquinas convencionales. De todas formas, creo que es necesario una pequeña descripción de algunas máquinas, ya que, por muy moderno que sea nuestro taller, siempre necesitaremos la ayuda de este tipo de máquinas para trabajos concretos.

En esta imagen, puedes ver el típico torno convencional con avances automáticos, gracias a una caja de engranajes y, además, dispone de un visualizador de cotas, donde podemos ver la posición de la herramienta y trabajar de una manera más cómoda, rápida y precisa.

Es muy raro estar en un taller de mecanizado y no encontrarte con un torno de este estilo.

La verdad es que representa una buena opción contar con la ayuda de uno. Siempre vamos a necesitar retocar un casquillo, ajustar un eje, hacer una arandela, acometer una reparación... Y, para estos casos, no imagino nada mejor.

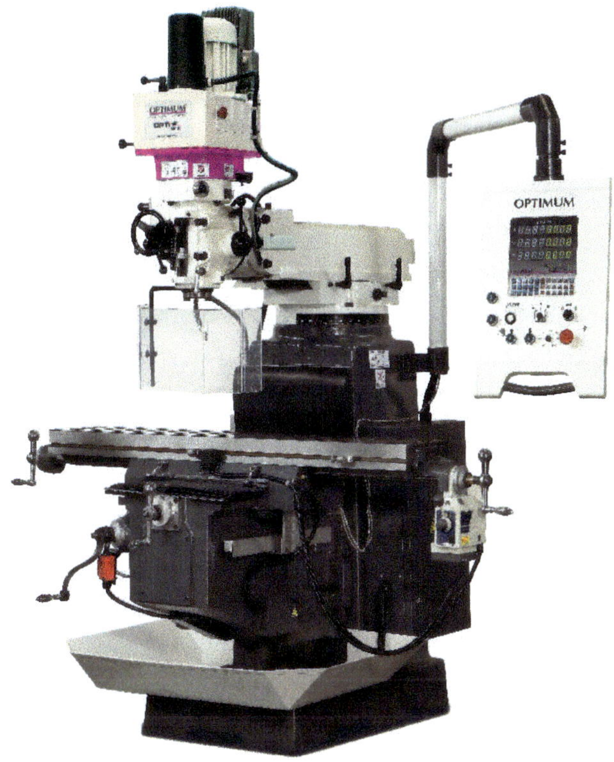

Imagen de Optimum Machines.

También tenemos nuestra fresadora convencional que, al igual que el torno, cuenta con avances automáticos y visualizador de cotas. Esta máquina también nos la encontraremos en los talleres, aunque con mucha menos frecuencia que el torno. Se necesita más destreza para usarla, porque se compone de más ejes, y el uso de varias palancas, a la vez, puede resultar algo más complejo.

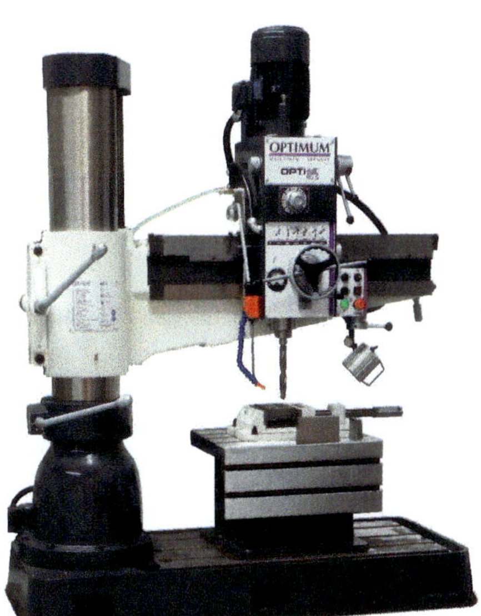

Imagen de Optimum Machines.

Otra máquina que no puede faltar en el taller es un taladro de columna.

En la imagen, se muestra un taladro radial.

Es como un taladro de columna, pero suele ser más grande y potente, además de constar de un brazo, por donde se desliza el cabezal de taladrar, con el fin de poder trabajar piezas grandes.

En lugar de desplazar y mover continuamente la pieza, lo que movemos es el cabezal, desplazándolo o girándolo.

Podemos hacer muchos trabajos con muy buenas calidades, acabados y tolerancias con máquinas convencionales, sin necesidad de saturar, en muchos casos, nuestras máquinas CNC.

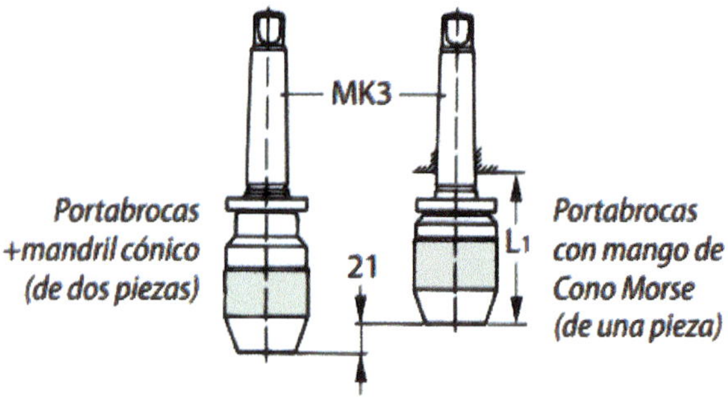

Los **conos Morse** son acoplamientos cónicos empleados en taladros, contrapuntos de tornos convencionales y algunos portaherramientas en máquinas CNC.

Existen diferentes tamaños, que se pueden ir acoplando unos en otros, hasta conseguir el tamaño necesario para acoplar en nuestra máquina.

No ofrecen gran precisión ni concentricidad y no son seguros a altas revoluciones. Reduciremos su uso para máquinas convencionales y en casos concretos en las máquinas CNC.

Imágenes de Hoffmann Group.

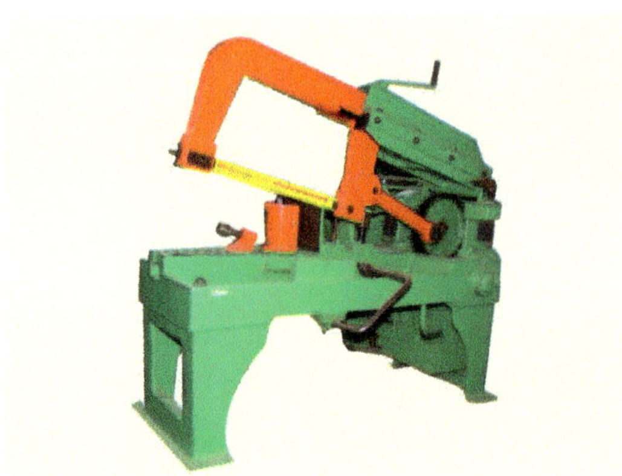

Otra de nuestras máquinas indispensables es la sierra.

Pocas veces verás sierras de vaivén, puesto que son más lentas y admiten menos opciones de trabajo.

Se puede decir que este tipo de máquinas ya forman parte de los museos, más que de los talleres.

La sierra de la imagen es una sierra de cinta.

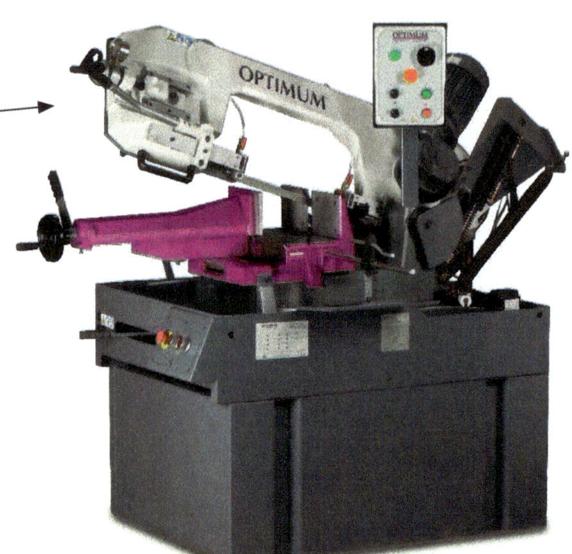

Imagen de Optimum Machines.

En virtud del tamaño de la sierra, podremos hacer cortes más o menos grandes.

Normalmente, una sierra de tamaño medio presenta un sistema hidráulico para la subida de la cinta, y la bajada se regula mediante un cilindro hidráulico, que la deja ir bajando por su propio peso.

Puede hacer cortes en ángulo.

También nos encontraremos con sierras con un sistema de avanzabarras incorporado, con el que se empuja el material para cortar hasta unas distancias previamente programadas y que puede trabajar de forma autónoma, para realizar varios cortes iguales.

Y, por supuesto, también hay sierras CNC programables y que realizan cortes a diferentes distancias, con diversos ángulos y variando las velocidades y revoluciones de corte, según las necesidades.

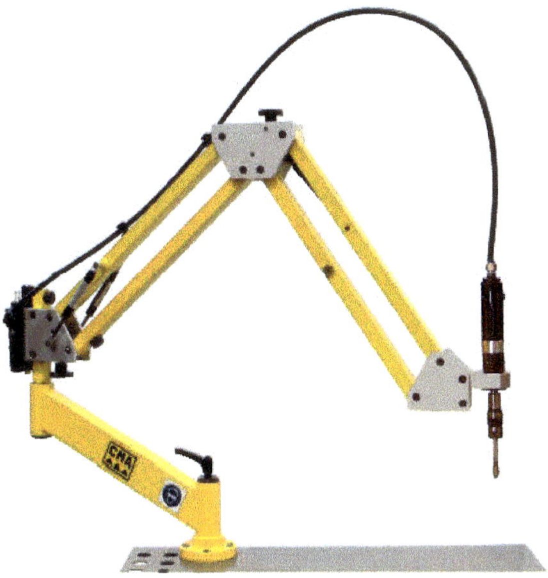

Imagen de CMAMACHINES.

Uno de los trabajos que nos ocasionará más dolores de cabeza será el roscado, sobre todo cuando hablamos de roscas pequeñas o con materiales duros.

Y es que no hay nada peor que, después de muchas horas de fabricación de una pieza, y cuando ya la tienes casi finalizada por completo, se rompa un macho de roscar dentro de la pieza.

En esta imagen se muestra una **roscadora manual.**

Esta herramienta se suele usar bastante en los talleres. Se trata de un brazo que se mantiene equilibrado con la ayuda de unos amortiguadores. Se puede mover fácilmente, a cualquier posición de la mesa de trabajo, pero lo más importante es que su cabezal permanece perfectamente perpendicular a la mesa, lo que garantiza conseguir un roscado muy bueno, fácil y, sobre todo, bien recto.

En su cabezal tiene un motor hidráulico que se acciona solo con dos botones, para dar giro a derechas y giro a izquierdas, lo que nos permite enroscar y desenroscar el macho, dando igual si la rosca es a derechas o a izquierdas.

Algunos fabricantes usan un motor eléctrico; hasta incluyen un tope regulable para la profundidad del roscado pues, cuando se acciona, la máquina, automáticamente, invierte el giro y saca el macho de roscar de inmediato del agujero ya roscado. La ventaja de usar esta herramienta en lugar de roscar a mano radica en, primeramente, su rapidez y, después, en realizar una rosca recta. Porque hacer una rosca a mano e introducir el macho perfectamente recto puede resultar complicado en ocasiones, por mucha experiencia que tengamos. Ya sé que insistí mucho en lo recta o perpendicular que ha de estar la rosca, pero, a veces, no se le da la importancia que merece y, cuando toca roscar un tornillo en una rosca torcida, puede constituir un gran problema, de difícil solución.

Y, ya que hablamos de la reparación de una rosca, te diré que sí, que se puede recuperar una pieza que tenga una rosca estropeada. El proceso consiste en colocar un inserto helicoil como el de la imagen.

Lo primero que hay que hacer es retaladrar el agujero con la rosca estropeada a una medida algo mayor; después, hacer una rosca especial para el inserto y, luego, introducir el inserto. Y ya estaría lista la pieza con la rosca reparada y con el mismo diámetro y paso de rosca que tenía. Hace falta un poco de experiencia para hacer este trabajo. Normalmente, se suele comprar un kit donde se incluye la broca con el diámetro exacto y el macho especial para la rosca del inserto, además de un útil para colocarlo.

Imagen de Hoffmann Group.

Imágenes de Hoffmann Group.

Estas son las pinzas que utilizan las roscadoras manuales, pero también sirven para las máquinas CNC.

Las pinzas tienen un enchufe rápido para facilitar el cambio. Vamos a necesitar una para cada medida de macho. Lo especial de estas herramientas reside en que cuentan con un embrague regulable manualmente y su trabajo consiste en no forzar el macho más allá de la fuerza a la que esté regulado. En el caso de que el macho lleve demasiado esfuerzo, exista mucha viruta o le cueste demasiado hacer la rosca; entonces, en lugar de forzar hasta romper, el embrague salta y el macho no gira.

Si invierto el giro, el macho vuelve a girar y puedo de nuevo insistir en el roscado. Para los machos de métricas más pequeñas, el embrague se regula de forma muy sensible y, para grandes roscas, el embrague se regula con más presión, ya que hacer una rosca grande necesita mucho esfuerzo y el macho soporta mejor esa presión.

Imagen de Meco Industries.

Mortajadora: el mortajado es un proceso con el cual se busca arrancar viruta para conseguir ranuras longitudinales. Su uso más habitual es el mecanizado de chaveteros.

La herramienta con forma de cuchilla hace un movimiento de subida y bajada, mientras la pieza situada en la mesa avanza hacia delante y hacia atrás.

Cuando la herramienta desciende, choca con la pieza y arranca material durante el recorrido regulado hasta un tope; después, la pieza se aleja, para que la herramienta suba y no roce con la pieza. A continuación, vamos incrementando el desplazamiento de la mesa y la herramienta continúa bajando y arrancando material. Este proceso es lento: por cada bajada de la herramienta, podemos avanzar la mesa unas pocas décimas o centésimas de milímetro, dependiendo de la dureza del material.

Como veremos en sucesivos capítulos, este trabajo lo podemos realizar en tornos y fresadoras CNC, aunque este tipo de máquinas está especialmente diseñado para tales trabajos y, además, es una buena ayuda para quitar carga de trabajo a las máquinas CNC, que normalmente son las que disponen de menos horas libres de trabajo.

Nos faltan muchas máquinas más sobre las que hablar, cuyo trabajo también consiste en el arranque de viruta, pero no quiero extenderme demasiado.

De todos modos, y por si te quedas con dudas, puedes buscar algo de información sobre máquinas como:

Brochadora: el brochado es un procedimiento de mecanizado por arranque de viruta, cuya herramienta se denomina «brocha». Tiene forma de barra y su superficie contiene múltiples dientes. La brocha se hace pasar por un orificio o una superficie, con el fin de obtener progresivamente el perfil de la brocha utilizada.

Veremos cómo realizar este proceso en máquinas CNC.

Bruñidora: el bruñido es un proceso de superacabado con abrasivo que se realiza a una pieza, con el objetivo de elevar la precisión y calidad superficial, además de mejorar la geometría (cilindricidad o redondez).

Máquina de electroerosión por penetración: este método de arranque de viruta ya difiere del concepto que tienes hasta ahora del mecanizado.

Esta máquina trabaja con un electrodo, que normalmente es de cobre y al cual hemos dado una forma en concreto. Por medio de descargas eléctricas, ese electrodo desgasta la pieza, dejando la forma del electrodo en la pieza.

Esta explicación es solo una idea general para empezar. Dicho procedimiento resulta bastante complejo y requiere de una muy amplia explicación.

Máquina de electroerosión por hilo: como la máquina anterior, ya te puedes imaginar que trabaja desgastando el material con descargas eléctricas, pero, a diferencia de la electroerosión por penetración, esta máquina tiene un hilo que está en continuo movimiento y el cual, al avanzar, corta la pieza.

Este proceso se utiliza para conseguir tolerancias muy precisas en zonas imposibles de acceder con otros medios. Además, no importa lo dura que sea la pieza; es capaz de cortar casi cualquier material que se le ponga por delante. Normalmente, realiza mejor su trabajo cuanto más duro es el material que cortar.

Gracias a que las máquinas cada vez cuentan con más ejes, pueden hacer trabajos increíbles.

Sí, lo sé. Las máquinas de electroerosión por hilo deben estar con las **máquinas CNC** y no con las **máquinas convencionales.** Las he mencionado aquí, para que tengas presente los dos tipos de electroerosión más empleados.

En la **electroerosión por penetración,** el electrodo solo realiza movimientos de arriba hacia abajo y, por lo tanto, no necesita un control para la gestión de los ejes aunque, por supuesto, también hay versiones CNC.

En la **electroerosión por hilo,** podemos trabajar con muchos ejes a la vez y necesitamos, sin duda, un control numérico para poder hacer la programación.

Capítulo 4
Las máquinas CNC

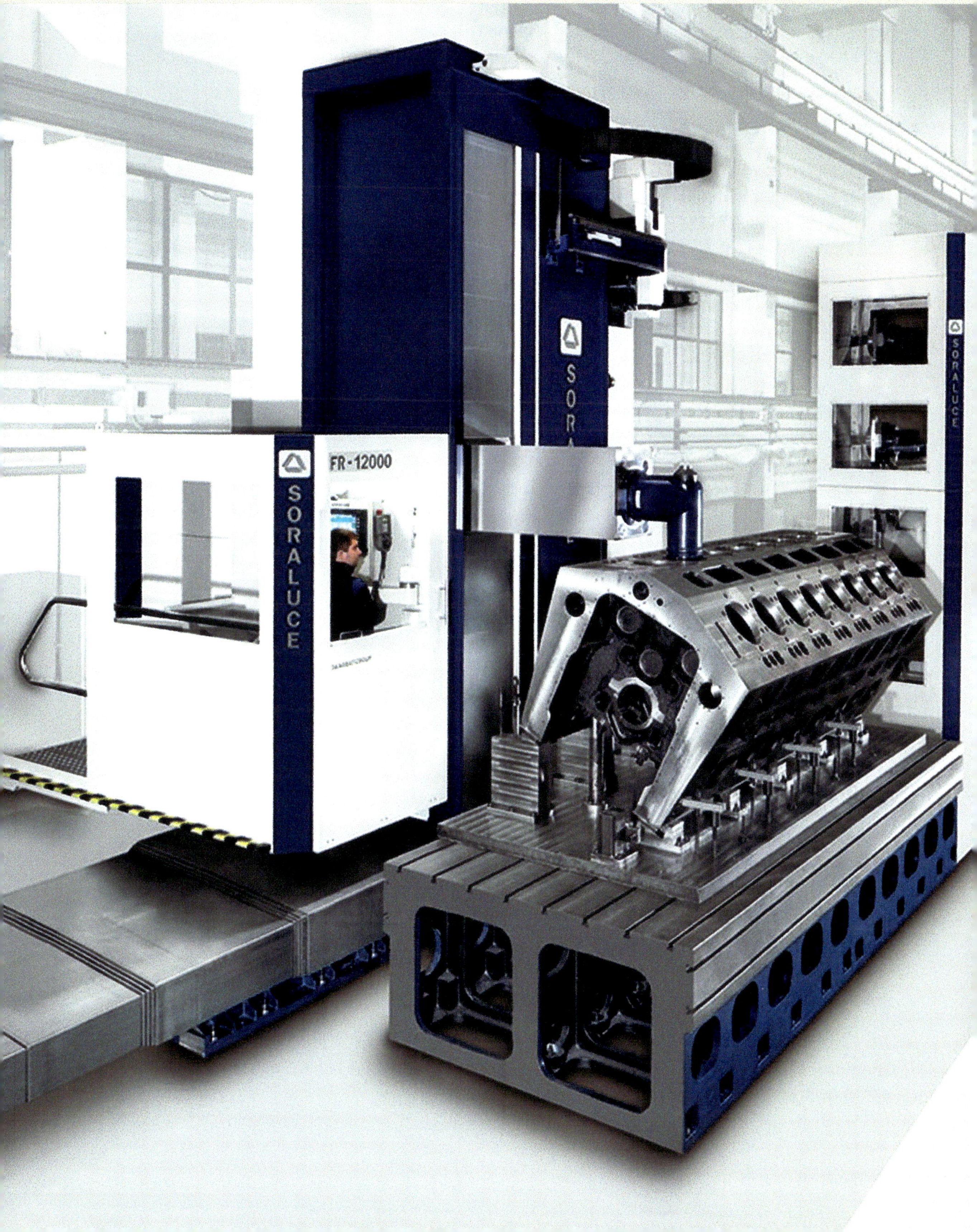

¿Recuerdas que, al principio del libro, hablábamos de que los talleres cada vez se parecen más a un laboratorio que a una mina de carbón? Pues esto se encuentra directamente relacionado con las máquinas.

Las máquinas antiguas, ya sean máquinas convencionales o CNC, apenas disponen de cierres, chapas, carcasas o carenados que eviten que, al utilizarlas, la viruta, la taladrina, los aceites de corte, etc. salgan despedidos en todas direcciones y ensucien cuanto rodea a la máquina.

Las máquinas modernas, por lo general, se fabrican con carenados, que hacen que la máquina sea estanca y la viruta y la suciedad que se producen al trabajar se queden dentro de la máquina y, así, mantener la zona de trabajo limpia.

Por supuesto, hay excepciones. Las máquinas de grandes dimensiones, ya sean tornos o fresadoras, suelen permanecer al aire.

Antes de empezar a hablar sobre las **máquinas CNC,** vamos a intentar entender qué máquinas hacen los distintos tipos de trabajos. Esta explicación también sirve para las máquinas convencionales que acabamos de ver.

Imagen de Haas Automation Inc.

Imagen de Ibarmia.

¿Qué diferencia un torno de una fresadora?

Básicamente, un torno puede fabricar piezas de revolución. «Pieza de revolución» se llama a una pieza cilíndrica; no debe confundirse con una pieza redonda. Una pieza redonda es, por ejemplo, un balón, y una pieza cilíndrica, un bate de béisbol.

Y, en una fresadora, vamos a fabricar piezas cuadradas, hexagonales, cilíndricas o casi con cualquier forma.

En un torno, la pieza se sujeta a un plato que la hace girar, mientras la herramienta se mueve a lo largo y ancho de la pieza, mecanizándola.

En una fresadora, la pieza se mantiene quieta, sujeta a la mesa, y es la herramienta la que gira y se mueve alrededor de la pieza, mecanizándola.

Esta explicación que te acabo de dar es demasiado simple y general. Vamos a dejar esta definición para los tornos y fresas convencionales, ya que, *en máquinas CNC, puedo hacer casi cualquier trabajo en ambas máquinas.*

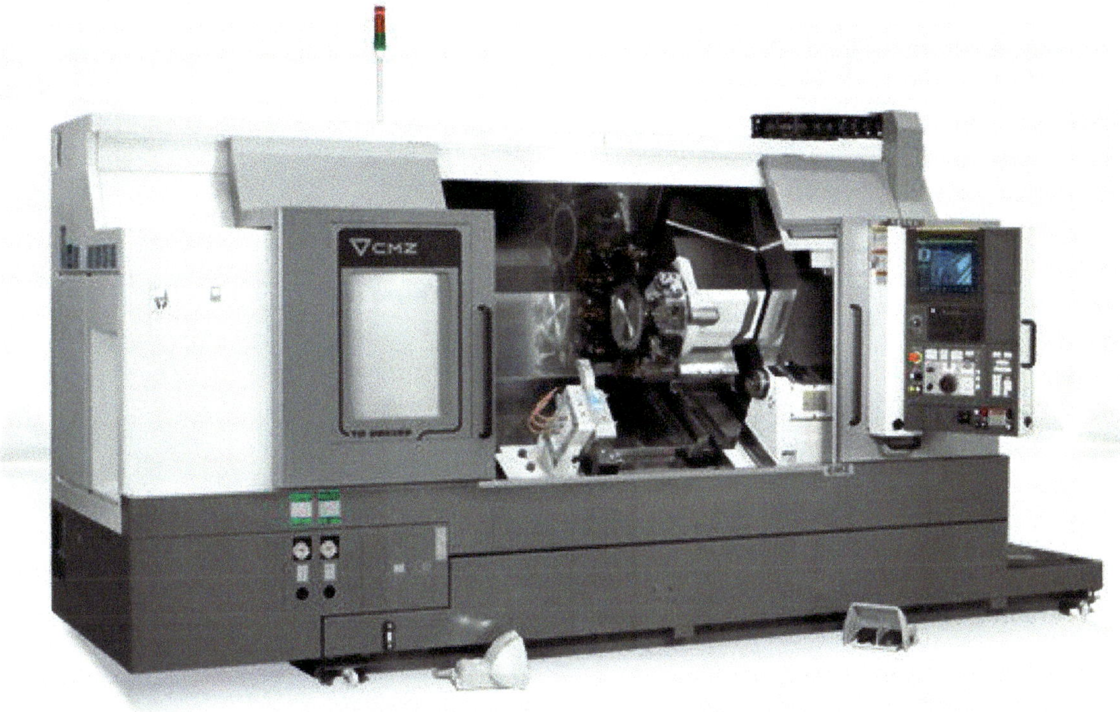

Imágenes de CMZ.

En estas imágenes, puedes ver tornos CNC de la marca CMZ, un fabricante de tornos español y uno de los mejores a nivel mundial.

Como puedes observar, este torno TTL se encuentra realizando un fresado, pero no un fresado normal: un fresado con 2 torretas, 24 posiciones motorizadas y mecanizando hasta 12 000 rpm.

Imagen de LNS.

Por si pensabas que los tornos modernos no son suficientemente autónomos, también puedes acoplar un **avanzabarras automático** que, conectado al torno, permite la alimentación del material que se vaya a mecanizar.

Una vez lo recargas con las barras a diferentes medidas, en función del modelo, se integra con el torno y le proporciona un suministro continuo de material.

Imagen de Haas Automation Inc.

El fabricante Haas Automation ofrece su propio **cargador automático de piezas** para sus tornos.

Se integra directamente sobre el control del torno; de esta forma, podemos conseguir una alta producción cuando mecanizamos grandes series de piezas.

Y, por supuesto, también podemos situar un brazo robotizado al lado del torno o la fresadora para realizar el cambio de pieza. Este sistema tiene un precio elevado y, por el momento, solo lo emplean fábricas donde se realizan grandes lotes de piezas iguales.

Existen en el mercado gran variedad de tornos en virtud del trabajo que se realice, ya que no se utiliza el mismo tipo de máquina para piezas pequeñas y en grandes cantidades que para fabricar piezas de grandes dimensiones.

Los **tornos de bancada horizontal** son los más habituales con los que te encontrarás en cualquier taller. Permiten un amplio abanico de posibilidades en cuanto a trabajos para realizar y poseen una gran estabilidad; son fiables y potentes y ofrecen una alta productividad. Este tipo de tornos nos permiten el uso de contrapuntos y lunetas, lo que garantiza unos mecanizados precisos y un gran arranque de viruta.

Los **tornos verticales** son perfectos para el mecanizado de piezas de gran tamaño y pesadas. Por lo tanto, suelen ser máquinas voluminosas y potentes, que no aportan grandes velocidades de corte, pero, gracias a las nuevas tecnologías, cada vez pueden hacer más funciones.

Los **centros de torneado** presentan capacidades multifunción, además de varios ejes añadidos.

En la torreta de las herramientas, se pueden incluir herramientas motorizadas, gracias a las cuales podremos hacer trabajos de **fresado, taladrado** y **roscado** en distintas caras de la pieza.

También pueden incluir un subhusillo o husillo secundario, el cual se posiciona en la zona donde habitualmente se encuentra el contrapunto y, gracias al cual, podremos cambiar la pieza de un husillo a otro de forma automática, lo que permite el mecanizado de todas las caras de la pieza y la realización de un trabajo completo, sin necesidad de girar la pieza de forma manual.

Imagen de CMZ.

También tenemos los **tornos multihusillo,** que suelen ser máquinas de dimensiones reducidas, pero que permiten altas velocidades de trabajo y resultan ideales para grandes series.

Como te iba diciendo, hoy día, las máquinas son cada vez más versátiles y pueden hacer trabajos que parecen imposibles. Para que esto sea posible, dependemos de los ejes que tenga nuestra máquina.

¿Qué es eso de los ejes? Los ejes de una máquina son los mecanismos que tiene, para hacer que las partes internas de la máquina se puedan mover en una dirección u otra.

El movimiento de derecha a izquierda corresponde a un eje; el movimiento de adelante y atrás corresponde a otro, y así sucesivamente.

Pues bien, a medida que incluyamos ejes en la máquina, iremos haciendo movimientos más complejos y llegaremos a sitios más difíciles.

Para empezar por lo más básico, vete recordando los tres ejes principales: **eje X, eje Y** y **eje Z.**

Solemos distinguir, en las máquinas de fresado, dos tipos: principalmente, las **fresadoras** y los **centros de mecanizado.**

Para que te hagas una idea general, llamamos **centro de mecanizado** a una fresadora de pequeñas dimensiones, que normalmente suele ser la que cuenta con unos recorridos en sus ejes de hasta dos metros en el eje X, o sea, en la mesa de trabajo.

Son máquinas que siempre están carenadas y muestran grandes velocidades de corte, desplazamientos y husillos, que pueden llegar a altas revoluciones.

Y llamaremos **fresadora** a aquella máquina cuya mesa mida más de dos metros de longitud.

Estas fresadoras, por lo general, son algo más lentas que los centros de mecanizado, ya que sirven para trabajar con piezas más grandes y pesadas y tienen un cabezal para trabajar que aporta menos revoluciones que el husillo de un centro de mecanizado, pero ofrecen mucha más potencia de arranque de viruta.

Como siempre te digo, esta es una definición general. Los fabricantes cada día nos sorprenden con nuevos conceptos de máquinas y, a veces, resulta difícil definir con precisión si estamos ante un centro de mecanizado grande o una fresadora pequeña, un torno fresadora o una fresadora con módulo de torneado...

Un centro de mecanizado vertical básico cuenta con los tres ejes principales para realizar los trabajos anteriormente nombrados.

A medida que se le incorporan más ejes, podemos trabajar con un plato divisor, el cual nos permitirá el mecanizado por cuatro caras distintas de una sola atada, o puede incorporar una mesa con giro, una bancada oscilante o un cabezal multiposición, gracias al cual conseguimos hasta cinco ejes en movimiento continuo para fabricar álabes de turbina, entre otros muchísimos trabajos.

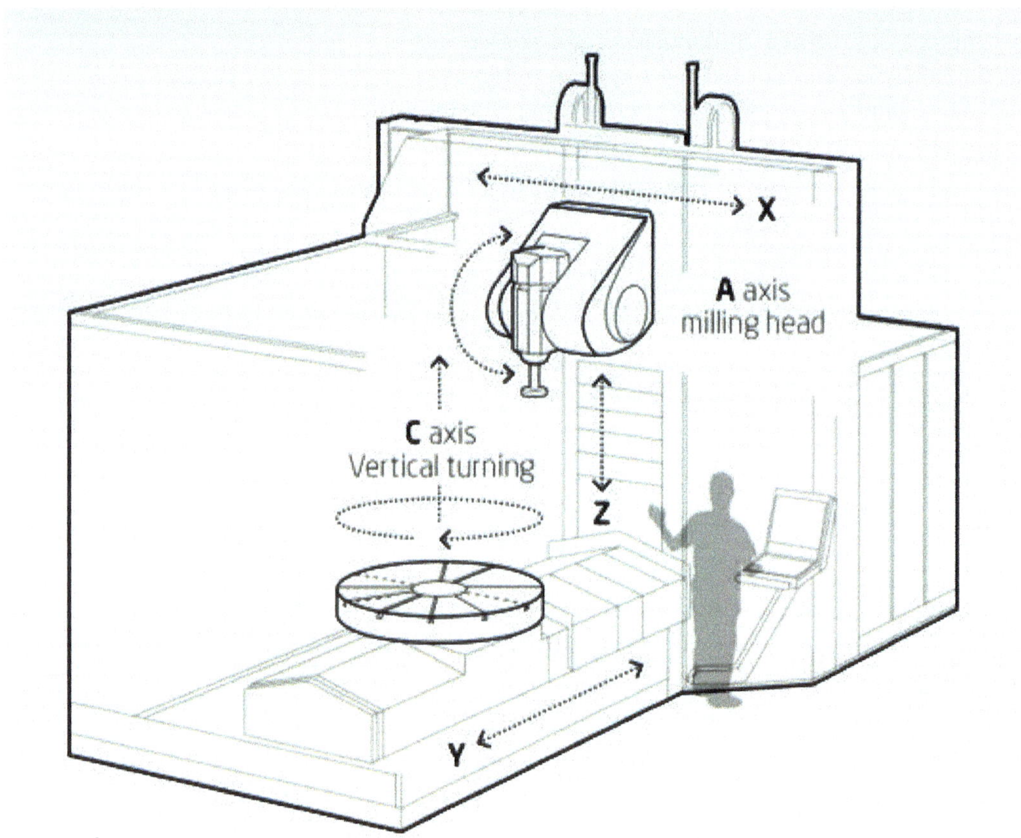

MULTIPROCESS+.

Esta máquina del fabricante **Ibarmia** es capaz de fresar en cinco ejes, tornear y rectificar.

Nos encontramos en el inicio, donde cada día será más habitual ver fresadoras de última generación que incorporen cabezales especiales para poder imprimir metales en tres dimensiones.

Podremos imprimir la pieza y, sin moverla de la máquina, hacer el mecanizado necesario para conseguir los ajustes y tolerancias precisos.

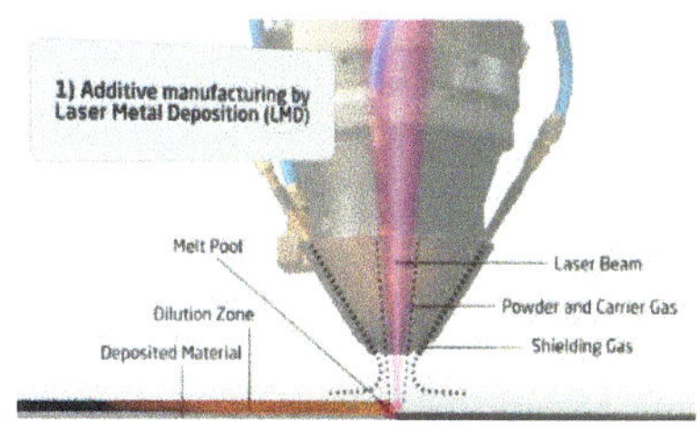

Estas imágenes pertenecen a Ibarmia, fabricante español de centros de mecanizado de alta tecnología.

LMD son las siglas de Laser Metal Deposition.

Si todavía no estás impresionado, aquí tienes unas máquinas realmente sorprendentes del fabricante Soraluce. Son capaces de fresar, tornear, mandrinar, taladrar y roscar en una sola atada.

Disponen, igualmente, de cambios automáticos de cabezales e incluso de máquinas dúplex. Es como trabajar con dos máquinas a la vez sobre la misma pieza.

Presentan, asimismo, una tecnología, unos diseños y una estética espectacular. Esto sí que es industria 4.0.

Imágenes de Soraluce.

Soraluce cuenta con un sistema patentado que reduce el consumo de electricidad en un 20 %.

Es el compromiso del Grupo Danobat con el desarrollo sostenible y la innovación.

Los **centros de mecanizado horizontales** presentan las funciones principales de un centro vertical, a diferencia de que el husillo se encuentra situado con respecto a la horizontal de la mesa, e incluyen una mesa que permite el giro. Básicamente, constituyen una especie de mandrinadora en pequeño. Suelen ser muy habituales en la fabricación de piezas para el sector automovilístico, porque permiten trabajar con cambiadores de palés, lo cual aumenta notablemente la producción, ya que la máquina apenas se encuentra parada entre cambio y cambio de trabajo.

Imagen de Haas Automation Inc.

Por último, te voy a hablar sobre las máquinas multitarea, las cuales son la suma de un torno horizontal y un centro de mecanizado vertical con el cabezal de una fresadora. ¡Vaya lío!, ¿no?

Este tipo de máquinas cada vez están más extendidas, ya que ofrecen la mayor versatilidad del mercado para trabajos variados en general. En principio, su funcionamiento es como el de un torno normal, pero, en lugar de tener una torreta con las herramientas, cuenta con un cabezal de fresado, en el cual se añaden las herramientas gracias a un almacén y se tornea la pieza de forma habitual. Una vez se han terminado los procesos de torneado, podremos utilizar las herramientas de fresado y comenzar a mecanizar la pieza, creando todo tipo de formas y consiguiendo la realización de una pieza completa en una sola máquina y de una sola atada, lo que garantiza unas tolerancias, unos paralelismos y una concentricidad entre las caras que mecanizar perfectas.

Imagen de Ibarmia.

En este libro nos centramos, principalmente, en los tornos y las fresadoras como máquinas de control numérico, pero existen infinidad de máquinas que, ya sea para arranque de viruta u otros trabajos, también son máquinas de control numérico.

Imagen de Haas Automation Inc.

En la imagen anterior te muestro la bancada de una máquina CNC. Quiero que entiendas que la base principal de una buena máquina parte de su estructura. En este caso, sería el equivalente del chasis de nuestro coche. La bancada se fabrica en fundición y aporta peso y, especialmente, rigidez para poder absorber las fuerzas, las aceleraciones y el gran esfuerzo al que someteremos a nuestra máquina a lo largo de muchas horas de funcionamiento.

Aunque pueda parecerte increíble, a la hora de mecanizar, es tanta la fuerza que se produce que la máquina tiende a doblarse y retorcerse. Por eso, las máquinas de grandes dimensiones necesitan anclarse al suelo con grandes pernos y sobre cimientos capaces de soportar el peso de muchas toneladas.

Cuanto más pesada y robusta sea la bancada de una máquina, mejor resultado podrá aportar a su trabajo.

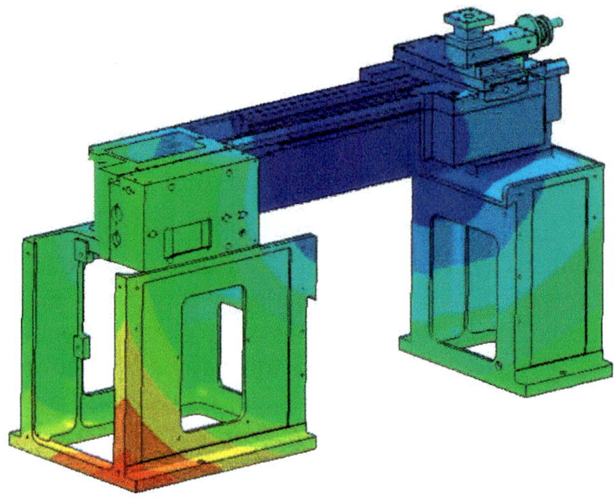

Imagen de Metosa Group.

Los coches antiguos contaban con una mecánica y electricidad relativamente sencillas. Cualquier persona, con unos conocimientos básicos de mecánica o electricidad, podía realizar un cambio de aceite, una sustitución de bujías o reemplazar una bombilla fundida, así como acometer cualquier reparación sencilla.

Sin embargo, hoy día, los coches modernos cuentan con una mecánica que, en principio, no difiere mucho de los modelos anteriores, pero a la que se ha incorporado mucha electricidad y electrónica. El acceso cada vez es más complicado, y ya no podemos hacer ni tan siquiera un cambio de aceite o, en muchos casos, no somos capaces de cambiar ni una sola bombilla sin herramientas especiales o incluso un ordenador conectado a la centralita del coche.

¿Por qué te cuento esto? Pues bien, en las máquinas CNC modernas ocurre lo mismo.

Debemos hacernos cargo en exclusiva de un mantenimiento básico, de revisar los niveles, de engrasar determinadas partes o de realizar la limpieza y verificación..., pero poco más. Se podría decir que casi el 100 % de los mecanismos internos de la máquina se encuentran controlados y gestionados mediante sensores y captadores, que continuamente envían información a la centralita de nuestra máquina. Esa centralita, o control, nos informa de cualquier error o mal funcionamiento, pero, en la mayoría de las ocasiones, no podremos hacer nada. Es necesario que un técnico especializado en la marca acuda a nuestro taller.

Antiguamente, cualquier trabajador, ya fuera tornero o fresador, desmontaba su máquina y reparaba las piezas desgastadas o rotas. Eso ya es historia.

De todas formas, se aconseja disponer de unos conocimientos mínimos sobre mecánica, por si se necesita apretar un tornillo, cambiar una manguera, extraer el depósito de taladrina o limpiar el recogevirutas.

La mayoría de los talleres no disponen de un servicio técnico cerca, y eso quiere decir que, ante una avería, nuestra máquina va a estar parada más tiempo del que nos gustaría. *Una máquina parada no produce*.

Vivimos de la producción que sale de las máquinas; por esa razón, resulta importante mentalizarse para cuidar de nuestras máquinas, haciendo mantenimientos precisos, verificando el correcto funcionamiento de todas las partes y tratando a la máquina como lo que es: nuestro medio de vida.

El trabajo es duro; todos los trabajos lo son. Pero, gracias a las nuevas tecnologías, cada día se hace más llevadero.

A todos nos gustaría poder conducir un Ferrari a diario. Piensa esto: es muy probable que la máquina con la que trabajas tenga tanta potencia, tecnología, ingeniería y seguramente cueste más dinero que un Ferrari; algunas incluso más que un Fórmula 1.

Necesitamos ser buenos pilotos y disponer de grandes conocimientos para estar al volante.

Nunca dejes de formarte y aprender. Disfruta y enorgullécete de tu trabajo.

Capítulo 5
Los materiales

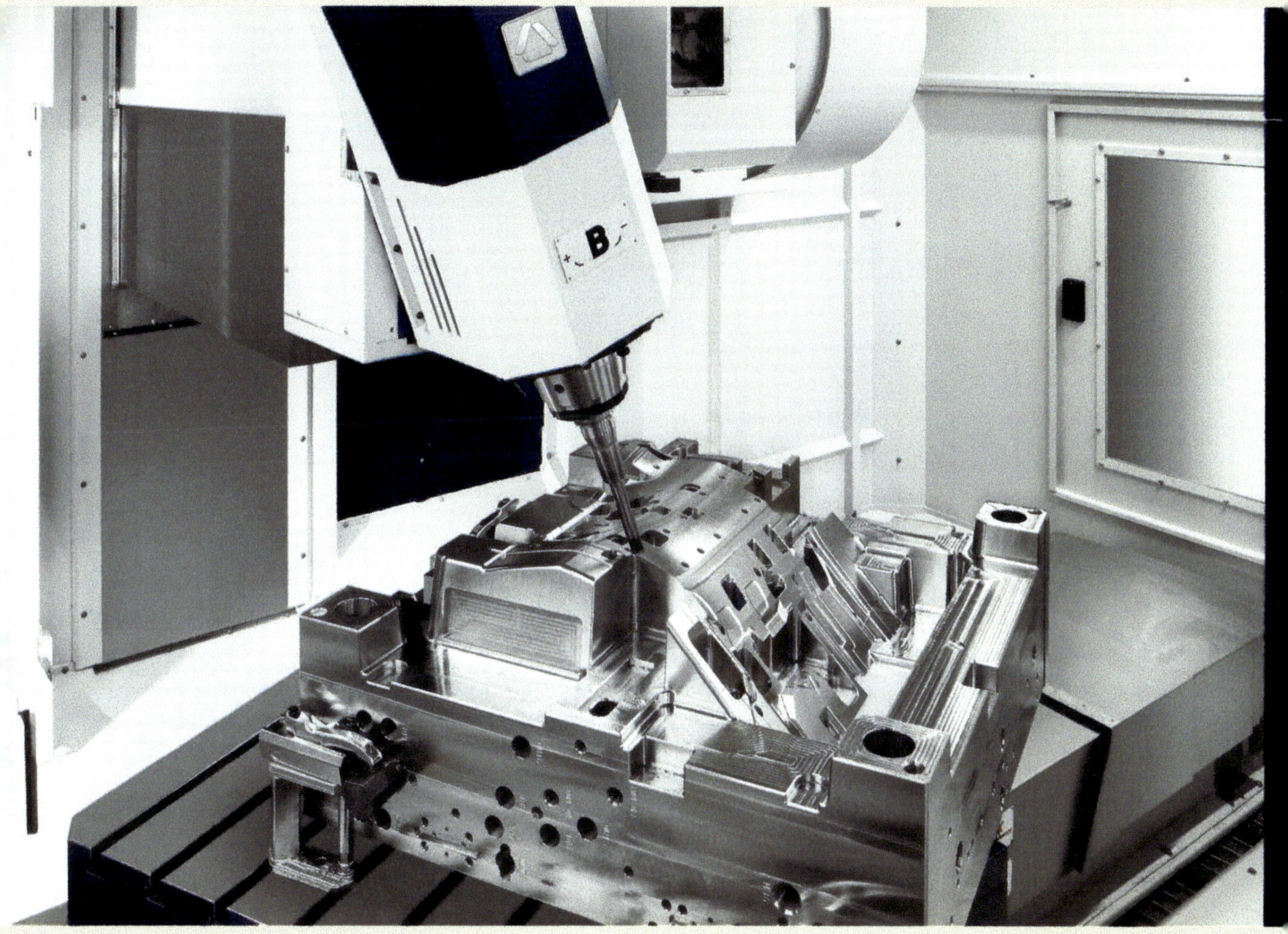

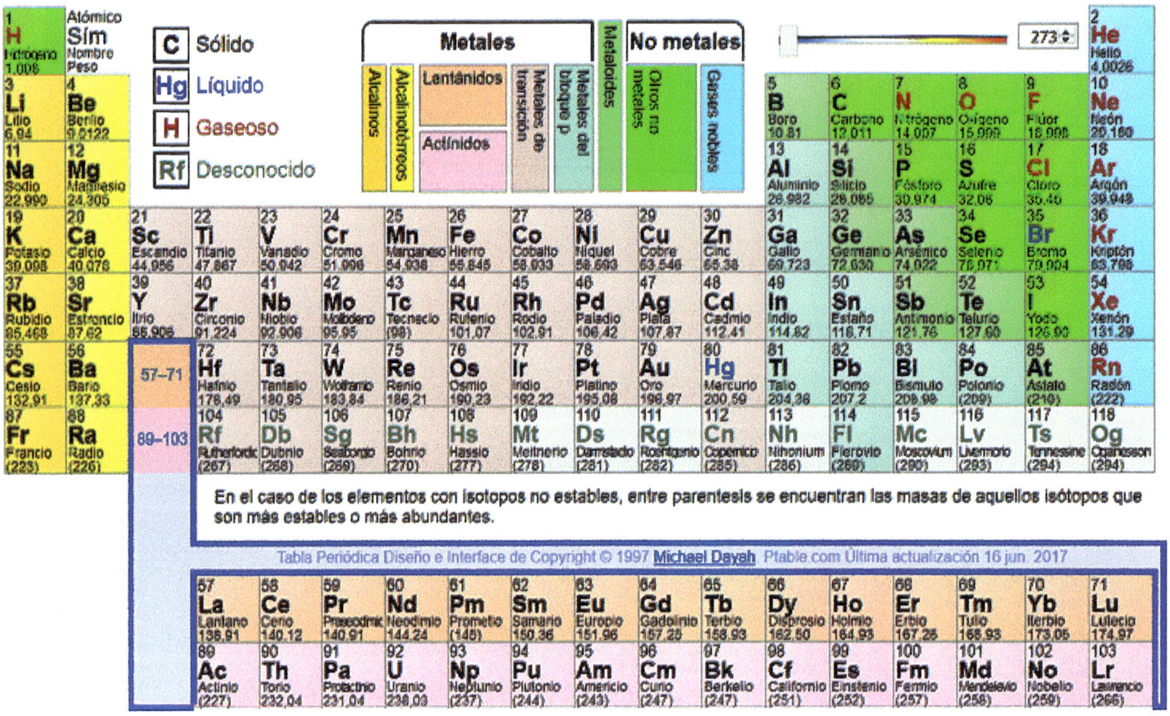

Imagen de Wikipedia.

Estoy seguro de que te suena esta tabla de la imagen.

Se trata de la tabla periódica de los elementos, una disposición de los elementos químicos en forma de tabla ordenados por su número atómico.

Pues bien, esta tabla que todos estudiamos en el colegio constituye la base a partir de la cual se crean la mayoría de los materiales con los que vamos a trabajar.

La mayoría de los elementos son metales y, al igual que un cocinero utiliza ingredientes para cocinar su comida y darle un sabor, un color o una textura, así es como se crean los materiales.

Nunca tendremos la oportunidad de trabajar con un material puro. Todos los materiales son mezclas de diferentes elementos y te puedes hacer una idea de la grandísima cantidad de materiales distintos que se pueden crear.

Sería casi imposible meter en un solo libro toda la información acerca de los materiales y definir sus cualidades, usos, capacidades o tratamientos.

Siguiendo en nuestra línea de hablar un poco en general y para darte un punto de partida, te explicaré los tipos de materiales más comunes con los que vamos a trabajar. Pero no olvides que, dentro de cada uno de ellos, se produce una infinidad de aleaciones distintas.

El más corriente y de uso generalizado, por supuesto, es el **acero.**

Aquí tenemos que abrir un gran paréntesis, puesto que llamamos «acero» a una aleación de hierro y carbono en un determinado porcentaje. Dependiendo de si añadimos más ingredientes a nuestro pastel, se crearán aceros más duros, blandos, fáciles de mecanizar, inoxidables, antidesgaste...

Algunos de estos ingredientes pueden ser el cromo, el molibdeno, el níquel o el wolframio.

Como ya sabes que me gusta ponértelo fácil, te voy a mostrar otra tabla.

ISO	CMC	MATERIAL
P	01. 02. 03. 06.	Acero no aleado Acero de baja aleación (< 5% aleantes) Acero de alta aleación (> 5% aleantes) Fundiciones de acero
M	05. 15.	Acero inoxidable austenítico Acero inoxidable fundido
K	07. 08. 09.	Fundición de hierro maleable Fundición gris (GCI) Fundición de hierro nodular (NCI, CGI)
N	30. 33.	Aleaciones de aluminio Aleaciones de cobre
S	20. 23.	Superaleaciones termorresistentes (HRSA) Aleaciones de titanio
H	04. 10.	Acero extraduro (> 45 HRC) Fundición de hierro en coquilla

La principal diferencia con la tabla periódica de los elementos estriba en que, con esta tabla, trabajarás todos los días, ya que es la empleada por los fabricantes de herramientas para definir, de una forma más genérica, el tipo de material que puede cortar cada herramienta.

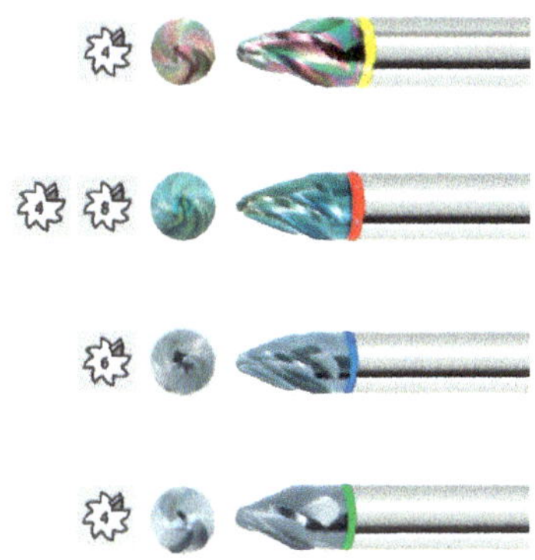

Imágenes de Hoffmann Group.

Como puedes ver en las imágenes, este fabricante emplea unos anillos de colores para identificar, claramente, las distintas herramientas.

Cada color corresponde a un grupo de materiales que la herramienta es capaz de mecanizar.

A continuación, veremos de manera resumida las características y detalles más importantes que debes conocer sobre cada grupo de material.

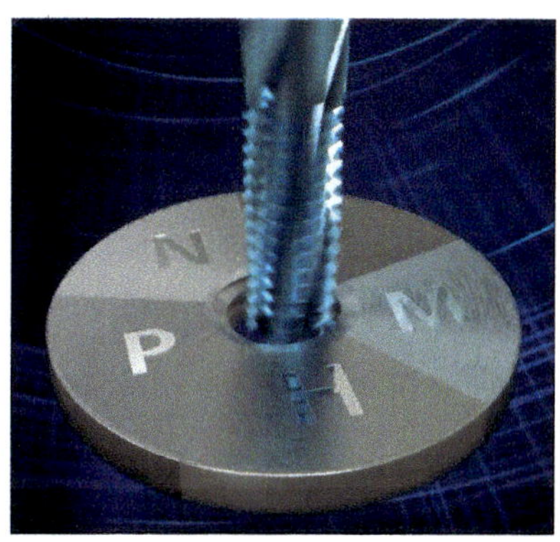

P

El color azul muestra los aceros que, con más frecuencia, se usan en la industria, es decir, con los que nos pegaremos todos los días.

Acuérdate de que, dentro de cada acero, existen muchas aleaciones distintas, en función del uso que se les dé. Tenemos aceros especiales para fabricar herramientas (más resistentes) o aceros para fabricar muelles (más elásticos).

Por lo general, estos materiales los podremos mecanizar bastante bien, aunque percibiremos diferencias en virtud de la dureza del material.

Estos materiales crean una viruta cuyo control resulta relativamente sencillo.

La potencia de máquina que necesitamos para mecanizar entra dentro de un rango medio.

M

Con el color amarillo, se designa a los aceros inoxidables que, dependiendo de su aleación, utilizaremos en el sector de la alimentación o en la fabricación de electrodomésticos, joyas, tubos de escape, etc.

Todos ellos contienen, como mínimo, un 12 % de cromo.

Durante el mecanizado de estos materiales, se producirán altas temperaturas en la zona de corte, gran desgaste del filo de corte en las herramientas y también material de aportación en el filo.

En los aceros inoxidables, también nos encontraremos con viruta larga, pero su control será un poco más complicado que en los aceros al carbono.

La potencia de máquina que necesitamos es algo superior a la media.

K

El color rojo incluye las fundiciones. Tendremos distintas aleaciones, según el uso.

Diferenciamos cinco tipos principales de fundición: gris (GCI), maleable (MCI), nodular (NCI), de grafito compacto (CGI) y dúctil austemperizada (ADI).

Los dos primeros tipos de fundición (la gris y la maleable) son muy fáciles de mecanizar.

Sin embargo, los tres tipos restantes no resultarán tan fáciles de trabajar.

Todas las fundiciones, en general, producen una viruta corta durante el proceso de mecanizado, fácil de evacuar y controlar.

Estas fundiciones provocan un rápido desgaste en los filos de la herramienta, por ser un material muy abrasivo.

La potencia de máquina necesaria para el mecanizado es similar a los aceros al carbono.

N

En el color verde, hallamos todas las aleaciones de aluminio y de cobre.

Dentro de las aleaciones de cobre, se sitúan el bronce y el latón, empleados habitualmente en la fabricación de casquillos y tuercas, gracias a su capacidad de deslizamiento sobre otras piezas de acero.

La mayoría de estas aleaciones crean materiales blandos, los cuales mecanizaremos utilizando filos de corte muy agudos y grandes velocidades de corte, en conjunción con una buena refrigeración y lubricación, para evitar que se produzca aportación de material sobre el filo de corte.

La viruta que se genera es larga y su control resulta sencillo, aunque existen excepciones.

Necesitaremos emplear poca potencia de máquina para mecanizar este grupo de materiales.

S

El color naranja nos muestra las superaleaciones termorresistentes y el titanio.

El titanio es muy empleado en la fabricación de prótesis, debido a que se trata de un material que nuestro cuerpo no rechaza; además, es muy resistente y extremadamente ligero.

Estas superaleaciones presentan una gran resistencia a la corrosión y a las altas temperaturas.

El mecanizado de este grupo de materiales resulta complejo. Se producen elevadas temperaturas y debemos emplear profundidades de corte pequeñas, como consecuencia de las grandes fuerzas que se generan, lo que provoca un desgaste rápido del filo de la herramienta.

Debemos utilizar calidades altas en las plaquitas de metal duro, siendo aconsejables las geometrías redondas. En muchas ocasiones, se precisa también el uso de plaquitas cerámicas.

Generan una viruta larga, difícil de controlar.

Necesitaremos una potencia de máquina bastante alta.

H

Con color azul claro, se indican los materiales extraduros.

Hablamos de aceros que han sido fabricados para trabajar, por ejemplo, en máquinas punzonadoras o troqueladoras. También nos referimos, simplemente, a aceros al carbono del primer grupo, que han pasado por un tratamiento térmico para cambiar su estructura y darles mayor dureza, normalmente comprendida entre 45 y 65 HRc.

El mecanizado se suele centrar en operaciones de acabado, ya que es muy difícil hacer grandes desbastes de material.

Lo más habitual es que, una vez mecanizado y dada la forma requerida a un acero al carbono más o menos duro, se le añada un tratamiento térmico y, por eso, este mecanizado solo consistirá en un pequeño ajuste final.

Gracias al empleo cada vez más habitual de las máquinas de corte por hilo, no importa lo duro que sea el material, ya que, cuanto más, mejor será el resultado final.

Estos materiales también producen una viruta larga, que no es tan complicada de controlar como la del grupo anterior.

Precisaremos de una gran potencia de máquina para el mecanizado.

Y, por supuesto, necesitamos emplear herramientas especiales, capaces de cortar estos materiales y resistir grandes temperaturas que se producen en el filo de corte.

Imagen de Hoffmann Group.

Digamos, de una forma muy resumida, que tenemos una tabla donde se nos muestran los materiales con los que trabajaremos, pero está claro que aquí falta mucho por añadir.

No están los plásticos, los *composites,* las maderas... que cada día se abren un hueco más grande en la industria, gracias a sus cualidades de resistencia, unidas a un peso menor que el acero.

Mecanizado de plásticos

Los plásticos técnicos han revolucionado la ingeniería por ser materiales mecanizables, ligeros y resistentes; por ello, cada vez se emplean más como sustitutos de los aceros y otros metales.

Muchos plásticos se inyectan y moldean, pero no todos pueden soportar tales procesos y necesitan ser mecanizados por arranque de viruta.

Para hacer una tabla como la de los aceros, cabe distinguir las tres familias más importantes:

- Los plásticos estándar, con un punto de fusión en torno a 100 grados como, por ejemplo, PPE, ABS, PP, PS, PA...
- Los plásticos de ingeniería, con un punto de fusión en torno a 150 grados: PET, POM, PMP...
- Los plásticos de alta temperatura, cuyo punto de fusión ronda los 300 grados y son PEEK o PVDF.

Imagen de Haas Automation Inc.

Uno de los principales problemas de mecanizar piezas de plástico en un torno radica en la viruta. Hay plásticos que, cuando la plaquita se encuentra cortando, generan unos hilos largos que se enredan en el plato, las garras y las herramientas.

En la fresadora no se suele producir este efecto, pero resulta bastante habitual que los pequeños trozos de plástico se cuelen por todas partes y provoquen atascos en los conductos de taladrina e incluso atascos en las cadenas extractoras de virutas, al compactarse y crear tapones.

También ocurre que muchos plásticos son incompatibles con los lubricantes, aceites y taladrinas, puesto que pueden dañarlos y es necesario utilizar aire, para enfriar tanto la herramienta como el propio plástico.

El uso de los plásticos se realiza, principalmente, por razones económicas o técnicas, ya que muchas piezas presentan grandes dimensiones y esto produce piezas muy pesadas. Hay que conseguir una buena relación entre resistencia mecánica y peso.

En comparación con los metales, los plásticos tienen unas cualidades en ocasiones mejores y, en otras, peores, a la hora de trabajar con ellos.

El plástico presenta menos rigidez y una mayor elasticidad. Se produce, igualmente, una pequeña dilatación, debido a que absorbe humedad; por ejemplo, de los productos de refrigeración.

Los plásticos no disipan bien el calor, por lo que es importante evitar un elevado rozamiento de la herramienta en el momento del corte y una buena refrigeración.

Dependiendo del plástico que se mecanice, se pueden producir grietas, desgarros, roturas y deformaciones, principalmente, en las aristas y esquinas de la pieza, sobre todo en el momento en el que la herramienta sale de la pieza.

En el mecanizado de plásticos es donde podemos utilizar, de una manera más habitual, las herramientas de acero rápido HSS, ya que necesitamos emplear altas velocidades de corte y, si empleamos herramientas de metal duro, necesitaremos máquinas modernas con grandes velocidades de avance y altas revoluciones.

Imagen de Hoffmann Group.

Capítulo 6
Las herramientas

Las **herramientas** han evolucionado mucho a lo largo del tiempo y han tenido que adaptarse a los nuevos materiales que se construyen y, sobre todo, a las nuevas máquinas y procesos de mecanizado.

Las herramientas tienen tres propiedades, que las definirán para el trabajo realizado:

- **Desgaste:** resistencia del material con el que está fabricada la herramienta frente al material que se vaya a mecanizar.
- **Tenacidad:** capacidad que tiene la herramienta para soportar las condiciones de trabajo y no romperse.
- **Comportamiento a diferentes temperaturas:** factor clave que tener en cuenta según el material y el estilo de mecanizado que utilicemos. Uno de los factores que más dañan nuestra herramienta se encuentra en los cambios bruscos de temperatura producidos durante el mecanizado.

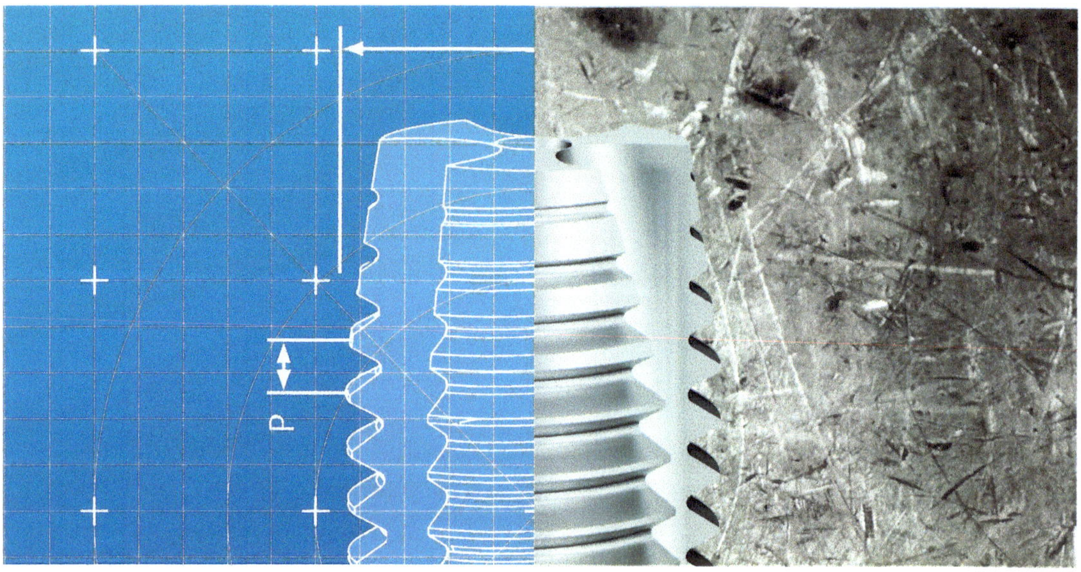

Imagen de Hoffmann Group.

Es casi imposible poder explicar todas y cada una de las herramientas que existen en el mercado, ya que cada fabricante cuenta con las suyas propias, adaptadas a los distintos procesos de trabajo y cuyas cualidades varían notablemente.

En sucesivos capítulos, donde te explico los procesos de mecanizado, veremos cuáles son las herramientas apropiadas para cada trabajo y cómo debes utilizarlas.

Ahora veremos algunas de las principales herramientas. Para detalles concretos sobre cada una, puedes buscar en Internet los catálogos de los fabricantes y descargarlos en formato PDF, en los que encontrarás toda la documentación e información que necesitas conocer para el uso de cada herramienta.

Nadie conoce mejor su herramienta que el fabricante; es él quien nos indica las velocidades de corte que debemos asignar a la herramienta. También nos señala el avance por diente, si trabaja con refrigeración o no, el material con que está fabricada, su geometría, los radios de los que dispone, el número de dientes, la rugosidad que es capaz de conseguir y un largo etcétera.

La mayoría de los catálogos son bastante amplios. No te estreses antes de comenzar; céntrate en buscar la herramienta que necesitas y qué material vas a mecanizar.

Utilizaremos diferentes herramientas, en función del tipo de máquina, de los movimientos capaces de realizar y de las operaciones que efectuemos.

Las herramientas de un solo corte, normalmente, las usaremos para tornear y las herramientas de múltiples cortes las emplearemos para el fresado.

Lo primero que debes saber es que, principalmente, trabajaremos con dos tipos de herramientas, que varían en virtud de los materiales del cual estén fabricadas.

Están las herramientas de **acero rápido,** denominadas **HSS** (High Speed Steel), y las herramientas de **metal duro.**

Las **herramientas HSS** se siguen utilizando, aunque cada vez en menor cantidad; podríamos decir que lo más habitual es emplear **herramientas de metal duro** para un 90 % del trabajo, mientras que dejaremos las **HSS** para el resto.

Casi todas las herramientas que se emplean para tornear son portaherramientas con insertos o plaquitas intercambiables de metal duro.

En el fresado, utilizamos platos de diferentes diámetros y geometrías; también usamos fresas enterizas, brocas enterizas o con puntas intercambiables, pero todas de metal duro. Dejamos las herramientas HSS para algunas brocas, escariadores, machos de roscar, discos de corte, fresas de forma o fresas para tallado de piñones, según el módulo, entre otros usos.

Las herramientas HSS más habituales con diferencia son, por ejemplo, las brocas que tienes en casa. Suelen estar fabricadas con molibdeno y wolframio, aunque también pueden tener vanadio y cromo. Estas herramientas tienen un precio bajo, comparadas con las de metal duro. A la mayoría se les suelen añadir recubrimientos, con el fin de mejorar sus condiciones de corte y alargar la vida útil; por eso, verás brocas de diferentes colores y acabados.

Aunque existen herramientas de toda clase en este material, su uso, fundamentalmente, se ciñe a las brocas y machos de roscar, ya que la velocidad de corte que podemos utilizar para trabajar un acero al carbono suele ser de 20 o 25 m/min, lo cual es notablemente inferior a las herramientas de metal duro, que pueden moverse fácilmente en velocidades de 150 a 200 m/min.

En el siguiente capítulo, te explico qué es y cómo utilizar la **velocidad de corte.**

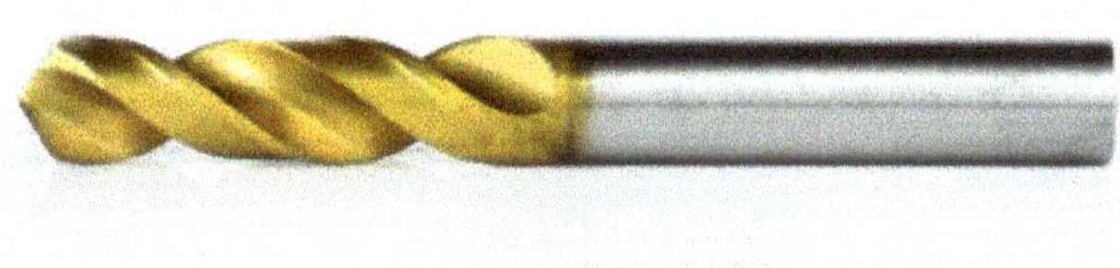

Imagen de Hoffmann Group.

Las brocas son herramientas que podremos afilar fácilmente cuando el filo de corte se va desgastando; son bastante tenaces, lo que quiere decir que no necesitan grandes cuidados y soportan un uso brusco.

En el caso de las brocas, el ángulo de corte más habitual es de 118°, para las brocas estándar, y de 60°, para brocas de centros, ya que es el mismo ángulo que tienen los contrapuntos en el torno.

Las brocas suelen contar con unas medidas estándar en cuanto a longitud, en función del diámetro, y se representa utilizando el diámetro multiplicado por sí mismo un número determinado de veces.

Por ejemplo, una broca de diámetro 10, que indica 8 × D, quiere decir que tiene una longitud de corte útil de 8 veces 10, o sea, 80 mm.

Las herramientas que más vamos a utilizar son las de **metal duro** o *carburo de tungsteno,* un compuesto formado, principalmente, por wolframio y carbono.

Estas herramientas se fabrican por sinterizado.

La *sinterización* es un proceso para fabricar piezas que consiste en convertir las rocas de mineral en polvo y, después de mezclarse, se añaden aglomerantes, etanol y agua; prosigue un largo proceso, hasta conseguir un polvo que se compacta en un molde con la forma requerida a alta presión. Una vez se consigue la forma de la pieza, se realiza un tratamiento térmico en un horno de sinterizado a una temperatura de unos 1500 °C, obteniendo una pieza compacta y consolidada.

Ahora tenemos un material casi tan duro como el diamante.

Una vez fabricada, la plaquita pasa a una máquina para rectificar sus caras y conseguir la geometría y tolerancias exactas.

Para poder hacer este rectificado, es necesario emplear discos de corte con incrustaciones de diamante.

Después, al igual que con las herramientas **HSS,** se les añaden diferentes recubrimientos, para dotar aún de mejores cualidades a la herramienta. El proceso de añadir recubrimientos resulta complejo y existen diferentes tipos, ya sea por deposición química de vapor **(CVD),** ya sea por deposición física de vapor **(PVD).**

Los materiales más habituales para la fabricación de herramientas de corte son:

- Metal duro.
- Cermet.
- Cerámicos.
- Nitruro de boro cúbico.
- Diamante policristalino.

Imágenes de Hoffmann Group.

Existen muchos talleres de mecanizado, desde pequeñas empresas hasta grandes industrias. Dependiendo de dónde trabajes, tendrás acceso a un mayor número de herramientas y una mayor variedad, en función de los trabajos que se realicen y también según los materiales que se vayan a mecanizar.

Disponemos de una amplia variedad de herramientas separadas por grupos, según la forma y el trabajo que realizan. Todos los parámetros que componen una herramienta tienen su importancia y pueden marcar la diferencia entre conseguir un buen trabajo y un trabajo excelente.

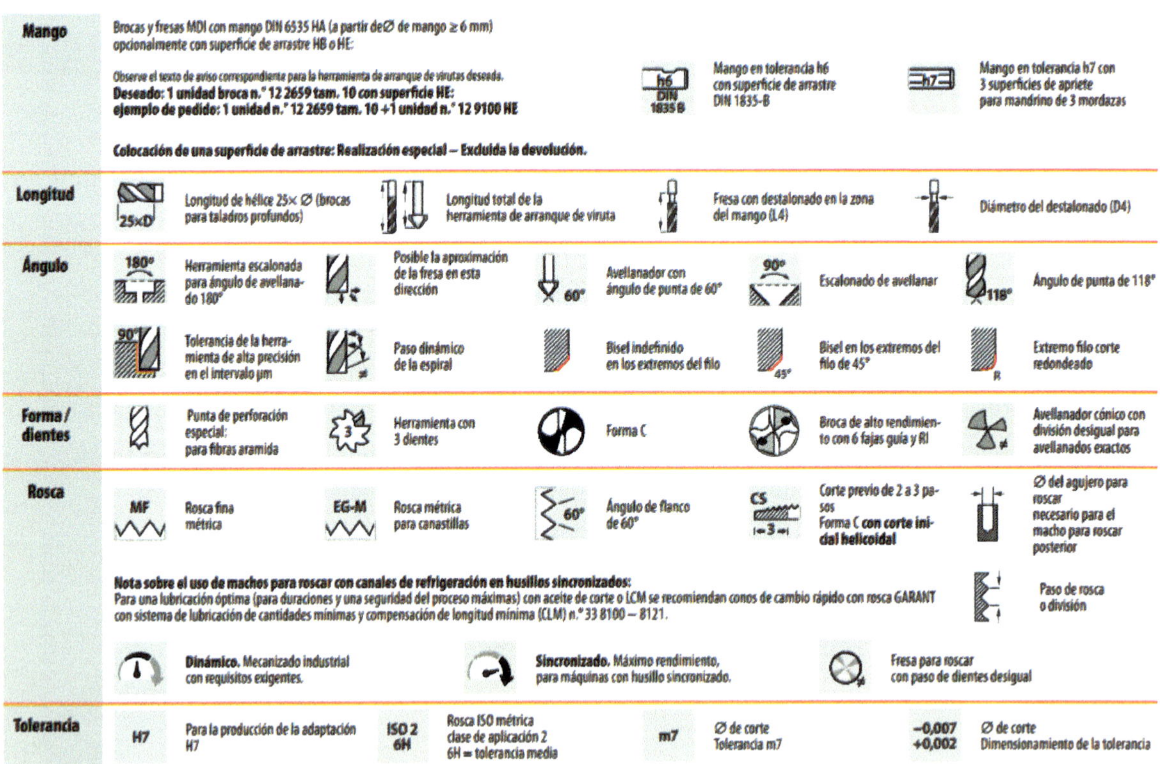

Las siguientes imágenes de herramientas pertenecen a Hoffmann Group.

En los catálogos de herramientas, dispones de toda la información sobre las empleadas tanto para tornear como para fresar.

Hagamos un pequeño resumen de las más habituales.

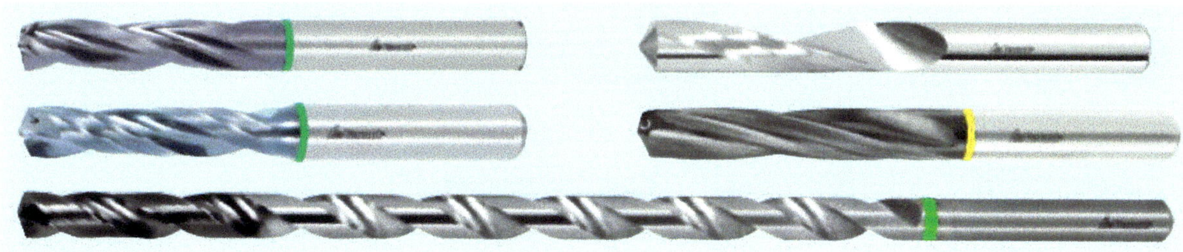

Brocas integrales tanto de metal duro como de HSS.

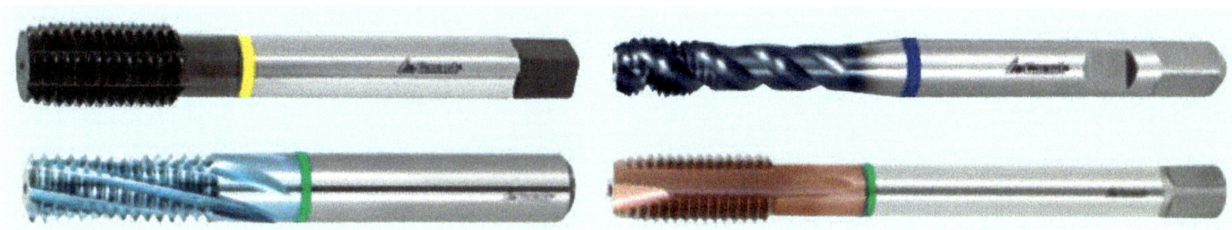

Machos de arranque de viruta, de laminación y fresas para roscar.

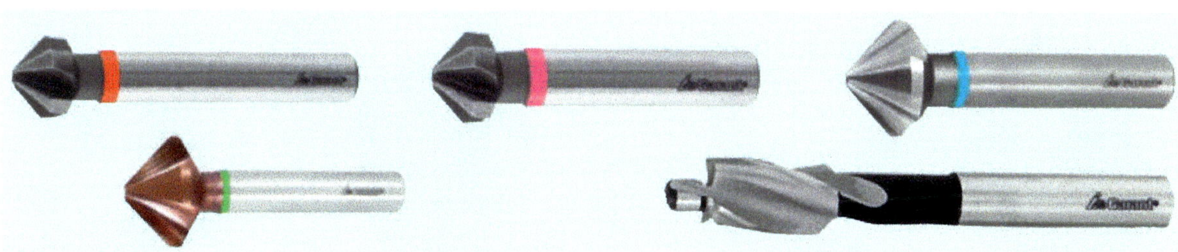

Avellanadores.

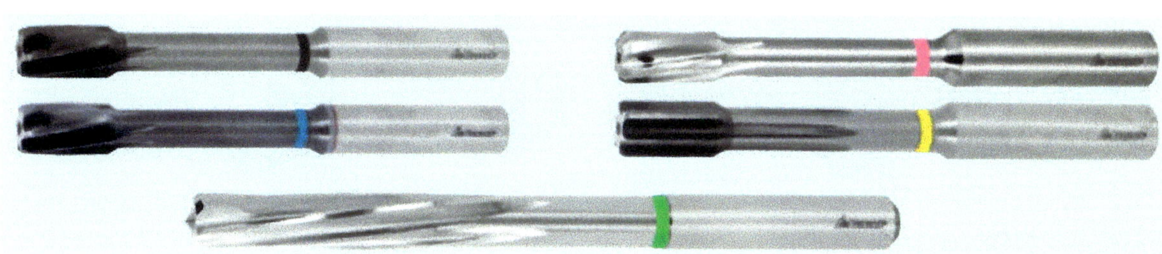

Escariadores.

Fresas de grandes diámetros.

Fresas planas integrales de diferentes cortes.

Fresas integrales con radios y formas para trabajos específicos.

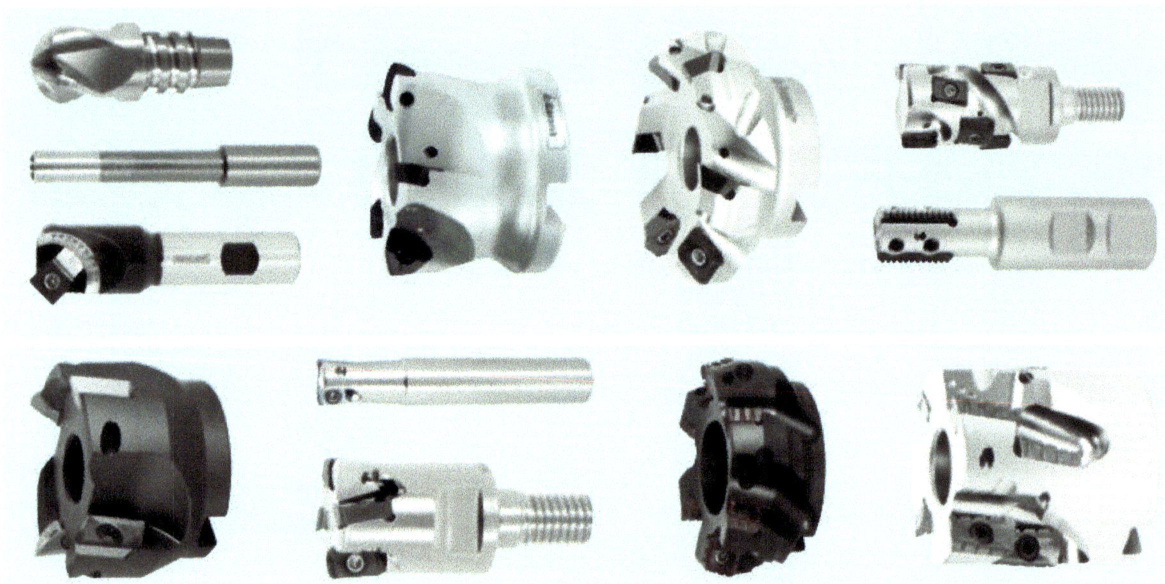

Platos para planear, angulares, copiadoras, circulares y de roscar.

Brocas de metal duro de punta intercambiable y de plaquitas intercambiables.

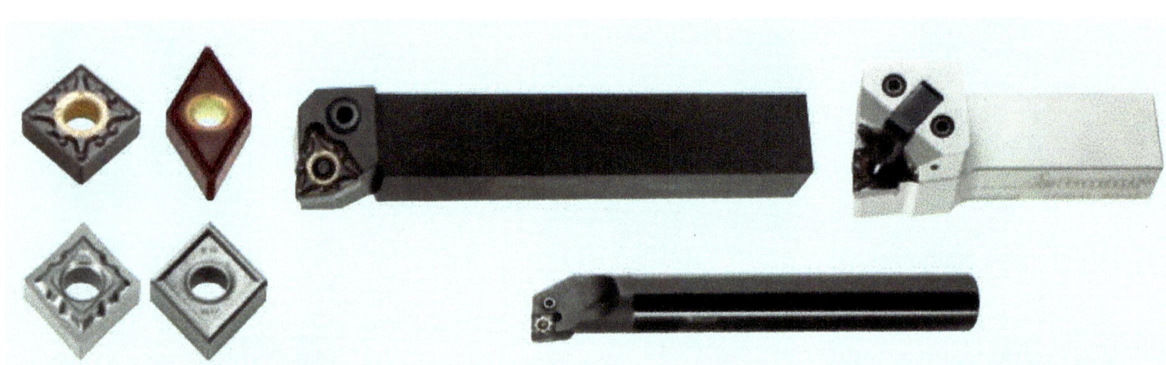

Plaquitas negativas, portaherramientas de exterior y barras de mandrinar interiores.

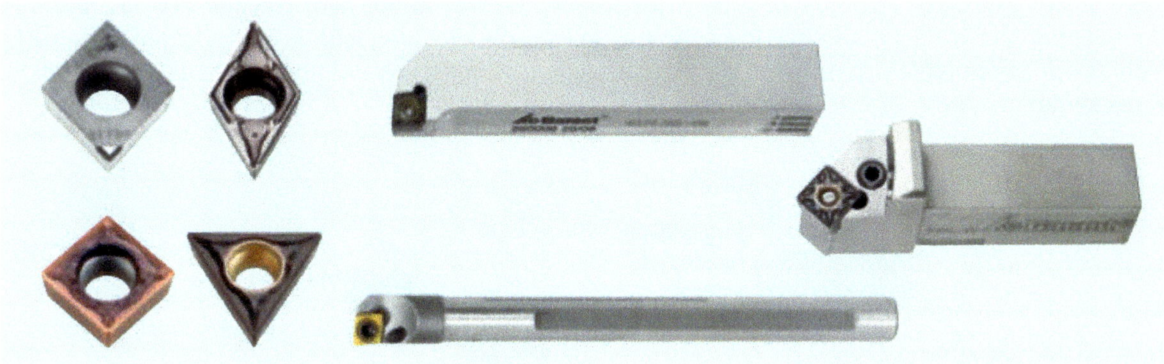

Plaquitas positivas, portaherramientas de exterior y barras de mandrinar interiores.

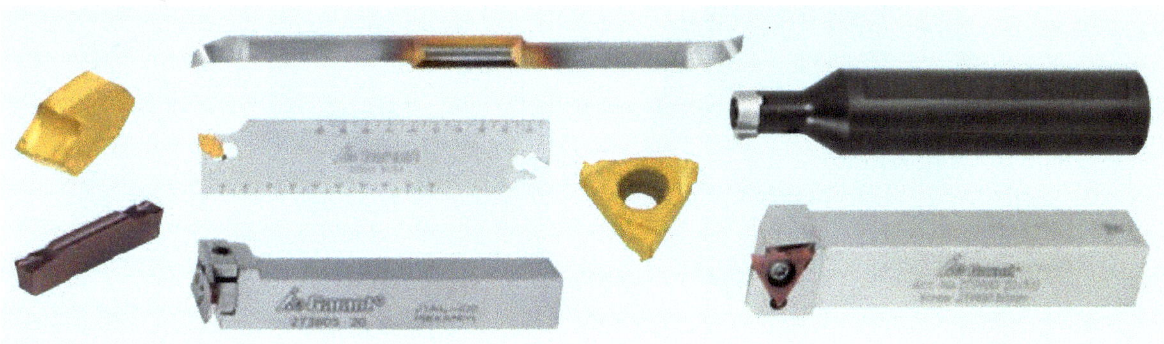

Barras de mandrinar mini, torneado de precisión, microrroscado, torneado de ranuras para anillos de seguridad y tronzado.

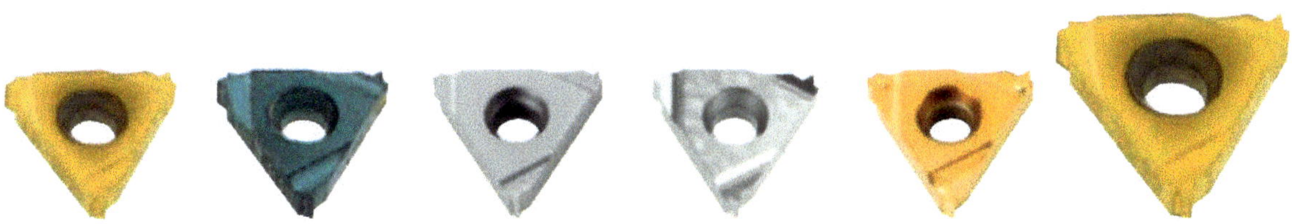

Plaquitas para roscar.

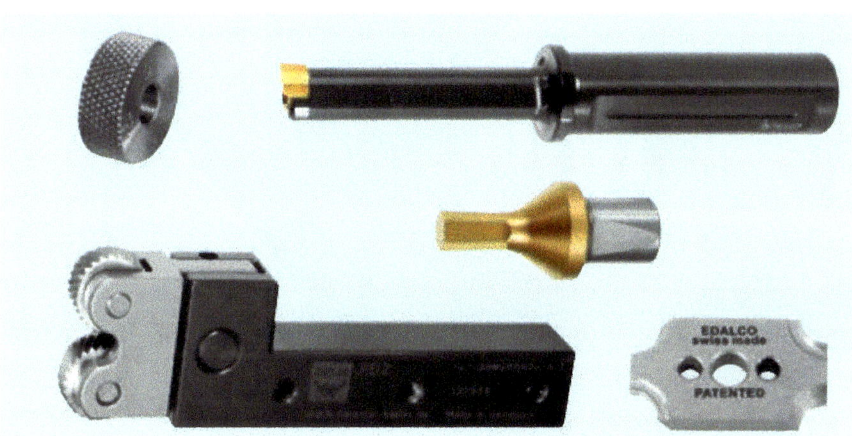

Herramientas de moleteado, brochado y torneado de radios.

Ahora quiero explicarte algo que considero especialmente importante para trabajar con las distintas herramientas. Hablo de los sistemas de sujeción, ya que de ellos depende la perfecta unión entre la máquina y la herramienta y constituyen el primer eslabón para conseguir unos buenos resultados a la hora de mecanizar.

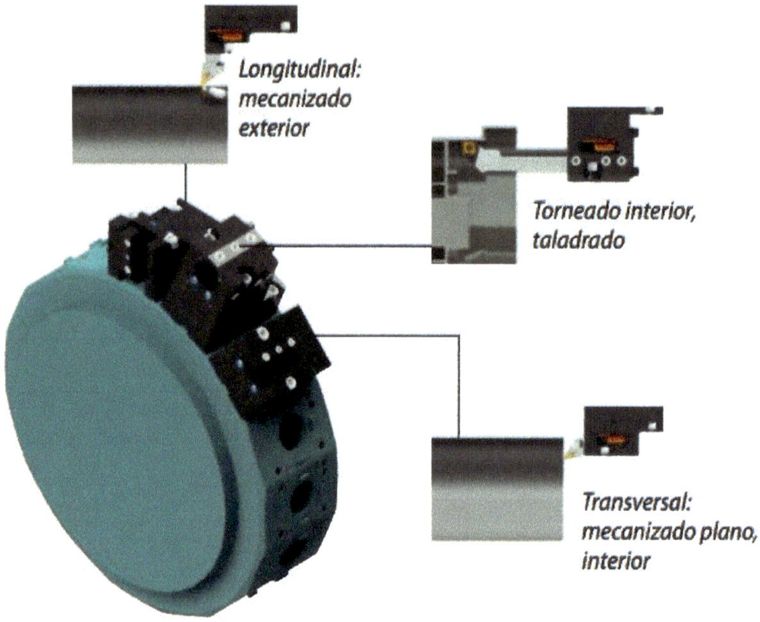

Imagen de Hoffmann Group.

Portaherramientas para torneado

Imagen de Haas Automation Inc.

Los tornos CNC vienen equipados con una torreta, sobre la cual colocaremos nuestras herramientas.

Esta configuración ya viene preparada de fábrica y casi nunca se suele modificar. Por eso, tendrás que adaptar tus portaherramientas a la disposición de cada máquina.

Como ya sabemos, el tiempo empleado en mecanizar supone la base para conseguir una alta productividad y, por consiguiente, el tiempo que empleemos en preparar y ajustar nuestras herramientas será un tiempo muy valioso para conseguir dicha productividad.

Aquí es donde el empleo de cambios rápidos de herramientas desempeña un papel importante.

Existen distintos tipos de sujeciones para las herramientas de torno; lógicamente, no montará la misma torreta un torno básico de dos ejes que un torno con herramientas motorizadas, eje Y, sistemas de refrigeración interna, etc.

Por norma general, casi todas las torretas se hallan preparadas con 12 estaciones, lo que quiere decir que podemos colocar 12 herramientas. Aunque ten siempre presente que, con los nuevos sistemas de torneado capaces de trabajar en dos husillos simultáneamente, podremos colocar portaherramientas dobles para trabajar en ambas direcciones, lo que nos dará como resultado el empleo de hasta 24 herramientas en una misma torreta.

Muchos fabricantes tienen sus propios sistemas de torreta, pero ahora vamos a centrarnos en los tres modelos más habituales.

Sujeción por tornillos

El sistema de **sujeción por tornillos** es, sin duda, el más extendido hasta el momento.

Sobre esta torreta, podremos colocar toda clase de herramientas, ya sea para tornear, ya sea para fresar, por medio de cabezales motorizados.

VDI

El empleo de un **sistema VDI** representa una sujeción de las herramientas de un modo más rápido y cómodo.

El posicionamiento se realiza de una forma más confortable para el operario, al igual que el ajuste de las herramientas, ya que no es necesario corregir y verificar constantemente la posición, sino que la herramienta siempre queda bien situada y a la altura justa.

Híbrida

Una buena idea es contar con un **sistema híbrido,** que permite el uso de portaherramientas, tanto VDI como de amarre manual, lo que da mucho juego y hace más asequible, igualmente, el *stock* de portaherramientas.

En este caso, se suelen emplear seis posiciones para portaherramientas VDI y las otras seis para portas manuales.

Imágenes de Haas Automation Inc.

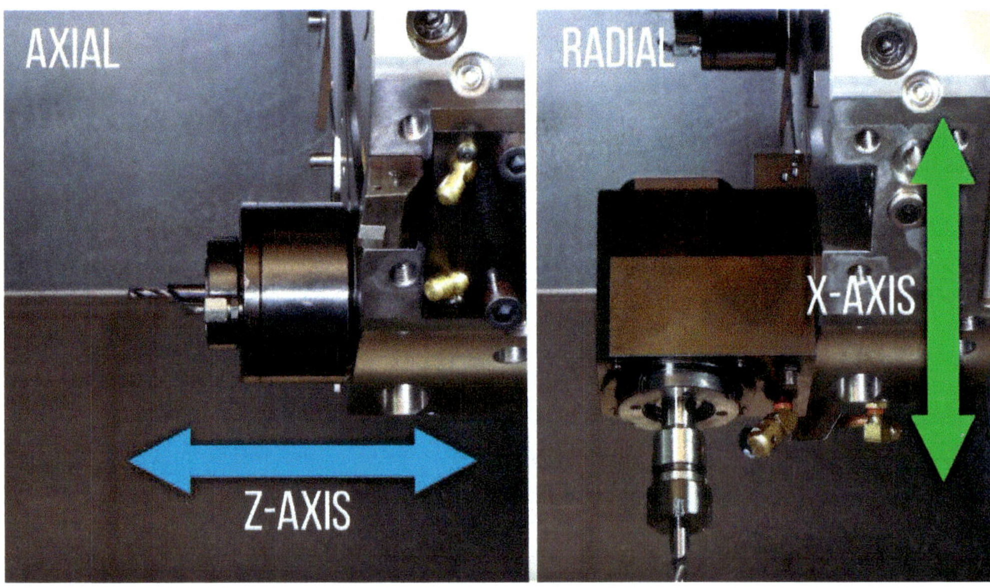

Imágenes de Haas Automation Inc.

Recuerda siempre la disposición de las herramientas, ya que emplearemos diferentes portas en función de la posición de trabajo. Cuando trabajamos sobre el eje Z, decimos que lo hacemos de forma **axial,** mientras que, cuando trabajamos sobre el eje X, decimos que lo hacemos de forma **radial.** Es fácil recordarlo si piensas que, cuando trabajas sobre el lateral de la pieza, estás mecanizando en el radio y, por tanto, te encuentras en posición radial.

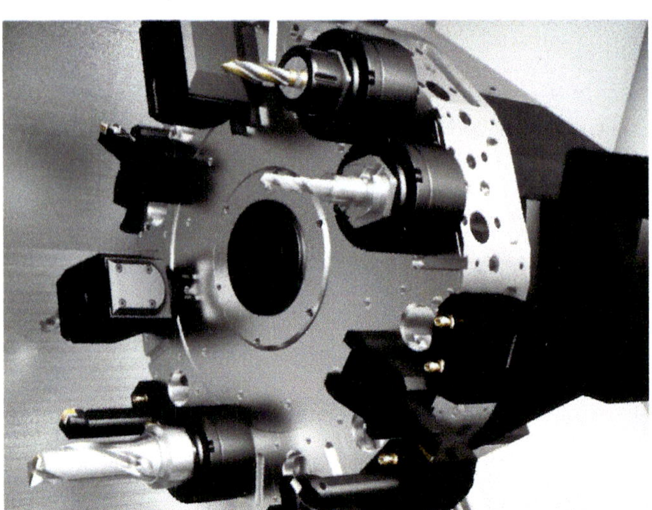

En un torno multiusos, emplearemos muchas herramientas diferentes, colocadas en varias posiciones, tanto radiales como axiales, fijas o motorizadas.

Uno de los aspectos más importantes que debes tener siempre presente al trabajar en un torno son las colisiones.

Si vamos a mecanizar una pieza y, sobre la torreta, hay colocadas muchas herramientas, deberemos verificar, en primer lugar, que ninguna herramienta colisione sobre cualquier parte de la máquina a la hora de realizar cambios y giros de torreta, ya que podríamos estrellarnos sobre los propios carenados o el contrapunto.

A la hora de comenzar a mecanizar, comprueba que las herramientas que no están trabajando tengan espacio suficiente a su alrededor y al frente, ya que, normalmente, solemos estar pendientes de la herramienta que está trabajando y olvidarnos del resto. Esto puede provocar que otra herramienta choque con el fondo del torno o con la propia pieza, o bien que llegue a las garras del plato. De igual modo, programa bien la posición de los cambios de herramienta, para que se realicen en una zona de seguridad donde no haya lugar a colisión.

Aunque nuestras máquinas pueden parecer, y de hecho son, robustas y resistentes, eso no evita que, ante un golpe o colisión, la máquina se desajuste.

Recuerda siempre que tanto un torno como una fresadora están preparados para soportar grandes cargas y esfuerzos para un mecanizado efectivo, pero ninguna máquina se halla lista para una colisión.

Por leve que sea el golpe (que todos cometemos alguna vez por desgracia), verifica siempre que todo esté correcto antes de continuar. Jamás des por sentado que no ocurrió nada y continúes trabajando, ya que el resultado será que la pieza no tenga las medidas idóneas y las herramientas no corten bien.

En esta imagen puedes ver, de forma exagerada, la desviación que se produce como consecuencia de un golpe; además, puedes ver que esta torreta del fabricante Haas dispone de 24 posiciones, ya que viene preparada para situar herramientas cada 15 grados, en lugar de los 30 habituales.

Imágenes de Haas Automation Inc.

Una perfecta alineación de las herramientas resulta fundamental para realizar un trabajo profesional. Es posible refrentar e incluso cilindrar, con una cuchilla en una altura incorrecta, aunque no sea lo apropiado; sin embargo, es imposible taladrar o fresar con un mal centraje, ya que el resultado será desastroso para la pieza y para la herramienta.

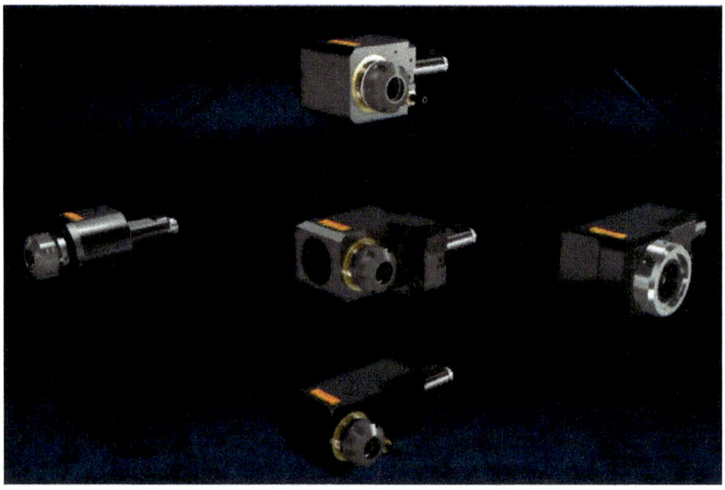
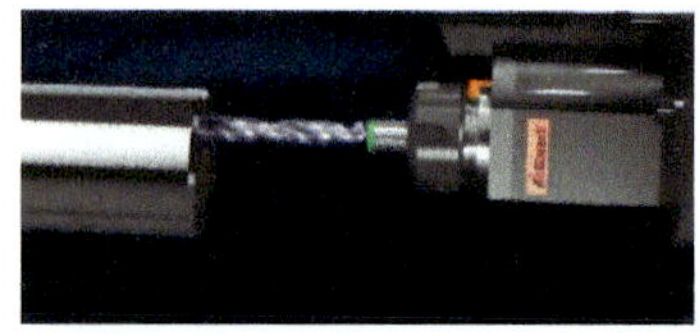

Imágenes de Hoffmann Group.

Cada fabricante cuenta con una amplia gama de herramientas motorizadas. Hay que tener siempre varios factores en cuenta, las revoluciones máximas que puede alcanzar, el uso de refrigeración interna e incluso la posibilidad de corregir y regular la posición.

En las siguientes imágenes puedes ver que, por la parte de atrás de algunas herramientas motorizadas, tenemos acceso a unos tornillos de regulación para posicionar la herramienta a la altura perfecta de trabajo.

Imágenes de Haas Automation Inc.

Gracias a la ayuda del reloj comparador, verificamos la correcta posición de la herramienta.

Y, para que te hagas una idea de que el futuro ya está aquí y las últimas tecnologías llegan a todos los sectores, disponemos de herramientas con microprocesadores capaces de almacenar los datos de las herramientas.

Podemos visualizar esos datos directamente desde un dispositivo móvil, como nuestro teléfono o tableta, y ver los ciclos realizados, las revoluciones por minuto, la temperatura de trabajo, el empleo de refrigerante y más.

Esta herramienta «CyberCon4» pertenece al fabricante Hoffmann Group.

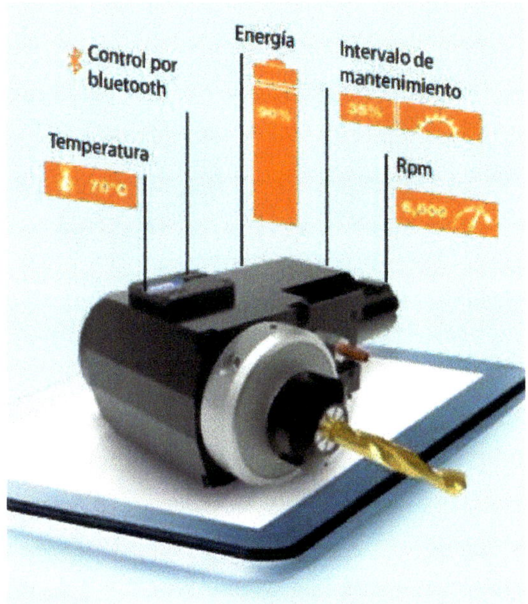

Imágenes de Hoffmann Group.

A continuación, se muestran unas imágenes de portaherramientas, tanto para torretas con amarres por tornillos como sistemas VDI.

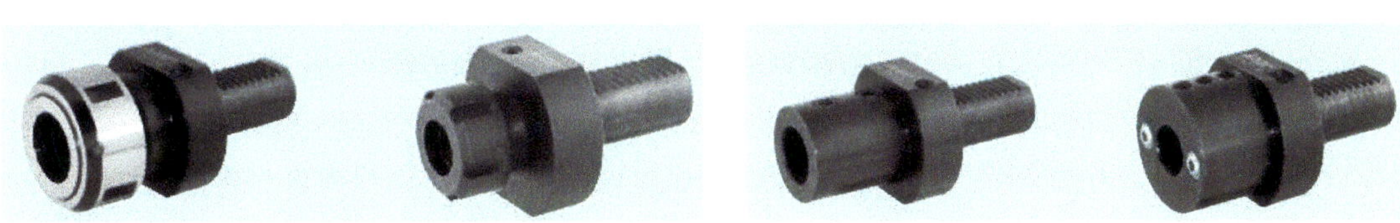

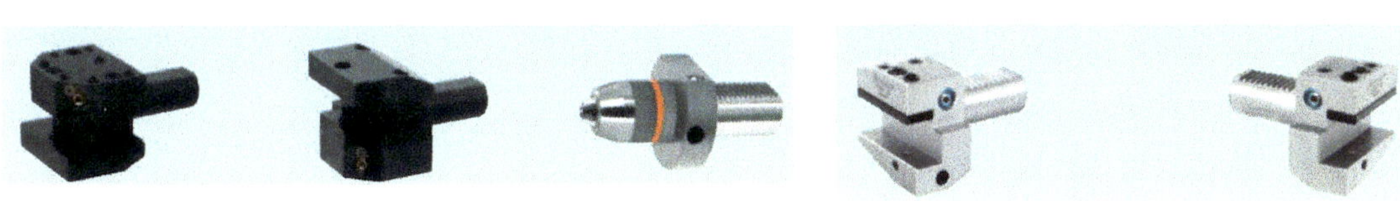

Soporte para barras de mandrinar, rígido · *Soporte para barras de mandrinar, doble cara, rígido* · *Portapinzas de sujeción, ER* · *Asiento transversal cuadrado*

Cabezal de fresar y taladrar radial de dos lados · *Cabezal basculante ± 90°* · *Cabezal de fresar discos*

Cabezal de fresar y taladrar axial VARIA · *Cabezal de fresar y taladrar radial VARIA* · *Cabezal de fresar y taladrar radial VARIA, retraído*

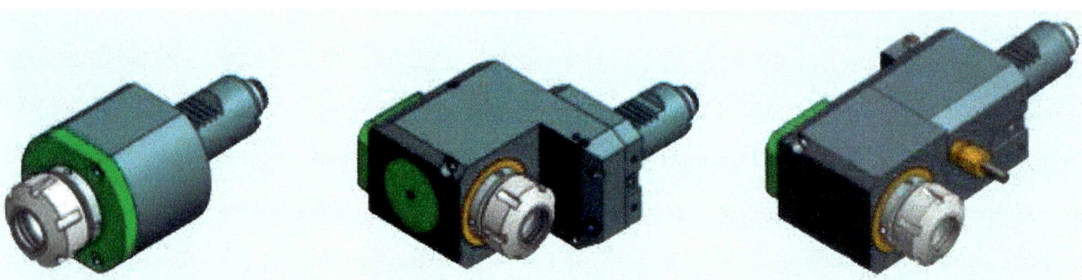

Cabezal de fresar y taladrar axial · *Cabezal de fresar y taladrar radial retraído* · *Cabezal de fresar y taladrar radial*

Imágenes de Hoffmann Group.

Portaherramientas para fresado

Acabamos de ver cómo son las torretas de los tornos CNC y las distintas opciones que nos ofrecen los fabricantes de máquinas.

En el fresado, como norma general, disponemos de un husillo sobre el cual montamos los diferentes portaherramientas, pero veremos que no todos los amarres de husillos son iguales.

Cuando hablamos de grandes fresadoras y, principalmente, de la última generación de máquinas capaces de fresar y tornear, nos vamos a encontrar con máquinas que pueden cambiar, de forma automática, el cabezal completo, pudiendo emplear cabezales de torneado, de fresado o de mandrinado.

Como puedes imaginar, según el tamaño de la máquina, así será el tamaño de los portaherramientas, los cuales, todos con forma cónica y, según sus dimensiones, se denominan **ISO 40** o **ISO 50,** entre otros, siendo estos dos tipos los más utilizados.

Como norma general, los centros de mecanizado suelen emplear conos ISO 40, mientras que las fresadoras emplean conos ISO 50.

El siguiente paso es diferenciar entre los distintos amarres que existen para los conos; aunque existen varios tipos en el mercado, nos centraremos en los dos sistemas más empleados, que son los de sujeción mediante **tirante** y sujeción **HSK.**

En esta imagen, puedes ver un cono ISO 40 con sujeción mediante tirante.

Imagen de Haas Automation Inc.

Por su parte, en esta otra imagen, se presenta un cono ISO 40 con amarre HSK.

No dispone de un tirante, porque el amarre se efectúa sujetando el cono desde el interior.

Imagen de Hoffmann Group.

Cada fabricante de husillo cuenta con su propio sistema y, por eso, existe una gran variedad en cuanto a tirantes.

El cono no varía de una máquina a otra, pero sí el tirante, para que adapte perfectamente en la máquina.

Mediante un sistema hidráulico que lleva el husillo en su interior, unas garras se deslizan hacia arriba y abajo, con el fin de permitir que el cono se pueda soltar o quede bien unido al husillo, debido a la fuerza de las garras que tiran constantemente hacia arriba de él.

La mayor parte de las fresadoras y centros de mecanizado utilizan este sistema, ya que es el que más años lleva en el mercado, pero, con las nuevas máquinas de alta velocidad, esta tendencia está cambiando.

Imagen de Hoffmann Group.

Como te decía, los tiempos cambian y nos encontramos trabajando con máquinas de última generación, capaces de trabajar con 30 000 o 40 000 revoluciones para hacer mecanizados de alta velocidad, mientras que lo habitual hasta hace pocos años era trabajar con 6000 u 8000 rpm.

Cuantas mayores sean las revoluciones en el husillo, mayor ha de ser el equilibrado y el amarre de los conos.

En el capítulo donde hablamos sobre los platos de torno y cómo se comportan las garras del plato a la hora de trabajar, veremos que, cuanto mayores son las revoluciones, menor es la fuerza que ejercen sobre la pieza, debido a la fuerza centrífuga. Pues bien, ahora nos encontramos ante el mismo caso. En un cono con tirante, la sujeción se hace por el exterior, lo que quiere decir que, cuando aumentan las revoluciones, la fuerza centrífuga intenta separar las garras de amarre, lo que ocasiona unas pequeñas dilataciones entre el husillo y el cono, que pueden hacer que este último se introduzca más de la cuenta en su alojamiento y provoque que se atasque.

Con los conos HSK, las garras que sujetan el cono trabajan de la misma forma que en el sistema anterior, pero, en este caso, el amarre se produce en el interior del cono.

Si tenemos en cuenta los datos anteriores, esto quiere decir que, cuanto mayores sean las revoluciones, mayor será el amarre del cono, ya que la fuerza centrífuga aumenta la presión de las garras sobre el cono. Y es, gracias a esta sujeción extra, que los conos HSK están ganando terreno a los conos estándar de tirante, ya que, además de servir para el mecanizado de alta velocidad, también nos permiten trabajar con condiciones de corte más agresivas, debido a una mayor rigidez y a una excelente precisión.

Imagen de Hoffmann Group.

Los conos de amarre mediante tirante suelen tener solamente una zona de contacto, que es el propio cono.

Después de lo visto con respecto a las revoluciones y la fuerza centrífuga, entenderás mejor que existen diferencias dimensionales y cambios en las alturas de la herramienta, dependiendo de si el cono se introduce más o menos en su alojamiento. Pero, para que esto no sea un problema, tenemos los conos de doble contacto, que garantizan la posición exacta del cono, como puedes apreciar en la imagen superior.

Los conos HSK ya cuentan con esta ventaja de serie en todos los modelos.

Pero no quiero que te asustes ni pienses que, sin un cono HSK o de doble contacto, no vas a poder trabajar.

Puedes quedarte tranquilo: son muchas las máquinas y muchos los trabajos que se realizan utilizando conos estándar con sujeción mediante tirante. Como te digo, hasta la fecha, siguen siendo los más extendidos, pero me gusta que conozcas y tengas en cuenta estos pequeños detalles para comprender la importancia que tienen todos y cada uno de los procesos con los que trabajamos a diario.

Dentro de la gama de conos HSK, existe una gran variedad, en función del diámetro que se apoya sobre el husillo o el número de chavetas de arrastre que incluye. Pero no todo son ventajas, y ahora tenemos que insistir de nuevo en la limpieza. Es muy importante que las zonas de amarre se encuentren libres de suciedad, virutas o aceites. Debido a que este tipo de conos poseen un vaciado interior para permitir el amarre, resulta habitual que virutas de material se introduzcan y provoquen un mal amarre. Por tanto, limpia bien los conos antes de introducirlos en la máquina y sopla con aire a presión sobre el interior.

Una vez que ya tenemos claros los sistemas de amarre de los propios conos con la máquina, veamos los diferentes amarres entre los conos y las herramientas.

Es difícil decir cuál es mejor y cuál peor. La elección del cono portaherramientas dependerá de la herramienta que necesitemos sujetar, del tipo de trabajo que se realice y de la máquina con la cual trabajemos.

Además, vamos a tener en cuenta otros aspectos a la hora de elegir un tipo u otro como, por ejemplo, la potencia de amarre, el equilibrado que nos ofrece, el precio o la concentricidad que aporta a la herramienta.

A continuación, te muestro los conos más habituales y sus ventajas e inconvenientes.

Conos portabrocas

Un cono portabrocas representa una buena opción cuando necesitamos trabajar con muchas brocas de diferentes diámetros en series de piezas pequeñas.

Este tipo de porta debes utilizarlo solamente para brocas HSS, ya que no sirve para emplear refrigeración interna. Cuando hacemos un taladro con cualquier tipo de broca, si la herramienta se mueve por no tener una buena sujeción, se introduce hacia dentro del portaherramientas, dejando la profundidad del taladro más pequeña de lo debido. Sin embargo, cuando no tenemos bien amarrada una fresa, a la hora de mecanizar, tiende a salirse fuera del portaherramientas, lo que provoca un mecanizado más profundo.

Nunca utilices un portabrocas para sujetar una fresa.

Estos portabrocas no se deben utilizar a partir de 8000 rpm. Aportan una concentricidad de la broca bastante aceptable y tienen un precio razonable.

Conos Weldon

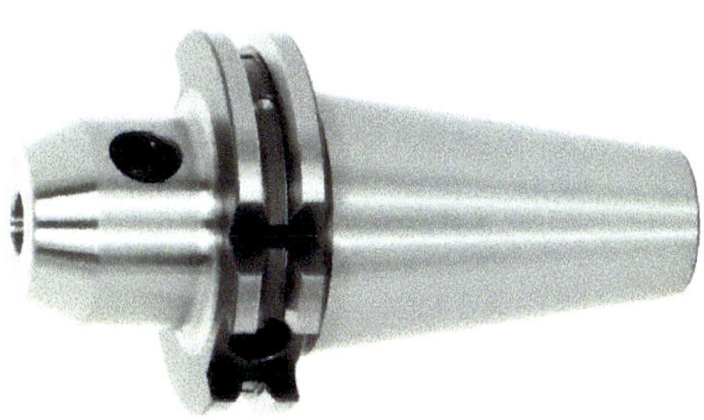

Este tipo de portaherramientas es uno de los más utilizados, ya que son bastante económicos y aportan un buen amarre de herramienta. La concentricidad que ofrecen es buena, pero no son apropiados para superar las 10 000 rpm, ya que no tienen un buen equilibrado.

Este tipo de conos sirven solamente para una medida en concreto, por lo que se requiere disponer de varios, para abarcar un amplio abanico de diámetros de herramienta.

Al igual que en los portabrocas no debemos sujetar fresas, en los conos Weldon, no hemos de sujetar brocas HSS.

Cada fabricante cuenta con su propio sistema para mejorar el amarre de la herramienta y conseguir una mayor precisión. Algunos modelos de Weldon tienen un tornillo de sujeción, mientras que otros pueden tener dos o incluso cuatro tornillos para sujetar diámetros de herramienta mayores.

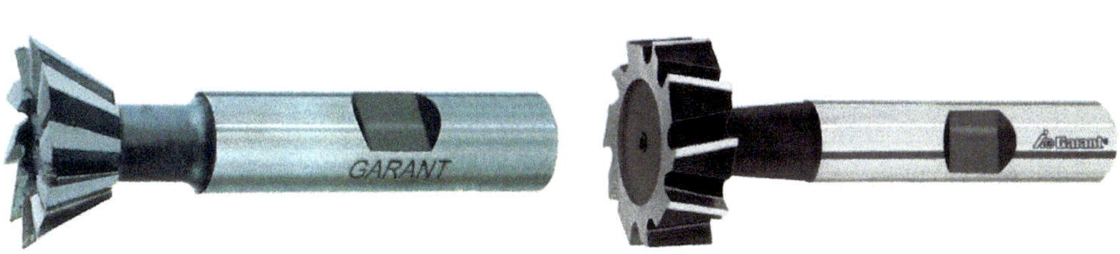

Imágenes de Hoffmann Group.

Como puedes observar en la imagen anterior, esas herramientas tienen un rebaje en el mango; esta es la superficie sobre la que hace presión el tornillo de sujeción. Asegúrate, a la hora de colocarlas, de que ese rebaje quede colocado justo en la zona del tornillo.

También hay que tener en cuenta que, para utilizar estos dos tipos de portaherramientas que hemos visto, solamente necesitamos una llave tipo Allen para realizar la sujeción, lo que significa que no es necesario una inversión en utillajes específicos, aunque te recomiendo que uses, siempre que puedas, una llave dinamométrica.

Conos portapinzas

Los conos portapinzas se emplean para la sujeción de la mayor parte de herramientas. Gracias al uso de diferentes pinzas, este sistema abarca un amplio abanico de posibilidades, pero, aunque pueda parecer un sistema muy sencillo, en realidad es necesario conocer las diferentes opciones para elegir la que mejor se adapte a nuestras necesidades.

Disponemos de una amplia gama de pinzas según el tamaño. Para un cono ISO 40, se suele emplear la pinza ER 32, pero esto dependerá del fabricante. Por supuesto, tienes la opción de utilizar diferentes adaptadores.

Dentro de cada medida de pinza, vamos a tener distintos modelos, desde los más sencillos hasta aquellos que nos permiten utilizar refrigeración interna, ya que cuentan con cierres estancos, para dirigir la taladrina hacia la punta de la herramienta.

También, varios modelos de tuercas pueden incrementar sustancialmente el apriete o conseguir cierres estancos, si no dispones de las pinzas apropiadas.

Y, para cada tuerca, necesitamos la llave apropiada, con el fin de trabajar de forma segura.

Es bueno limpiar periódicamente tanto el interior del cono donde se alojan las pinzas como las propias pinzas y las tuercas, para evitar que las virutas queden atrapadas, produciendo un mal apriete o dañando las superficies.

Imágenes de Haas Automation Inc.

Los conos portapinzas tienen un precio relativamente bueno, pero piensa que no solo importa el precio del cono, sino también, como puedes ver, que es necesario disponer de diferentes juegos de pinzas, tuercas y llaves.

Este tipo de conos nos ofrecen un buen amarre, una buena concentricidad y un buen equilibrado, por lo que son aptos para la mayoría de los trabajos.

Imagen de Haas Automation Inc.

En la imagen anterior, se nos muestra un cono portapinzas seccionado, en el que puedes apreciar las distintas partes.

Cuando sujetas una herramienta con un planillo para su sujeción, debes situar esta zona introducida en la pinza y nunca hacerla coincidir con el inicio de la pinza, para conseguir un apriete perfecto, sobre todo en el diámetro de la herramienta.

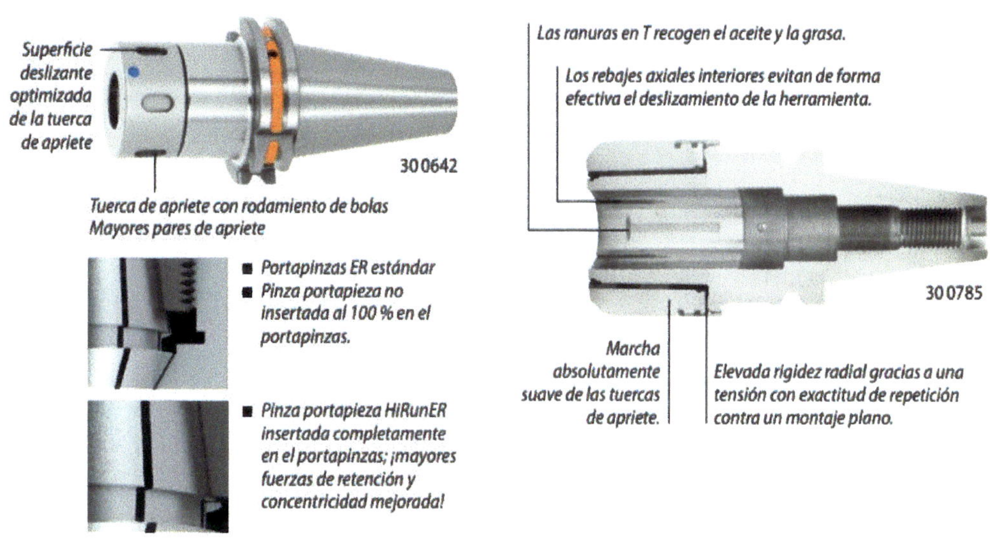

Imágenes de Hoffmann Group.

Algunos fabricantes, además, nos ofrecen **portapinzas de gran amarre** perfectos para los mecanizados de alta velocidad, entre otros.

Este tipo de portapinzas tiene un precio más elevado que los convencionales, lógicamente, por su elevada precisión y porque podemos conseguir hasta cinco veces más apriete que con las pinzas estándar.

Muchos de ellos solo disponen de una medida concreta y necesitamos unos adaptadores de reducción para sujetar las diferentes medidas de las herramientas.

Conos hidráulicos

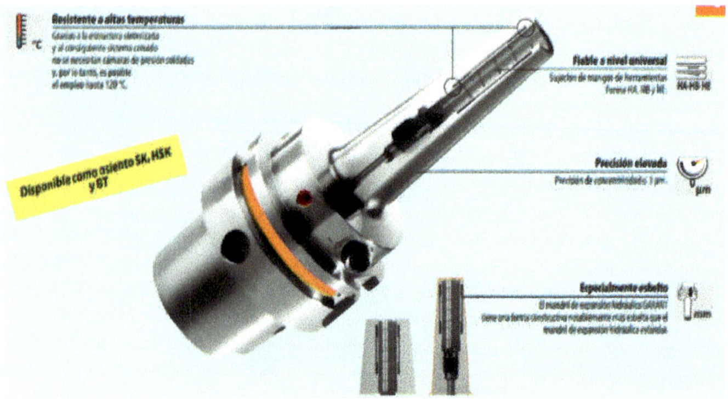

Imagen de Hoffmann Group.

Los conos hidráulicos son de los mejor valorados, tanto por los propios fabricantes como por usuarios.

Ofrecen una concentricidad excelente, un amarre muy bueno y, gracias a su fabricación esbelta, sirven para trabajar en máquinas de cinco ejes y llegar a lugares de difícil acceso.

Pero no todo son ventajas, ya que se encuentran entre los más caros del mercado y, además, necesitamos uno para cada medida de herramienta.

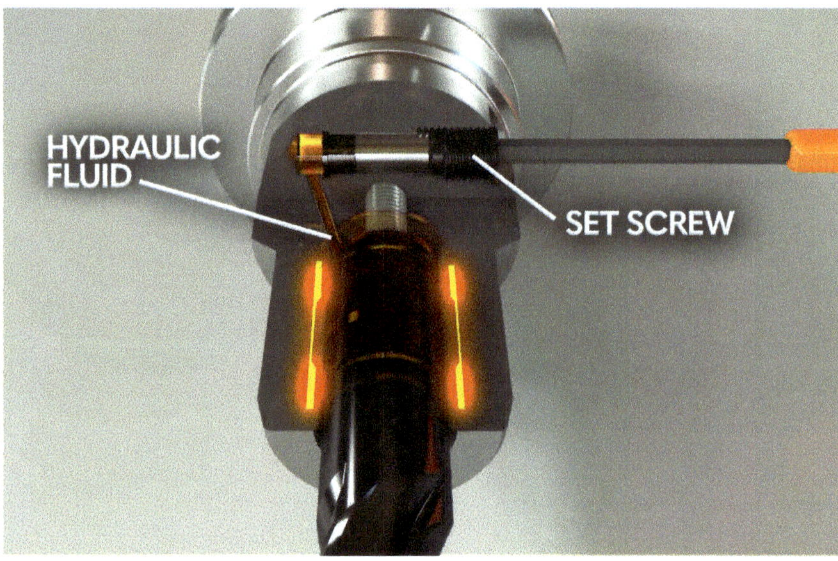

Imagen de Haas Automation Inc.

Puedes ver, en esta imagen, su funcionamiento. En su interior, incorpora unas membranas y un conducto para el paso de aceite hidráulico. Un tornillo es el encargado de aportar la presión comprimiendo el aceite y haciendo que las membranas aprieten firmemente la herramienta. Para su uso, solo necesitamos una llave Allen.

Utiliza únicamente herramientas de metal duro cuya superficie de mango esté en perfecto estado y acostúmbrate a tener un paño a mano para limpiar la herramienta antes de introducirla en el cono, con el fin de no rayar las paredes interiores y conseguir una larga vida útil.

Algunos modelos incorporan un espárrago en su interior, a modo de tope, para la colocación de la herramienta. Aunque este detalle lo tienen muchos conos incluidos, como los que hemos visto anteriormente, nunca te fíes de esa medida para trabajar. Una cosa es un tope para tener una idea aproximada de la longitud de la herramienta y otra es cambiar la herramienta y comenzar a trabajar con ella sin haberla medido correctamente.

Mide siempre las herramientas. Supone la única forma de garantizar un trabajo óptimo y no toparse con sorpresas desagradables de última hora.

Conos de expansión térmica

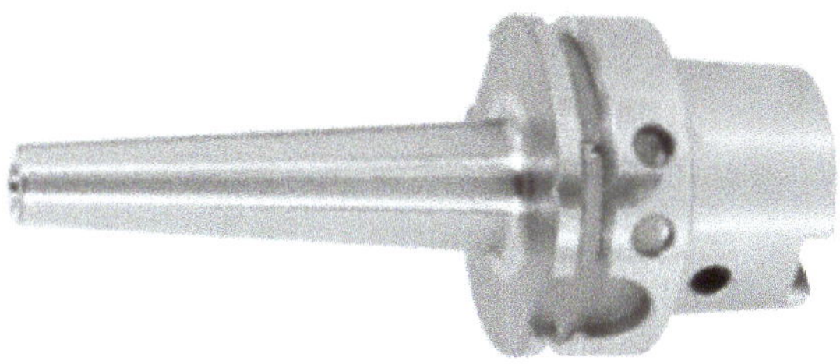

Los conos de expansión térmica se emplean, principalmente, en máquinas de cinco ejes.

Ofrecen un amarre, un equilibrado y una concentricidad excelentes.

Imágenes de Hoffmann Group.

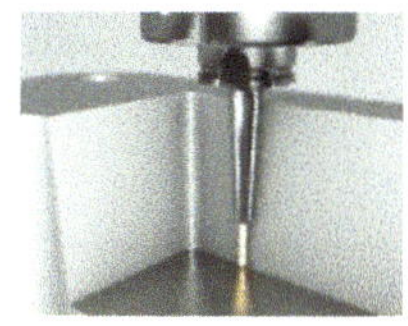

Gracias a su geométrica y a la amplia variedad en cuanto a longitudes, no tienen rival a la hora de conseguir mecanizados profundos en zonas casi inaccesibles.

Estos conos presentan un precio menor que los hidráulicos y, al igual que estos, precisan un cono diferente para cada medida de herramienta.

Pero, una vez más, nos encontramos con que no todo son ventajas, y es que el mayor inconveniente radica en los accesorios que necesitamos para manipular dichos conos.

Los conos hidráulicos cuentan con unas membranas que presionan la herramienta para sujetarla; sin embargo, en este caso, no tenemos ningún elemento de sujeción: no hay tornillos ni pinzas ni tuercas. El alojamiento donde se introduce la herramienta es ligeramente más estrecho que el mango de esta. Aplicando calor, se consigue que ese diámetro aumente de tamaño, lo que permite que la herramienta entre en el alojamiento. Una vez hecho esto, se enfría para contraer el cono, quedando una unión perfecta entre cono y herramienta.

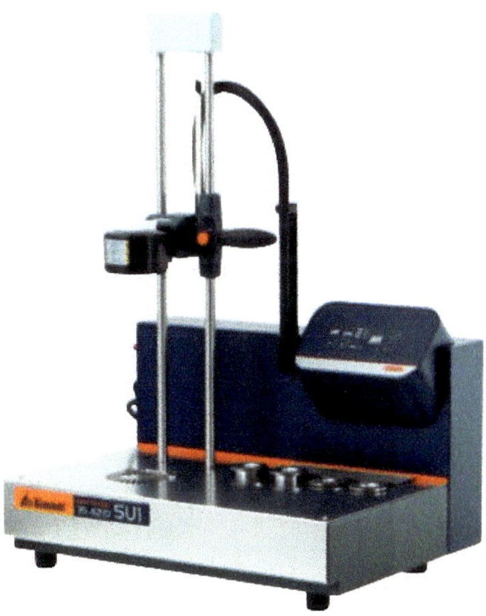

Para realizar este proceso, se precisa contar con una unidad de contracción y refrigeración, como la que se ve en la imagen.

Existen muchos modelos diferentes, desde los más sencillos hasta los más complejos, que pueden incluir, entre otras mejoras, refrigeración por aire o por agua.

Aunque pueda parecer algo complejo, en realidad, este proceso es bastante sencillo y rápido, si contamos con una buena unidad de contracción, ya que el calentamiento se realiza por inducción.

Y, como no podía ser de otra manera, en esta ocasión, también insisto en la limpieza; es muy importante que el mango de la herramienta se encuentre en perfecto estado y rectificado, con más o menos ajuste.

Lo idóneo consiste en emplear mangos con una tolerancia h6. Si el mango de la herramienta tiene una tolerancia h7, también lo puedes utilizar, pero no utilices nunca mangos con tolerancia h8 o superior, ya que es posible que ni siquiera consigas introducirlo o, lo que es peor, que puedan quedar atascados o dañar las paredes internas.

Conos de fresas portaplaquitas

Imágenes de Hoffmann Group.

Estos conos los utilizamos para la sujeción de platos de fresado.

Recuerda siempre utilizar los mangos lo más cortos posible, con el fin de evitar vibraciones y dotar de una vida útil más larga a la herramienta.

También asegúrate de comprobar si el cono se encuentra preparado para el uso de refrigeración interna, al igual que el propio plato, antes de forzar la bomba de presión sin necesidad.

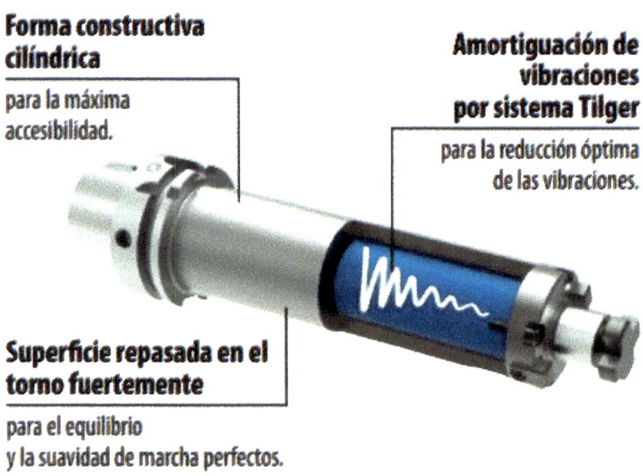

Para aplicaciones especiales, puedes recurrir a conos especialmente diseñados para absorber las vibraciones provocadas por el mecanizado en grandes profundidades.

Existen diferentes modelos; algunos incorporan un amortiguador integrado en el propio cono.

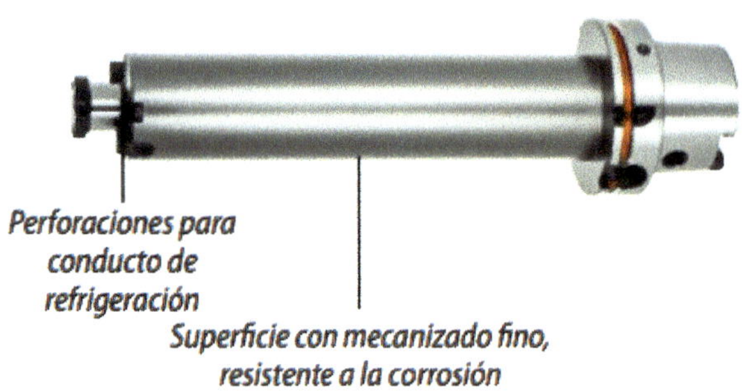

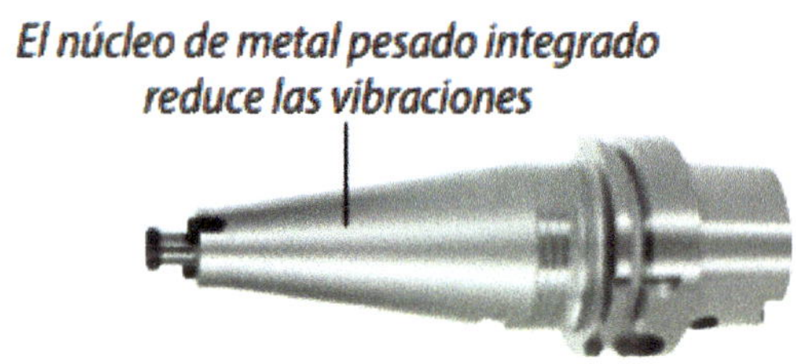

Por su parte, otros reducen las vibraciones, añadiendo un peso extra en el núcleo del cono.

Capítulo 7
La velocidad de corte

TOOLS IN ACTION

D	12 mm	f_z	0,26 mm	a_e	0,4 mm
v_c	280 m/min	v_f	8.700 mm/min	Art.no.	203089 12
n	7.200 1/min	a_p	30 mm		

La **velocidad de corte** es el factor más importante para poder mecanizar. Tenemos muchas fórmulas matemáticas para cálculos de velocidades, avances, pasada, control de viruta... Estamos empezando y, como no quiero que te asustes, estate tranquilo, que solo vamos a usar dos o tres fórmulas y, además, muy sencillas. De todas formas, como ya te he comentado antes, dispones de aplicaciones para el teléfono móvil, donde todos estos cálculos no te cuestan ningún trabajo y son muy fáciles de realizar.

La velocidad de corte nos indica a qué revoluciones y avance podemos cortar con una herramienta en concreto. Voy a ponerte un ejemplo de los míos.

En casa, tienes un taladro de mano y una caja de brocas. Cuando haces un agujero con una broca, simplemente, presionas el gatillo del taladro y la broca comienza a girar; después, empiezas a presionar el taladro sobre la superficie donde quieres hacer el agujero. Este es un proceso manual, donde no tienes en cuenta ni las revoluciones de la broca ni el avance con el que empujas el taladro contra la superficie para cortar. Es muy probable también que las brocas, al cabo de pocos usos, ya no corten bien o se quemen. Esto se debe a que no consideramos la velocidad de corte. Tranquilo, si te sirve de consuelo, esto nos pasa a todos. Resulta muy difícil controlar estos parámetros a ojo.

Pues, gracias a unos parámetros que nos aporta el fabricante de la herramienta y a unos pocos cálculos que haremos, sabremos exactamente las condiciones de corte óptimas para trabajar y conseguir que nuestras herramientas corten el acero como si fuese mantequilla y, además, alcancen una larga vida útil.

Imagen de Hoffmann Group.

La velocidad de corte siempre nos la proporciona el fabricante de la herramienta, puesto que es él el único que sabe cómo la ha fabricado y los materiales que ha utilizado para confeccionarla. Podemos decir que la velocidad de corte depende del material con el que se haya fabricado la herramienta y que regularemos en función del material que cortemos. Permíteme que te insista, pero quiero que este concepto te quede claro: la velocidad de corte de tu herramienta te la dice el fabricante. Por supuesto, con la experiencia, irás conociendo las herramientas y, aproximadamente, serás capaz de hacerte una idea previa, puesto que la mayoría de las herramientas que usamos y los materiales van a formar parte de nuestro día a día.

Adecuado para/ v_c [m/min]	Al Plásticos	Al	Al Fundición > 10 % Si	< 500 N	< 750 N	< 900 N	< 1100 N	<
Código ISO	N	N	N	P	P	P	P	
20 1645/1650		280	200	120	105	100		

Esta imagen pertenece a un catálogo de herramientas de Hoffmann Group; en ella puedes ver, claramente, dónde indica la V_c que debes utilizar para esa herramienta en concreto, en función del material que se vaya a mecanizar.

Principalmente, trabajaremos con herramientas de **acero rápido HSS** y **metal duro.**

Veamos la gran diferencia que existe entre estos materiales a la hora de asignarles la velocidad de corte.

La velocidad de corte siempre la vamos a encontrar con esta expresión: V_c = 120 m/min. La unidad de medida es metros por minuto.

Hasta aquí, supongo que ya lo tienes claro, pero siento decirte que te voy a liar un poco.

Tienes que entender cómo asignar la V_c en una fresadora y en un torno, puesto que no es lo mismo. Ya sabes que, en el torno, lo que gira es la pieza y, en la fresa, lo que gira es la herramienta. Pues bien, para trabajar en el torno, hemos de calcular las revoluciones, dependiendo del diámetro de la pieza y, para la fresadora, debemos considerar el diámetro de la herramienta.

Bueno, pues ya contamos con una herramienta y una V_c. Y, ahora, ¿qué?

Pues ahora vamos a calcular lo primero que necesitamos, que son las revoluciones por minuto y que se suelen representar con la letra ***n.***

La letra ***n*** se utiliza para las fórmulas y datos en catálogos; en programación, las revoluciones se indican siempre con la letra ***S.***

Esta fórmula primera que te muestro sirve para calcular la V_c, aunque, como te dije, ese dato normalmente ya lo sabemos.

$$V_C = \frac{D_C \times \pi \times n}{1000}$$

$$n = \frac{V_c \times 1000}{D \times \pi}$$

La fórmula más interesante y que más usarás es la de las revoluciones por minuto.

Recuerda que el diámetro es el de la pieza o el de la herramienta, dependiendo del torno o la fresa.

Y, como te prometí, vamos a ver una **última** operación, que nos servirá para calcular la velocidad de avance.

$$V_f = f_z \times Z_n \times n$$

Para conocer la velocidad con que la herramienta se ha de mover para arrancar viruta, contamos con un dato que, al igual que la V_c, también nos lo dice el fabricante de la herramienta.

El símbolo f_z es ese dato. Nos indica cuánto material es capaz de mecanizar cada filo de corte de una herramienta.

Cuando trabajamos en el torno, solo disponemos de una herramienta, ya sea para cilindrar, ya sea para refrentar o ranurar; por lo tanto, no necesitamos ningún cálculo, ya que ese avance es la velocidad a la que la herramienta se desplaza, teniendo en cuenta las revoluciones.

Es decir, si la plaquita tiene un f_z **= 0,3 mm,** quiere decir que, por cada vuelta que da la pieza, la herramienta se desplaza 0,3 mm.

Pero en la fresadora la cosa cambia, ya que no tenemos un solo filo de corte.

Imagina que vamos a planear una pieza con un plato que tiene seis plaquitas. En este caso, necesitamos emplear la siguiente fórmula.

$$V_f = f_z \times Z_n \times n$$

V_f es el avance que programaremos en nuestra máquina y constituye el resultado de multiplicar el avance por cada diente por el número de dientes y por las revoluciones de la herramienta.

Por ejemplo, el planeado que vamos a realizar lo hacemos con un plato de diámetro 80, con 6 plaquitas: V_c = 180 m/min y f_z = 0,25 mm.

Lo primero que necesitamos calcular son las revoluciones y, después, podremos saber el avance:

n = 180 * 1000 / 80 * *pi* **_n_ = 716 rpm**

V_f= 0,25 * 6 * 716 **V_f = 1074 mm/min**

Ya tenemos los datos que necesitamos para añadir a nuestra programación.

Acabamos de hacer un grandísimo resumen, ya que son muchas las fórmulas de las que disponemos para hacer cálculos mucho más precisos e incluso conocer la cantidad de viruta arrancada o el tiempo de mecanizado. Pero considero que estos datos que te acabo de dar son los más importantes y suficientes para comenzar a trabajar.

Imagen de Hoffmann Group.

VELOCIDADES DE CORTE Vc

	PLAQUITA	FRESA	HSS
F114 - ST52	200	180	24
F211 - F221	250	200	24
F125 - F127	180	150	20
INOX	110	70	12
ALUMINIO	600	400	80
BRONCE	300	200	60

AVANCE POR DIENTE fz

	PLAQUITA	FRESA	HSS
F114 - ST52	0.2	0.1	0.05
F211 - F221	0.2	0.1	0.05
F125 - F127	0.15	0.08	0.03
INOX	0.15	0.07	0.02
ALUMINIO	0.5	0.2	0.1
BRONCE	0.3	0.15	0.08

Aquí tienes una tabla en la que he incluido algunos materiales muy habituales y donde te indico la **velocidad de corte** y el **avance por diente** para cada material.

Pero insisto: son datos muy genéricos, para que te hagas una idea aproximada y puedas contar con un punto de inicio.

Y, en la siguiente tabla, puedes ver las revoluciones por minuto, para que te sirva de guía y compruebes si realizas bien los cálculos.

REVOLUCIONES POR MINUTO

DIAMETRO HTA \ VELOCIDAD DE CORTE	12	24	70	90	120	150	180	200	220	300
3	1273	2545	7425	9550	12735	15900	19000	21200	23340	31800
6	636	1275	3715	4775	6365	7960	9550	10600	11670	15915
8	477	955	2785	3580	4775	5968	7160	7960	8750	11935
10	382	764	2230	2865	3820	4775	5730	6370	7000	9550
12	318	637	1855	2390	3183	3979	4775	5300	5835	7960
16	239	477	1395	1790	2390	2990	3580	3980	4375	5970
20	190	382	1115	1430	1910	2387	2865	3180	3500	4775
25	152	305	890	1145	1528	1910	2290	2550	2800	3820
30	127	255	745	955	1273	1592	1900	2100	2335	3185
40	95	190	560	715	955	1194	1430	1590	1750	2390
50	76	152	445	575	764	955	1145	1275	1400	1910
63	60	121	355	455	605	760	910	1010	1110	1515
80	47	95	280	360	477	597	715	795	875	1195
120	31	63	185	240	318	398	475	530	585	795

Imagen de
Haas Automation Inc.

En esta imagen, tienes detallado otro factor importante que necesitaremos siempre considerar.

ap es la altura que vamos a mecanizar de una sola pasada.

ae es la distancia radial que vamos a mecanizar también de una sola pasada.

En los siguientes capítulos sobre los procesos de mecanizado, veremos cómo hemos de utilizar tales datos, pero, para que te hagas una idea, te diré que la altura máxima de pasada que puede llevar una herramienta, lógicamente, es la altura máxima del filo de corte.

Con respecto a la pasada radial **ae,** lo más recomendable es trabajar siempre con el 60 % del diámetro de la herramienta, como máximo.

Hay ocasiones en las que, obligatoriamente, habremos de utilizar el 100 % del diámetro.

Imagen de Hoffmann Group.

Aquí te muestro otra imagen de un catálogo de herramientas, donde puedes ver claramente la pasada radial máxima que puede mecanizar dicha herramienta.

Estos dos valores (**ae** y **ap**) siempre irán relacionados, ya que nuestra herramienta, e incluso la propia máquina, posee la capacidad de mecanizar un porcentaje de material de una sola pasada.

Por lo tanto, si llevo mucha altura de pasada, tendré que llevar poca pasada lateral y lo mismo si llevo mucha pasada lateral: habré de llevar poca pasada en altura.

Aquí entra en juego la principal diferencia entre los procesos de mecanizado estándar, donde hacemos grandes pasadas, con velocidades lentas, en máquinas potentes, y los mecanizados modernos de alta velocidad en los que hacemos pasadas más pequeñas, pero con grandes avances.

Imágenes de Hoffmann Group.

Capítulo 8
Aceites de corte y taladrina

En el proceso de arranque de viruta, se producen grandes temperaturas en el momento en el que la herramienta se introduce en el material para arrancarlo.

Esta generación de calor, en la mayoría de los casos, es algo problemático, ya que puede afectar al rendimiento de la herramienta y también puede influir sobre el propio material porque, con los cambios de temperatura, se producen modificaciones en su composición, pudiendo transformar su estructura molecular, templándolo o endureciéndolo.

Si la pieza que mecanizamos presenta poco espesor, un calor excesivo puede deformarla. Para ello, utilizamos lubricantes con varias funciones.

Además de enfriar la zona de corte, facilita el trabajo a la herramienta, para que el corte sea más limpio; evita así que las virutas calientes se peguen a las zonas que acabamos de mecanizar, limpia las virutas de la zona de trabajo e incluso ayuda a mantener limpia la máquina, empujando las virutas, para que puedan ser extraídas de forma automática.

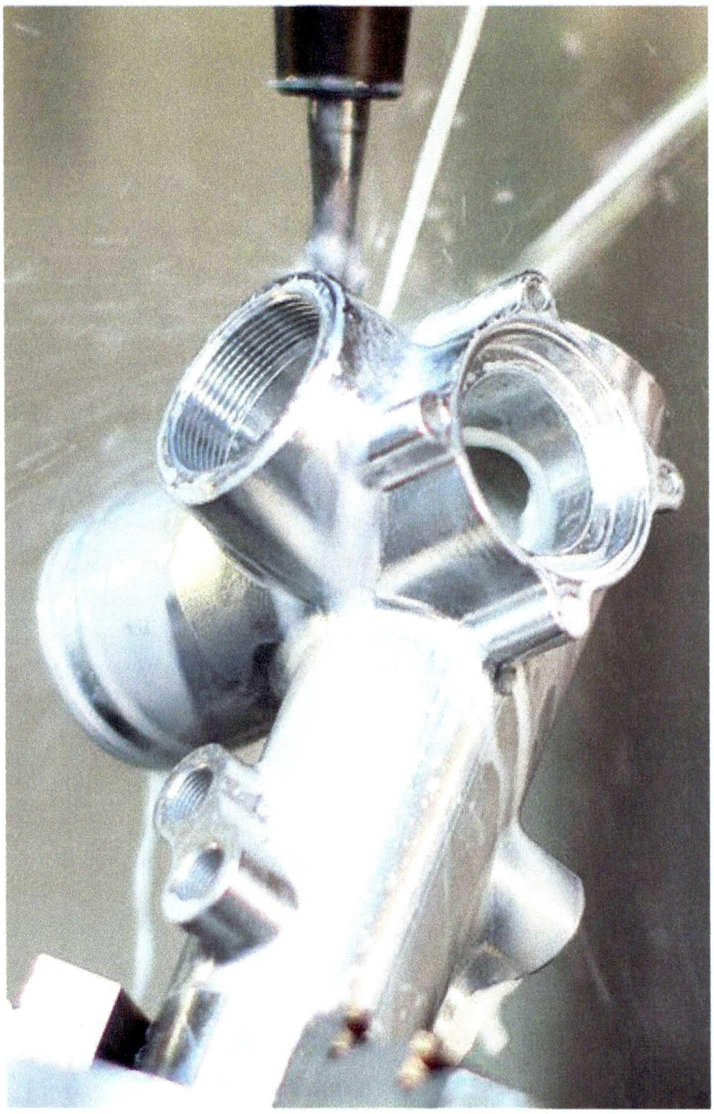

Imagen de Haas Automation Inc.

El aluminio es uno de los materiales más utilizados para ser mecanizado. Se trata de un material blando y fácil de mecanizar, pero es muy importante una buenísima lubricación.

Te voy a poner un ejemplo: imagina que tomas un cuchillo para cortar unas lonchas de una cuña de queso. El queso es muy blando; sin embargo, el cuchillo no se desliza bien para cortarlo y, si ejerzo mucha presión, al final, la loncha, en lugar de ser fina, será un pegote, ya que el queso se pega al cuchillo.

Ahora pasas el cuchillo por el grifo de agua y, con él mojado, haces el corte; el cuchillo se desliza entonces sin problema y la loncha queda perfecta, además de que apenas me ha costado esfuerzo hacer el corte. Exactamente eso es lo que ocurre con el aluminio: además de unas condiciones de corte óptimas, necesito una buena lubricación porque, si no, el material arrancado se pega al filo de la herramienta y la rompe, por muy dura que sea.

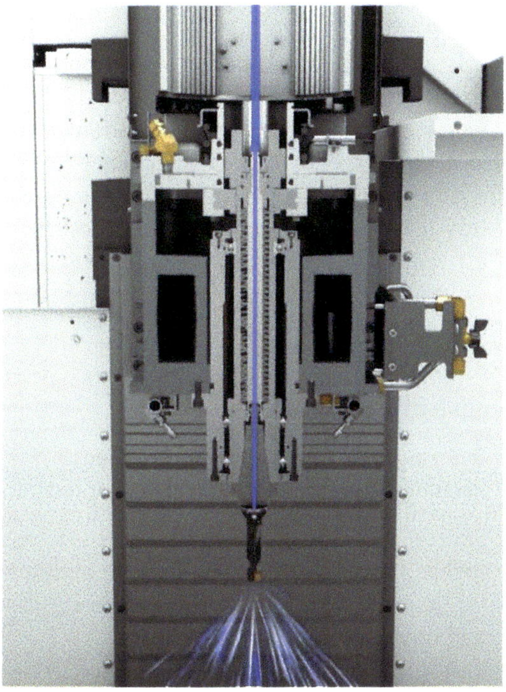

El fabricante de la herramienta, además de indicarnos los parámetros de corte, también nos ofrece indicaciones sobre el sistema de refrigeración o lubricación que debemos emplear, en función del material que mecanizar y la velocidad de corte.

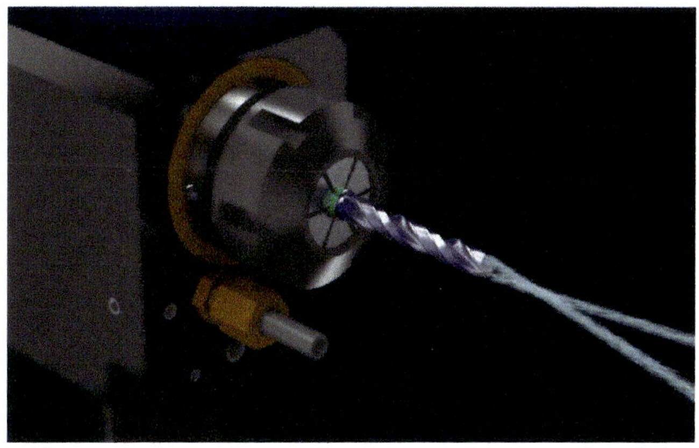

Imagen de Haas Automation Inc.

Imagen de Hoffmann Group.

Por supuesto, siempre tendremos que adaptar esas condiciones teóricas a la realidad de nuestra máquina y las opciones de las que disponemos, ya que, difícilmente, podremos utilizar refrigeración interna, si nuestra máquina no viene preparada para ello.

Imagen de Haas Automation Inc.

Sin duda, el método de lubricación más empleado en el proceso de arranque de viruta consiste en la lubricación mediante taladrina.

Su uso puede ser añadiéndola desde el exterior hacia la herramienta o a través de ella, siempre y cuando se reúnan unas condiciones mínimas.

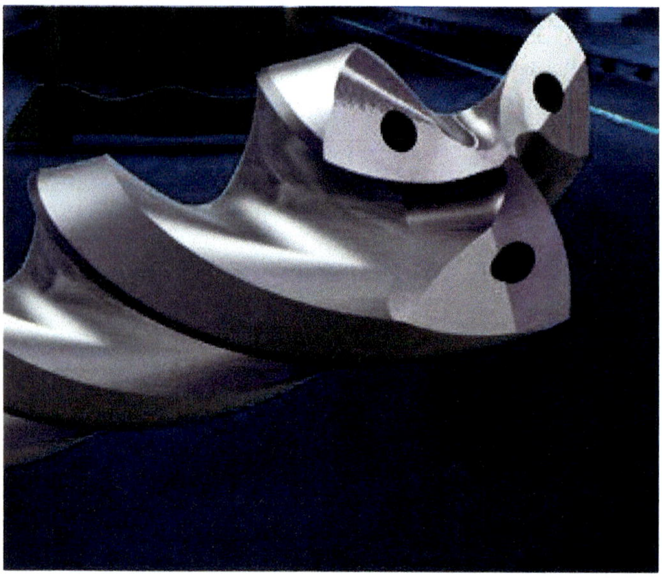

Imagen de Hoffmann Group.

Las herramientas de metal duro, en muchos casos, pueden trabajar con velocidades de corte altas, gracias al uso de la taladrina.

Por ejemplo, por el interior de las brocas existen unos conductos a través de los cuales circula la taladrina que se inyecta en el punto exacto de corte y, además de lubricar y enfriar el filo, también expulsa a alta presión las virutas que se generan tras el corte; la herramienta se mantiene así limpia y libre para seguir trabajando, sin que las virutas provoquen su rotura por compactación.

Estamos hablando de la taladrina, pero ¿qué es la taladrina?

Bueno, yo no soy químico y créeme que hace falta serlo para hablar con propiedad.

Sucede lo mismo que hace unos años, cuando solo había dos o tres tipos distintos de aceite para los coches, dependiendo de si eran de gasolina o de gasóleo. Hoy día, cada coche, cada marca y cada modelo utilizan un aceite con unas características concretas y muchas certificaciones pues, con la taladrina, ocurre lo mismo.

Si lo resumimos mucho, la taladrina es un aceite que se mezcla con agua en un porcentaje de entre un 1 y un 5 %, con un característico color blanco. Existen muchos tipos distintos de taladrinas, pero, en un principio, casi cualquiera puede hacer el trabajo para el cual la vamos a utilizar, que es lubricar, refrigerar y limpiar.

Los aceites, en general, después de un cierto tiempo de uso, se van degradando y pierden eficacia.

Las taladrinas, en particular, desarrollan el problema de producir un olor que, más que desagradable, puede llegar a ser nauseabundo. Esto es debido a las bacterias que se crean y se reproducen, las cuales no tienen efecto sobre nuestra máquina, pero sí sobre los operarios, expuestos a la taladrina sobre la piel y que provoca reacciones alérgicas, que pueden ser más o menos importantes, según la persona.

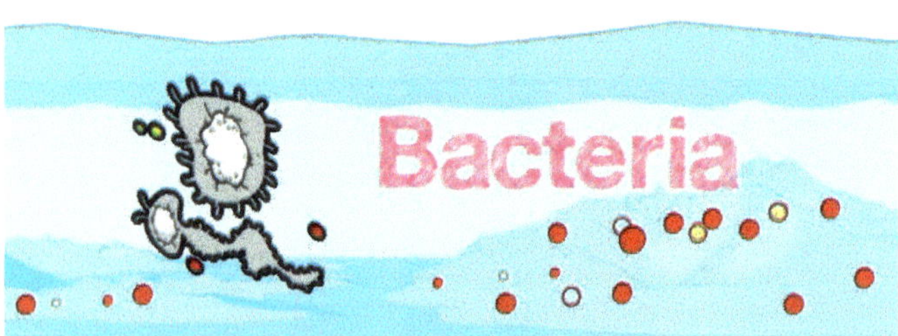

Imagen de Haas Automation Inc.

La proliferación de las bacterias es causada, principalmente, por la contaminación que lleva el material para mecanizar, ya que ha estado expuesto a diversos factores de suciedad, aceites y demás.

Todas las máquinas necesitan sus propios aceites lubricantes para el funcionamiento de los mecanismos internos.

Esos aceites, aunque en poca cantidad, terminan en el depósito de taladrina, contaminándola. Veremos en el siguiente capítulo sistemas específicos para realizar el trabajo de limpieza y separación de aceites para alargar la vida útil de la taladrina limpiando ese aceite contaminado, pero, aun así, se requiere un cambio regular de la taladrina y se aconseja también usar productos químicos especiales para la eliminación de las bacterias que quedan en el depósito, ya que, de lo contrario, en la nueva taladrina, en un corto espacio de tiempo, volverán a proliferar las bacterias.

Imagen de Haas Automation Inc.

El aire a presión sin ninguna lubricación añadida se emplea cada vez más, principalmente, en el mecanizado de alta velocidad.

Las velocidades de corte empleadas para este tipo de mecanizado son elevadas y el giro de la herramienta puede alcanzar altas revoluciones, lo cual ocasiona que los aceites no actúen sobre el filo de corte y, en otros casos, pueden provocar fisuras en la herramienta, debido a las altas temperaturas alcanzadas y al contraste térmico que recibe la herramienta a lo largo del proceso de corte.

Otro tipo de lubricación es mediante pulverización.

En la imagen, podemos ver el sistema de lubricación del fabricante Haas.

Consiste en lanzar a presión pequeñas dosis de aceite directamente al filo de corte de la herramienta.

Imagen de Haas Automation Inc.

La ventaja de la lubricación por pulverización con respecto al resto de métodos de lubricación reside en que podemos conseguir mayor productividad, porque reduciremos el tiempo de mecanizado. El proceso de mecanizado se realiza prácticamente en seco y no sufrimos pérdidas de lubricante, ya que este se aplica exactamente en la zona donde se necesita y las virutas salen secas, con lo que evitamos las pérdidas. Además, las virutas no necesitan otro proceso adicional para secarlas antes de poder reciclarlas.

Apenas se generan residuos, ya que se utiliza el lubricante en pequeñas dosis.

Esa es la teoría, y es cierta. El problema es que, en nuestra máquina, trabajamos muchos materiales diferentes, con herramientas y procesos de mecanizado diversos. Para cada proceso, hemos de decidir el tipo de lubricación, la taladrina, el aceite, el aire, las grasas especiales...

Lo mires por donde lo mires, es casi imposible que, a la vuelta de un tiempo, nuestro depósito de taladrina no necesite una limpieza a fondo y debamos renovar el refrigerante.

Además, también se utilizan otros aceites y grasas especiales cuando se trata de hacer roscas con macho en materiales duros donde la herramienta sufre mucho y resulta más fácil que se rompa.

Capítulo 9

Sistemas de amarre, útiles y accesorios

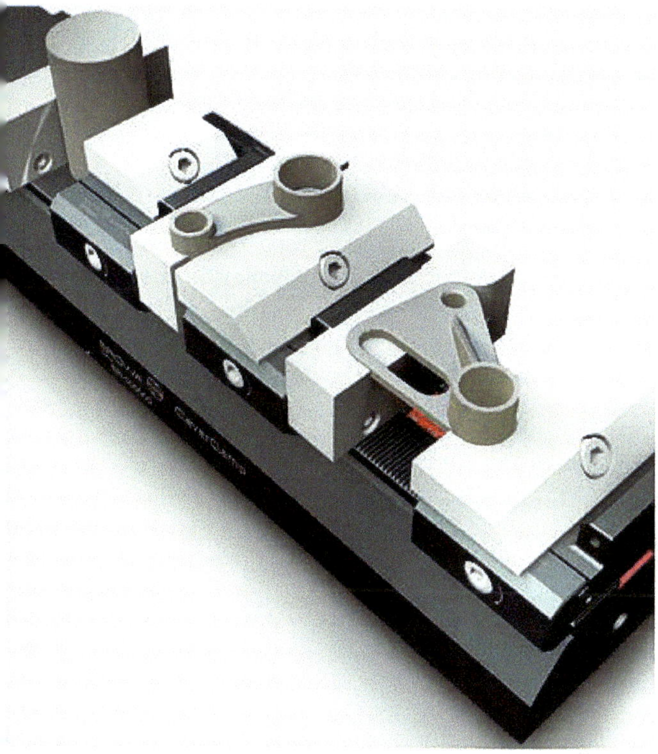

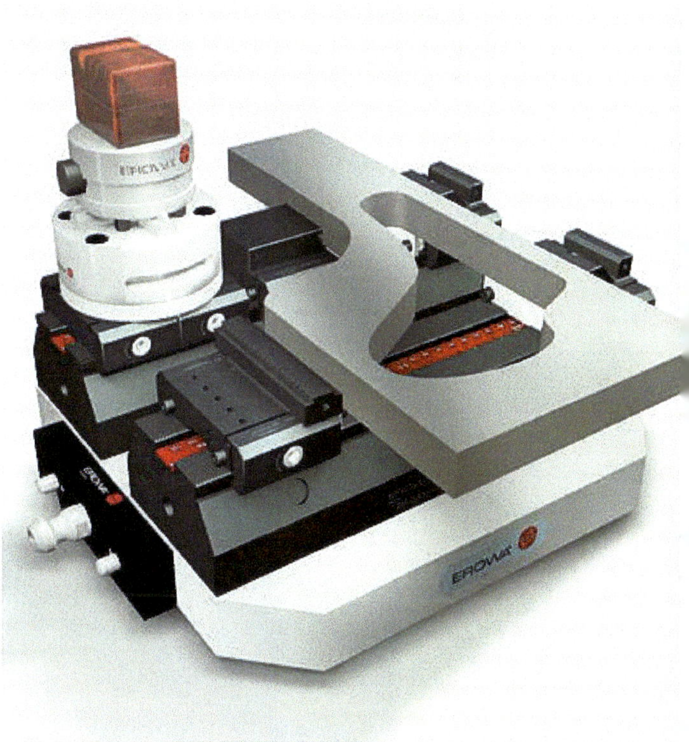

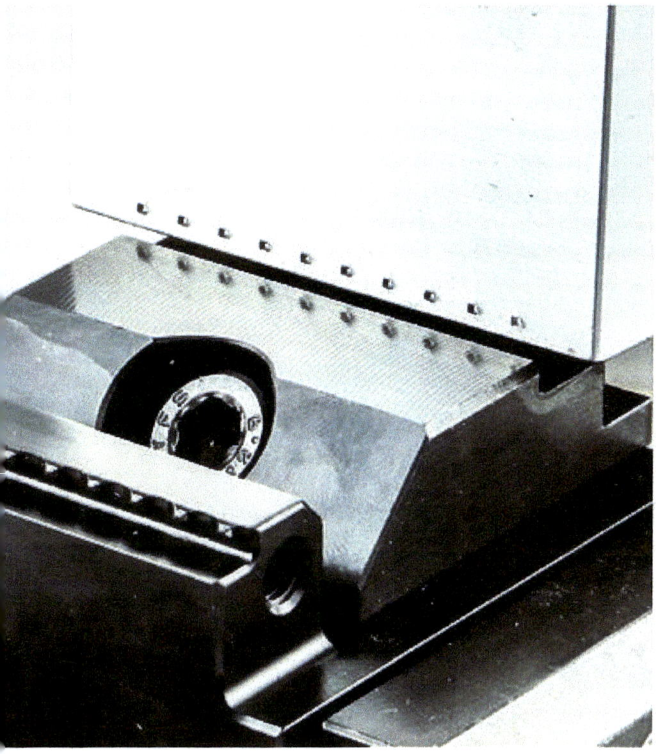

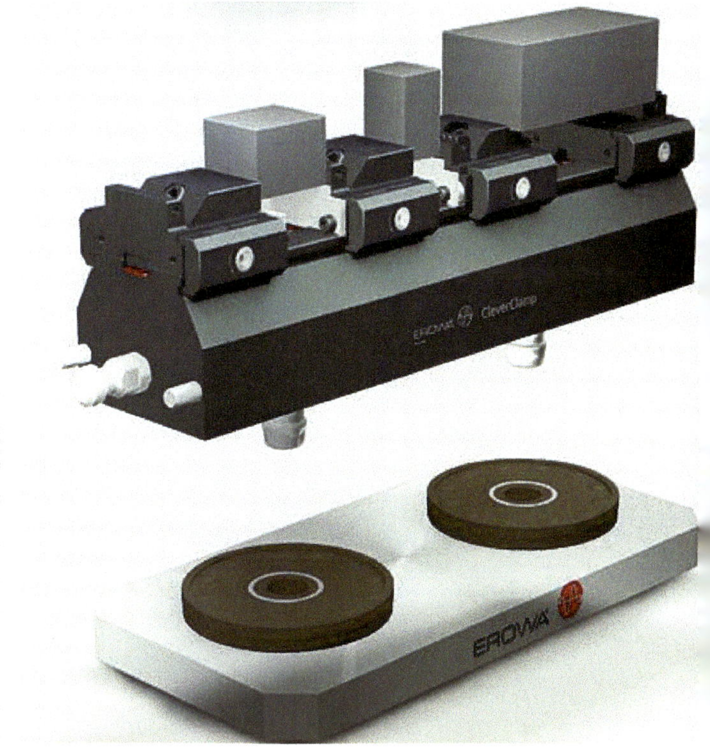

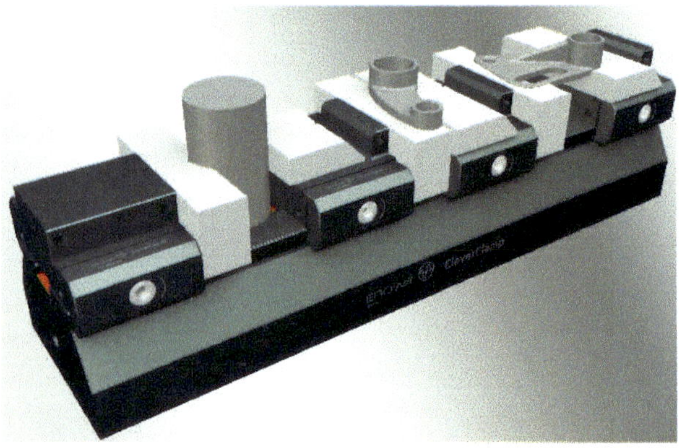

Imágenes de Erowa.

Son muchos los sistemas de amarre con los que contamos para hacer nuestro trabajo cada día un poco más fácil. Podemos conformarnos con los de siempre, los que todo el mundo conoce y son fáciles de encontrar en cualquier taller de toda la vida, o podemos actualizarnos y evolucionar, de igual forma que hacemos con las máquinas y las herramientas y descubrir las ventajas que nos ofrecen los nuevos sistemas. Asimismo, *nuestra producción se incrementará en gran medida*, ya que, de una forma muy rápida, podremos cambiar las piezas que estamos fabricando, consiguiendo una alta precisión y, sobre todo, *una gran calidad en los trabajos.*

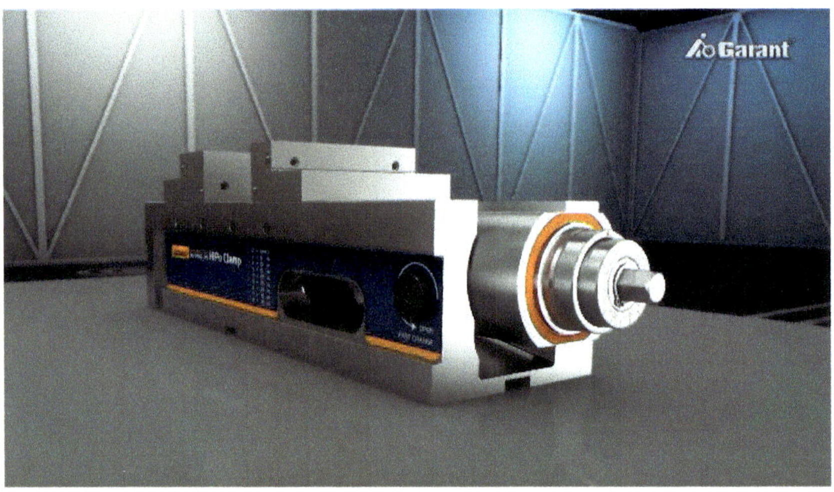

Imágenes de Hoffmann Group.

La facilidad y rapidez con la que podemos configurar este tipo de útiles nos permite emplear el tiempo en lo que realmente importa: arrancar viruta.

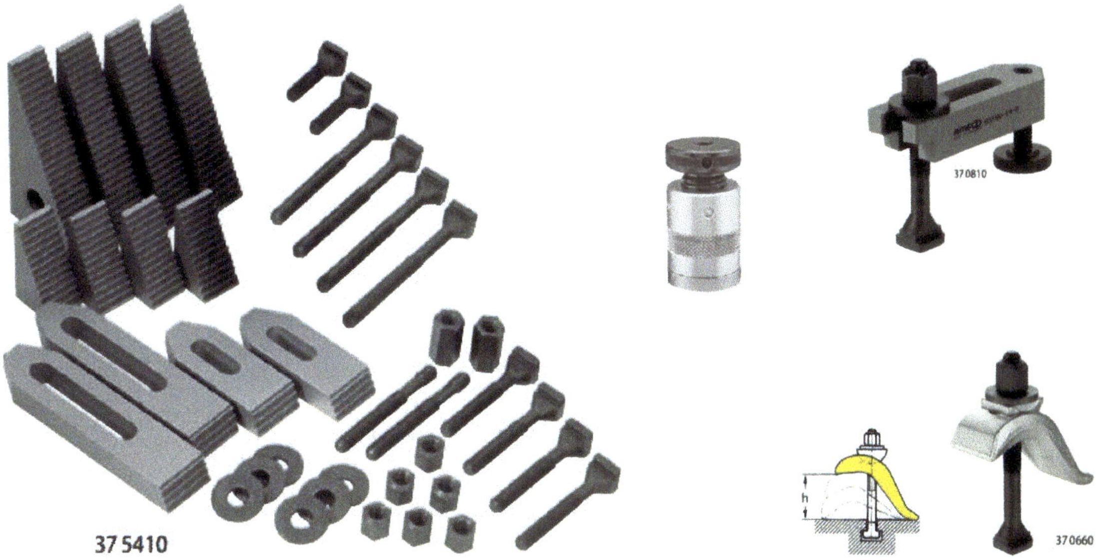

Imágenes de Hoffmann Group.

Siempre es necesario contar con un **juego de bridas y calzos** para casos especiales, en los cuales la única manera de sujetar la pieza es mediante este método.

Pero, hoy día, existen cantidad de útiles que nos permiten la sujeción de piezas, sin importar la forma, el material ni las dimensiones.

Ten siempre presente que *un buen amarre, tanto de la pieza como de la herramienta, constituye la base principal para conseguir un buen mecanizado* y darle una larga vida a nuestra herramienta, ya que uno de los factores que más la dañan son las vibraciones ocasionadas, en la mayoría de los casos, por una mala sujeción.

Quizá ya te lo haya dicho y seguro que te lo repetiré, pero la limpieza es primordial en este trabajo.

Para que nuestros útiles funcionen a la perfección durante mucho tiempo, es necesario ser cuidadoso con ellos, limpiarlos, engrasarlos y hacerles un mantenimiento periódico.

Las virutas dañan las herramientas y las piezas, dejando marcas en ellas y haciendo imposible una buena precisión y alineamiento, si no las retiramos debidamente.

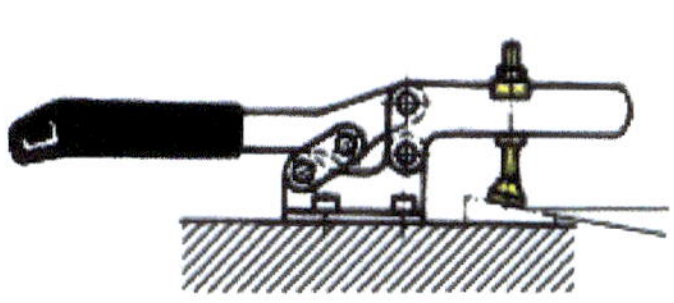

Para piezas de trabajo desiguales:
Tornillo de presión con articulación por encargo.

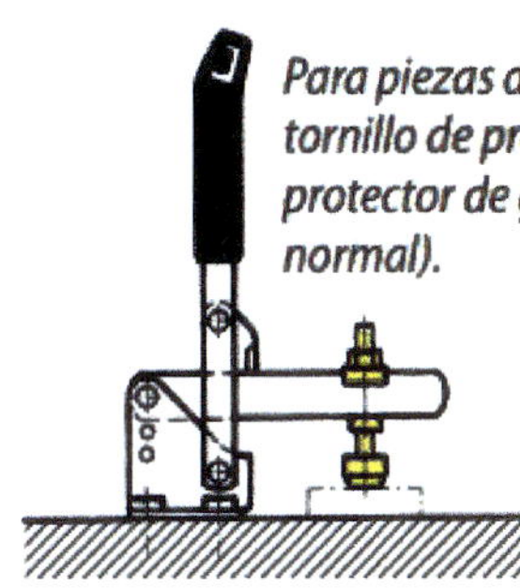

Para piezas de trabajo planas:
tornillo de presión con capuchón protector de goma (modelo normal).

Imágenes de Hoffmann Group.

Los **tensores de presión** también son fijaciones que emplearemos en la fresadora.

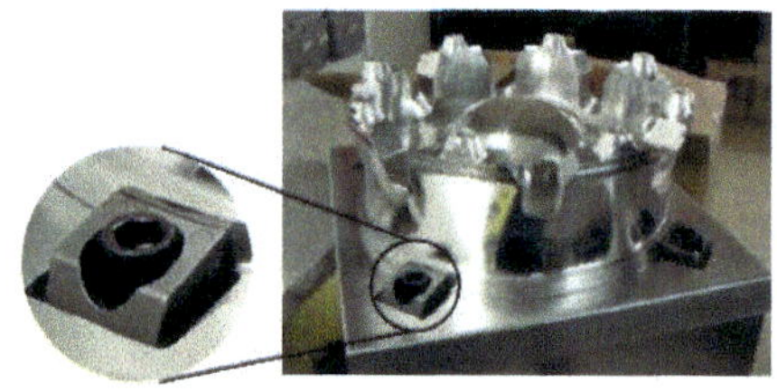

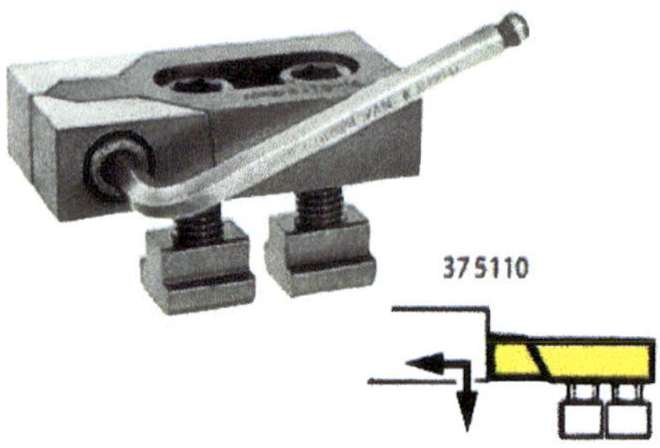

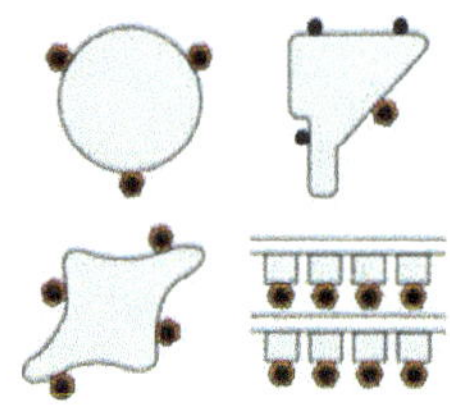

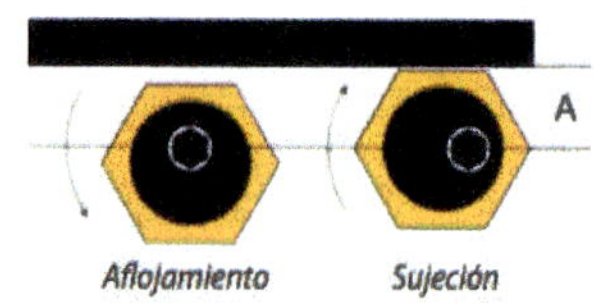

Imágenes de Hoffmann Group.

Este tipo de **sujeciones excéntricas, de cuña** o **de tipo Pitbull**, se utilizan mucho, tanto para sujetar piezas pequeñas en grandes cantidades como para sujetar otras de grandes dimensiones directamente sobre la mesa de la máquina, ya que, aunque a simple vista no lo parezca, son capaces de ejercer una gran presión sobre la pieza y, en la mayoría de los casos, además de la fuerza lateral, también empujan tirando hacia abajo de la pieza, lo que hace casi imposible que se mueva.

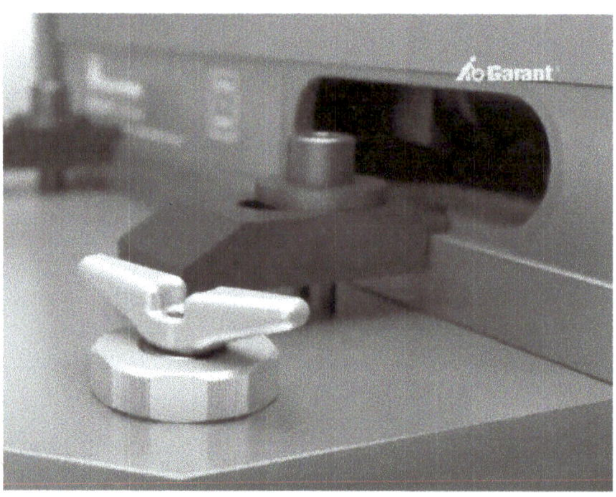

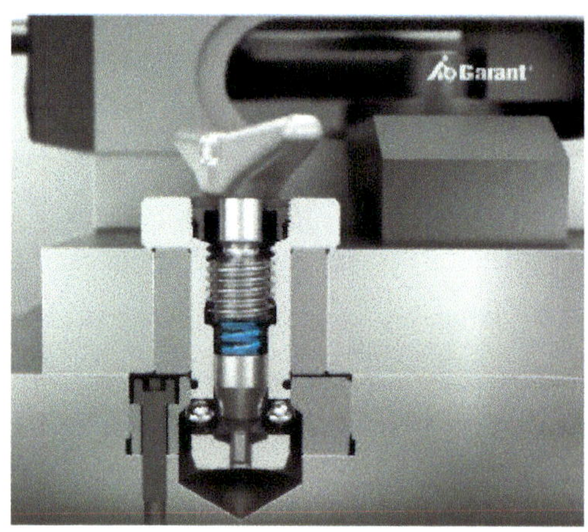

Imágenes de Hoffmann Group.

Son muchos y muy variados los sistemas de amarre que existen. Los fabricantes continuamente desarrollan y prueban nuevos sistemas. Sigamos viendo otros utillajes con los que trabajaremos diariamente.

En todas las imágenes, puedes ver a quién pertenecen y, así, buscar información de lo que necesites.

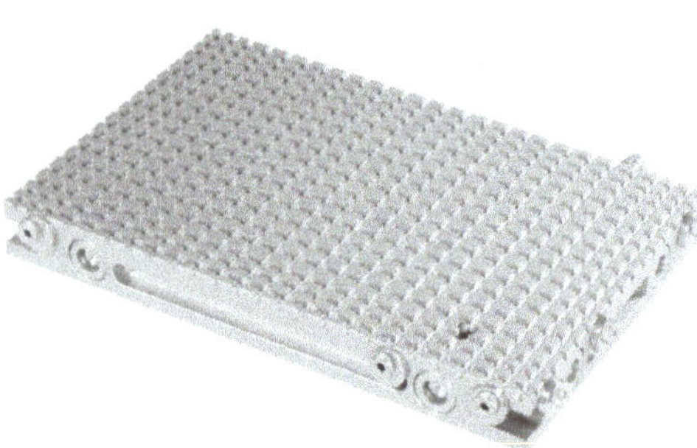

Mesas de vacío. Imágenes de Hoffmann Group.

Mesa de amarre por vacío: este tipo de útil se emplea, principalmente, para materiales no ferrosos, los cuales no podemos sujetar mediante imantación y, en especial, piezas finas o delgadas. Se trata, básicamente, de un bloque de aluminio y que contiene unos conductos internos a través de los cuales circula el aire, que absorbe la pieza por unos taladros de pequeñas dimensiones. Para hacer el vacío, se emplea una bomba especial de vacío o mediante el uso de aire a presión y el sistema de Venturi.

Mesa magnética: la mesa de sujeción mediante imantación también se emplea habitualmente para la sujeción de piezas, gracias a que nos permite trabajar por todo el contorno de la pieza y en toda su altura.

Al igual que la mesa de vacío, se utiliza, principalmente, para piezas de poco espesor, las cuales son difíciles de mecanizar con otros sistemas, debido a las vibraciones producidas durante el arranque de viruta.

Gracias a la mesa de imanes y contando con soportes base que pueden ser fijos o regulables, la totalidad de la superficie de la pieza queda bien anclada y se forma un bloque robusto sobre el cual no se producirán vibraciones.

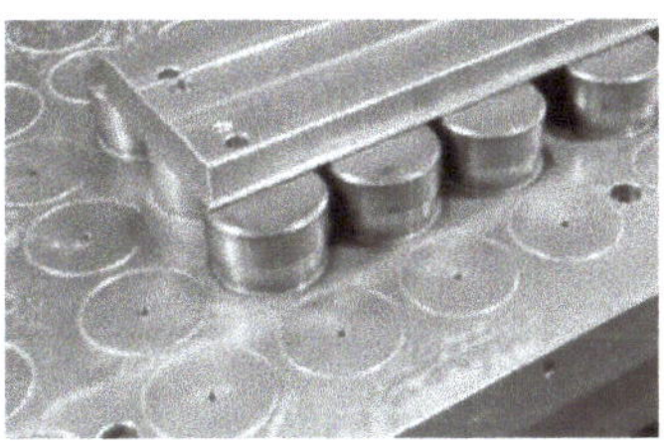

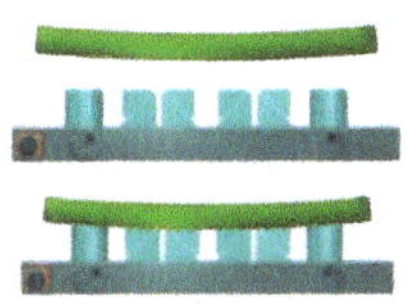

Ajuste automático a la pieza de trabajo.

Imágenes de Hoffmann Group.

Pero, sin duda, nuestro útil más utilizado para el fresado es la **mordaza.**

Las mordazas han evolucionado mucho y ahora disponen de sistemas de apriete más precisos y potentes. En una mordaza sencilla, el apriete se realiza girando la palanca, y la fuerza solo es controlada por la persona que realiza la acción; sin embargo, existen en el mercado mordazas que nos indican el apriete mediante una llave dinamométrica y otras llevan incorporado un husillo que, bien sea mecánico o hidráulico, actúa ejerciendo una presión de varias toneladas sin esfuerzo para el trabajador.

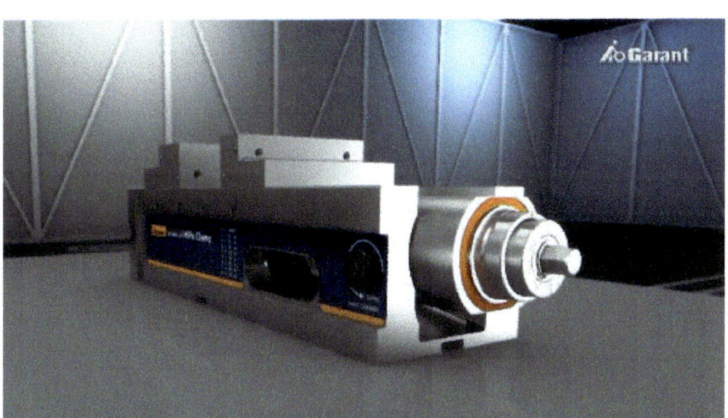

La mordaza de la imagen puede alcanzar las seis toneladas de apriete de forma mecánica y ofrece una gran precisión y repetitividad, gracias a su robustez y la amplia gama de bocas para cualquier tipo de pieza.

Imágenes de Hoffmann Group.

Puedes ver, en esta imagen, la graduación marcada en el husillo de la mordaza y que ayuda, de una forma muy rápida y sencilla, a saber, la presión que ejerces sobre la pieza.

En este caso, la mordaza aporta una presión máxima de cuatro toneladas.

Ten siempre en cuenta que no es necesario trabajar al máximo de presión para todas las piezas, ya que podrías dañarlas y deformarlas.

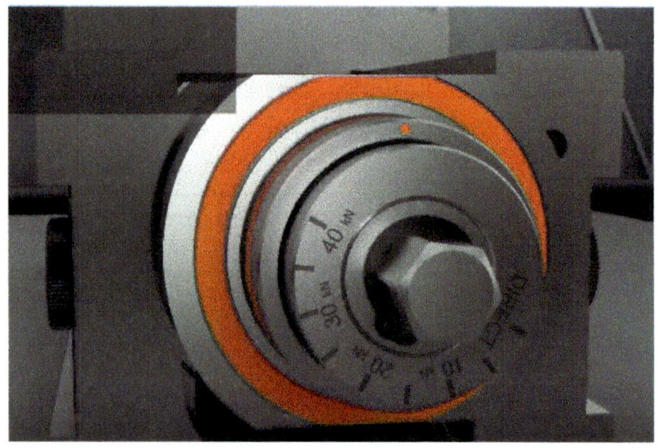

Imágenes de Hoffmann Group.

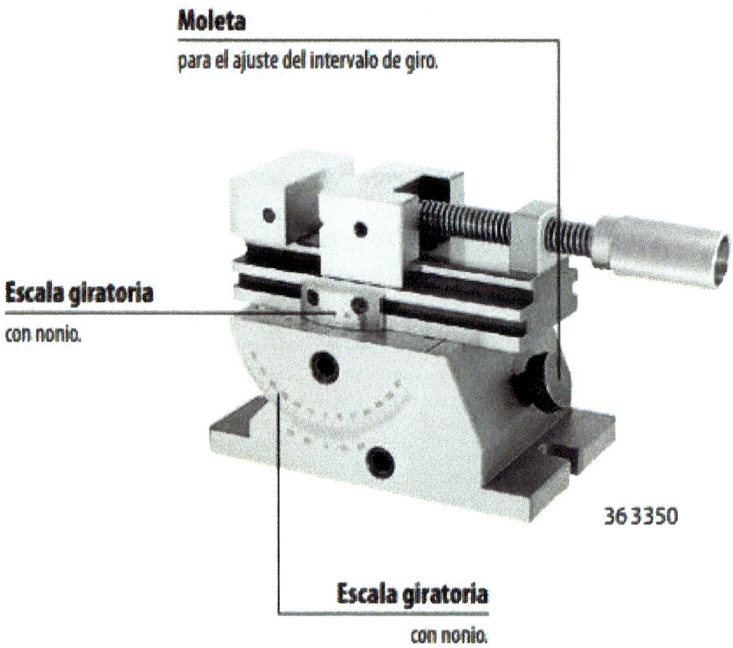

También utilizaremos **mordazas de precisión** para el rectificado y para sujetar piezas, mientras las medimos en una máquina tridimensional (MMC).

Aquí tienes otro tipo de **mordazas modulares** del fabricante Erowa.

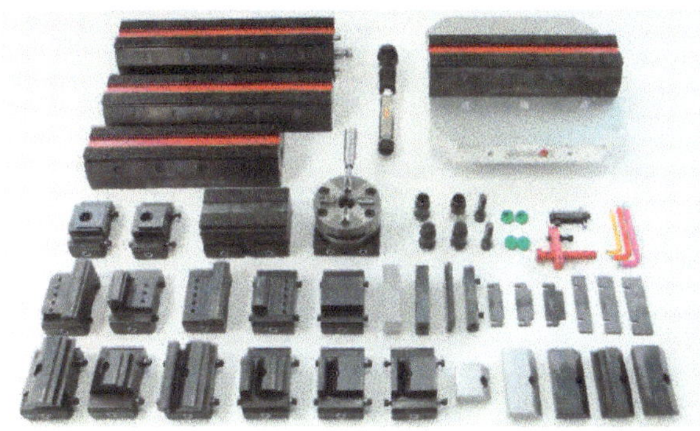

Estas mordazas son muy versátiles, puesto que disponen de muchos componentes intercambiables que facilitan el trabajo y reducen los tiempos, al poder hacer varias piezas a la vez, ya sean iguales o distintas.

Imágenes de Erowa.

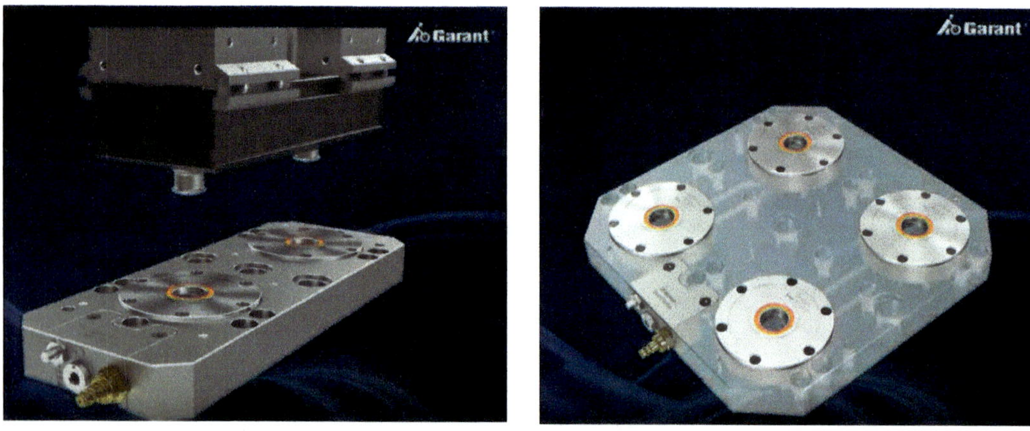

Imágenes de Hoffmann Group.

Y, para hacer aún más fácil el montaje y posicionamiento de mordazas y útiles, en general, dispones de los llamados **puntos cero.**

Para que te hagas una idea, son una especie de enchufe rápido, formados por una base de tipo hembra de distintas formas y tamaños que se ancla en la mesa. La parte macho lo hace en la base de la mordaza, el plato o directamente sobre una pieza.

De esta forma, podemos quitar y poner nuestro útil tantas veces como queramos, consiguiendo siempre una repetitividad, precisión y amarre perfectos.

Además, resultan idóneos para utilizarlos con sistemas automatizados o robotizados, ya que el amarre o sujeción se realiza mediante presión de aire en la mayoría de los modelos, siendo fácilmente configurable y pudiendo gestionarse desde el control de la máquina.

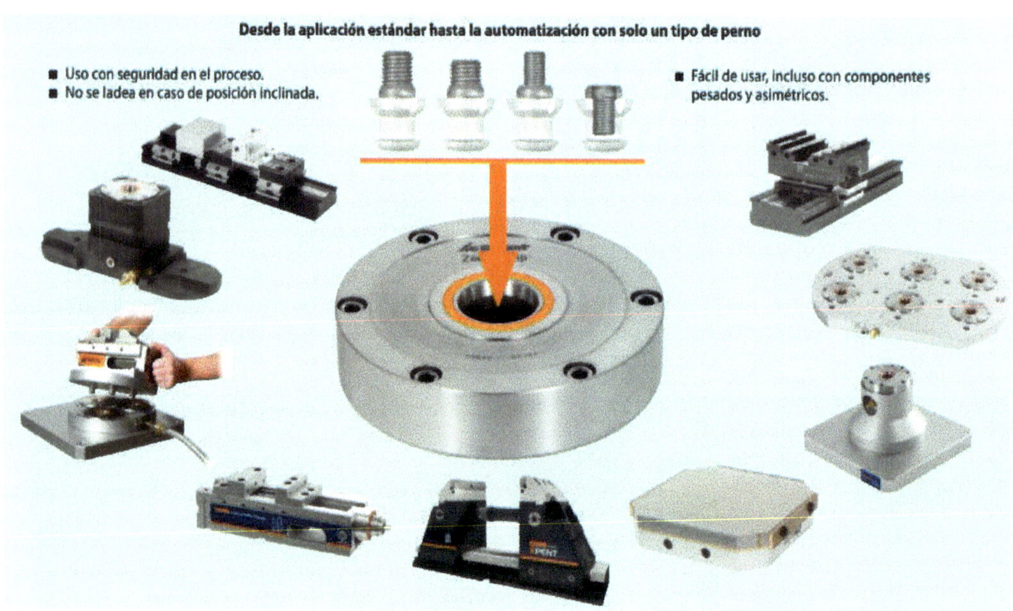

Cada fabricante dispone de su propio sistema y existe una amplia y surtida gama en el mercado, para todo lo que puedas imaginar y mucho más.

Hasta ahora, los utillajes que hemos visto son utilizados para el fresado. Debido al tipo de piezas, sus formas realmente variadas y de diferentes dimensiones, existen multitud de sistemas de amarre.

En los tornos cada vez más versátiles, nos encontraremos con una gran diversidad de sistemas de amarre, aunque, al final, todas muestran el mismo nexo en común, que es el plato donde colocamos distintos tipos de **garras y pinzas.**

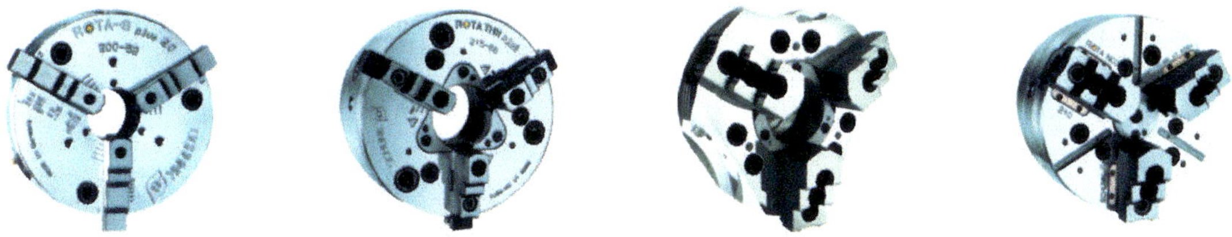

En estas imágenes se muestran diferentes **platos de torno** de la marca Schunk.

Dispones de muchos tipos de platos donde acoplar las garras adecuadas a la pieza que vayas a mecanizar. Normalmente, utilizarás un solo plato, pero con gran variedad de garras, ya que no usarás las mismas para sujetar una pieza en bruto, cuya superficie viene de la acería y vas a cilindrar, que cuando sujetas la pieza por una zona mecanizada y no puedes deformarla ni dejar las huellas de las garras.

Imagen de Haas Automation Inc.

Al igual que para los tornos convencionales, usamos **garras universales** para sujetar la pieza en bruto y **garras blandas,** las cuales mecanizamos para darles la forma exacta de la pieza para sujetar.

Imagen de Hoffmann Group.

Para mecanizar las garras, el plato siempre tiene que estar bajo presión y, para ello, existen unos útiles que permiten bloquear las garras a la distancia que necesitamos.

Aquí se muestra un útil para mecanizar garras.

Aunque esta es la forma correcta para mecanizar las garras (imagen de arrib a), lo cierto es que la mayoría de los trabajadores empleamos trozos de piezas de diferentes diámetros para bloquear las garras.

Lo único que debes tener en cuenta siempre es la seguridad, para que, en ningún momento, ocurra un accidente.

Asegúrate de colocar bien las garras en la posición correcta de trabajo, como se muestra en la imagen.

Imágenes de Haas Automation Inc.

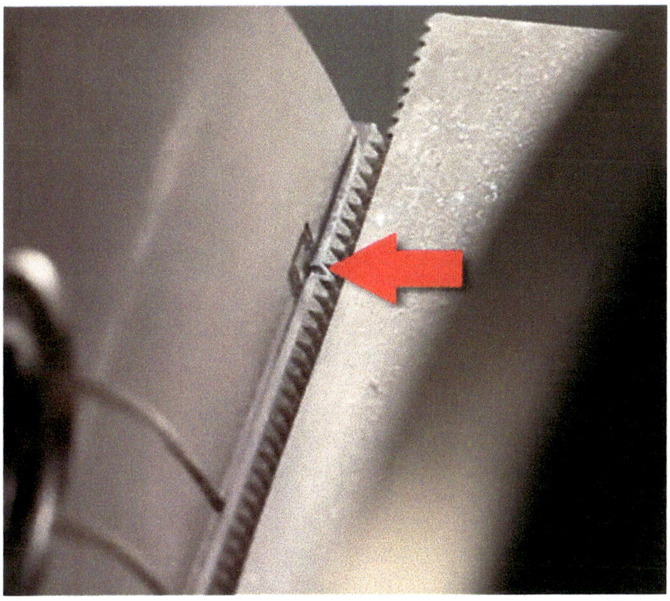

Los platos cuentan con una marca como la que tienes en esta imagen, donde se muestra el recorrido de las garras.

Procura situar las garras en la zona central de la marca, para que el mecanismo interior del plato disponga de suficiente recorrido, tanto para abrir como para cerrar las garras.

Tenlo presente también a la hora de mecanizar garras blandas. Hazlo siempre en esta posición.

Cuanto mayor sea la zona de contacto, mejor será el amarre y más rigidez le daremos al área de trabajo.

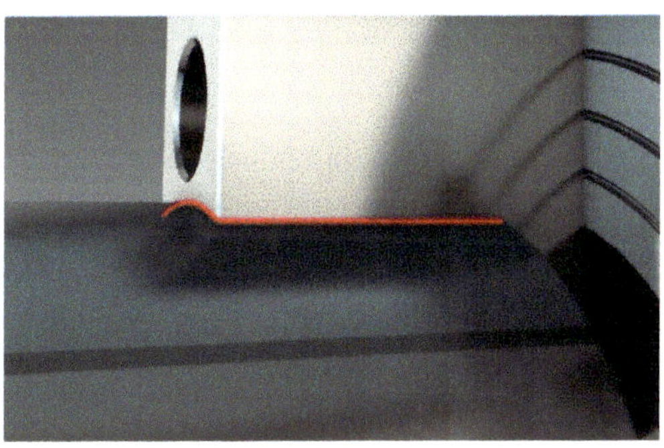

Imágenes de Haas Automation.

Siempre asegúrate de que la presión sea la adecuada, para evitar la deformación de las garras.

La presión que ejercen las garras sobre la pieza se regula a voluntad, dependiendo del tipo de pieza y el material que se vaya a mecanizar.

No usamos la misma presión para sujetar un bruto macizo de acero que una pieza hueca de plástico.

Cuanto más altas son las revoluciones del husillo, menos presión ejercen las garras sobre la pieza. Esto es debido, simplemente, a la fuerza centrífuga.

Cuando el plato se encuentra parado, las garras ejercen una presión controlada sobre la pieza, pero, a medida que el plato comienza a girar, la fuerza centrífuga hace que las garras tiendan a separarse del eje de giro y, por lo tanto, la presión disminuye.

Tranquilo, no te quiero asustar. Este fenómeno ocurre siempre, pero en una pequeña medida; de todas formas, en tu máquina encontrarás una chapa de identificación, donde te indica, con una gráfica, la presión de las garras, en función de las revoluciones.

Si sujetas la pieza por el interior, entonces puedes imaginar que el proceso será opuesto. En este caso, cuantas más revoluciones tenga el plato, más presión ejercen las garras sobre la pieza.

En esta imagen se muestra, de un modo exagerado, la deformación que obtiene la pieza a causa de un exceso de presión.

Esta deformación se produce la mayoría de las veces, aunque en menor medida.

Por esa razón, podemos medir nuestra pieza en la máquina y pensar que todo está correcto y, una vez que la sacamos y la volvemos a medir, comprobamos que las medidas han cambiado y, principalmente, la redondez.

Nuestra pieza está triangulada, en vez de ser perfectamente cilíndrica.

Imágenes de Haas Automation Inc.

Este problema es uno de los principales con el que nos vamos a encontrar a la hora de hacer trabajos de precisión en el torno.

En esta imagen (izquierda), puedes ver la zona de contacto de las garras sobre la pieza y la deformación por presión que se produce.

Y, en esta imagen (derecha), tenemos unas garras más anchas, las cuales crean una superficie de contacto mucho mayor y conseguiremos que la deformación sea menor.

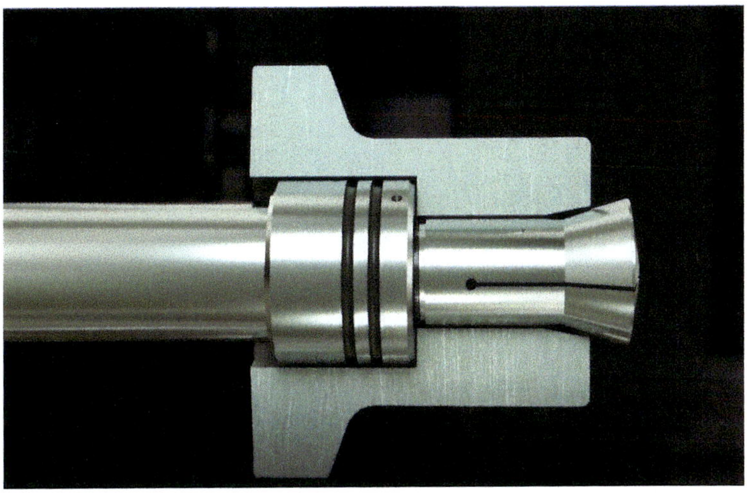

Dependiendo del trabajo que se vaya a realizar, puede que utilices pinzas, en lugar de garras.

En este caso, la deformación de la pieza será menor, ya que la superficie de contacto es mucho mayor.

De todas formas, la mayoría de las veces, las pinzas se utilizan para amarrar barras de material en bruto.

Imagen de Haas Automation Inc.

*Pinza de sujeción **lisa**, para torneado interior propio.*

Si necesitas hacer gran cantidad de piezas partiendo de barras y utilizando sistemas de avanzabarras, entonces es mejor cambiar el plato de garras por un **portapinzas.**

Cuentas con muchos tipos diferentes: lisos, ranurados, de diferentes diámetros...

*Pinza de sujeción con **ranuras transversales**, para material bruto, Ø reducido.*

Será necesario contar con una pinza de cada medida de barra con la que vayas a trabajar.

Aunque puede parecer una gran inversión, lo cierto es que, si los tratas bien, estos utillajes durarán muchos años y se rentabilizan muy rápidamente.

*Pinza sujeción con **ranuras transversales y longitudinales**, para material bruto.*

El amarre es mucho mejor que con las garras y, de esta forma, podemos aumentar las condiciones de corte.

Pero recuerda que es posible que estés torneando una barra de seis metros de longitud. ¡¡¡Precaución!!!

Imagen de Hoffmann Group.

Una **sonda de medición** es una herramienta que nos ayuda mucho a la hora de tomar los ceros de pieza y también para medir la pieza dentro de la máquina.

Este tipo de sondas tiene una pila incorporada, para su conexión por infrarrojos, con un sensor, colocado en el interior de la máquina y a través del cual enviamos y recibimos la información del sensor.

Gracias a estos sistemas, la tarea de tomar ceros sobre la pieza resulta muy sencilla.

Dichas sondas cuentan con la última tecnología y están preparadas para trabajar en entornos agresivos de temperatura, humedad y suciedad con la máxima fiabilidad. Aun así, siguen siendo frágiles y debemos manipularlas con cuidado.

En el capítulo de **programación ISO,** veremos la manera de trabajar con este sensor.

Con la tecnología inalámbrica que ofrece, podemos guardar nuestra sonda en el almacén de herramientas para utilizarla en cualquier momento que la necesitemos.

Imágenes de Blum-Novotest.

Una parte importante, antes de comenzar a trabajar, reside en la medición de las herramientas.

Esta medición se puede llevar a cabo fuera de la máquina con dispositivos especialmente diseñados para ello o con sensores integrados en la propia máquina.

Aquí podemos ver un **palpador automático** para la medición de las herramientas.

El palpador de la imagen trabaja por contacto, lo que quiere decir que la herramienta ha de rozar la parte superior. El palpador envía esa medición al control y, automáticamente, conoceremos la longitud y el diámetro de la herramienta que tenemos en el husillo.

Recuerda siempre dar giro a izquierdas a la hora de medir, para que la herramienta no dañe el palpador. Aunque, por norma general, un ciclo programado se encarga de ello.

Cuando necesitamos una gran precisión, disponemos de sistemas de medición sin contacto.

Estos sistemas se integran con el control de la máquina y, aunque trabajan de forma independiente, lo programamos desde el propio control de la máquina, donde tendremos ciclos fijos creados por el fabricante.

Imágenes de Blum-Novotest.

La herramienta, de forma automática, gracias a unos ciclos que se instalan en el control, se coloca en el centro del medidor, y un láser se encarga de tomar las medidas de la herramienta con precisión.

Según el modelo, podemos conocer si nuestra herramienta está gastada o presenta algún filo roto.

Estos datos se introducen, de forma automática, en la tabla de herramientas, según los hayamos configurado previamente.

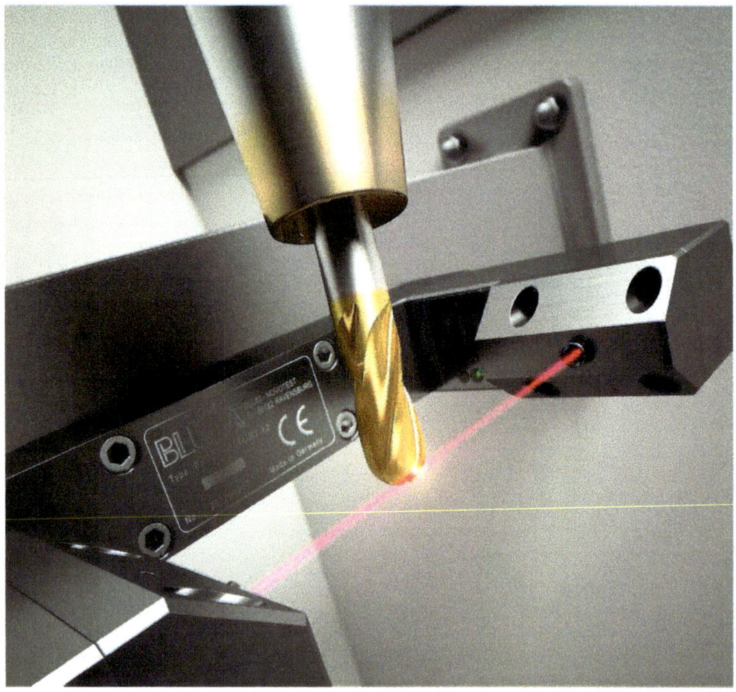

Imágenes de Blum-Novotest.

He introducido a los palpadores, medidores y sondas en este capítulo debido a que me parecen muy importantes, aunque podrían incluirse como herramientas, ya que son utilizados continuamente con el fin de ayudarnos a hacer nuestro trabajo más fácil y, también por esa razón, podrían estar en metrología.

Como siempre te recuerdo, se trata de herramientas muy precisas y frágiles, que debemos cuidar y manipular como corresponde.

El medidor Blum para herramientas cuenta con sistemas de cierre; de esta manera, se evita que las virutas y la taladrina accedan a su interior. También incluye un sistema de soplado por aire a presión para limpiar las zonas de lectura del láser, que se activa de forma automática, cuando se necesita hacer una medición.

Lo anterior quiere decir que está muy bien protegido contra los elementos con los que se trabaja a diario, pero no dispone de protección contra un golpe que le demos por un descuido.

En esta imagen, puedes ver dónde se ubica el medidor, para que la herramienta pueda acceder a él y que no impida el correcto funcionamiento de la máquina a la hora de trabajar.

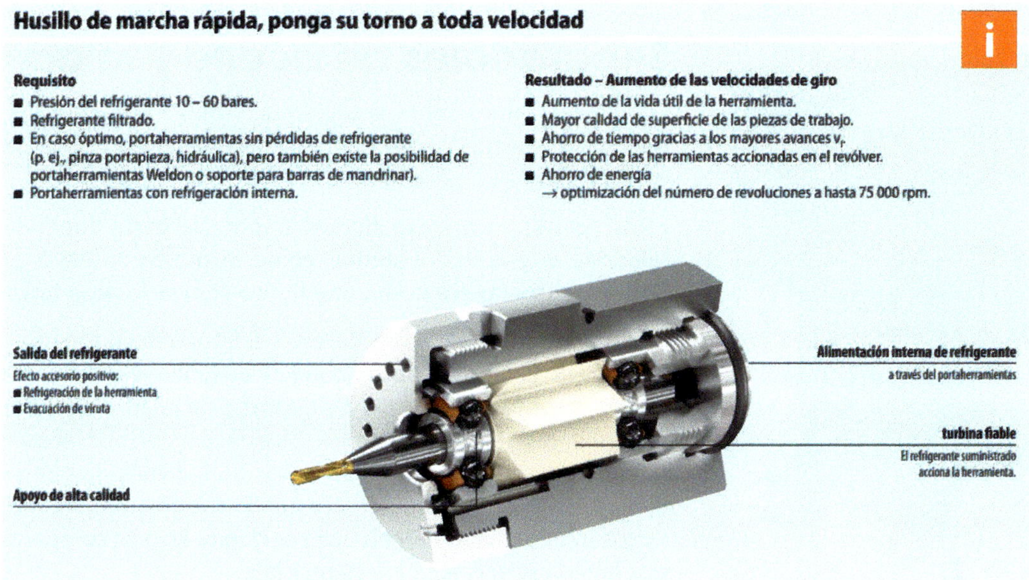

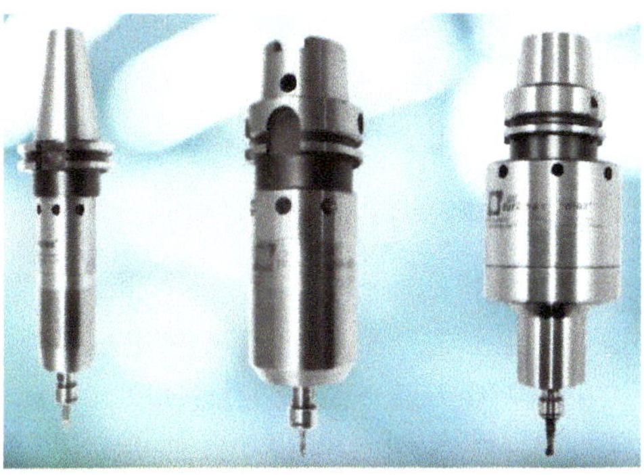

Otros accesorios que nos pueden ayudar mucho si necesitamos grandes revoluciones, principalmente para trabajar con materiales blandos, como los plásticos, o con herramientas de diámetros pequeños, son los **husillos de marcha rápida.**

Imágenes de Hoffmann Group.

Lo normal es que nuestro centro de mecanizado alcance entre 10 000 y 18 000 rpm y una fresadora se mueva en un rango de entre 4000 y 8000 rpm; por supuesto, algunos fabricantes ofrecen máquinas con velocidades más altas, pero estos datos que doy son algo estándar.

Es habitual utilizar fresas o brocas de diámetros pequeños con altas velocidades de corte y necesitar 20 000 o 30 000 rpm, algo imposible para la mayoría de las máquinas.

A simple vista, pueden parecer portaherramientas normales, pero el secreto se halla en el interior. Según el modelo del fabricante, pueden incorporar una especie de turbina que, mediante el uso de la refrigeración interna con gran presión, puede alcanzar altas revoluciones.

De esta forma, trabajaremos con la velocidad de corte óptima para la herramienta, conseguiremos su pleno funcionamiento y explotaremos al máximo las capacidades.

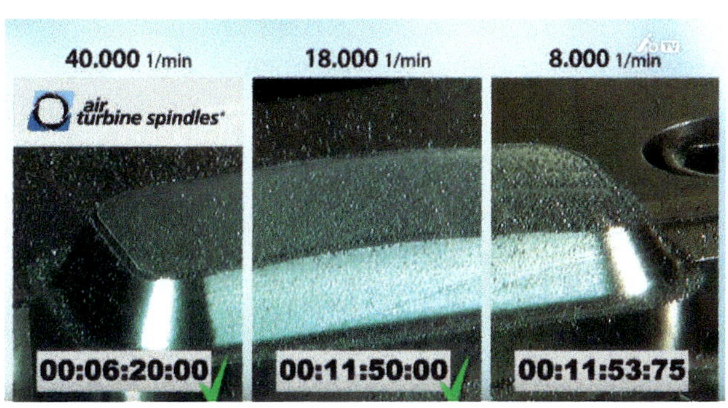

Separadores de aceite y taladrina

Imagen de LNS.

Cuando hablamos sobre la taladrina, vimos los agentes externos que la estropean, normalmente aceites, los cuales se le unen, lo que la degrada en poco tiempo.

Estos aceites se quedan flotando sobre la parte superior de la taladrina y, gracias a sistemas como el mostrado en la imagen, podemos atrapar ese aceite que flota y separarlo de la taladrina.

Existen distintos sistemas. Este, en cuestión, trabaja con una bomba neumática de membrana. Dispone de una manguera con una boya, que flota sobre la superficie del depósito de taladrina, aspirando la taladrina que se encuentra en la superficie y, con ella, el aceite que flota. Después, pasa lentamente por unas bandejas que separan el aceite, haciéndolo flotar, para que la taladrina limpia retorne al depósito de la máquina y el aceite se quede en otro compartimento que luego vaciaremos para su reciclaje.

Este sistema lo podremos utilizar en varias máquinas, ya que es móvil, y lo tendremos funcionando unas horas en cada máquina.

Depuradores de neblina por filtración de aire

Imagen de LNS.

Hemos visto que las máquinas cada vez son más limpias, gracias a los cierres estancos que incorporan, no dejando salir virutas ni líquidos al exterior. Pero, cuando trabajamos con taladrina en gran cantidad, se producen neblinas dentro de la máquina, que salen al exterior en el momento de abrir las puertas de la máquina. Estas neblinas, con el paso del tiempo, hacen que todo cuanto se encuentra alrededor de la máquina quede impregnado de aceites, suciedad ambiental e incluso que los techos de la fábrica también se ensucien.

Estos depuradores son una especie de aspiradora colocada encima de nuestra máquina CNC de forma fija. Dependiendo del volumen de la máquina, necesitaremos un depurador de mayor o menor capacidad. Lo que hace es aspirar continuamente el aire con neblinas del interior de la máquina y pasarlo por un filtro que recoge el aceite y la taladrina, separándola, para evitar que salga al exterior.

Del mismo modo que en una carpintería hay virutas de madera en el ambiente o en un almacén de construcción hay polvo de cemento, en un taller de mecanizado, hay aceites por el ambiente, o no.

Está claro que todos estos sistemas suponen una inversión para la empresa. Pero recuerda que comenzamos hablando sobre los talleres modernos, limpios y ordenados.

Aunque todavía falta algo de tiempo para ver estos sistemas en todos los talleres, cada vez son más los que aplican las nuevas tecnologías.

Capítulo 10
Procesos de mecanizado

Cuando llega el momento de comenzar a trabajar, nos encontramos con un plano en las manos y tenemos que decidir por dónde empezar a fabricar dicha pieza.

Es importante que te tomes un tiempo para pensar qué pasos has de seguir, cuántas fases tendrás que hacer y el orden de estas. No sirve de nada correr para empezar a mecanizar una pieza con conos o paredes finas en una primera fase y, luego, a la hora de hacer otro amarre a esa pieza para continuar trabajando, te halles con que no existe forma de sujetarla o que podrías dañar el trabajo ya hecho.

Aunque te pueda parecer una pérdida de tiempo, considera que, muchas veces, necesitamos hacer un mecanizado previo, simplemente, para disponer de una zona por la que sujetar la pieza de una forma segura.

En fresado, trabajamos con material cortado por oxicorte, el cual presenta costras, así como caras en ángulo o irregulares, que complican la manera de sujetar la pieza. Siempre es preferible que les hagas un pequeño mecanizado a las caras, para dejar unas zonas paralelas por las cuales poder sujetar la pieza de forma consistente y estando seguro de que, en ningún momento, se moverá, lo que provocaría una rotura en la herramienta.

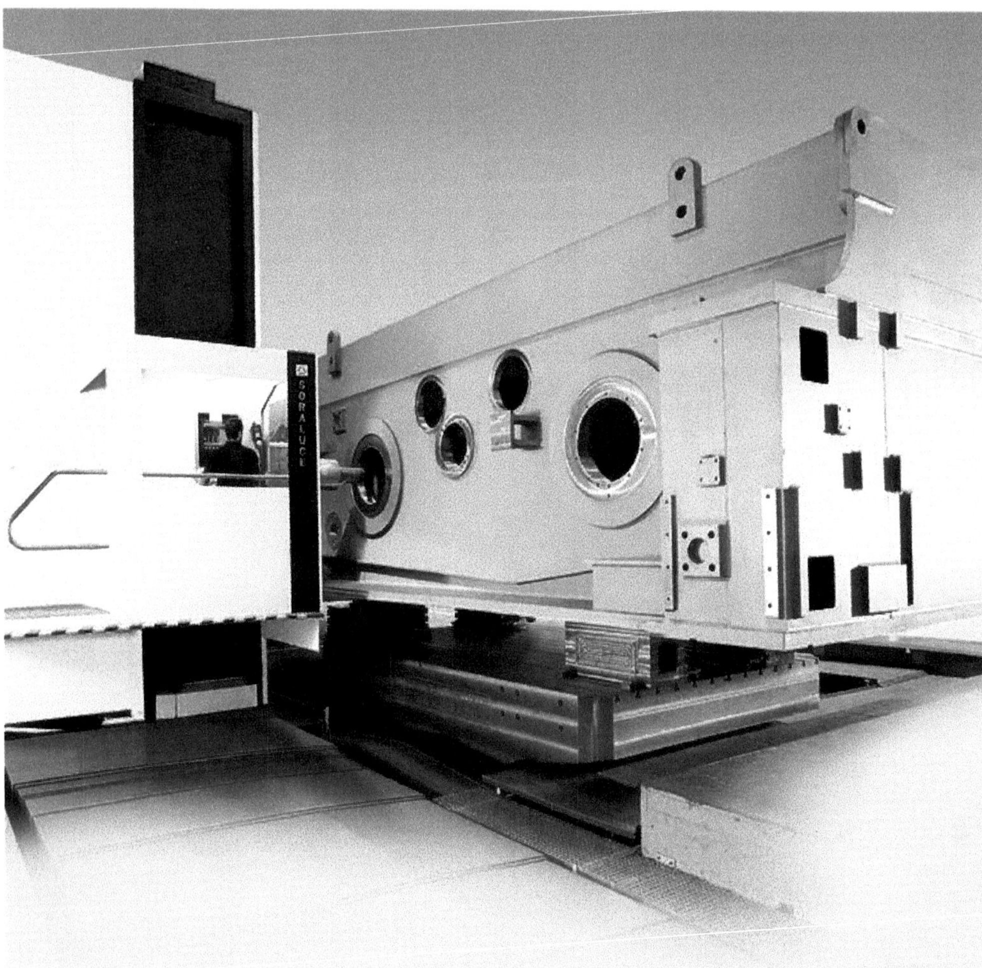

Imagen de Soraluce.

Muchas veces, las piezas necesitan varios procesos hasta su completa finalización. Puedo mecanizar una pieza haciendo un desbaste en el torno que, después, pasará por la fresadora, para hacer unos taladros o ranuras. A continuación, esa pieza necesita un tratamiento térmico, para aportarle mayor dureza y resistencia. Luego, necesito volver a meterla en el torno, para dar una pasada de acabado y ajuste a las zonas importantes, mientras que otras necesitan pasar por la rectificadora, con el fin de alcanzar la tolerancia y rugosidad precisa. Y, antes de terminar, hay que acometer un mecanizado por electroerosión para, posteriormente, darle un tratamiento superficial.

¿Te parece exagerado?

Pues este es nuestro día a día. Te lo comento para que te hagas una idea de la importancia de seguir unos procesos.

Imagen de Haas Automation Inc.

De nada sirve mecanizar una pieza y dejarla en medida cuando, después, va a recibir un tratamiento térmico, el cual deformará su geometría; para ello, necesito tener en cuenta las deformaciones que se van a producir y dejar bastante material para que, a la hora de hacer el acabado, cuente con material suficiente, pero que no sea demasiado, ya que ahora es más difícil el mecanizado, debido a la dureza.

Otras veces, es necesario tratar el material para quitarle las tensiones y, así, a la hora de mecanizarlo, no se deformará. Después, una vez hecho el desbaste, volveremos a tratar el material, para devolverle su composición inicial o una dureza extra.

Gracias a las máquinas modernas que ya hemos visto, cada vez resulta más habitual empezar y terminar una pieza en la misma máquina, porque podemos hacer operaciones de torneado y fresado a la vez, pero, en la mayoría de los talleres, lo normal es realizar procesos distintos en diferentes máquinas.

Dependiendo del tipo de pieza y del material del cual partamos, seguiremos unos procesos u otros. Pero acostúmbrate a hacer fases de desbaste y fases de acabado. Utilizaremos diferentes herramientas y condiciones de corte para cada fase.

Cuando comienzo explicando programación a mis alumnos, todos quieren mecanizar la pieza entera con todas sus fases utilizando únicamente una herramienta.

Pero la realidad es que podemos necesitar varias herramientas para un solo proceso.

Por ejemplo, imagina que necesitamos hacer una cajera rectangular. Es probable que tengamos que realizar uno o varios taladros previos para quitar material que, además, nos ayudarán a evacuar la viruta; después, usamos un plato para comenzar a desbastar y, luego, con una fresa, conseguiremos el acabado final y el radio óptimo en las esquinas.

Este es solo un ejemplo; a continuación, vamos a ver los procesos más habituales y el tipo de herramientas que usaremos en cada uno.

Mi consejo siempre es el mismo: las condiciones de corte y los procesos de trabajo, al final, dependerán única y exclusivamente de tu criterio. Sí, me has entendido bien.

Da igual que tengas la mejor máquina del mundo y la mejor herramienta, si no sujetas bien la pieza; si la zona para mecanizar es débil; si el material presenta áreas más duras o blandas debido a soldaduras, o si necesitas una herramienta excesivamente larga, unido a una pieza con grandes profundidades.

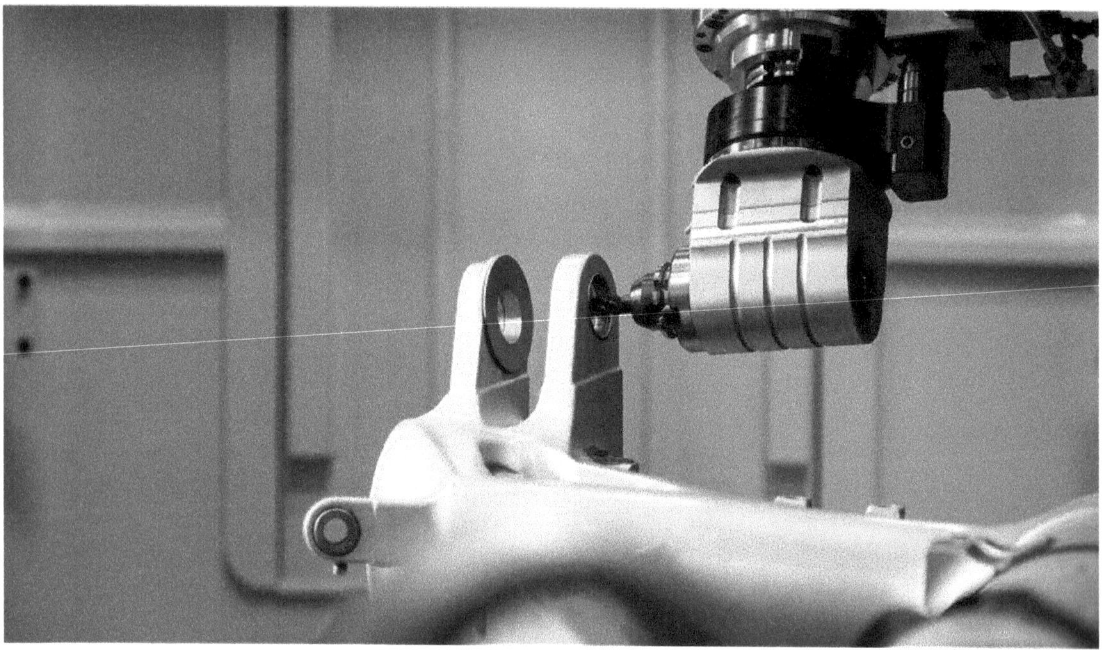

Imagen de Soraluce.

A medida que adquieras experiencia en el trabajo, te darás cuenta de que nuestro oído es una parte muy importante para entender a la máquina y la herramienta, y saber si el trabajo se lleva a cabo de una forma normal o, por el contrario, tanto la máquina como la herramienta trabajan forzadas, lo cual desembocaría, irremediablemente, en la rotura, como mínimo, de la herramienta.

Cuando caminas por la calle y escuchas el sonido de un coche que se revoluciona demasiado o parece que se fuese a calar, o bien escuchas un derrape o un frenazo, sabes que algo no va bien y que esa no es la manera correcta de conducir. Pues, en este trabajo, *procura escuchar los sonidos* que te transmite la máquina, ya que te aportarán una gran cantidad de información, para saber si estás derrapando o te mueves muy rápido o bien demasiado lento.

Hay procesos que son una parte esencial para el mecanizado de la pieza y otros que pueden parecer menos importantes, pero todos y cada uno de ellos tienen su importancia en el resultado final de la pieza.

A la hora de fabricar una pieza, necesitarás muchas horas de mecanizado de desbastes, de acabados, de fresados de ranuras, etc. Solemos dejar para el final, así, los procesos (en teoría) menos complicados, como son los de taladrar, roscar, escariar...

Por esta razón, debemos mostrar especial cuidado en este tipo de operaciones, ya que resulta fácil cometer un error a la hora de hacer un simple taladro, o romper un macho a la hora de roscar y tener que tirar todo el trabajo previo a la basura, porque nuestra pieza ya no será válida.

Imagen de Haas Automation Inc.

Esto querría decir que habríamos perdido mucho tiempo y dinero invertido en herramientas y materiales y a nadie nos gusta que pasen estas cosas.

En este tipo de operaciones, que pueden parecer sencillas, cuando ya hemos dado por terminada la pieza, podemos encontrarnos con grandes disgustos. Por eso, mi consejo es que te esmeres a la hora de roscar, sobre todo en los diámetros pequeños. Tómate tu tiempo y, aunque te parezca que puedes estar invirtiendo más tiempo del necesario, no fuerces la herramienta, ya que un macho roto dentro de una pieza suele tener difícil solución.

Y, por supuesto, revisa y verifica bien tu programa CNC, para evitar disgustos.

Imagen de Haas Automation Inc.

Optimización: esta palabra la escucharás habitualmente. Se han de optimizar tiempos, procesos, recursos...

Optimizar no significa correr. No quiere decir que tengas que pasar tus jornadas de trabajo estresado ni agobiado ni dando carreras por el taller, como si hubiera fuego.

Soy de la opinión de que, en ocho horas, se pueden hacer muchas cosas y sacar mucho trabajo adelante, pero hay que saber organizarse. Las máquinas de control numérico nos ofrecen la posibilidad de poder preparar programas y utillajes para el próximo trabajo, así como revisar programas y planos, sin que la producción se detenga, ya que la máquina continúa trabajando.

Hay que ser capaces de aprovechar tales tiempos para ser lo más productivos posible. Pero también se debe ser realista. En ocasiones, necesitaremos estar pendientes de la máquina o de la herramienta.

No dispondremos del mismo tiempo si nos encontramos fabricando piezas donde el ciclo de mecanizado dura dos minutos, o con piezas donde cada proceso puede durar varias horas.

Gracias a la programación CNC, podremos **optimizar** muchos procesos, de tal modo que ahorraremos una gran cantidad de horas de trabajo.

No es lo mismo fabricar un lote de piezas de una en una que configurar nuestra máquina y hacer varias a la vez.

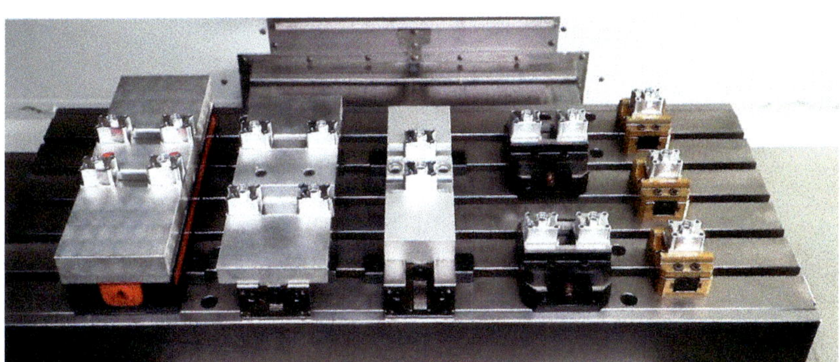

Imágenes de Haas Automation Inc.

Cada vez que utilizamos una herramienta, realizamos el proceso en todas las piezas, y haremos lo mismo con el resto de herramientas. De esta manera, ganaremos mucho tiempo, ya que solo necesitamos hacer un cambio de herramienta para cada lote completo de mecanizado.

Ganar 20 segundos en cada pieza puede parecer insignificante. Hagamos algunos **cálculos:**

$$20 \text{ seg} \times 2000 \text{ piezas} = 40\,000 \text{ seg} = 11 \text{ horas}$$

Esto supone más de un día de trabajo.

Capítulo 11
Procesos de torneado

El torneado

El **torneado** consiste en perfilar una pieza de revolución, haciéndola girar alrededor de su eje.

La pieza es la que gira y la herramienta, de un solo corte, hace el movimiento de avance.

En esta operación, vamos a trabajar en dos dimensiones, utilizando los ejes **X** y **Z.**

Las operaciones más básicas en el torno son:

- Cilindrado.
- Refrentado.
- Ranurado.
- Roscado.
- Mandrinado.
- Tronzado.
- Taladrado.

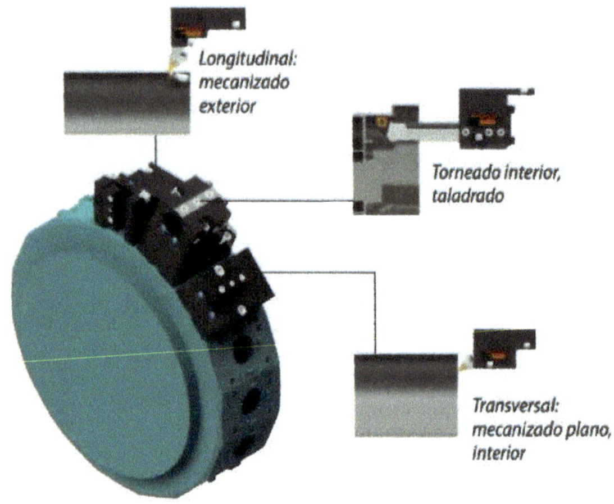

Imagen de CMZ.

Puedes ver, en esta imagen, que el proceso de torneado ha sufrido una gran transformación, a raíz de emplear las nuevas máquinas de última generación.

Pasamos de utilizar una sola herramienta a poder trabajar con dos a la vez sobre la misma pieza, e incluso a hacerlo sobre dos piezas, con cuatro herramientas simultáneamente.

Estos avances tecnológicos nos proporcionan una alta productividad.

Torneado exterior

Imagen de Hoffman Group.

El **torneado exterior** es uno de los procesos más habituales en el torno.

Este proceso consiste en mecanizar el diámetro exterior de la pieza de forma longitudinal, creando perfiles y haciendo refrentados.

El **refrentado** es la primera operación que haremos siempre para comenzar a trabajar; en esta fase, limpiaremos la cara frontal de la pieza, que nos servirá como punto de inicio para el resto de las operaciones. Además, esta cara la utilizaremos para tomar el cero de pieza.

En esta operación, la herramienta se desplaza desde el exterior de la pieza hacia el centro, arrancando viruta de forma radial, lo que provoca grandes fuerzas de corte, que pueden producir vibraciones y deformaciones en la pieza, en caso de que no se encuentre bien sujeta o si tiene demasiado voladizo.

Por norma general, has de tener presente que, para mecanizar una pieza en el torno de forma óptima, sin usar un contrapunto o una luneta, la parte que queda al aire desde las garras nunca debe superar la longitud de tres veces su diámetro. Esto quiere decir que una pieza de diámetro de 30 mm solo puede salir 90 mm. Si la pieza posee un diámetro de 100 mm, puede salir hasta los 300 mm, para poder trabajar con ella sin peligro ni vibraciones. A partir de ahí, es necesario utilizar el contrapunto.

El **cilindrado exterior** es la operación más habitual. Consiste en dar pasadas longitudinales, con el fin de ir reduciendo el diámetro de la pieza.

Las fuerzas de corte que se producen se dirigen hacia el plato, que las absorbe sin problema y, por tanto, es uno de los procesos menos delicados. Dependiendo de la máquina y la herramienta que utilicemos, podremos llevar más o menos pasada, y las condiciones de corte, en consecuencia, serán diferentes.

El **torneado de perfiles** se ejecuta de la misma forma que el cilindrado, con la diferencia de que, en el cilindrado, siempre arrancamos la misma cantidad de material de forma longitudinal, mientras que, en el perfilado, se producirán variaciones con respecto a la pasada y la velocidad de corte, en función de la zona para mecanizar.

Tendremos zonas donde necesitaremos quitar poco material y otras donde la herramienta habrá de profundizar y arrancar más, para lo cual variaremos las condiciones de corte, con el fin de conseguir que la herramienta trabaje de forma óptima.

Torneado interior

El **torneado interior** consiste en mecanizar el interior de la pieza.

En la mayoría de los casos, previamente, necesitaremos hacer un taladro, para que nuestra herramienta acceda al interior e ir abriendo, así, ese hueco a base de dar pasadas de forma longitudinal, como en el torneado exterior.

Aunque las fuerzas que se generan en esta operación son iguales a las del cilindrado exterior, este proceso resulta más complejo y delicado debido, principalmente, a las vibraciones producidas por la longitud de la herramienta y la evacuación de la viruta.

¿Qué plaquita utilizo para tornear?

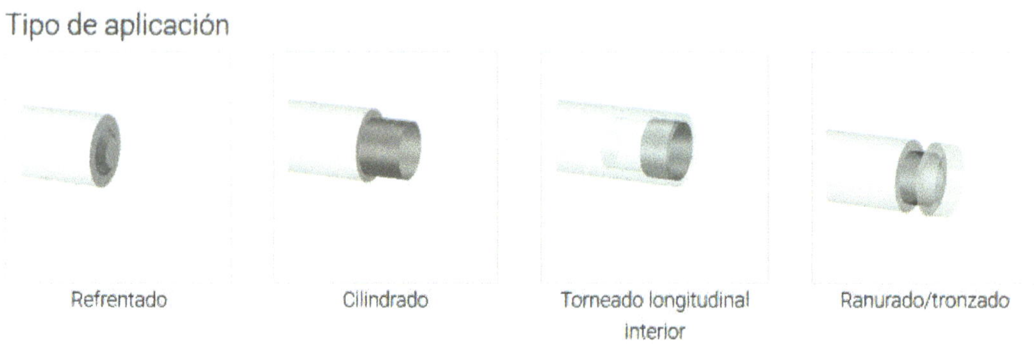

Imágenes de Hoffmann Group.

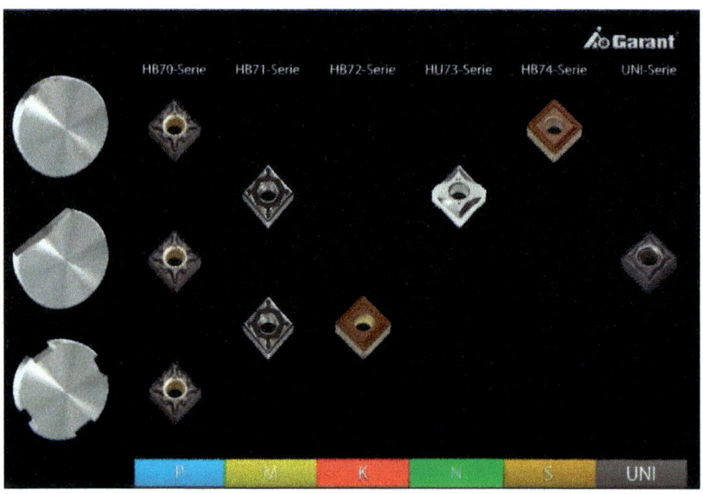

Vamos a tener en cuenta diferentes parámetros a la hora de elegir la herramienta adecuada para el torneado: la **plaquita,** su **geometría,** la **calidad,** el **tamaño,** su **radio de punta** y el ángulo **de posición.**

Cada fabricante de herramientas posee un amplio catálogo, con soluciones específicas para cada trabajo. Acostúmbrate a tener un contacto cercano con tu proveedor de herramientas, ya que nadie mejor que él te guiará y te aconsejará sobre la herramienta más idónea para tu trabajo.

Yo, por mi parte, te explicaré, de una forma sencilla, unos consejos mínimos que debes conocer y que te servirán de ayuda para poder empezar.

Vamos a diferenciar tres tipos de plaquitas en cuanto a geometría, dependiendo de si son para hacer **desbastes, trabajos intermedios** o **acabados.**

Ya sean rómbicas o triangulares, las plaquitas para el **desbaste** han de soportar grandes profundidades y altas velocidades de pasada, por lo que son robustas y tenaces; también cuentan con un radio de punta grande, que suele ser de 0,8 mm.

Las plaquitas para **trabajos intermedios** abarcan una amplia gama de posibilidades, en cuanto a pasada y velocidades de avance.

Las plaquitas para **acabado** trabajan con pasadas pequeñas y con velocidades de avance reducido. Se suelen utilizar radios de punta de 0,4 o 0,2 mm.

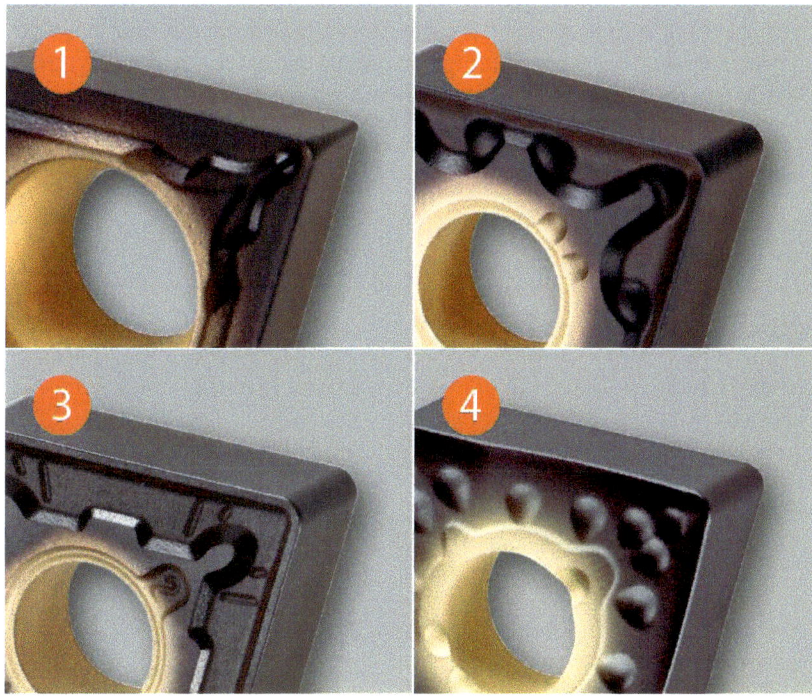

Imagen de Hoffmann Group.

Existen diferentes **geometrías** para las plaquitas, que seleccionaremos en función del trabajo; principalmente, por la accesibilidad para llegar a los contornos.

Cuanto mayor sea el ángulo de la punta, más resistencia ofrecerá a la plaquita, aunque has de considerar que, cuanto mayor sea el ángulo, mayor será el esfuerzo de la máquina, lo que ocasiona mayores vibraciones.

Si el ángulo de la punta es menor, se reducirá la fuerza de corte y las vibraciones, pero la plaquita será más débil.

En cuanto al **tamaño de la plaquita,** elegiremos la que mejor se adapte a nuestra máquina y a los trabajos que realizar, siempre teniendo en cuenta el espacio disponible y la potencia de la máquina.

El **radio de la punta** constituye un factor clave. Con un radio grande, conseguimos grandes profundidades de pasada, altas velocidades de avance y resistencia del filo, a cambio de unas fuerzas radiales mayores.

Por su lado, con un radio pequeño, reducimos las vibraciones y mejoramos la rotura de la viruta. Pero el filo es más débil, por lo que debemos emplearlo exclusivamente para profundidades de corte pequeñas.

Por lo general, procura utilizar un radio de punta igual o menor que la profundidad de corte que quieras mecanizar.

También debes tener en cuenta el ángulo de posición de la plaquita con respecto a la dirección de avance, ya que, con ángulo mayor, las fuerzas de corte son más altas y se transmiten hacia el plato, mientras que, con un ángulo menor, las fuerzas de corte se transmiten a la pieza y provocan vibraciones, además de llevar una mayor velocidad de avance, lo que produce virutas más finas.

A todo lo anterior hemos de añadir la importancia que tiene el material que se vaya a mecanizar.

Dependiendo de si trabajamos un acero al carbono o inoxidable, aluminio, plástico..., utilizaremos un tipo distinto de plaquitas y, sobre todo, de velocidades de corte.

Para que te hagas una idea, si fabricamos la misma pieza en acero o en aluminio, los procedimientos de corte y las fases de trabajo serán las mismas. Sin embargo, usaremos diferentes velocidades de corte, profundidades de pasada, geometría de plaquitas en cuanto al ángulo de corte, ángulo de incidencia, rotura de viruta, uso de lubricantes, etc.

Los materiales más blandos y, sobre todo, los plásticos producen unas virutas muy largas, que nos pueden provocar algún dolor de cabeza, ya que se enrollan en la herramienta, la pieza o el plato, lo que podría ocasionar graves averías.

De todas formas, has de saber que la rotura de la viruta es otro factor que, en mayor o menor medida, también podemos controlar, según el tipo de rompeviruta que incorpora la plaquita aunque, en virtud del material, es posible que la viruta no haga contacto con la plaquita, rompiéndose al contacto con la propia pieza o por simple autorrotura.

En muchos casos, con un aumento de la velocidad de avance, conseguimos una mejor rotura de la viruta.

Sujeción de la herramienta

Este es un concepto en el que te insisto continuamente, y es que la herramienta siempre ha de ser lo más corta posible, para conseguir la mayor rigidez y evitar las vibraciones.

Por lo general, no experimentaremos problemas con los portaherramientas para torneados exteriores.

El mayor problema siempre suele hallarse a la hora de mandrinar interiores, ya que es obligatorio que la herramienta tenga, como mínimo, la misma longitud que la zona que se vaya a mecanizar, por lo que es muy importante un buen amarre y utilizar siempre el portaherramientas de mayor tamaño posible.

En el capítulo de «Herramientas», vimos una pequeña muestra de la gran variedad, tanto de plaquitas como de portaherramientas y soportes.

Para alargar la vida de la herramienta, recuerda siempre trabajar con la velocidad de corte adecuada.

De nada sirve llevar mucha pasada con poco avance o poca pasada y mucho avance, si la plaquita no se encuentra preparada para ello. Así, solo conseguirás que se rompa.

Limítate a seguir las recomendaciones del fabricante y, cuando adquieras suficiente experiencia, entonces podrás ir jugando con esos parámetros, aumentándolos o reduciéndolos, según tu criterio.

Y, por si no te lo había dicho, «limpieza». Limpia todas las zonas de apoyo de la plaquita, el porta y los alojamientos. Revisa los tornillos, utiliza grasa especial para ellos y dales el par de apriete exigido.

Recomendaciones

La **viruta** es un aspecto muy importante que debes controlar para conseguir unos resultados óptimos.

Reducir la velocidad de avance para la pasada de acabado suele ayudar a dejar una superficie mejor, pero teniendo en cuenta siempre que la herramienta ha sido diseñada para trabajar dentro de un rango de velocidad. Tanto si la superas como si trabajas por debajo de ella, lo único que conseguirás será el desgaste prematuro de la plaquita y, además, puedes incluso llegar a templar la pieza por un exceso de rozamiento, lo que produce un sobrecalentamiento en la zona mecanizada.

Usa refrigerante siempre que sea posible. Representa una buena opción para un mejor acabado, ya que acrecienta las capacidades de la herramienta y mantiene la temperatura para conseguir los ajustes exigidos.

Utiliza plaquitas de buena calidad y elige un radio de punta menor, para evitar las vibraciones.

Si trabajas con un torno de última generación y tiene capacidad, el uso de un mecanizado sincronizado con dos cortes simultáneos mejora notablemente los mecanizados, ya que equilibra las fuerzas que se generan y, por lo tanto, reduce las vibraciones y flexiones de la pieza, como puedes ver en la siguiente imagen.

Imagen de CMZ.

Si necesitas tornear piezas con corte interrumpido, es mejor que utilices plaquitas con **gran tenacidad,** que les permita absorber los golpes sin que se rompan.

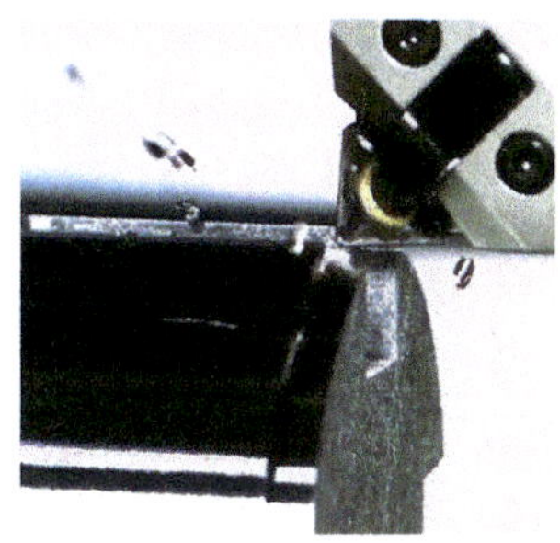

Imagen de Hoffmann Group.

Ten cuidado con los cambios de temperatura que se producen, ya que podrían desgastar la plaquita de forma prematura.

Para mecanizados interiores, utiliza barras de mandrinar lo más robustas y grandes que te permita el agujero y lo más cortas posible.

Asegúrate de que la viruta cuente con suficiente espacio para ser evacuada.

El uso del **contrapunto** y la **luneta** siempre son de gran ayuda. Utilízalos siempre que puedas, pues, de esta manera, trabajarás de una forma más segura y evitarás casi por completo la flexión de la pieza, además de reducir considerablemente las vibraciones.

Pero acuérdate de emplear la presión adecuada, dado que un exceso de presión provocará la deformación de la pieza.

Este tipo de contrapuntos que puedes ver en la imagen son digitales y permiten conocer, de una forma muy sencilla, la presión que se ejerce sobre la pieza.

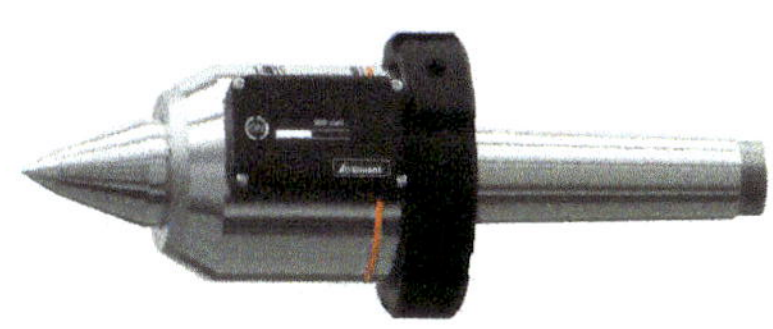

Imagen de Hoffmann Group.

Imágenes de CMZ.

¿Te imaginas poder hacer un polígono en un proceso sencillo de cilindrado a 12 000 rpm?

Pues todo esto y mucho más de lo que te puedas imaginar ya lo hacen las máquinas y herramientas de última generación.

El refrigerante en el torneado

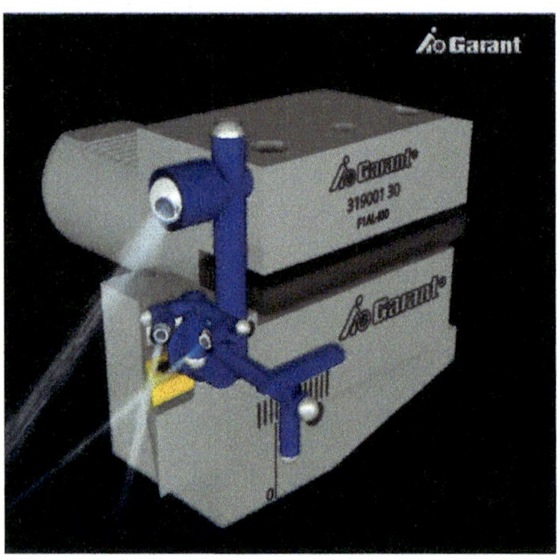

Imagen de Hoffmann Group.

El **refrigerante** cumple una función muy importante a la hora de trabajar, ya que nos ayuda a evacuar la viruta, además de refrigerar y lubricar la zona de contacto, ayudando a mejorar la vida de la herramienta y permitiendo elevadas velocidades de corte, lo cual repercute en una producción mayor.

En el fresado, es algo habitual utilizar herramientas con refrigeración interna.

En torneado, lo utilizamos para las brocas, pero, gracias a las últimas generaciones de herramientas que incorporan refrigeración interna a través de conductos que llegan directamente a la plaquita, ya resulta posible usar este sistema, que permite aplicar el refrigerante en la zona exacta del filo, por la parte inferior o superior.

Cuanta mayor presión de refrigerante tengamos en nuestra máquina, conseguiremos que este llegue de una forma más precisa y controlada.

Ranurado exterior

El **ranurado exterior** consiste en la mecanización de unos cortes de diferentes anchos y profundidades en el diámetro externo de la pieza.

La dificultad de este proceso reside en crear ranurados profundos y trabajar en largos voladizos, puesto que necesitamos una buena rigidez de la pieza.

Es importante tener una buena evacuación de la viruta, así como una buena refrigeración en la zona clave; para ello, es bueno contar con refrigeración a presión en la punta de la plaquita que, además, nos ayudará a expulsar mejor la viruta.

Normalmente, trabajaremos con plaquitas estrechas, las cuales nos servirán para hacer cualquier tipo de ranura, ya sea dando un solo corte o cortes múltiples.

Si los ranurados que tenemos que hacer son muchos y de una gran anchura, recurriremos a plaquitas más anchas, para hacer el proceso más rápido, pero hemos de tener en cuenta la potencia de nuestra máquina, ya que la someteremos a grandes esfuerzos de trabajo.

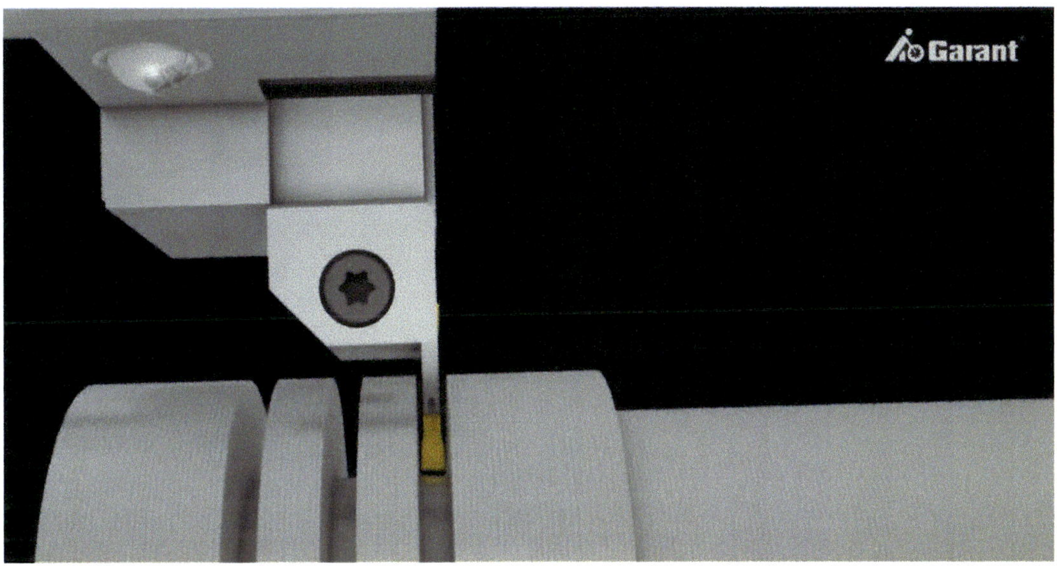

Imagen de Hoffmann Group.

Ranurado interior

El **ranurado interior** consiste en hacer unos cortes a la pieza en su parte interna.

Siempre va a ser un proceso más complejo que el ranurado exterior, debido a una peor evacuación de la viruta y a una deficiente llegada del refrigerante. Además, al igual que ocurre con el torneado interior, tendremos que trabajar con voladizos de herramienta mayores, y eso supondrá la aparición de las odiadas vibraciones.

Ya que en muchas ocasiones es imposible trabajar con una herramienta con poca profundidad, hemos de intentar usar un portaherramientas fuerte, para soportar las vibraciones y, a su vez, lo suficientemente pequeño para que permita la salida de la viruta y una buena llegada del refrigerante.

Emplearemos una plaquita estrecha, para que el corte sea más limpio y genere menos esfuerzos, tanto para la herramienta como para la pieza.

Ranurado frontal

En el **ranurado frontal,** crearemos unas ranuras por la cara de refrentado.

Para esta operación, necesitamos elegir muy bien la herramienta con la cual trabajaremos, ya que es necesario que disponga de una curvatura apropiada al diámetro que se vaya a mecanizar porque, de lo contrario, sería difícil la evacuación de la viruta, lo que provocaría la rotura de la placa.

Como en los dos casos anteriores, la refrigeración desempeña un papel importante a la hora de lubricar la zona de corte y, además, rompe y expulsa la viruta lejos de la zona de trabajo.

Cuanto mayor es la curvatura de la herramienta, más rigidez y menos problemas nos ocasionará.

Para diámetros pequeños, es obvio que necesitaremos radios de curvatura más pronunciados, lo cual hará que la herramienta sea menos rígida y presente peor estabilidad.

Siempre que necesites hacer ranuras más anchas que la plaquita, comienza trabajando por el exterior y continúa ranurando hacia el interior; de este modo, tendrás una mejor evacuación de la viruta.

Acuérdate siempre de que la herramienta debe ser lo más corta y estable posible; da igual el proceso que tengas que hacer.

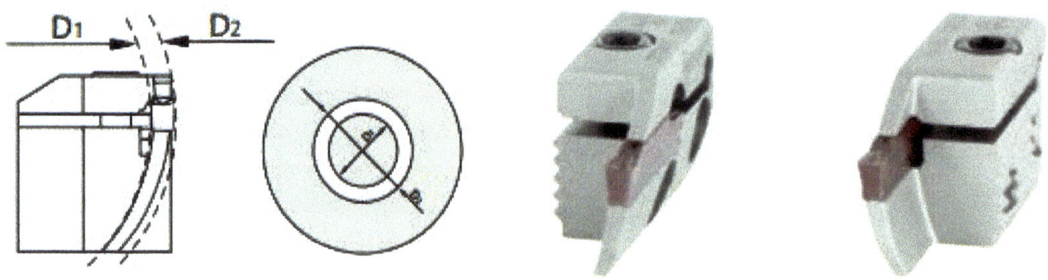

Imagen de Hoffmann Group.

En las operaciones de ranurado, trabajaremos con portaherramientas de ranurar fijos, diseñados con unos anchos y unas profundidades de trabajo que no podremos modificar.

También usaremos mucho las lamas de corte, las cuales emplearemos habitualmente, dado que nos ofrecen gran versatilidad porque, con ellas, podremos hacer ranuras exteriores y, además, tronzar las piezas.

Adapta la longitud de la herramienta para cada trabajo.

Tronzado

El **tronzado** es un proceso que cada vez se utiliza más, debido al uso de avanzabarras integrados en los tornos, lo que posibilita una mayor producción.

Aunque el tronzado en sí no suele adquirir una gran importancia sobre las medidas y acabados finales de la pieza, constituye un proceso importante, ya que de él depende que las siguientes operaciones se efectúen de una forma correcta o no.

Imagen de Haas Automation Inc.

Estábamos hablando de que las máquinas disponen de avanzabarras automáticos que alimentan los tornos, los cuales están equipados con subhusillos, para permitir el mecanizado completo de la pieza, sin la intervención del trabajador.

En estos casos, una vez terminado el torneado de la pieza, el control envía el subhusillo hasta la pieza y, mediante una sincronización de los dos platos, la pieza se quedará unida a ellos de una forma estable y rígida.

Terminado este proceso, cuando la herramienta de tronzar haya hecho su trabajo cortando la pieza, esta se desplazará hacia el lado donde se ubica el subhusillo, dejando al descubierto la cara tronzada, para seguir con el proceso de trabajo sobre ella.

En el momento del corte, la pieza se encuentra muy bien sujeta; en ese instante, no se producirán vibraciones y solo tendremos que preocuparnos de la evacuación de la viruta.

Procura utilizar una plaquita estrecha, para estropear la menor cantidad de material y conseguir una mayor producción.

Al igual que para el ranurado, si vas a utilizar lamas de tronzar, procura que el voladizo sea el mínimo posible, pero suficiente, con el fin de llegar al centro de la pieza, en caso necesario.

Para los tornos que disponen de **eje Y,** el tronzado ha sufrido un avance muy importante.

Cuando tronzamos de la forma habitual, todo el esfuerzo que recibe la plaquita es absorbido por la zona más débil del portaherramientas.

Si utilizamos un portaherramientas adecuado y efectuamos el tronzado moviéndonos en el eje Y, conseguimos que las fuerzas de corte se dirijan hacia la parte más resistente del porta y de la máquina.

Con este método, podemos trabajar con mayores velocidades de corte y sin vibraciones. Con una buena potencia de refrigeración, conseguiremos una evacuación excelente de la viruta y unos resultados sorprendentes.

Imagen de CMZ.

De cualquier forma, la altura de posición de la plaquita ha de ser la correcta, ya que, si esta se encuentra por debajo del centro, tendremos como resultado un tetón mayor y será más fácil la rotura de la plaquita.

Si, por el contrario, la plaquita se halla por encima del centro, también tendremos como resultado la rotura de la plaquita por un rápido desgaste.

Cuando utilices una lama con mucha longitud, puedes galgar la herramienta con 0,1 mm por encima del centro, ya que, al trabajar, las fuerzas de empuje tiran hacia abajo de la herramienta y esta experimenta una mínima flexión que, de este modo, anularemos.

En el momento del tronzado, resulta conveniente disminuir el avance hasta un 75 %, cuando queden unos pocos milímetros por cortar; en función de las dimensiones y del peso de la pieza, esta romperá antes de que la plaquita termine de cortarla por completo.

Sería bueno saber hasta qué diámetro puedo cortar y hacer una parada, para que la pieza rompa por su propio peso, y continuar el tronzado hasta el centro, para dejar la cara bien mecanizada; de esta forma, garantizamos alargar la vida útil de nuestra herramienta.

Por último, recuerda siempre tener las herramientas perfectamente limpias y lubricadas, y dar la presión exacta a los tornillos de sujeción para un buen funcionamiento.

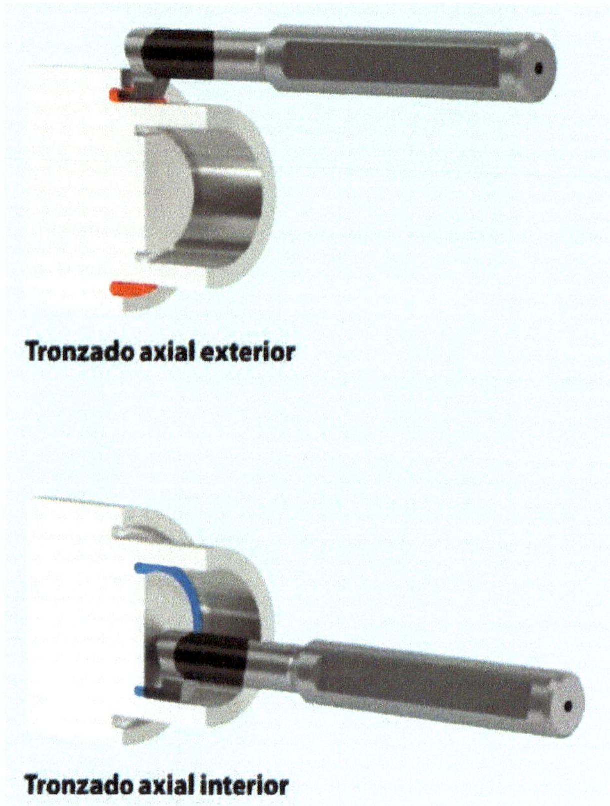

Imagen de Hoffmann Group.

Perfilado

Imagen de Haas Automation Inc.

El **perfilado** es una especie de mezcla entre el torneado exterior y el ranurado exterior. Lo usaremos para hacer ranuras con formas y cilindrar creando arcos, radios o ángulos.

En muchos casos, resulta complejo acceder a zonas profundas con las plaquitas habituales de cilindrar, para lo cual emplearemos plaquitas como las de ranurar, pero con mayores radios en la punta, puesto que estas plaquitas trabajan de forma longitudinal sobre la superficie de la pieza.

Procura que el radio que tengas que dejar en la pieza sea siempre mayor que el radio de la plaquita, para evitar que empañe demasiada superficie y ocasione vibraciones y malos acabados superficiales.

Cuando necesites abrir una cavidad profunda, se recomienda disminuir la velocidad de avance en la entrada y la salida y trabajar con la velocidad normal durante los movimientos intermedios.

Taladrado en torno

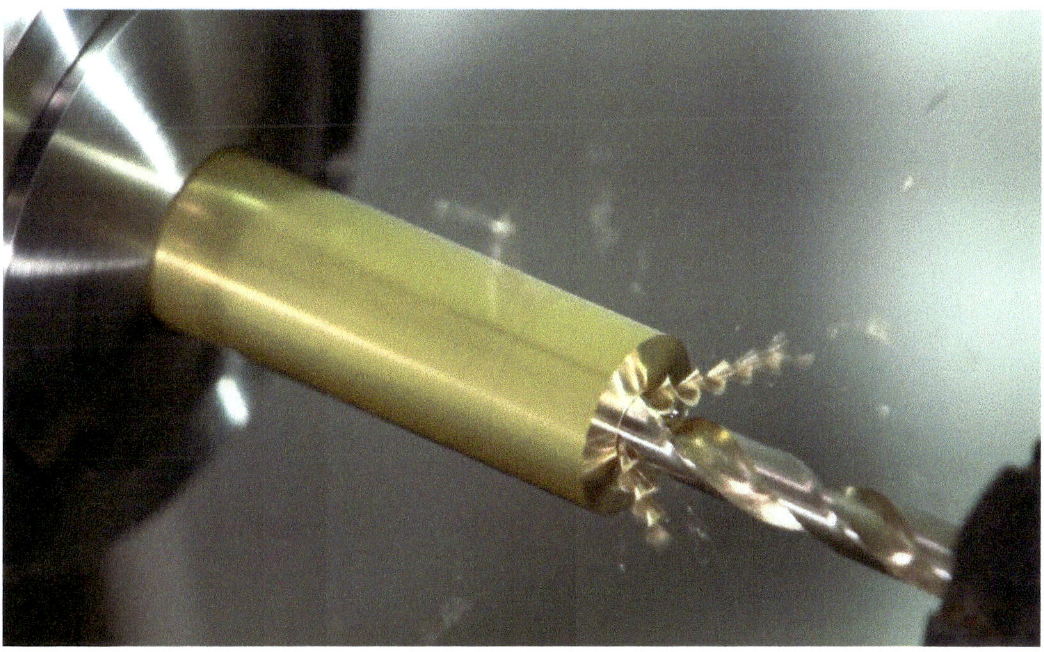

Imagen de Haas Automation Inc.

El **taladrado en torno** es un proceso de taladrado estático, lo que significa que es la pieza la que gira en lugar de la herramienta y, para ello, necesitamos una perfecta alineación de la herramienta con el eje de giro de la pieza.

Gracias a los avanzados sistemas de amarre de los que disponemos en las máquinas modernas, es relativamente fácil conseguir dicha alineación.

Si la broca no se encuentra bien paralela al eje del husillo, el agujero quedará más grande o con forma cónica.

Aunque la operación que realicemos consista solamente en hacer un desbaste y, aparentemente, no influya en el acabado final de la pieza, tienes que acostumbrarte a trabajar siempre de la forma correcta, ya que, de este modo, garantizas una larga vida de la herramienta y te ahorras muchos problemas.

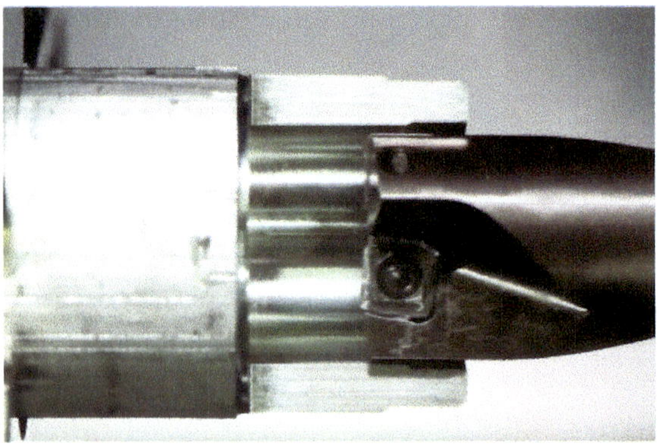

Imagen de Haas Automation Inc.

Siempre que hagamos un taladro con una broca HSS, se aconseja realizar otro previo con una broca de centros. Haremos ese centro, para evitar que la punta de la broca se deslice por el material, lo que evita que comience a taladrar fuera del punto asignado y que la broca se desplace o incline progresivamente, lo que originaría que el final del taladro quede desviado de su punto original.

En el capítulo de «Procesos de fresado», vamos a ver, detenidamente, cómo conseguir los mejores resultados y cómo usar las diferentes herramientas para el taladrado.

Torneado de roscas

Imagen de CMZ.

El **torneado de roscas** es una operación muy habitual, pero también una de las más exigentes, ya que son muchos los parámetros que necesitamos tener en cuenta para unos buenos resultados.

Tanto si la rosca es exterior como interior, la forma de proceder será realizando varias pasadas de poca profundidad, hasta conseguir el perfil necesario.

Las plaquitas para el roscado disponen de una punta muy fina y frágil, que no admite una gran altura de pasada.

Como en procesos anteriores, puedes hacerte una idea de que el roscado exterior será más fácil de realizar que el interior, por las causas principales que venimos explicando para todos los procesos.

Tendremos una mejor evacuación de viruta, la refrigeración la podremos controlar mejor, la herramienta presenta menor voladizo y la sujeción resulta más eficiente en el roscado exterior.

Para los roscados interiores, utilizaremos los portaherramientas de mayor tamaño que nos permita el agujero, para conseguir mayor robustez y evitar, en la medida de lo posible, las vibraciones. Existen en el mercado barras de mandrinar antivibratorias que incluyen un sistema de amortiguación.

Será necesaria una buena evacuación de la viruta y, para ello, nos ayudarán mucho los sistemas modernos que incorporan refrigeración interna.

Existen muchos tipos de roscas, desde las métricas, las Whitworth, las trapezoidales...

Dependiendo del uso para el que fue creada la pieza, necesitará un tipo de rosca.

Ya te habrás dado cuenta de que no nos detenemos a analizar información sobre formas, ángulos o cálculos. Hay multitud de libros con esta información; por eso, no voy a perder tiempo en repetir lo que ya está escrito.

Son muchos los factores que se deben tener en cuenta para elegir la plaquita y asiento apropiados.

Pero recuerda que es importante una perfecta alineación de la herramienta, así como la altura respecto al centro.

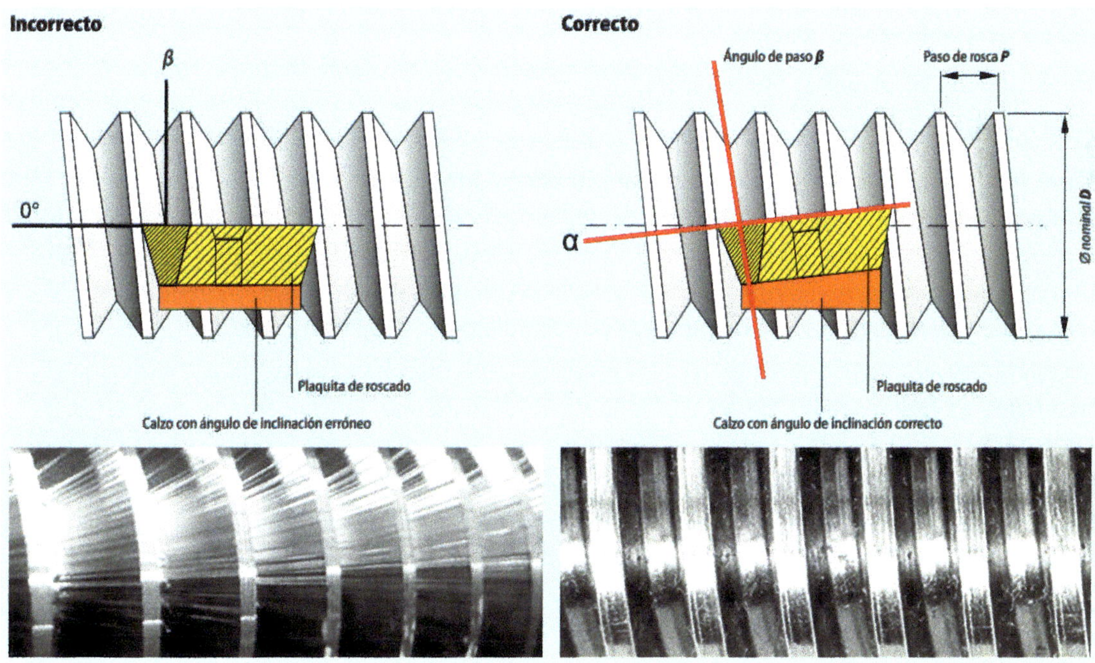

Imagen de Hoffmann Group.

Tendremos que pensar en el tipo de geometría, el rompeviruta, los ángulos de incidencia o los tipos de perfil.

Tranquilo, aunque es cierto que todos estos parámetros que te comento son importantes, también es cierto que, si tu trabajo es habitual o rutinario y no te dedicas a mecanizar materiales especiales o geometrías complejas, no debes estresarte, ya que, durante una gran parte del tiempo, utilizarás las mismas herramientas para la mayoría de los trabajos.

Podemos empezar por distinguir tres grupos de plaquitas para el roscado.

Las **plaquitas de perfil completo** son las más habituales. Con este tipo de plaquita, mecanizaremos el perfil completo de la rosca, desde el fondo hasta la cresta, lo que nos garantiza que la profundidad y el perfil sean los correctos.

Conseguiremos una rosca más resistente, con un menor número de pasadas, ya que el radio de la punta es mayor.

Si sumamos estas ventajas, obtenemos una mayor productividad, por lo que será nuestra primera opción a la hora de elegir una plaquita de roscado.

Pero, como nunca existe una opción 100 % perfecta, debes saber que necesitarás una plaquita diferente para cada paso de rosca.

A la hora de preparar la fase de roscado, siempre hacemos otra operación previa para ajustar el diámetro, tanto externo como interno, dejando la medida para que la herramienta de roscar pueda hacer su trabajo.

Si utilizamos una plaquita de perfil completo, tendremos que dejar una demasía de material de, aproximadamente, unos 0,05 mm, para que la plaquita, en la última pasada, mecanice todo el perfil, ya que, de lo contrario, la rosca no tendrá la medida adecuada.

Sin embargo, si utilizamos el segundo tipo de plaquitas, que son las de **perfil en V,** tendremos que dejar las medidas precisas en la operación previa, porque este tipo de plaquitas solo mecanizan el fondo de la rosca y nunca llegan a tocar la cresta.

Las plaquitas de **perfil en V** nos ofrecen mayor flexibilidad, puesto que una sola plaquita la podremos emplear para varios pasos de rosca, siempre y cuando el ángulo de roscado sea el mismo.

El roscado no presentará la misma calidad que con las plaquitas de perfil completo, y la vida útil de la herramienta será menor, dado que cuenta con un radio de punta menor y, por lo tanto, más frágil, con el fin de poder abarcar diferentes medidas.

Y el tercer tipo son las **plaquitas multidientes.**

Son igual que las de perfil completo, con la diferencia de que incluyen más de un corte.

Esto sirve, fundamentalmente, para incrementar la productividad, ya que mecanizaremos una rosca el doble o triple de rápido, aunque necesitaremos que las condiciones de amarre y la propia pieza sean muy estables, debido a que las fuerzas de corte que se generan también son el doble o el triple.

Otro detalle que debe tenerse en cuenta es que, si la rosca termina sobre una pared, necesitarás un desahogo de rosca grande, para que el último diente salga por completo de la zona para roscar.

Del mismo modo que para el resto de las herramientas, utilizamos geometrías planas para la mayoría de los materiales, ya que disponen de un filo de corte con radios que aportan resistencia y tenacidad a la herramienta.

Para materiales blandos y pastosos, utilizamos geometrías con un ángulo agudo y unos radios en el filo de corte mínimos, para obtener un buen arranque de viruta, un buen acabado superficial y unas bajas fuerzas de corte, puesto que se realiza un corte muy limpio y no se produce arrastre de material.

Estas herramientas son más frágiles y suelen necesitar el empleo de refrigeración de forma abundante, para evitar filo de aportación.

Todos los tornos de control numérico, hasta los más antiguos, cuentan con ciclos para roscado. Según el tipo de máquina y de control, tendrás acceso a un mayor número de parámetros, que podrás configurar para hacer una rosca de muchas formas diferentes.

Uno de los métodos que podrás ajustar será el de penetración.

Diferenciaremos tres tipos principales:

- **Penetración en flanco modificado.**
- **Penetración incremental.**
- **Penetración recta.**

Brochado

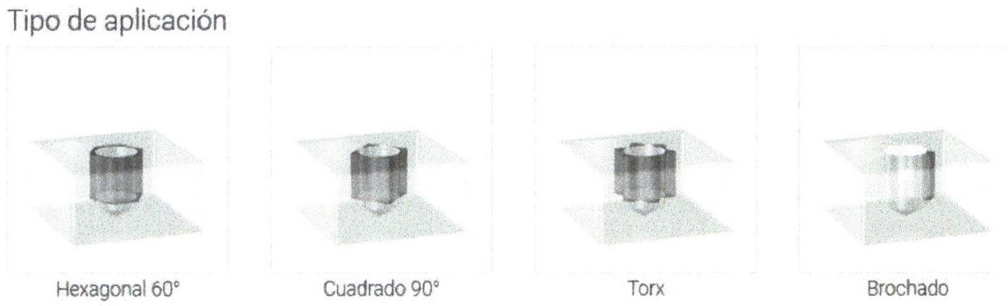

Imágenes de Hoffmann Group.

El **brochado** se solía realizar únicamente en las máquinas brochadoras o mortajadoras, fabricadas específicamente para estos trabajos. Con la aparición, en el mercado, de nuevas herramientas de corte, sumadas a las máquinas modernas, podemos convertir nuestro torno o fresa en una brochadora o mortajadora.

Es obvio que nuestro torno se halla preparado para trabajar a gran velocidad y con grandes revoluciones, pero no ha sido pensado para soportar los grandes esfuerzos y golpes que requieren este tipo de operaciones.

Por esta razón, los procesos de mecanizado han cambiado y, en lugar de mecanizar una chaveta con una gran presión y mucho arranque de viruta, vamos a utilizar la velocidad y precisión de nuestras máquinas modernas para dar muchas pasadas pequeñas a gran velocidad y conseguir el mismo resultado que obtendríamos con otras máquinas.

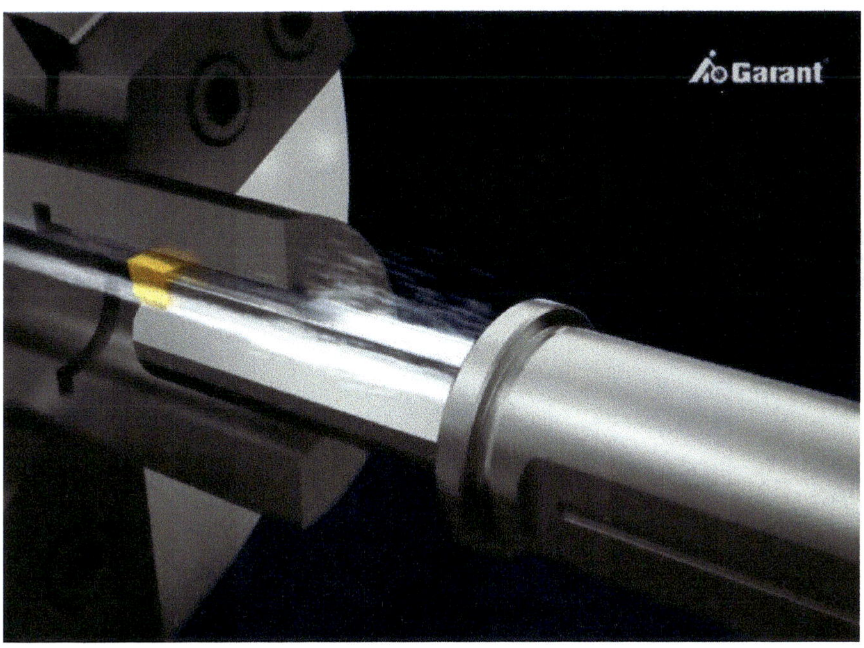

En esta imagen, puedes ver una herramienta mecanizando un chavetero interior en un eje.

La herramienta consta de una barra con plaquitas intercambiables de metal duro.

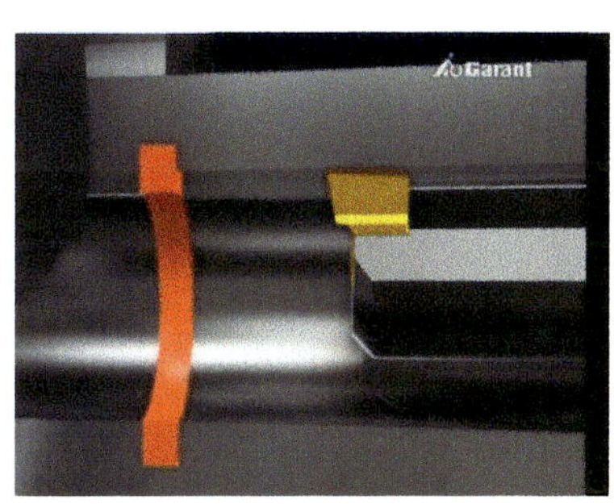

Los movimientos se realizan solamente en sentido de avance de los ejes, ya que ni la herramienta ni la pieza giran en ningún momento salvo para posicionarse.

Siempre es necesario un desahogo al final del chavetero, donde pueda romper la viruta y la herramienta no sufra al impactar contra una pared lisa.

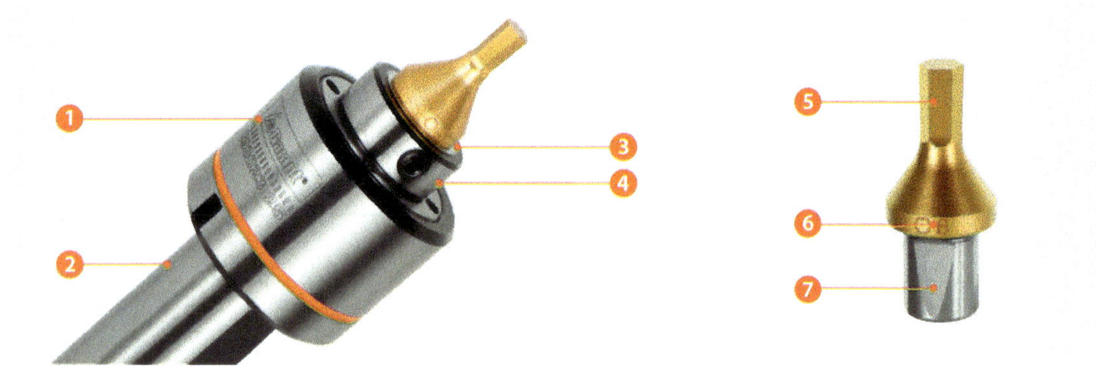

Imágenes de Hoffmann Group.

Gracias a la innovación continua de los fabricantes de herramientas, cada día resulta más sencillo hacer operaciones que, hasta hace poco tiempo, eran complejas y en las que necesitábamos el uso de varias máquinas para poder completar el mecanizado.

El cabezal que se enseña en estas imágenes representa una muestra de ello.

Solo necesitamos hacer un agujero y, después, introducir la brocha apropiada, para poder realizar formas interiores de un modo muy sencillo, gracias a la vibración y el descentraje que transfiere dicho cabezal.

Fresado en torno

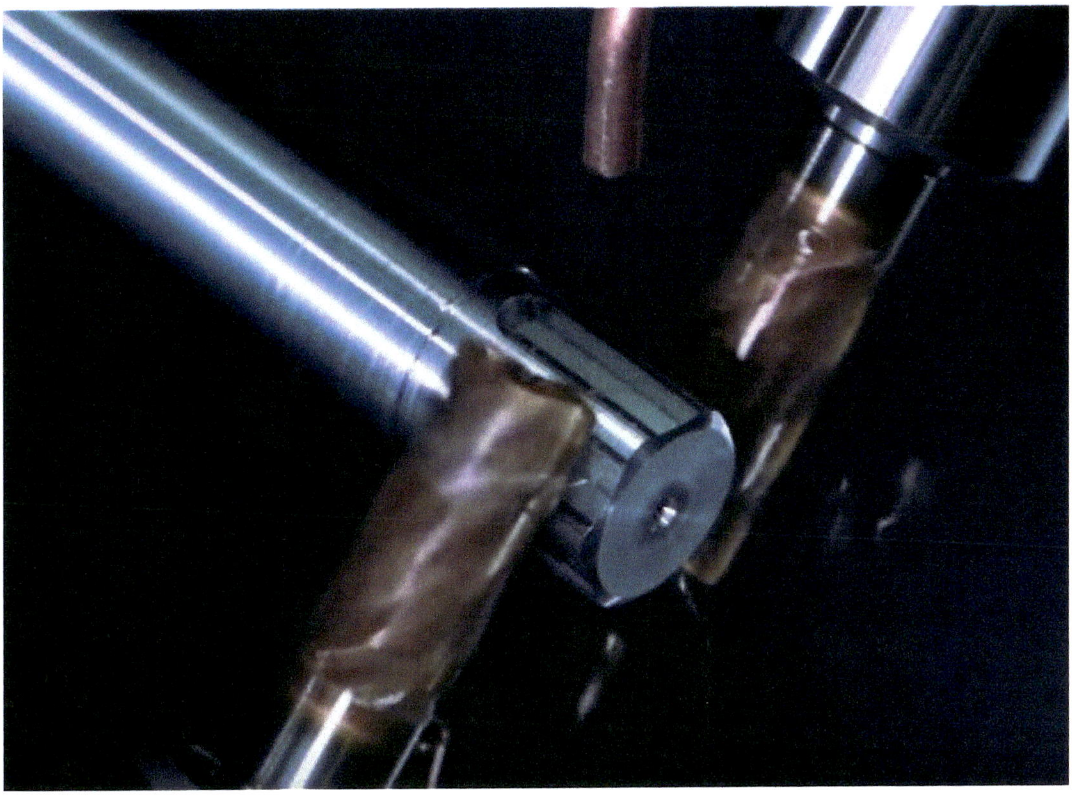

Imagen de CMZ.

El **fresado en torno** es una operación cada día más utilizada por el uso de tornos multifunción, como los que hemos visto en el libro.

En esta imagen del fabricante CMZ, van un paso más allá y no basta con hacer un fresado en el torno, sino que se emplean varias torretas, situadas en ambos lados de la pieza, para trabajar de forma independiente, pero pudiendo hacer mecanizados sincronizados.

De esta forma, además de conseguir multiplicar la producción, también evitamos las vibraciones y anulamos las fuerzas de corte que se producen al trabajar, ya que cada herramienta ataca desde un lateral de la pieza.

En general, los procesos de fresado en el torno se muestran muy parecidos a los que realizamos en una fresadora, teniendo en cuenta que la potencia y capacidad de arranque de viruta siempre será inferior.

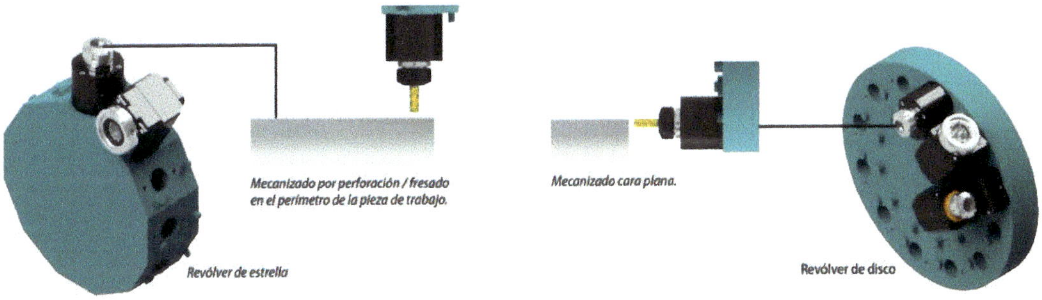

Imagen de Hoffmann Group.

Capítulo 12
Procesos de fresado

Fresado

El **fresado** consiste en obtener una pieza mediante el mecanizado de superficies planas, curvas, taladros, ranuras, engranajes, etc.

En el fresado, vamos a utilizar herramientas de varios cortes y trabajar con un mínimo de tres ejes: X, Y, Z.

Imagen de Soraluce.

Es probable que, en el fresado, nos encontremos con más elementos adversos que en el torneado, debido a que el material del cual partimos suele contener cascarillas, costras, zonas de difícil acceso...

Sea cual sea el trozo del material sobre el que trabajemos, acuérdate siempre de que una buena sujeción supone la clave para conseguir unos buenos resultados.

En función de los procesos que empleemos para el mecanizado, tendremos que optar por un tipo de máquina u otro, ya sea por una necesidad de altas velocidades de corte, por potencia de cabezal o por dimensiones.

Planeado

Imagen de Hoffmann Group.

El **planeado** es una de las operaciones más habituales en el fresado y el primer proceso que usaremos para comenzar a trabajar sobre la pieza.

En este proceso, limpiaremos la cara superior de la pieza, eliminando las deformaciones y la costra del material.

También realizaremos esta operación para hacer segundas fases, en las cuales eliminaremos el material sobrante sobre el cual hemos sujetado la pieza en una primera fase.

Si trabajamos sobre una pieza de gran tamaño y con una máquina potente, usaremos grandes platos de fresado, a los cuales les programamos varios milímetros de pasada y a una velocidad más lenta, mientras que, si utilizamos máquinas menos potentes, la forma de trabajar será empleando el mecanizado de alta velocidad, que consiste en dar pasadas de poco espesor, pero con grandes avances de trabajo.

Prácticamente, casi con cualquier herramienta, podremos hacer un planeado, pero es importante elegir la herramienta adecuada para optimizar los tiempos de trabajo y, así, conseguir una alta producción.

Las herramientas que mejor comportamiento tienen para este trabajo suelen ser los platos cuyas plaquitas se sitúan a 45°. También se emplean placas redondas.

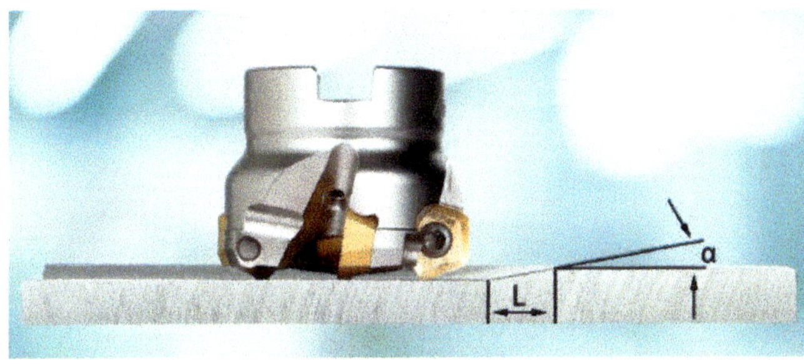

Para el fresado de alta velocidad, lo mejor es utilizar plaquitas con un ángulo de posición de 10°, ya que admiten un avance por diente muy elevado, aunque siempre trabajaremos dando pasadas máximas de entre 1 y 2 mm, aproximadamente.

Por lógica, y dado que hemos dicho que el planeado es el primer proceso que haremos, colocaremos nuestro plato de planear sobre un portaherramientas corto, debido a que es raro que necesitemos recurrir a grandes voladizos a la hora de planear.

Si la pieza que tienes que planear viene cortada por oxicorte y presenta mucha costra en las aristas, sería aconsejable eliminarla de modo manual mediante el uso de una radial, antes de colocarla en la fresadora; en el caso de que no fuese posible, daremos una primera pasada con un avance más lento, para evitar que los filos de corte se rompan prematuramente.

Como en casi todas las operaciones de mecanizado, trabajaremos dando pasadas de desbaste y otras de acabado.

No te preocupes por los acabados superficiales a la hora de desbastar y deja una pequeña demasía de material para eliminar con la pasada de acabado.

No es necesario utilizar tampoco dos herramientas. Puedes usar la misma para desbastar, con unas condiciones de corte, y cambiar esas condiciones para hacer el acabado, de forma que la herramienta se mueva a menos avance y llevando menor pasada, con el fin de alcanzar un buen acabado superficial.

Pero recuerda que, si el avance resulta demasiado lento, aunque consigas un buen acabado, también desgastarás muy rápido la herramienta, debido a un rozamiento excesivo y una elevada temperatura, producida por el rozamiento.

Los controles modernos cada vez cuentan con más opciones a la hora de programar ciclos fijos de trabajo.

Gracias a ello, podemos realizar unos movimientos con la herramienta óptimos y adaptar fielmente las condiciones de corte que nos indica nuestro fabricante de herramienta.

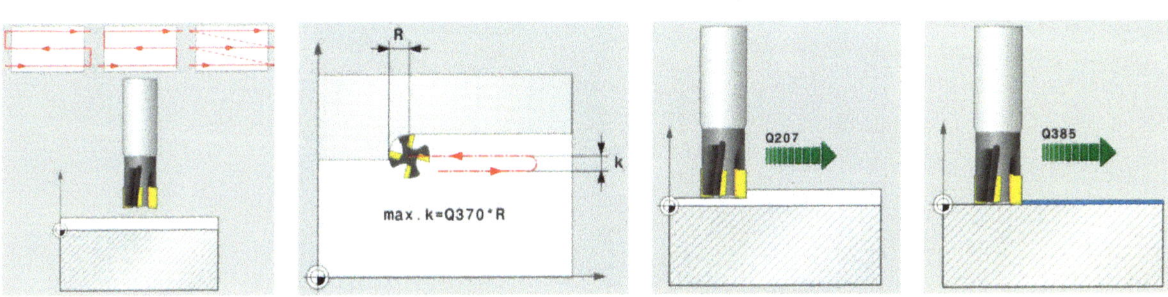

Imágenes de Heidenhain TNC 640.

Fresado en escuadra

Una vez terminado el planeado, el siguiente proceso que emplearemos será el de **fresado en escuadra.**

Con esta operación, conseguiremos hacer una superficie lateral y, al mismo tiempo, otra en el fondo. La suma de estas dos superficies da como resultado un **ángulo** de 90°, o dos caras perpendiculares.

Ahora no podremos emplear herramientas de 45° ni redondas; tendremos que utilizar siempre plaquitas de 90° y todo tipo de fresas cilíndricas.

A la hora de mecanizar contornos, programaremos repeticiones parciales de programa, con el fin de obtener la altura necesaria de mecanizado, repitiendo varias veces la misma trayectoria.

Dependiendo de la pasada lateral **(ae),** podremos profundizar más o menos para dar la pasada en altura **(ap).**

Claro está que también depende de las dimensiones de la plaquita: no puedo llevar 10 mm de pasada con una plaquita que mide 8 mm.

Para que la mayoría de las herramientas trabajen de forma **óptima**, no deben llevar más del 60 % de su diámetro en contacto con la pieza.

Te pongo un ejemplo: si utilizo un plato de diámetro de 50 mm con plaquitas de 90° y tengo que contornear una pieza, a la cual le sobran 3 mm por su alrededor, podré llevar una pasada de 8 o 10 mm, en función de la potencia de la máquina.

Pero, si a esa pieza le sobran 30 mm por su alrededor, entonces tendré que llevar una pasada de 2 o 3 mm de profundidad.

Siempre deberemos jugar con estos dos parámetros (**ae** y **ap**) para conseguir un equilibrio.

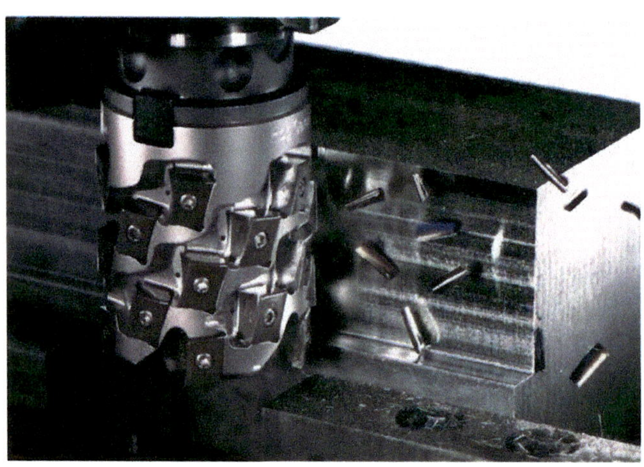

Imágenes de Hoffmann Group.

Este tipo de platos de fresado que puedes ver en la imagen anterior, incluye varios cortes y una gran altura de pasada.

Resultan muy útiles, pero ten en cuenta que el contacto producido sobre la pieza equivale al uso de cuatro herramientas a la vez. Así, se producirán grandes vibraciones si no poseemos un excelente amarre y, además, nuestra máquina necesita mucha potencia: es como si quisieras tirar de un remolque de camión con un turismo; terminarás quemando el coche.

Para máquinas grandes y potentes, constituye una buena elección; por su parte, para centros de mecanizado, optaremos por el fresado trocoidal, que veremos más adelante.

En el planeado, podemos usar la misma herramienta para hacer el desbaste y el acabado, pero, a la hora de contornear y dependiendo de los acabados que nos exija el plano, casi siempre necesitaremos hacer un acabado con una fresa, la cual conseguirá una pared mejor que la mayoría de los platos.

No todos los platos de escuadrar ofrecen una pared perfecta de 90°: cuanto mayor sea la pasada en altura (ap), mayor será el error y, por tanto, veremos reflejadas, de forma muy clara, las pasadas que vamos dando.

El uso de refrigerantes nos ayudará, en muchos casos, a evitar que las virutas de material que estamos arrancando se queden pegadas sobre la propia cara mecanizada, debido a las altas temperaturas, sobre todo en materiales blandos o pastosos.

Copiado o fresado de perfiles

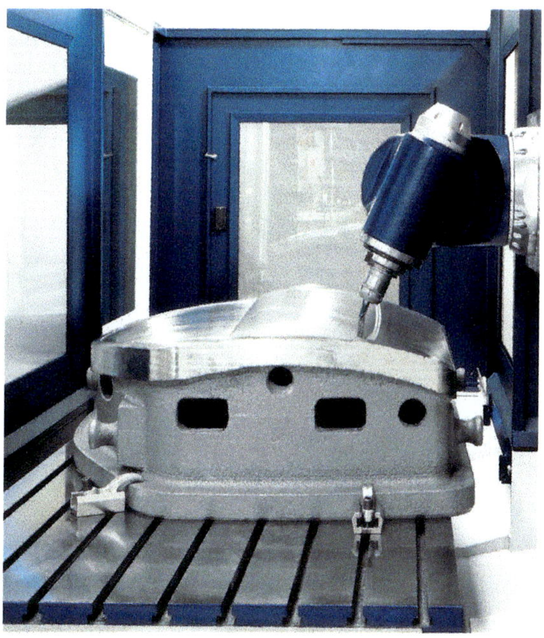

Imagen de Soraluce.

El **fresado de perfiles** y el **copiado** son procesos de fresado que se utilizan habitualmente a la hora de fabricar moldes, pero también para piezas en general.

Este proceso resulta más complejo que los vistos hasta el momento, ya que, para llevarlo a cabo, necesitaremos hacer previamente procesos de desbaste y semidesbaste, antes de llegar al acabado final.

Comenzamos eliminando la mayor parte del material mediante grandes desbastes; después, con una herramienta más pequeña, nos dedicamos a quitar los restos que quedan en las esquinas, donde la herramienta previa no ha podido llegar. En esta fase, necesitaremos más de una herramienta, puesto que no podemos pasar de un desbaste hecho con un plato de diámetro 40, que nos ha dejado unas esquinas con radios de 20 mm, a una fresa de 6 mm; por ejemplo, usamos un plato de 40 mm para desbastar, después un plato de 20 mm, luego una fresa de 12 mm, otra fresa de 8 mm y, por último, una fresa esférica de 6 mm.

Lo más importante es que, cuando la herramienta efectúe el copiado final, todas las zonas de la superficie tengan la misma cantidad de sobreespesor para cortar. De esta manera, la herramienta se comporta igual en toda la superficie y no tendremos marcas debidas a que la herramienta arranca más o menos material.

El proceso de hacer copiados y fresado de perfiles, por lo general, requiere de una programación compleja, por lo que se realiza con *softwares* CAM.

También resulta habitual emplear herramientas con grandes voladizos, por lo que es importante contar con portaherramientas adaptados a dichas necesidades que, además, deben poder trabajar a altas revoluciones, como consecuencia del uso de herramientas de pequeños diámetros.

Ten en cuenta, igualmente, la desaceleración que has de programar a la hora de acercarte a las esquinas o, de lo contrario, dañarás el corte de la herramienta.

Si trabajas solamente con el centro de la herramienta, por ejemplo, en una fresa esférica, piensa que la velocidad de corte la debes calcular sobre un diámetro cero, lo que quiere decir que, en teoría, trabajarás a unas revoluciones muy altas.

Por este motivo, las máquinas de cinco ejes son las más apropiadas para este tipo de trabajos, ya que, mediante la inclinación de los ejes, abarcan una zona más amplia de la herramienta, de modo que se consiguen unas condiciones de corte excelentes.

En algunas ocasiones, será necesario otro proceso a mayores, que consistirá en un superacabado.

Fresado de cavidades y esquinas

Según el tipo de cavidad y la inclinación que posea, vamos a necesitar, obligatoriamente, trabajar con máquinas de cuatro o cinco ejes. El ejemplo más claro lo tienes en una turbina, un trabajo que solo podremos realizar con este tipo de máquinas. Para tales procesos, usaremos siempre la programación mediante *software* CAM y nos ayudaremos de herramientas del tipo de las esféricas cónicas.

Imagen de Hoffmann Group.

A la hora de fresar esquinas, nunca utilices una herramienta con un radio igual al radio de la esquina, puesto que la herramienta, en ese punto, empañará una superficie muy grande, produciendo vibraciones y malos acabados, además de no poder conseguir los ajustes y tolerancias exigidos por el cliente. Utiliza siempre herramientas de diámetro menor al radio que se vaya a mecanizar y, aunque la herramienta que estés utilizando sea solamente para un desbaste, procura que, a la hora de llegar a la esquina, haga de forma programada un radio, para no sufrir aceleraciones, desaceleraciones y frenazos bruscos que, aunque carezcan de importancia para el acabado de la pieza, **sí que la tienen para la vida útil de la herramienta.**

Fresado de chaflanes

Cuando trabajamos con máquinas de cuatro o cinco ejes, los chaflanes no suelen suponer un gran problema, ya que se pueden realizar casi con cualquier herramienta plana.

Si no es el caso y necesitamos hacer grandes chaflanes utilizando herramientas como la presentada en la imagen inferior, se aconseja hacer un desbaste previo.

Dicho desbaste puede hacerse con un plato de escuadrar para, después, dar una pasada con el plato de chaflán y conseguir una buena superficie y un buen acabado.

En el mercado, nos encontraremos con herramientas de chaflanear de varios ángulos y diferentes tamaños.

Imagen de Erowa.

Si el trabajo que tenemos que realizar es un chaflán pequeño o, simplemente, matar las aristas, lo podremos hacer de una sola pasada, pero, si necesitamos hacer un chaflán grande, nuestra herramienta no será capaz de comer todo el material de una sola vez, dado que se requiere de una gran potencia de máquina y un amarre excelente para llevar a cabo tal misión.

Cuando usamos este tipo de herramientas, recuerda que no es la misma velocidad de corte la que necesitan las plaquitas situadas en la parte inferior que las que se encuentran en el área superior y que generan un diámetro mayor.

Siempre debes aplicar las condiciones de corte sobre el diámetro que se halla en la zona exacta del plato sobre la que vas a trabajar.

Las herramientas comerciales tienen unos ángulos genéricos que, normalmente, suelen ser de 45, 30 o 60°, pero esto no nos servirá para chaflanes con ángulos no estándar.

En este caso, recurrimos a hacer chaflanes por medio de copiados. La manera de proceder será la misma que vimos anteriormente: haremos un desbaste previo y, a continuación, emplearemos el proceso de copiado.

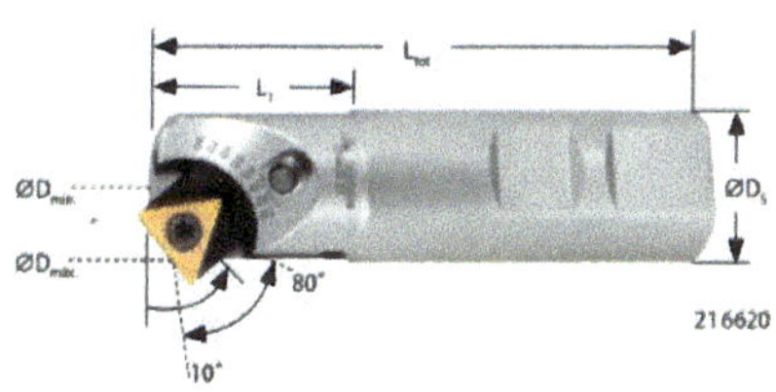

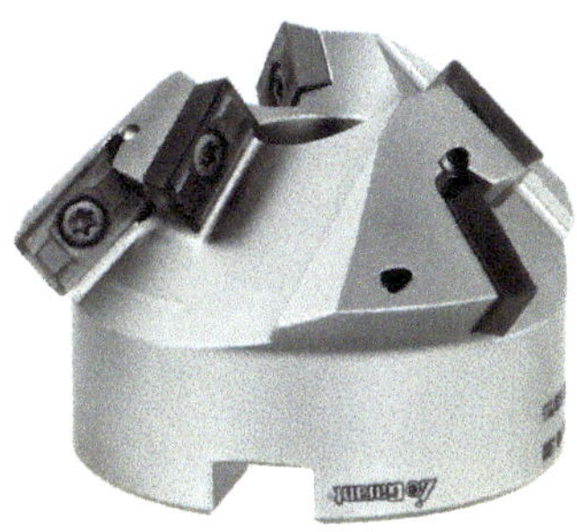

Imágenes de Hoffmann Group.

También podemos emplear este tipo de herramientas. Nos permiten ajustar la plaquita con los grados que necesitemos.

Fresado de agujeros y cajeras

El **fresado de agujeros** representa otro proceso muy habitual en el mecanizado.

Este proceso engloba las cajeras rectangulares o cilíndricas, así como las cavidades y agujeros que necesitan ser fresados.

A la hora de programar una cajera en nuestro control conversacional, nos preguntará el tipo de entrada que queremos efectuar. Podremos elegir entre una entrada de tipo taladro, penetrar en el material con la herramienta como si la estuviéramos taladrando, o bien una entrada en rampa, para lo cual nuestra máquina moverá dos ejes a la vez y se desplazará y profundizará hasta llegar al punto indicado, o mediante una entrada por interpolación helicoidal.

En la mayoría de los casos, optaremos por una entrada por interpolación helicoidal. Nuestra herramienta comenzará a describir un círculo. Mientras continúa avanzando progresivamente hacia abajo, la herramienta simula el recorrido de un muelle en sentido descendente.

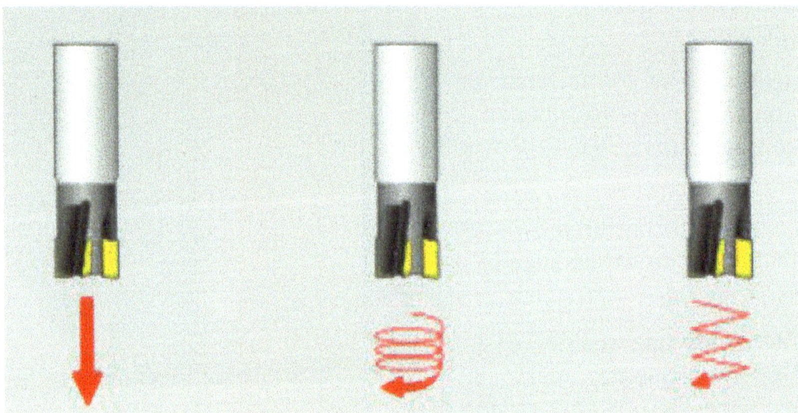

Imágenes de Heidenhain TNC 640.

Para cualquiera de los ejemplos anteriores, dependemos del tipo de herramienta que utilicemos y sus características: si tiene corte al centro o por el ángulo de entrada.

A la hora de ampliar un agujero o hacer una cajera, hemos de tener en cuenta un factor muy importante: la evacuación de la viruta. Ya que estamos abriendo un hueco y, por lo tanto, se encuentra entre paredes, la salida de la viruta se complica.

Si nuestro agujero o cajera es pasante, siempre resulta mejor hacer uno o varios taladros previos, que nos ayudarán a que la viruta disponga de un medio de escape. Si el agujero o cajera son ciegos, entonces la mejor opción consiste en trabajar con una máquina con husillo horizontal. Pero, como normalmente no vamos a contar con todo tipo de máquinas a nuestra disposición, más vale mostrar un poco de picardía y utilizar los recursos de los que disponemos. Así, podemos utilizar la alta presión de taladrina a través de la herramienta o el aire comprimido. Si necesitas trabajar a gran profundidad, procura utilizar dos herramientas.

Imagina que has de abrir una cajera con una profundidad de 200 mm utilizando un plato de diámetro 40. En lugar de partir desde el inicio con una herramienta de 200 mm, utiliza primero una con una longitud de 100 mm, para hacer la primera parte de la cajera, donde podrás llevar más velocidad de corte y no sufrirás vibraciones. Después utiliza otra herramienta de 200 mm de longitud para hacer la última parte del mecanizado. Tendrás que bajar considerablemente las condiciones de corte y la herramienta sufrirá más que la anterior, pero, de este modo, optimizarás el proceso, romperás menos herramientas y, por lo tanto, aumentarás la producción.

Fresado de ranuras

Imágenes de Hoffmann Group.

Vamos a mecanizar muchos tipos de ranuras (grandes, pequeñas, profundas...) y, en la mayoría de los casos, no utilizaremos herramientas de ranurar, sino fresas o platos convencionales.

Utiliza siempre una herramienta de menor diámetro que el ancho de la ranura, por la simple razón de que podrás hacer mejor los ajustes de medida.

Si la herramienta presenta el mismo diámetro que el ancho de la ranura, es muy probable que, por vibraciones, un mal corte o atascos de viruta, la medida se quede fuera de tolerancia.

Verás vídeos en Internet acerca de fresas de diámetro 10, llevando 30 mm de pasada (ap) de una sola vez. Por supuesto que es verdad, aunque yo no te lo aconsejo; lo he intentado varias veces, con resultados no muy buenos para la herramienta, en la mayoría de las ocasiones.

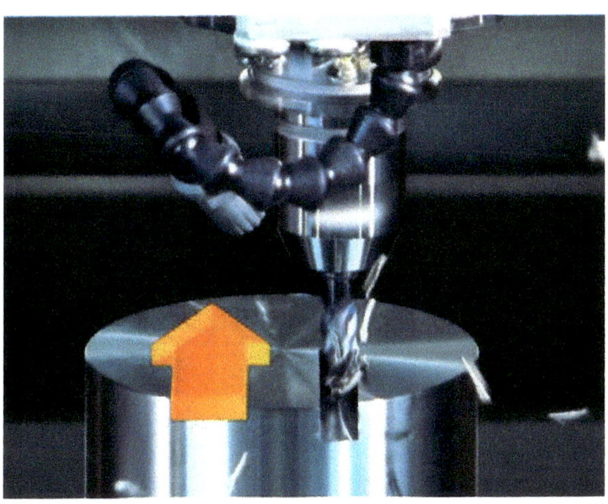

Es necesario contar con una herramienta de alta calidad, así como con un portaherramientas de gran apriete, además de una robustez y potencia de máquina importante, al igual que un perfecto amarre, sin olvidarnos del tipo de material.

Seamos realistas: pocas veces se nos va a dar este caso.

Si tienes las garantías de cumplir todos estos parámetros, adelante.

Lo normal es ir penetrando poco a poco en rampa o por interpolación si te lo permite la herramienta y, después, seguir abriendo el resto de la ranura.

Al igual que ocurre con las cajeras, nos encontramos con el problema de la viruta. Y es que, en este caso, resulta aún peor, porque las ranuras suelen presentar unas dimensiones menores y admiten menos cantidad de viruta en su interior.

Imagen de Hoffmann Group.

Otro tipo de ranurados o cortes en las piezas se suelen hacer con discos de cortar.

Si son de poco espesor, se emplean de acero rápido HSS. Cuando trabajas con herramientas HSS, ya sabes que las velocidades de corte son bajas; si, además, nuestra herramienta es de gran diámetro y cuenta con muchos dientes, la operación se presenta delicada.

El empleo de refrigerantes, unos buenos parámetros durante la programación para evitar interferencias (principalmente a la entrada y a la salida del corte) y un poco de paciencia harán que el trabajo se lleve a cabo sin ningún contratiempo.

Para evitar problemas con la viruta, se recomienda trabajar en oposición, para que el disco lance la viruta hacia fuera de la ranura, en lugar de introducirla hacia dentro, como puedes ver en la imagen superior, donde la herramienta está comenzando el trabajo y se desplaza hacia la derecha.

Un detalle que siempre debes tener en cuenta a la hora de montar el disco sobre su soporte radica en que no suelen tener una posición definida y, si no te fijas bien, es fácil que lo coloques al revés y, cuando quieras comenzar a cortar, los dientes giren en sentido contrario, lo que provocará la rotura del disco y puede que también de la pieza.

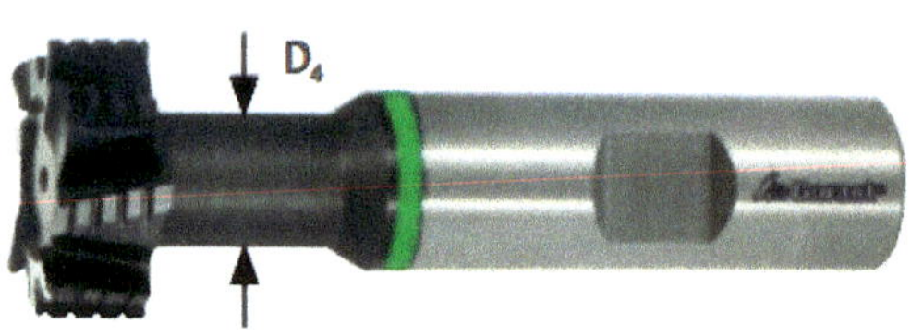

Este tipo de herramientas se emplean habitualmente.

Es obligatorio hacer desbastes previos, para que dicha herramienta haga bien su trabajo.

Comprueba siempre que las medidas de la ranura y de la herramienta sean compatibles.

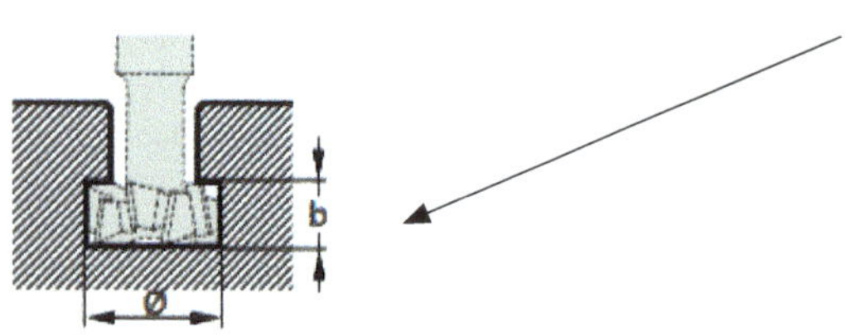

Fresado en *plunge*

El **fresado en *plunge*** consiste en hacer un desbaste por penetración, realizando taladros con una herramienta que, habitualmente, suele ser un plato de fresar.

Este proceso se efectúa utilizando solamente la parte externa de la herramienta.

Su ventaja más importante reside en que todas las fuerzas producidas se dirigen directamente sobre el cabezal de la máquina y en la dirección que mejor son absorbidas.

Imagen de Hoffmann Group.

Se suele emplear cuando nos encontramos con grandes voladizos que, como ya sabes, producen vibraciones al trabajar con la herramienta de forma lateral.

No se trata de la mejor opción para conseguir una mayor producción, ya que la velocidad de avance será menor que con el fresado convencional.

Como en procesos anteriores, ten en cuenta la evacuación de viruta; además, procura utilizar platos con el mayor número de cortes, para que siempre haya más de uno en contacto con la pieza.

No suele ser uno de los procedimientos más utilizados, pero siempre conviene tenerlo presente para algún trabajo en concreto.

Fresado trocoidal

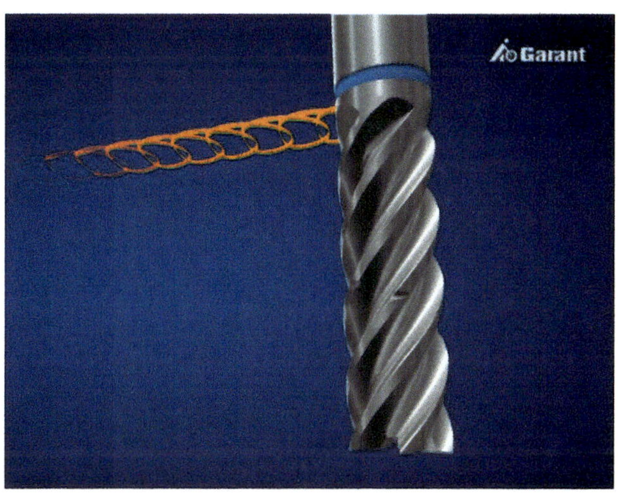

Imagen de Hoffmann Group.

El **mecanizado de alta velocidad** ha supuesto una revolución en el mecanizado por arranque de viruta.

Hemos pasado de trabajar con máquinas y herramientas muy potentes que arrancan la viruta llevando grandes pasadas y con velocidades lentas a mecanizar con poca pasada y a muy altas velocidades.

Lógicamente, ni todas las máquinas ni todas las herramientas se pueden permitir esta forma de trabajar.

El **fresado trocoidal** consiste, precisamente, en trabajar de esta manera; hacer que la herramienta se mueva con grandes avances y con poca pasada, en este caso lateral, ya que vamos a utilizar toda la altura de la fresa.

Resulta difícil explicar de una manera sencilla este proceso, ya que se requiere de una infinidad de cálculos para conseguir que la herramienta siempre lleve la misma pasada lateral. Por esa razón, dicho proceso es solo posible utilizando *softwares* CAM, o si el control añade una opción de ciclo trocoidal.

Todos los fabricantes de herramientas coinciden en que constituye una de las mejores opciones para hacer grandes desbastes, ya que la producción se verá incrementada en más de un 50 %, en la mayoría de los casos.

En esta operación, utilizaremos fresas de metal duro específicas para este trabajo, que los fabricantes diseñan y estudian para conseguir el máximo rendimiento.

En la siguienteimagen puedes ver fresas especialmente diseñadas para el mecanizado trocoidal.

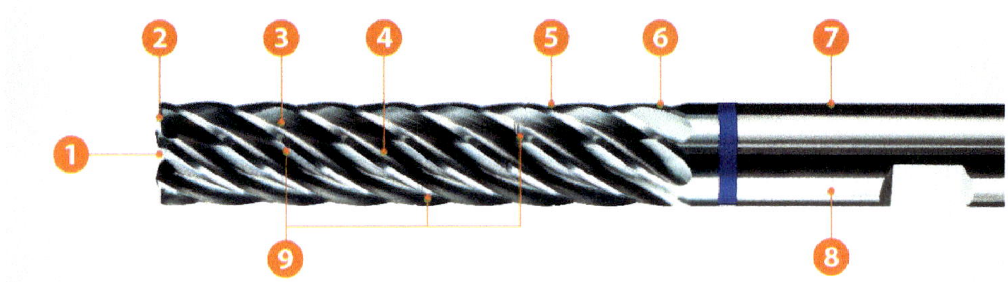

Imágenes de Hoffmann Group.

Si te fijas bien, puedes ver que, en la mitad del filo (punto 9), hay unos pequeños cortes. Están pensados para romper la viruta y, además de evitar la formación de virutas demasiado largas, mejoran notablemente el rendimiento de la herramienta.

Existen muchos *softwares* CAM capaces de ejecutar un desbaste trocoidal, pero son pocos los que realmente generan trayectorias precisas.

La herramienta ha de moverse en dos ejes, generando una especie de arcos o semicírculos durante el proceso de corte, pero, además, debe moverse hacia arriba, para separarse del fondo, cuando no se encuentra cortando, y volver a bajar en el momento preciso. De esta forma, se evita que la base de la herramienta se halle en continuo rozamiento con la pieza y no se producirá un desgaste prematuro del filo.

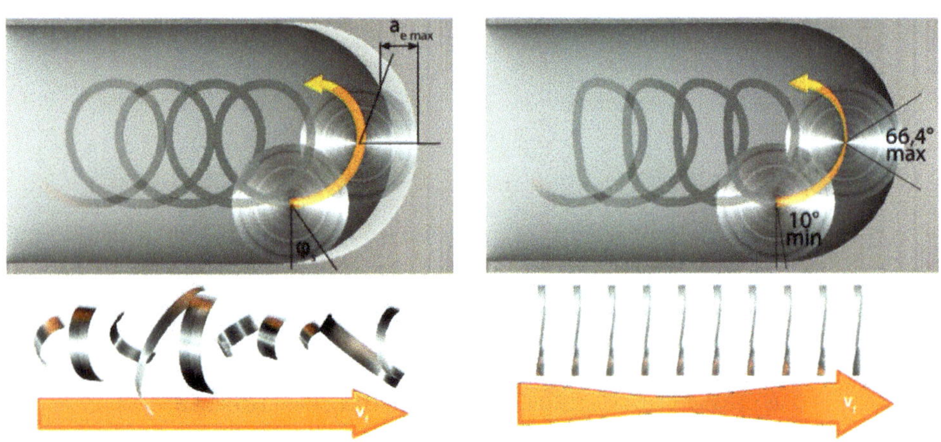

La fuerza que ejerce la herramienta sobre la pieza es muy baja y, por esa razón, puede llevar una gran profundidad de pasada, ya que, lateralmente, solo arrancará entre 0,5 y 2 mm, en función del material y de la herramienta, pudiendo llegar hasta un 20 % del diámetro de la herramienta, como máximo.

Como el contacto es mínimo, reducimos la posibilidad de provocar vibraciones y reducimos el calor que se genera, debido a que la herramienta está, durante poco tiempo, en contacto con la pieza.

El fabricante de la herramienta te indicará las condiciones óptimas para un trabajo preciso, pero, por lo general, no usaremos taladrinas. Se suele emplear el aire comprimido bien situado, para conseguir llegar a la zona de trabajo y, además de refrigerar el corte, será muy útil para la evacuación de la viruta.

Este proceso es capaz de arrancar viruta de manera muy rápida; antes de que te des cuenta, tendrás la mesa de tu máquina llena de virutas. Son muy finas y alargadas y, por alguna razón, cuando se comienzan a acumular, es como si te pusieras a freír palomitas: el montón de virutas crece y crece tan rápido que, en poco tiempo, tendrás tu máquina a rebosar de viruta. A la hora de limpiar, procura empujarla poco a poco hacia el extractor, con el fin de evitar que se atasque.

Fresado en concordancia, fresado en oposición

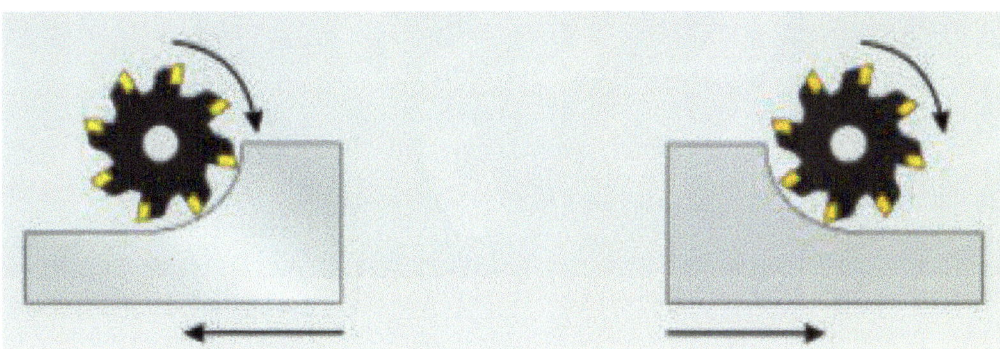

Fresado en concordancia. Fresado en oposición.

Imagen de Heidenhain TNC 640.

En el **fresado en concordancia,** la herramienta avanza en la misma dirección del giro.

Imagen de Haas Automation Inc.

En el **fresado en oposición,** la herramienta avanza en el sentido contrario a la dirección de giro.

Como norma general, usaremos el fresado en concordancia, ya que, de este modo, la herramienta comienza atacando la pieza desde la parte exterior. Esto provoca que la viruta tenga un espesor mayor al principio del corte y, a medida que gira, la viruta se hace más fina, hasta su corte total.

Lo cierto es que esta operación en concreto podría abrir un amplio debate. Hay quien opina que es mejor trabajar en oposición, sobre todo, en casos de holguras de ejes y situaciones parecidas.

Ojalá todos los problemas fueran tan fáciles de solucionar. Te voy a dar un consejo muy bueno: prueba, prueba y prueba. Es imposible que consigas cortar material si tu herramienta presenta el corte a derechas y le das giro a izquierdas. Pero, en este caso, solamente debes programar una trayectoria por la izquierda o por la derecha del contorno que quieras hacer.

Rápidamente comprobarás el resultado final. Ningún proceso es 100 % obligatorio ni está 100 % garantizado, como venimos comentando durante todo el libro. Todo dependerá de la herramienta, el material, el amarre, la máquina o la programación.

Taladrado

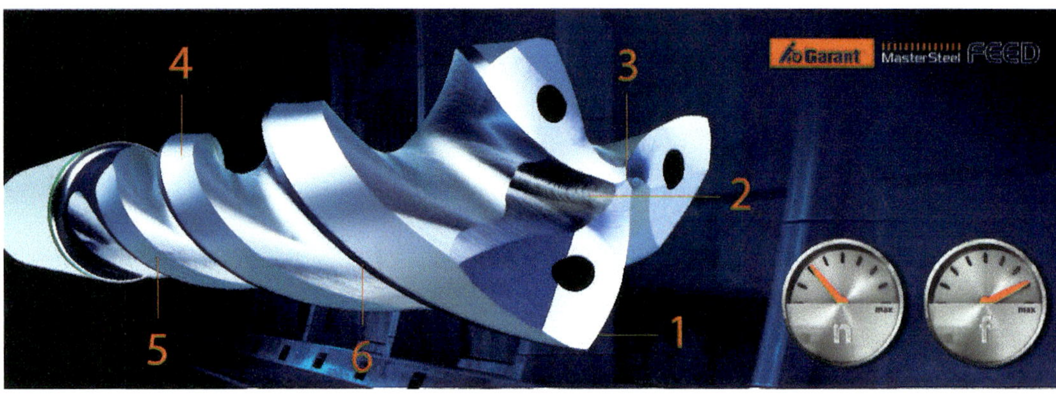

Imagen de Hoffmann Group.

El **taladrado** es un proceso muy habitual en cualquier tipo de mecanizado y, además, uno de los más importantes, ya que de él dependen procesos posteriores.

Taladramos para hacer simples agujeros, aunque también lo hacemos para, posteriormente, realizar roscas. Asimismo, la operación de escariado necesita de un taladro previo, y también podemos desbastar para que otras herramientas accedan al interior.

En este proceso, trabajaremos con herramientas de acero rápido (HSS) y otras de metal duro, aunque serán estas últimas las que más emplearemos y en las que nos centramos para explicar la forma de trabajar.

Aclaramos en los procesos de torneado que, siempre que hagamos un taladro con una broca HSS, es conveniente hacer un punteado previo con una broca de centros.

Esta herramienta constituye una de las imprescindibles en el almacén de mis máquinas.

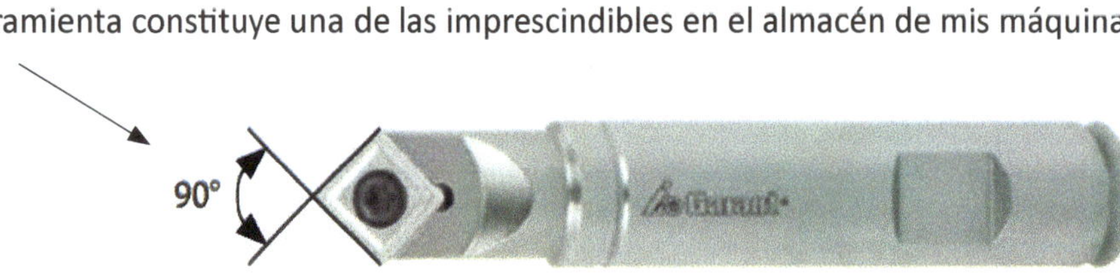

Imagen de Hoffmann Group.

Precisaremos, por tanto, de una broca de centros con plaquita intercambiable de cuatro cortes. Además de utilizarla para punteados, también resulta ideal para avellanados y pequeños chaflanes o para rebarbar aristas.

Si taladramos con brocas de metal duro, no será necesario hacer punteados o centros para guiar la broca.

Hablemos un poco más sobre este proceso, ya que son muchas las herramientas que podemos utilizar y muchos los trabajos donde emplear tal operación.

Taladrado en fresa

Para la mayoría de los materiales, usaremos taladrina. Resulta conveniente colocar debidamente los chorros, para que se dirijan hacia la punta de la herramienta.

Imagen de Haas Automation Inc.

En brocas HSS, aunque la teoría nos dice que podemos taladrar de una vez varias veces lo mismo que el diámetro de nuestra broca, por lo general, realizaremos desahogos cada pocos milímetros porque, así, conseguiremos que la viruta rompa antes y, de este modo, evitamos la formación de virutas largas, que se enredan en la herramienta y que, además, ocasionan atascos en los extractores de viruta de la máquina.

Si queremos conseguir una buena producción, es obligatorio el uso de herramientas de metal duro, ya que, con ellas, logramos hacer el mismo trabajo, pero de una manera más rápida.

Utilizaremos brocas enterizas, con punta y plaquitas intercambiables.

Dependiendo de la tolerancia del agujero, la profundidad y el diámetro, escogeremos la mejor opción.

Para que te hagas una idea aproximada, las brocas enterizas se suelen utilizar para diámetros de entre 1 y 16 mm; las de punta intercambiable, entre 12 y 30 mm, y las de plaquitas intercambiables, entre 16 y 60 mm, aproximadamente.

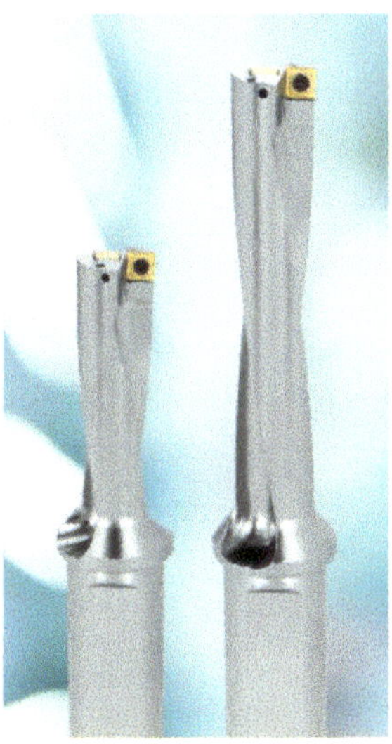

Broca de plaquitas intercambiables.

Broca de punta intercambiable.

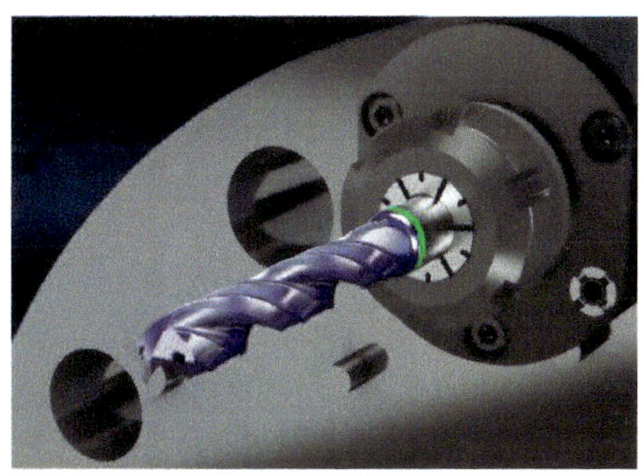

Broca enteriza.

Imágenes de Hoffmann Group.

Si necesitas hacer agujeros de diámetros mayores a 30 mm y no dispones de un torno o una fresadora de elevadas dimensiones y alta potencia, no te recomiendo que utilices brocas tan grandes, ya que forzarías demasiado la máquina y tendrías que reducir considerablemente la velocidad de avance.

Puedes hacer el mismo trabajo de un modo más rápido y seguro utilizando otros procesos como, por ejemplo, un fresado por interpolación helicoidal.

Las brocas de metal duro cuentan con canales internos de paso de refrigerante, con lo que conseguimos una refrigeración de la punta en todo momento, lo que facilita la rotura y evacuación de la viruta.

Si trabajas con los parámetros de corte apropiados, una broca de metal duro no debería generar virutas largas, ya que la velocidad de revoluciones y de avance hace que la viruta rompa en pequeños fragmentos;

así que, si estás taladrando y tu broca hace virutas largas, seguramente lleves poca velocidad de avance y puede que también pocas revoluciones.

Lo hemos comentado más veces: cuando somos demasiado conservadores y trabajamos con avances más lentos de lo debido, lo único que conseguimos es la rotura de la herramienta por un desgaste y un rozamiento indebidos. *Las herramientas tienen que arrancar viruta, no desgastar el material.*

Imagen de Hoffmann Group.

A la hora de hacer taladros profundos, ya sea con brocas HSS o de metal duro, es importante que tengas en cuenta un detalle: si tu broca es larga y dispone de poco diámetro, necesitará altas revoluciones para hacer su trabajo; esto quiere decir que, simplemente, por el hecho de girar, la fuerza centrífuga ocasiona que la broca comience a descentrarse y termine doblándose y rompiendo, lo que podría originar graves daños.

Te recomiendo que siempre comiences taladrando con una broca del mismo diámetro, pero con una longitud estándar, hasta la profundidad máxima que admita dicha broca.

De este modo, ya cuentas con un taladro previo.

Después, cuando cojas la broca extralarga, programa unas revoluciones mínimas y lleva la broca hasta el taladro, introdúcela unos milímetros y, una vez que ya la tienes insertada, asígnale las revoluciones que necesita para trabajar. De esta forma, resulta imposible que se descentre y provoque daños.

En la programación del ciclo de taladrado, evita que la broca salga completamente del agujero a la hora de evacuar la viruta y, una vez termines el taladrado, recuerda bajar las revoluciones antes de salir del agujero. Si sigues estos pasos, nunca tendrás problemas y conseguirás los resultados que buscas.

Cuando tenemos que hacer taladros de diámetros pequeños y, además, en materiales blandos, como aluminios o plásticos, es probable que no podamos adecuar las velocidades de corte necesarias, ya que nuestra máquina no contará con dicha capacidad, principalmente porque las revoluciones del husillo serán elevadas. No nos queda más remedio que adaptar las condiciones de corte a nuestra máquina. Emplea, en consecuencia, buena refrigeración y fíjate en la viruta, porque ella se encargará de decirte si llevas mucho o poco avance.

Al igual que en el resto de los procesos, utiliza siempre las brocas más cortas posible y sujétalas con un buen amarre para que, además de garantizar una buena sujeción, también te asegure una buena concentricidad de giro y una mínima desviación del corte.

Comprueba siempre, antes de comenzar a taladrar, el estado de los filos de corte y cambia las plaquitas cuando consideres que se encuentran gastadas. Una vez comienza el taladrado con alto avance, es fácil romper la broca por completo, si esta no se halla en perfectas condiciones.

Otra operación muy habitual es la de hacer taladros con cajeras o chaflanes.

Para ello, siempre puedes ayudarte de brocas bidiametrales, que aumentan considerablemente la producción, haciendo dos diámetros diferentes a la vez.

Si realizas mecanizados en general, lo más seguro es que no dispongas de dichas herramientas. El modo de proceder

Imagen de Soraluce.

consistirá en hacer siempre el taladro de mayor diámetro y, a continuación, pasar al de menor diámetro. Así, conseguimos una mejor evacuación de la viruta en el diámetro menor y, además, evitamos el astillamiento de la punta de la broca.

A la hora de hacer cajeras de agujeros, te aconsejo el fresado por interpolación helicoidal y, para los chaflanes, puedes utilizar avellanadores; aunque, si se trata de chaflanes grandes, también puedes usar platos de chaflanear o de puntear y proceder mediante una interpolación helicoidal, que realizará el trabajo de forma rápida y sin esfuerzo para la herramienta.

Ya que estamos hablando de chaflanes en agujeros, quiero que recuerdes la diferencia entre avellanar y rebarbar un agujero.

Para los taladros que después tengas que roscar, resulta obligatorio hacer un chaflán, tanto para facilitar la entrada del macho de roscar como, una vez terminado, facilitar la entrada del tornillo y que el primer filete de la rosca no se rompa o nos pueda lesionar. Es posible avellanar antes o después de taladrar, ya que puedes realizar un centro grande y quedará listo el avellanado después de taladrar. Pero siempre avellana antes de roscar; si no, estropearás la entrada de rosca.

Si el plano de la pieza indica que un taladro ha de estar avellanado, aunque no vaya roscado, entonces nos será indicada la medida de dicho chaflán. Si el plano no indica nada, entonces, haremos un pequeño avellanado de 0,2 mm, a modo de rebarbado del agujero. Acuérdate siempre de no confundir un avellanado con un rebarbado o un matado de arista.

A excepción de piezas para moldes, troqueles y trabajos muy concretos, deberías siempre acostumbrarte a que las piezas salgan de la máquina completamente rebarbadas, para evitar cortes a la hora de manipularlas y para dar un toque de calidad y profesionalidad a tu trabajo, pero recuerda: *rebarbar no es avellanar ni hacer chaflanes*.

Taladrar en superficies irregulares

Imágenes de Hoffmann Group.

En la imagen superior, puedes ver a qué nos referimos con superficies irregulares.

En muchas ocasiones, tendrás que realizar agujeros sobre superficies inclinadas, rugosas o esféricas y, para ello, deberás tener en cuenta algunas observaciones, para que la herramienta no resulte dañada y el agujero presente el diámetro correcto.

Cuando nos acostumbramos a trabajar con ciclos fijos en la programación CNC, muchas veces no tenemos en cuenta que, a lo largo del taladrado, nos podremos topar con agujeros cruzados, caras inclinadas, cortes interrumpidos, etc., de modo que le damos el mismo avance a la broca para toda la trayectoria.

Pero, utilizando este tipo de herramientas que cuentan con refrigeración interna y no tenemos que hacer desahogos, hacer la programación de un taladro a mano no resulta complicado, ya que solo indicamos las diferentes profundidades que tiene que alcanzar la broca y podemos asignar un avance concreto para cada tramo del agujero. Ahora, los agujeros quedarán perfectos y la herramienta no sufrirá ni se nos romperá.

En las siguientes imágenes, puedes observar una broca de plaquitas intercambiables de diámetro 18 y una longitud de corte de 90 mm, taladrando sobre un acero muy habitual.

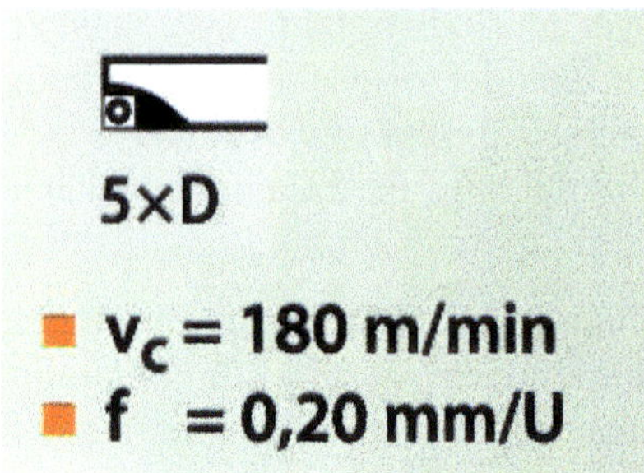

Estas son las condiciones de corte que el fabricante de la herramienta aconseja utilizar para un taladrado normal sobre una superficie lisa: una velocidad de corte de 180 m/min y un avance de 0,2 mm.

No te olvides de la refrigeración interna.

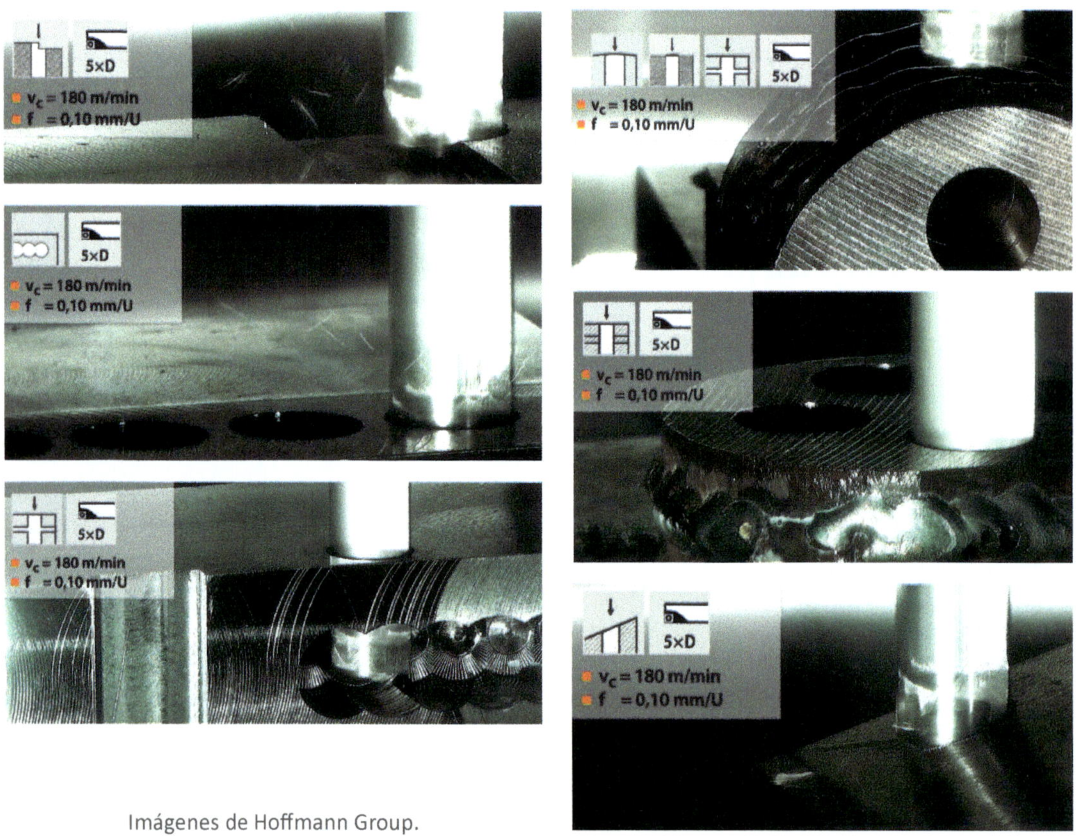

Imágenes de Hoffmann Group.

En estas imágenes puedes ver que, para taladrar sobre varias superficies irregulares, lo único que ha cambiado es el avance, que se ha reducido a la mitad.

Por supuesto que no todas las herramientas son capaces de realizar estas operaciones. Pregunta siempre a tu comercial de herramientas acerca de las características y condiciones de corte apropiadas.

Recuerda esta parte importante de *reducir el avance en el inicio del taladrado;* después, puedes aumentarlo y trabajar de modo normal para el resto del taladro, siempre que, más adelante, no nos encontremos con agujeros cruzados o se trate de un paquete de piezas.

Cuanto más corto sea el mango de la broca, mucho mejor y menos vibraciones producirá esta.

Dicho tipo de operación solo lo puedes hacer con brocas de plaquitas intercambiables, porque su punta es plana. No intentes nunca hacer tales operaciones con brocas enterizas o de punta intercambiable, ya que la punta tiene ángulo y resultaría una tarea imposible.

Dependiendo de si tienes que taladrar sobre una superficie cóncava o convexa, si taladras en el centro de la pieza o desplazado del centro, y en función de los diámetros, tanto de la pieza como de la broca, deberás reducir las velocidades entre un cuarto y la mitad.

Si necesitas sacar una alta producción, entonces estudia y analiza detenidamente todos estos parámetros para optimar al máximo tu trabajo, pero, para operaciones básicas y trabajos variados, yo te recomiendo que utilices una broca o fresa. Puedes hacer un centro que ayude a guiar la broca o, mucho mejor, si realizas una pequeña cajera por interpolación, del mismo diámetro del agujero, de este modo ayudarás a guiar perfectamente la broca y tendrá una superficie por completo plana sobre la que comenzar a trabajar con las condiciones de corte normales.

Taladrado en *plunge*

Ya vimos lo que era el fresado en *plunge* para hacer grandes desbastes. El taladrado en *plunge* tiene la misma finalidad. Para esta operación, solo podemos utilizar brocas de plaquitas intercambiables con la punta plana.

Este proceso de taladrar a media caña es algo que nunca podrás hacer con brocas HSS ni de metal duro enterizas. Para conseguir la mayor estabilidad durante el taladrado, utiliza siempre la broca más corta posible y, por supuesto, recurre a la refrigeración interna, para un buen desahogo de viruta.

La distancia idónea para conseguir los mejores resultados y que la herramienta trabaje de forma óptima reside en hacer taladros cuyos centros tengan una distancia del 70 % del diámetro de la broca; por ejemplo, si utilizas una broca de diámetro 20, debes hacer taladros cuyos centros se encuentren a 14 mm.

Problemas en el taladrado

La mayoría de los problemas con los que te encontrarás a la hora de taladrar serán debidos a una mala evacuación de la viruta.

Con brocas de metal duro, utiliza refrigeración interna y asegúrate de que esta cuente con una buena presión en el circuito.

Usa correctamente las pinzas y portaherramientas, para que no ocurra lo que ves en esta imagen: la taladrina interna debería salir por la punta de la broca, y no por la pinza.

Imagen de Haas Automation Inc.

Adapta muy bien las condiciones de velocidad y avance, para que la viruta rompa bien y pueda ser evacuada fácilmente.

Y, como siempre te digo, la limpieza es importante: cada vez que coloques plaquitas nuevas, limpia la zona de apoyo y aprieta los tornillos de sujeción con el par requerido.

Coloca la broca sobre un portaherramientas en buen estado y con un apriete fuerte, con el fin de evitar que, en ningún momento, la broca se gire sobre su alojamiento.

Reduce el voladizo de la herramienta y, cuando experimentes vibraciones, reduce el avance, pero, antes, asegúrate de que la pieza se encuentre perfectamente sujeta. Y, si tienes que taladrar sobre superficies que vuelan, coloca unos forros o calzos que ayuden a aportar rigidez a la zona del taladro.

En esta imagen, puedes observar un problema muy habitual a la hora de taladrar.

Las virutas se enrollan sobre la broca.

Si utilizas refrigeración externa, entonces, la taladrina no llegará a la punta de la herramienta.

Además, otro problema muy importante es que esas virutas rozarán contra la superficie de la pieza, lo que provocará arañazos y estropeará la calidad superficial.

Las piezas han de cumplir unas medidas con unas tolerancias, pero, aunque no resulte obligatorio, acostúmbrate a ofrecer calidad, con una buena presencia en tus trabajos.

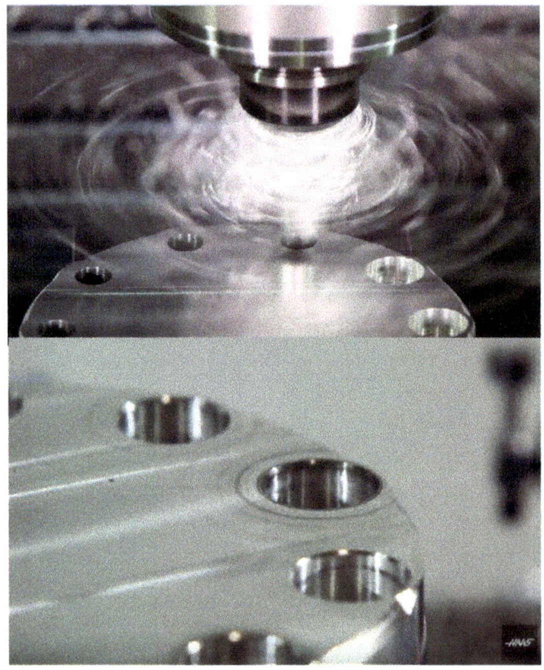

Imágenes de Haas Automation Inc.

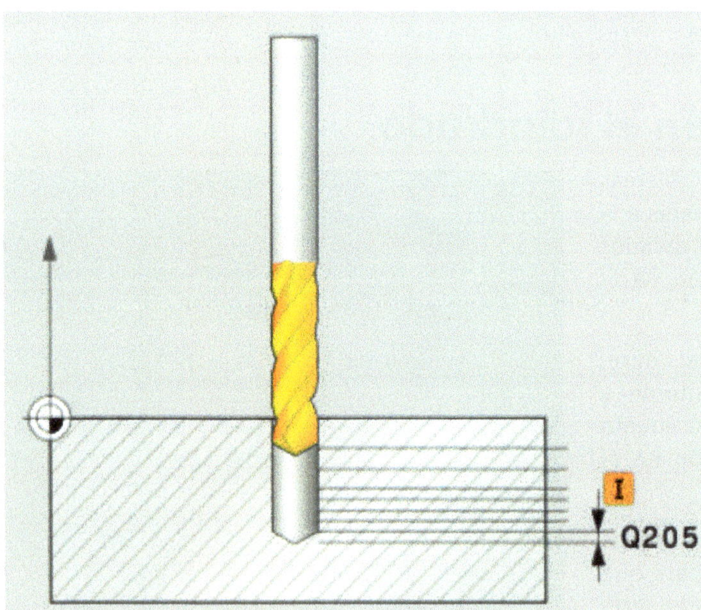

Imagen de Heidenhain TNC 640.

Una buena programación de los ciclos de taladrado puede suponer un gran ahorro de tiempo.

Cada vez más, los controles disponen de ciclos fijos más completos, donde configurar el paso de bajada, la retirada para hacer desahogos y el factor de reducción, para hacer las pasadas menores, a medida que profundizamos. La optimización de los ciclos de mecanizado, en muchas ocasiones, comienza por un ajuste en las operaciones de taladrado.

Roscado con macho

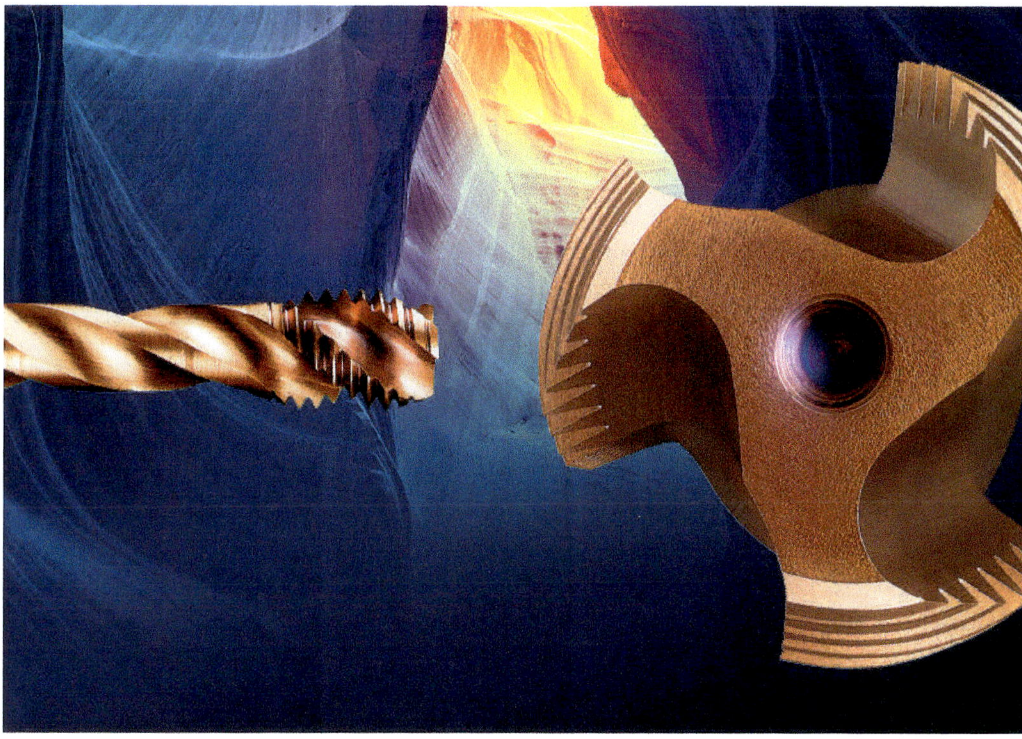

Imagen de Hoffmann Group.

El **roscado con macho** es un proceso relativamente sencillo de efectuar empleado, principalmente, en diámetros pequeños.

Cuando hablamos de machos para métricas grandes, el esfuerzo que debe realizar la máquina es muy elevado, y este trabajo solo lo podremos hacer con máquinas de grandes dimensiones y con una potencia elevada.

Voy a hablarte de los machos de roscar de una forma general, sin entrar a detallar si se trata de roscas métricas, Whitworth, NPT, etc.

Para poder hacer un roscado, necesitaremos, obligatoriamente, un taladro con el diámetro idóneo, en función de la métrica y el paso del macho.

Dependiendo del estado de nuestra máquina, podremos hacer un roscado rígido, de modo que sujetaremos el macho directamente con una pinza o un cono de gran apriete o, si nuestro cabezal tiene holguras de posicionamiento, entonces es obligatorio usar acoples con embrague, para evitar la rotura del macho.

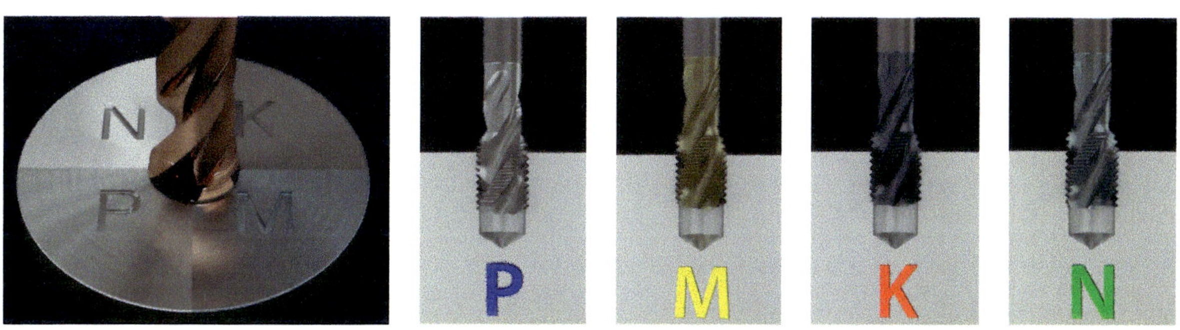

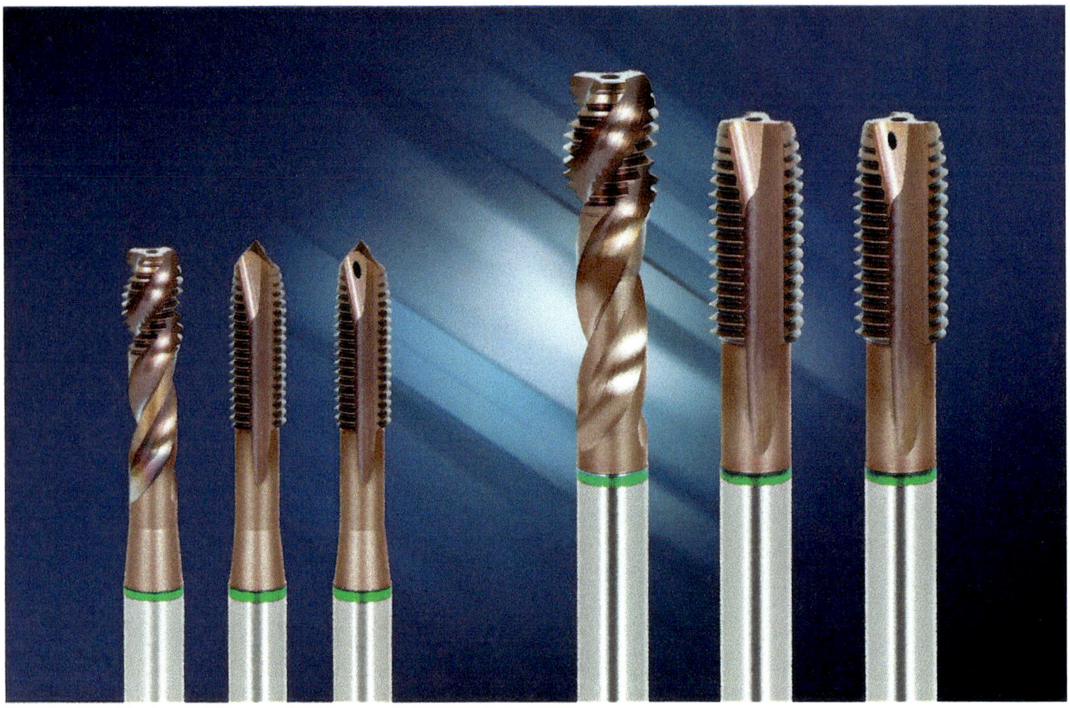

Imágenes de Hoffmann Group.

Existen en el mercado muchos tipos de machos de roscar con notables diferencias entre ellos, que utilizaremos según la operación y el material que vayamos a mecanizar.

Para empezar, diferenciaremos entre los **machos de arranque de viruta** y los de **laminación** o conformación.

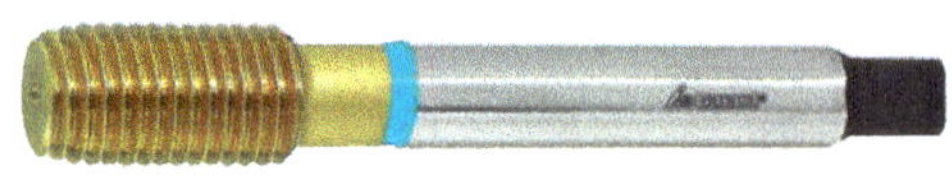

Los machos de conformación se emplean para hacer roscados en un proceso en el cual no se produce un arranque de viruta.

Resulta importante que el taladro previo cuente con la medida perfecta para que el roscado se lleve a cabo sin problemas para el macho, ya que, en este proceso, las fuerzas de fricción generadas son elevadas y, si el diámetro no fuese el adecuado, provocaría la rotura del macho, además de llevar a la máquina a un gran sobreesfuerzo.

Existen varios tipos dentro de estos machos para facilitar su trabajo, pudiendo llevar estrías para un menor rozamiento o una mayor lubricación, así como canales internos para la refrigeración.

Estos machos entran en el taladro y empujan el material hacia las paredes, forzándolo y dejando el paso de la rosca. Recuerda que, cuanto más blando sea el material, más fácil resultará hacer el roscado, dado que, en materiales realmente duros, sería una tarea casi imposible.

Con estos machos, podemos hacer roscas profundas sin problema de evaluación de virutas; además, son más resistentes y, con el mismo macho, roscaremos taladros pasantes o ciegos.

Obtendremos, igualmente, una rosca mucho más resistente, debido a la laminación de los filetes.

Continuemos con el resto de los machos, que son los que más utilizaremos en nuestro día a día.

Antes de empezar a ver las diferencias entre los diferentes machos, tenemos que analizar qué tipo de agujero queremos roscar, ya que no usaremos el mismo macho para un agujero ciego o uno pasante.

Si nos encontramos ante un agujero pasante, no nos importará si la viruta sale por arriba o por abajo, pero, en el caso de un agujero ciego, obviamente, la viruta solamente puede salir por la parte superior.

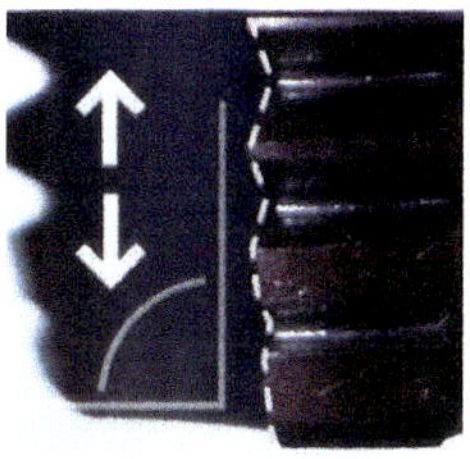

Los machos con estrías rectas no disponen de una posición concreta para expulsar la viruta. Puede salir tanto hacia arriba como hacia abajo, en virtud del material (si es blando, duro o de fundición).

Los machos con entrada corregida empujan la viruta hacia abajo. Lógicamente, este tipo de machos lo utilizaremos para agujeros pasantes, en los cuales no tenemos problemas con la evacuación de la viruta.

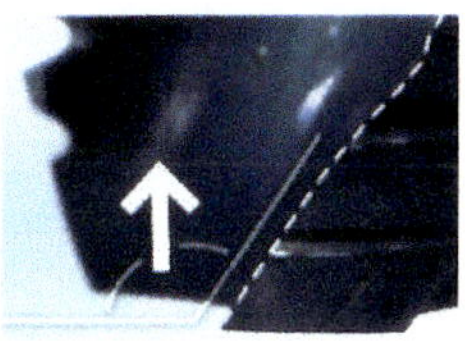

Los machos helicoidales son apropiados para agujeros ciegos, ya que expulsan la viruta hacia arriba y, de esta forma, podemos llegar hasta el fondo del agujero.

Imágenes de Haas Automation Inc.

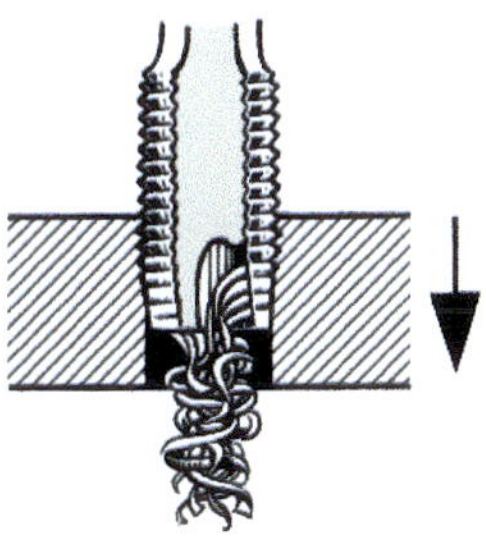

El corte inicial helicoidal desvía las virutas en el sentido de corte.

Imágenes de Hoffmann Group.

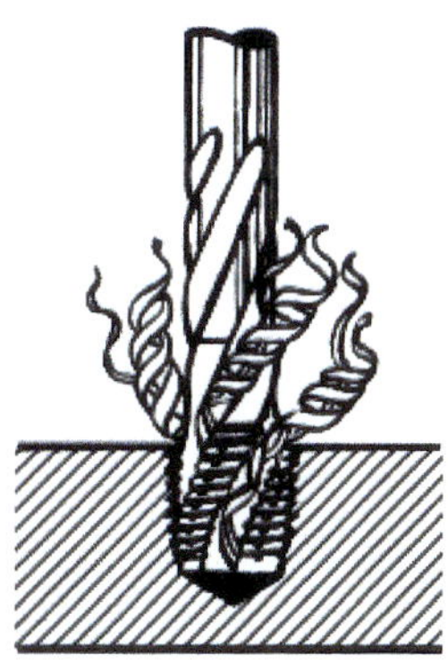

La rosca se puede cortar hasta muy cerca de la base del taladro.

Ya podemos distinguir entre tres tipos diferentes de machos para roscar, pero, además, cada tipo puede variar según el chaflán de entrada. Tenemos otros tres tipos diferentes de chaflanes: largo, medio y corto.

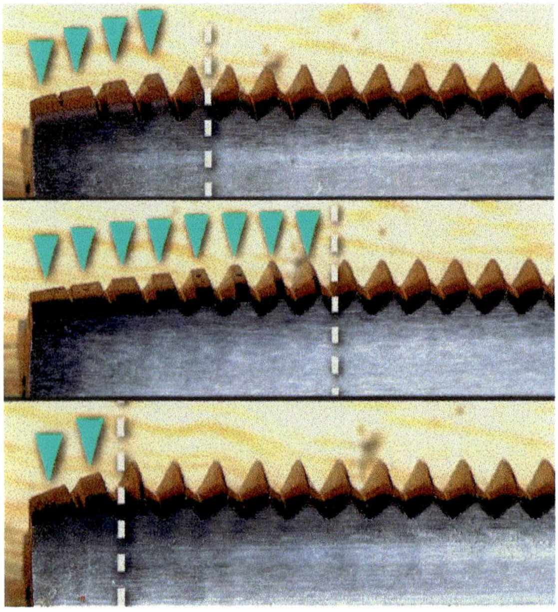

El chaflán medio es el más utilizado. Crea una viruta normal, y la fuerza necesaria para hacer la rosca es también la adecuada.

Los machos para roscar manualmente suelen presentar un chaflán largo, lo que permite un mejor centrado sobre el agujero. También crean una viruta más fina, y su vida útil resulta más prolongada.

El chaflán corto crea una viruta gruesa, tiene una vida útil más reducida y provoca una gran presión a la hora de roscar. Lo usaremos solamente para agujeros ciegos donde necesitemos roscar toda la profundidad.

Imágenes de Haas Automation Inc.

En la imagen inferior, se presenta un ejemplo del comportamiento de un macho con entrada corregida, el cual empuja la viruta hacia el fondo del agujero y, además, posee un chaflán largo.

Mientras, el macho helicoidal puede llegar hasta el fondo del agujero y, gracias al chaflán medio, consigue una gran longitud de rosca.

En la imagen derecha, se aprecia mejor el resultado de utilizar los distintos machos con chaflán largo, medio y corto.

En los tres casos, el macho alcanzó la misma profundidad, pero está claro que la rosca efectiva es muy diferente.

Imágenes de Haas Automation Inc.

Si un macho helicoidal con chaflán corto lo puedo utilizar para agujeros ciegos y pasantes y, además, me permite una mayor profundidad de roscado, entonces, ¿por qué no utilizar este tipo de macho para todos los trabajos?

Como acabamos de ver, un macho helicoidal, con chaflán corto, genera un gran esfuerzo y tiene una vida útil menor, ya que resulta más frágil, dado que su cuerpo es más ligero, como puedes ver en la siguiente imagen.

Imagen de Haas Automation Inc.

Y, además, cuenta con un precio mucho más alto que un macho recto y con chaflán medio.

La lubricación es muy importante para un buen roscado. Existen multitud de aceites y grasas especiales para el roscado de diferentes materiales.

Hemos visto los distintos tipos de machos en función de su geometría, pero también existen varias versiones de cada uno, según el material que tengan que roscar.

Los fabricantes de herramientas nos pueden ofrecer machos de roscar capaces de trabajar en casi todos los materiales, como el que puedes ver en la siguiente imagen.

Imagen de Hoffmann Group.

Fresado de roscas

El **fresado de roscas** resulta cada día más habitual, ya que incrementa, en gran medida, la productividad.

Gracias a las fresas de metal duro para roscado, podremos hacer roscas, tanto interiores como exteriores, de cualquier medida, con un esfuerzo menor para la máquina.

Lo primero que debes saber es que, para realizar dicho proceso, necesitamos que nuestra máquina de control numérico sea capaz de *interpolar en tres ejes,* puesto que supone la única manera de poder realizar el proceso.

Según la operación que efectuemos, podremos distinguir entre fresas de una fila de corte o de varias filas. Y, dentro de cada tipo, hallaremos fresas enterizas o con plaquitas intercambiables.

Las fresas de una sola fila las utilizaremos para hacer roscas interiores de tamaño medio y grande; también cuando necesitemos roscar paredes finas o superficies que originen vibraciones. Si la herramienta necesita un largo voladizo y demasiado empañe, produce vibraciones.

Una ventaja importante de las fresas de una sola fila de corte reside en que, con ellas, se pueden hacer roscas de distintos pasos.

Con respecto a las fresas de varias filas, se nos presenta una gran variedad de modelos, incluyendo fresas que pueden taladrar y avellanar, además de, por supuesto, roscar, de modo que se consigue una mayor producción.

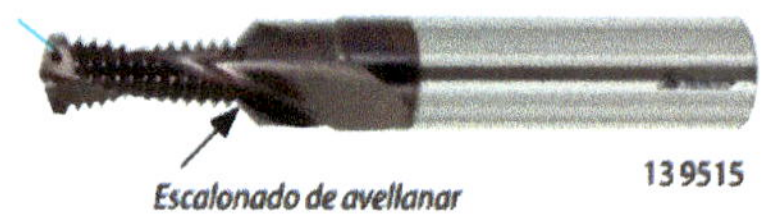

Este tipo de herramientas resultan específicas para grandes lotes de piezas, dado que son herramientas más caras, que solamente sirven para una medida y paso de rosca concretos.

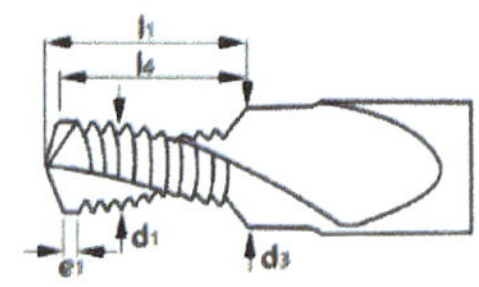

Antes de continuar, recuerda siempre lo importante que es una buena sujeción de la herramienta.

Para conseguirlo, utiliza los portaherramientas que ofrecen mayor amarre, comenzando por los conos hidráulicos, los de contracción térmica, los Weldon y, por último, el portapinzas.

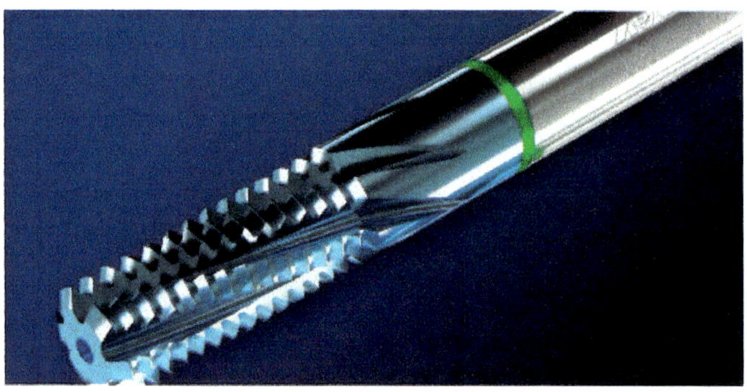

Imágenes de Hoffmann Group.

Si queremos que nuestra operación resulte exitosa, te indico a continuación unas recomendaciones.

Cuanto más pequeño sea el diámetro de la fresa, mejor será el acabado y la calidad de la rosca. No utilices fresas con diámetro mayor al 70 % del diámetro a roscar.

A diferencia de los machos de roscar, no necesitaremos distintas fresas para hacer roscas a derecha e izquierda, ya que, con la misma fresa, podemos realizar las dos simplemente cambiando el sentido de giro a la hora de hacer el fresado. Ojo, no confundas nunca el sentido de giro de la herramienta con el sentido de giro de los desplazamientos. Prácticamente, el 99 % de las herramientas que utilizamos para el fresado solo cortan cuando giran hacia la derecha.

Como ya hemos visto en otras operaciones, casi siempre resulta la mejor opción el mecanizado en concordancia. La herramienta solo gira en un sentido y, además, debe moverse a favor del corte para unos buenos resultados. Pues, aun así, podré utilizar la misma fresa para hacer roscas a derechas e izquierdas.

Si necesitas hacer un roscado interior a derechas (el más habitual), la forma de proceder consiste en ir introduciendo la herramienta en el centro del agujero y bajar hasta el fondo. Nos acercamos a la pared de forma tangencial y comenzaremos a interpolar hacia la izquierda, subiendo el paso en cada vuelta completa. Después, volvemos al centro del agujero y nos retiramos saliendo hacia arriba.

Para hacer una rosca a izquierda, seguiremos el proceso anterior, con la única diferencia de que, en lugar de interpolar hacia arriba, lo haremos hacia abajo.

En ambos casos, la herramienta siempre avanza en concordancia, de forma que se consigue una buena calidad de rosca.

Para un roscado exterior a derechas, nos colocaremos alejados del eje para roscar y nos acercamos tangencialmente, para reducir el golpe de entrada y alargar la vida de la herramienta. Después, comenzaremos a interpolar hacia la derecha, desplazándonos hacia abajo.

Para un roscado exterior a izquierdas, seguimos los pasos anteriores para acercarnos y, girando hacia la derecha, interpolamos, desplazándonos hacia arriba. Una vez terminado el roscado, nos alejamos también de forma tangencial, para conseguir un trabajo óptimo.

Si utilizas una fresa de una fila, tienes que interpolar durante toda la rosca, ya que, por cada vuelta, solo conseguirás un filete de rosca. Con una fresa de varias filas, normalmente solo necesitarás hacer un giro completo de 360° y la rosca quedará terminada de una sola pasada.

Este es uno de los pocos procesos en los que el uso del refrigerante no está muy aconsejado, salvo para materiales muy duros y aleaciones especiales. Resulta más beneficioso utilizar aire a presión o pulverización de aceite, para evitar las variaciones de temperatura, que provocan grietas en los pequeños filos de la herramienta.

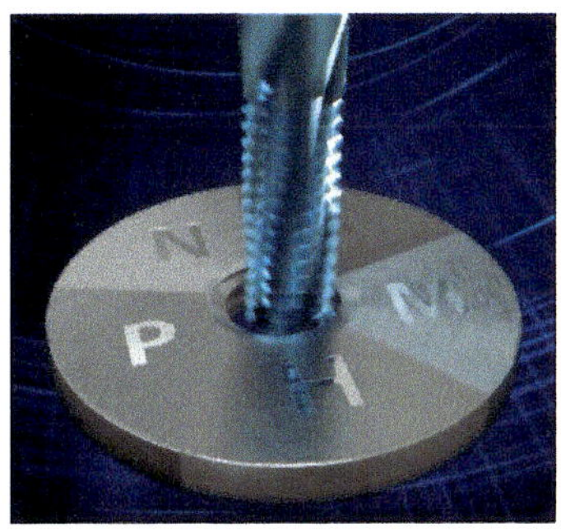

Imagen de Hoffmann Group.

Escariado

El **escariado** es un proceso que consiste en dar un buen ajuste a los agujeros, de modo que se consigue una gran precisión en la medida, además de un acabado superficial excelente.

Para realizar un escariado correcto, debemos hacer un taladro previo, con el diámetro apropiado, para que la herramienta de escariar pueda arrancar el material justo y conseguir un buen acabado, puesto que, tanto si el taladro anterior es más pequeño o mayor de lo necesario, el escariador sufrirá daños en sus filos de corte.

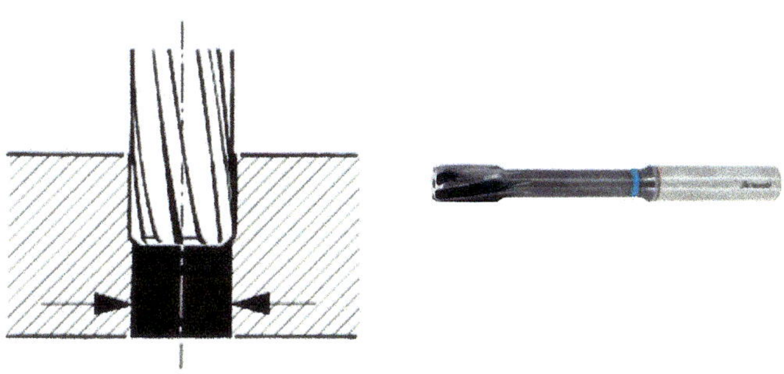

Dependiendo del tipo de material que se vaya a trabajar y del diámetro que queramos escariar, tendremos que hacer un taladro previo de un diámetro menor; normalmente, suele ser de entre 0,1 y 0,3 mm.

Es importante que la desviación entre el centrado de la broca y del escariador sea la mínima posible.

De igual modo, la sujeción de la herramienta ha de ser buena para que, en ningún momento, resbale en su alojamiento.

Para la mayoría de los escariadores, se suelen emplear los de acero rápido HSS, aunque, si puedes, es mejor utilizar los de metal duro, dado que podrás trabajar con velocidades de corte más altas y, además, pueden incluir conductos internos para la refrigeración interna, que nos ayudan a evacuar la viruta y que mejoran la vida útil de los cortes de la herramienta.

También disponemos de cabezas intercambiables de metal duro para colocar sobre mangos de diferentes longitudes.

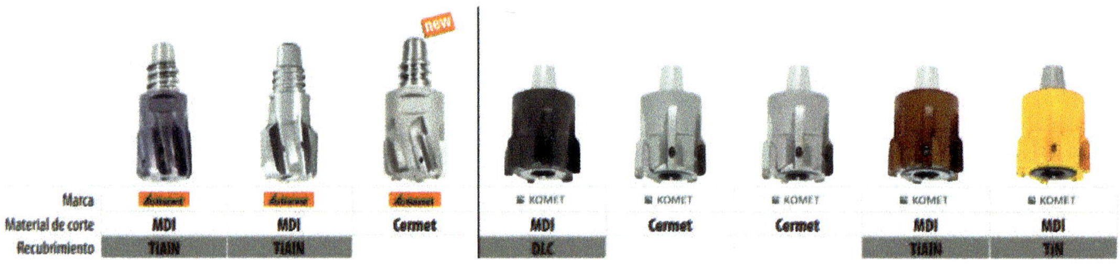

Imágenes de Hoffmann Group.

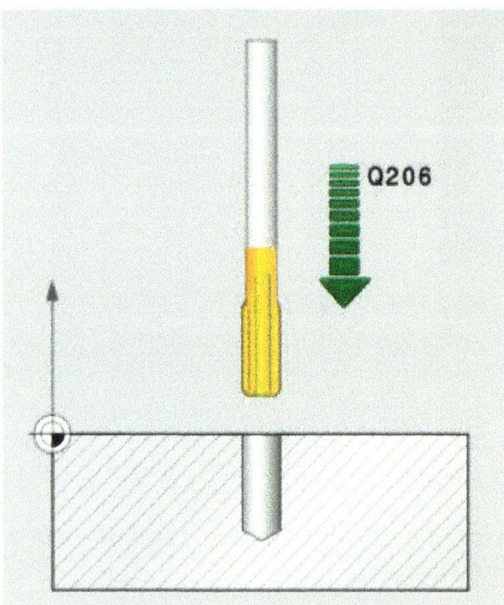

Imagen de Heidenhain TNC 640.

Un ciclo de escariado consiste en introducirse con la herramienta por el taladro previo.

Se programa un avance de trabajo y, de una pasada, sin hacer desahogos, se introduce hasta la profundidad deseada. La retirada se hace con un avance más rápido.

Si el taladro previo ha quedado desviado, nunca intentes corregir la trayectoria del agujero mediante el escariado, ya que será imposible solucionar dicho error.

Nunca lleves el escariador hasta el fondo del taladro en agujeros ciegos. Ten en cuenta el ángulo de punta de la broca y programa un par de milímetros menos de profundidad, para evitar que llegue a atascarse o romperse.

Otra recomendación que te hago es que, cuando tengas que hacer este tipo de operaciones que dependen de otras que hemos realizado previamente, te asegures de que el agujero cuente con la profundidad programada, antes de introducir otra herramienta que pueda colisionar por un fallo tonto. Además, también asegúrate de que, dentro del agujero, no se haya introducido viruta que reduzca su altura.

Dentro del catálogo de cada fabricante, existen muchos tipos diferentes de escariadores para trabajo manual: escariadores cónicos o con cono Morse.

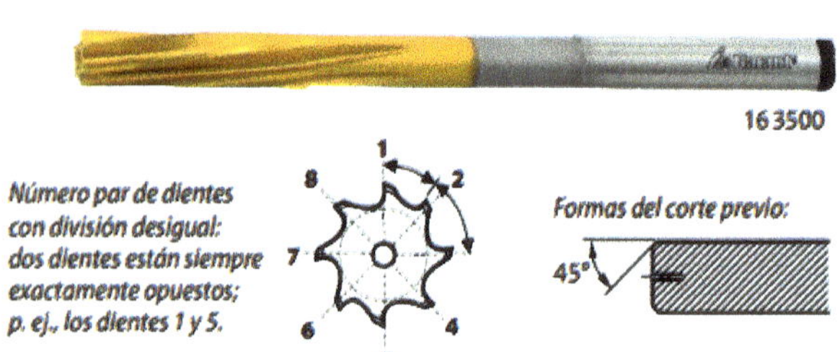

Imágenes de Hoffmann Group.

El fabricante te proporciona todos los datos que necesitas para trabajar, como el tipo de tolerancia que te ofrece esa herramienta, el material con el que está fabricada y la velocidad de corte, entre otros.

Mandrinado

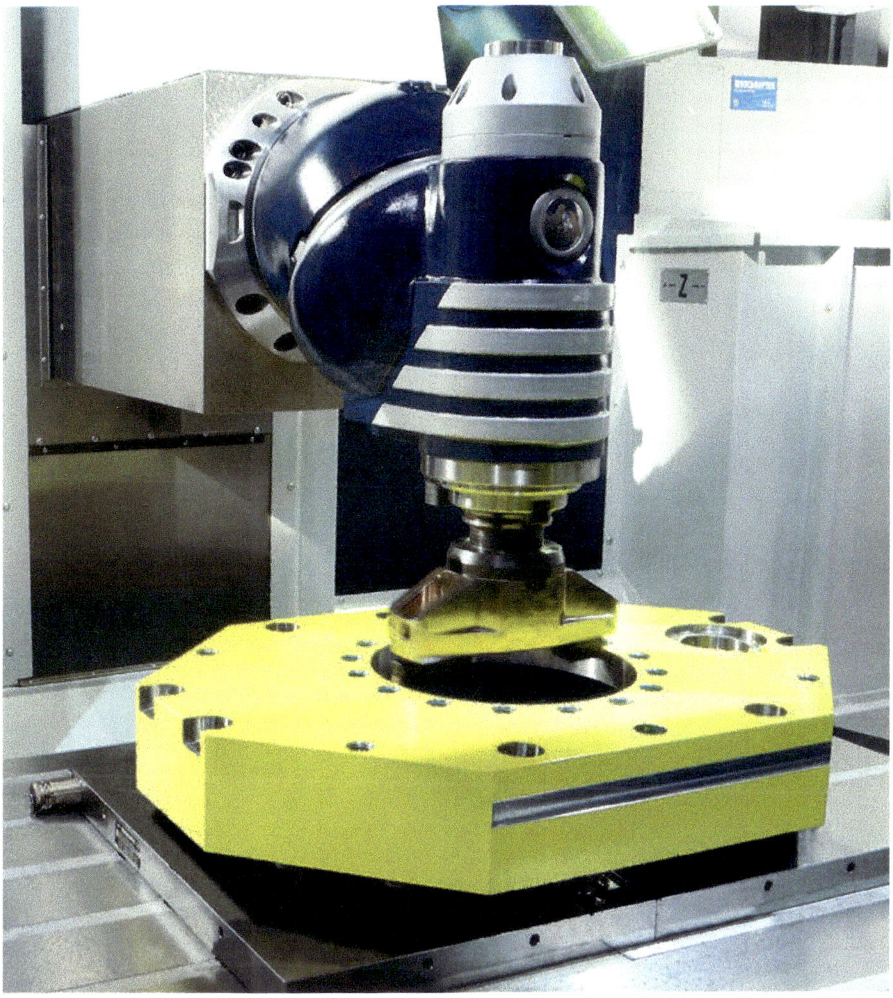

Imagen de Soraluce.

El **mandrinado** es un proceso parecido al escariado, ya que consiste en ofrecer un buen acabado superficial y conseguir tolerancias ajustadas en agujeros, aunque, en este caso, podremos abarcar muchos diámetros, desde los más pequeños hasta los de grandes dimensiones, así como ajustes en cajeras, e incluso mandrinar el exterior de islas y ejes.

Existen, en el mercado, fabricantes de herramientas para mandrinar, que van desde las más sencillas hasta herramientas sofisticadas de gran precisión y que pueden incluir sus propios motores para desplazar la punta de la herramienta, acercándola o separándola de la zona para mandrinar, añadiendo una especie de eje adicional en nuestra máquina.

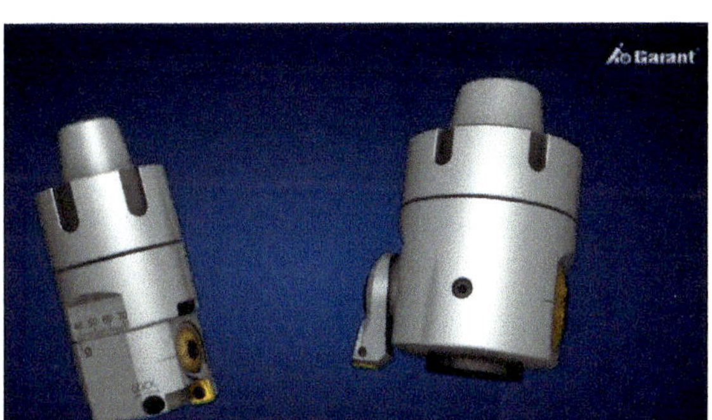

Este tipo de cabezales que se muestran en la imagen son los más habituales, lo que nos permite abarcar un rango determinado de medidas.

Imagen de Hoffmann Group.

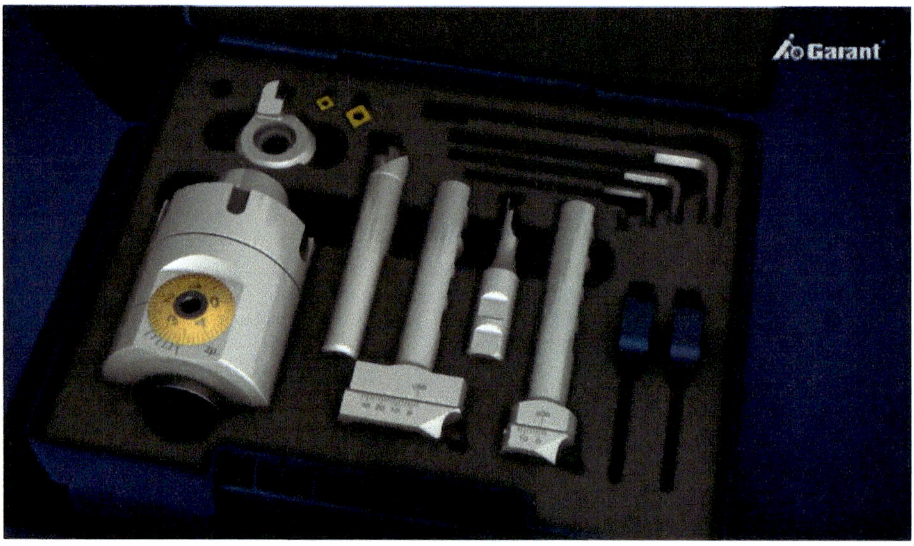

Imagen de Hoffmann Group.

En esta imagen, puedes ver un juego de mandrinar, que consta de un cabezal y sobre el que se pueden ir añadiendo accesorios para trabajar, desde diámetros pequeños hasta otros relativamente grandes.

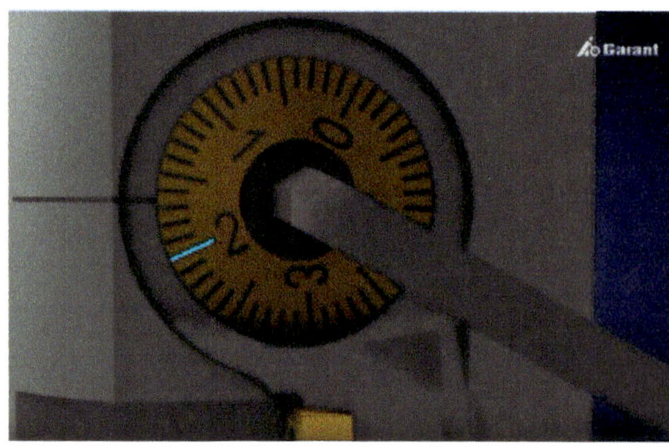

Un cabezal para mandrinar cuenta con una ruleta graduada, que puede ajustarse en milésimas de milímetro y conseguir una gran precisión.

Primero, aflojamos el tornillo que fija la ruleta y, después, la giramos, hasta conseguir la medida adecuada.

Para realizar un mandrinado, necesitaremos un agujero previo, que bien hemos podido taladrar, mecanizar e incluso que venga de la propia forja.

Un detalle importante es que dicho agujero previo, además de contar con una medida inferior, ha de ser lo más cilíndrico posible y te explico el porqué.

Cuando ajustamos un diámetro, utilizamos el cabezal de mandrinar, que normalmente cuenta con un solo filo de corte. Ese filo de corte es una plaquita de metal duro de dimensiones relativamente pequeñas y con un radio de la punta que suele ser de 0,4 o de 0,2 mm.

Si el agujero previo está ovalado o triangulado a la hora de pasar el mandrino, este se adaptará al contorno existente, pudiendo comer más o menos material. Aunque, a simple vista, parezca que el acabado es perfecto, nos podemos encontrar con sorpresas a la hora de medir el agujero y ver que está ovalado o triangulado porque el mandrino ha copiado el desbaste previo. Para evitar esto, debemos asegurarnos de que el agujero para mandrinar sea lo más cilíndrico posible.

Si empleamos mucho voladizo para trabajar hasta gran profundidad, ya sabes que pueden aparecer nuestras odiadas vibraciones. En estos casos, resulta preciso reducir el avance.

Con el escariado, solo podemos hacer una operación, que es la de ajustar un agujero de una sola vez.

Con este proceso, podemos hacer mandrinado de desbaste y mandrinado de acabado, para lo cual emplearemos distintos cabezales.

Para hacer un **mandrinado de desbaste,** emplearemos un cabezal, que cuenta con dos o tres filos de corte para aumentar la producción y conseguir grandes arranques de viruta.

Podemos emplear plaquitas de mayores dimensiones y radios en la punta e incluso plaquitas redondas.

Este tipo de cabezales requiere de un ajuste algo complejo, para conseguir colocar todas las plaquitas de modo que generen exactamente el mismo diámetro al girar, ya que, de lo contrario, una punta arrancaría más viruta que otra y esto terminaría por romper la plaquita que más trabaja y, además, ocasionaría vibraciones, por tener una herramienta que gira descentrada.

También hay que considerar la potencia de la máquina, puesto que varias plaquitas provocan una gran fuerza para el husillo.

Como en la mayoría de las operaciones, una buena refrigeración nos ayudará a expulsar la viruta.

Aflojar el tornillo de apriete solo en un lado.

Ajustar el Ø y volver a apretar el tornillo de apriete.

Imagen de Hoffmann Group.

Para hacer una operación de mandrinado de forma óptima, resulta obligatorio que utilices ciclos fijos de programación.

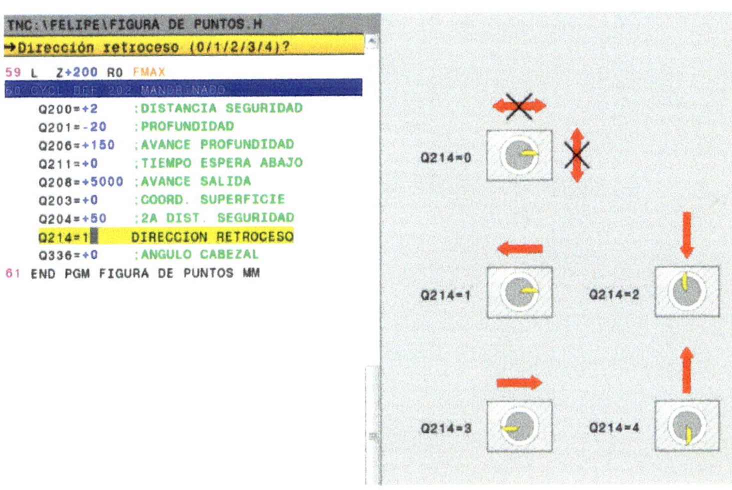

Imagen de Heidenhain TNC 640.

Un ciclo fijo de mandrinado está preparado para ejecutar las distintas fases del proceso.

La herramienta entra girando y baja, desplazándose a un avance programado. Una vez ha llegado al fondo, el husillo se detiene por completo, se posiciona en un punto previamente programado y se retira saliendo hacia arriba en avance rápido, sin rozar la punta de la herramienta por la superficie ajustada.

Capítulo 13
El control numérico

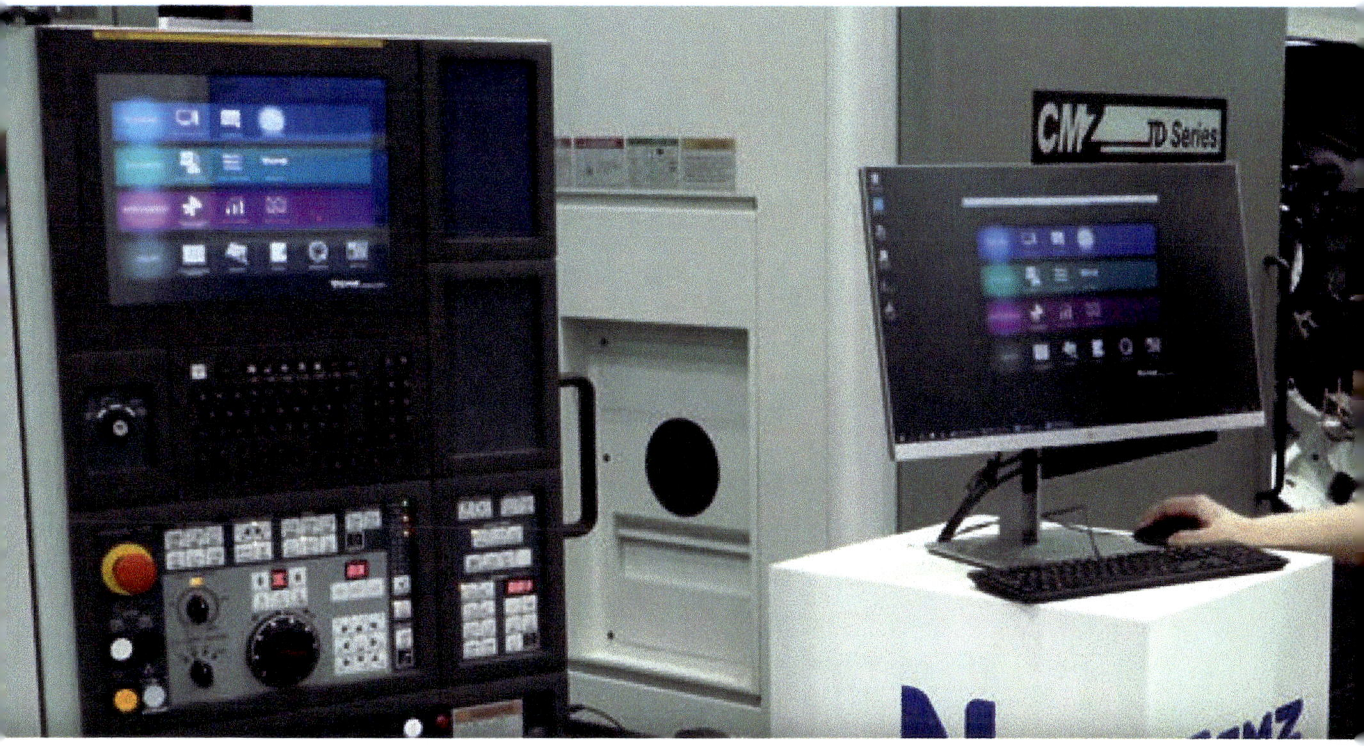

Cualquier máquina que disponga de ejes motorizados puede ser una máquina CNC.

Un torno convencional al que se le añaden unos motores para mover las manivelas y un ordenador para poder controlarlo y programarlo ya es una máquina CNC.

Por supuesto, esto es lo más básico, pero es suficiente. Las máquinas CNC modernas son muchísimo más complejas. Cada vez se muestran más sofisticadas, precisas y versátiles. Añadiendo un mayor número de ejes, realizan infinidad de procesos a la vez.

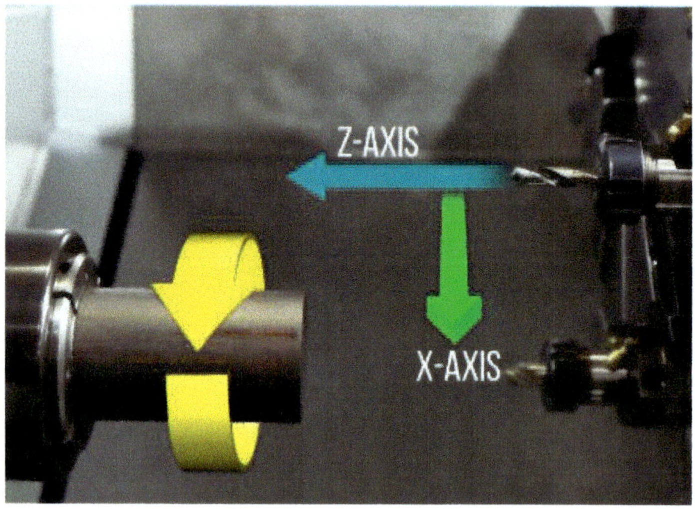

Imagen de Haas Automation Inc.

Lo más sencillo que nos podemos encontrar es un torno de dos ejes, como el de la imagen: el eje Z, para el movimiento longitudinal de la torreta donde se colocan las herramientas, y el eje X, que desplaza la torreta en sentido transversal.

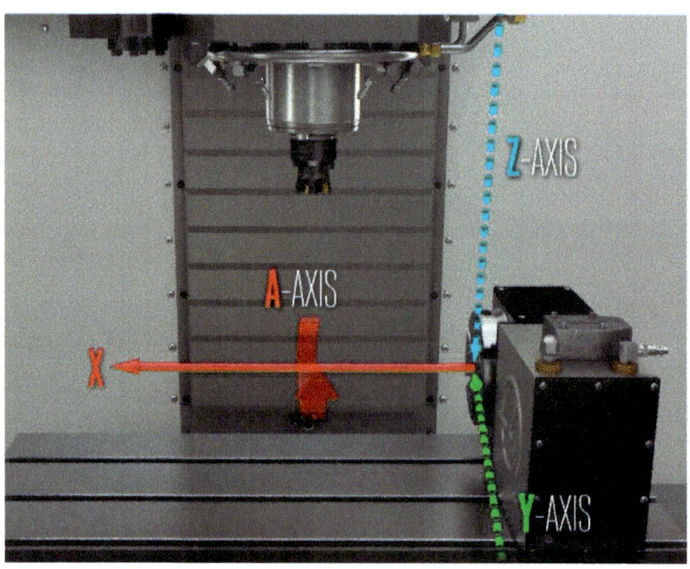

Imagen de Haas Automation Inc.

En la fresadora, ya pasamos de dos a un mínimo de tres ejes. Puedes ver, en la imagen, claramente los ejes y su recorrido.

Es necesario que tengas muy claro dónde se encuentran los ejes, cómo se desplazan y saber si se mueven en sentido positivo o negativo, para poder hacer la programación.

En los tornos básicos, no hay mucho problema, pero la fresadora te puede dar algún dolor de cabeza hasta que te centres en los ejes. Veamos por qué.

Ya tienes claro que el movimiento de derecha a izquierda es el **eje X,** el movimiento de adelante y atrás es el **eje Y** y el movimiento de arriba y abajo es el **eje Z.**

Pues bien, cada fabricante de maquinaria diseña y fabrica sus modelos de máquina de la manera que mejor rendimiento o funcionamiento desarrolle. Esto quiere decir que una fresadora consta de una mesa que se desplaza a ambos lados, mientras que otra dispone de una mesa fija, que no se mueve. Una máquina tiene un bastidor, que sujeta el husillo principal de la herramienta y puede subir y bajar; sin embargo, en otra máquina, ese husillo no se mueve y es la mesa la que sube y baja. Pasa lo mismo con el eje Y.

Por esta razón, te encontrarás con **fresadoras de bancada fija,** de **columna móvil** o **de pórtico,** que son casi como un puente grúa.

No hay que asustarse; da igual si tu máquina mide 2 o 15 metros, si es de bancada fija o columna móvil... La programación va a ser igual; el control se encargará de mover los ejes, independientemente de la configuración de nuestra máquina.

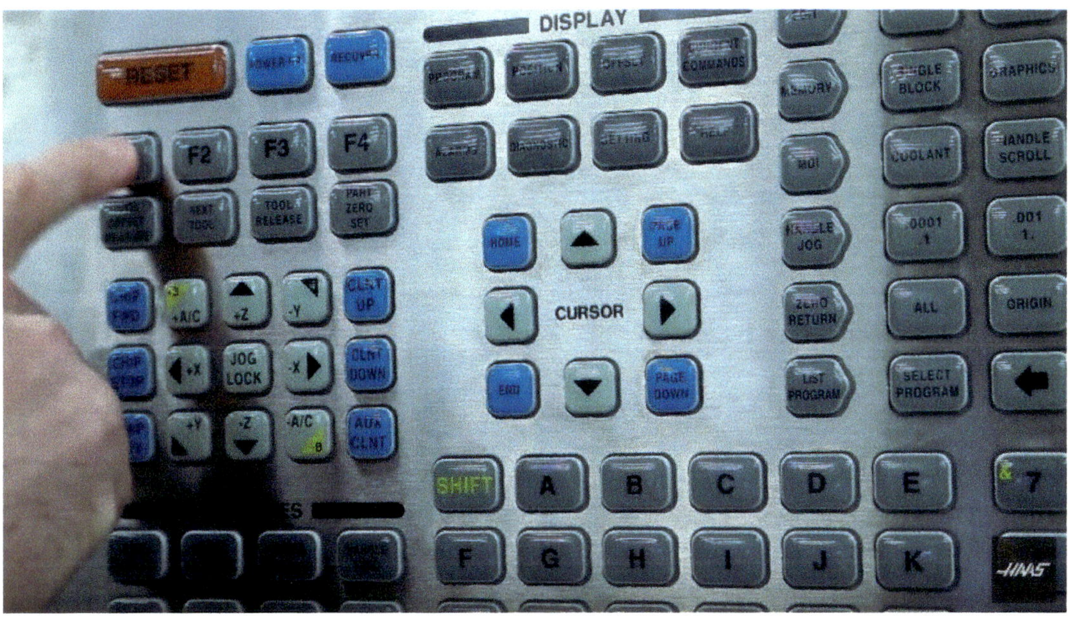

Imagen de Haas Automation Inc.

La programación empleada para comunicarnos con la máquina, o el idioma que esta es capaz de comprender, es el lenguaje ISO.

El **lenguaje ISO** constituye un estándar internacional que sirve para todos los controles.

Consiste en una serie de códigos con significado para el control, traducidos en movimientos de los ejes, giro de motores, activando y desactivando diferentes funciones.

Tendremos unos códigos u órdenes generalizados, que todas las máquinas comprenden de la misma manera, mientras que otras órdenes varían, en función de la máquina y el control.

Nos encontraremos con fabricantes de maquinaria y con fabricantes de controles. Por esta razón, podemos tener tres máquinas iguales, pero cada una con un control diferente.

Es igual de importante la parte mecánica como su cerebro, ya que la misma máquina podrá hacer unos trabajos u otros en virtud de cómo se controle. Por dicha razón, hallaremos máquinas capaces de interpolar distintos ejes.

La interpolación es la capacidad de una máquina para mover varios ejes y realizar trayectorias. Dependiendo de esta capacidad, les asignamos una denominación, como puedes ver en la siguiente tabla.

Ejes de máquina	Ejes interpolados	Denominación
2	2	2 ejes
3	2	2 ejes y medio
3	3	3 ejes
4	3	3 ejes y medio
4	4	4 ejes
5	3 y 2	3 + 2
5	5	5 ejes

Imagina una fresadora con tres ejes: X, Y, Z. Si solo puede desplazarse en el eje X e Y al mismo tiempo y después mueve el eje Z, entonces tenemos una fresadora de dos ejes y medio. Si esa máquina es capaz de mover los tres ejes a la vez, entonces puede hacer una trayectoria de la herramienta en tres dimensiones, por lo cual su denominación es de tres ejes.

Prácticamente, todas las fresadoras son capaces de interpolar en tres ejes; la cosa cambia cuando se le añaden más ejes. La mayoría de las fresadoras de cinco ejes, en realidad, son de 3 + 2, lo que quiere decir que dos ejes se encargan de posicionar la pieza, para que los otros tres puedan realizar los movimientos de mecanizado.

Realmente, en pocas ocasiones es necesario trabajar con cinco ejes a la vez. Son pocas las piezas o procesos que lo necesitan. Aun así, cada día resulta más habitual ver máquinas capaces de interpolar con todos sus ejes, ya que la electrónica avanza muy rápido y los fabricantes se pueden permitir incorporar controles más complejos.

Imagen de Soraluce.

Las máquinas son tontas; sí, por el momento, lo son. No tienen capacidad de decidir ni ojos para ver; esto quiere decir que les tenemos que decir absolutamente todo lo que tienen que hacer y, ante cualquier error que cometamos, siento decirte que no vas a poder culpar a la máquina.

Lo mismo que te digo que son tontas para saber lo que tienen que hacer, una vez que se lo hemos dicho, no se les olvida ni se confunden ni lo entienden mal. Ten presente que el error siempre va a ser nuestro. ¿Alguna vez conseguiste hacer una suma en la calculadora y que se equivocara? Yo no.

En todos los años que llevo mecanizando, ni una sola vez vi a una máquina equivocarse. Por muy convencido que en ocasiones pudiera estar, al final me di cuenta dónde radicaba el error y que había sido, en efecto, mío.

Por lo tanto, resulta vital que la información que le demos a nuestra máquina sea 100 % fiable. Tranquilo, no es tan difícil; por lo menos, lo básico.

Hoy día, todas las máquinas disponen de un panel de programación donde, además de escribir nuestro programa, vamos a poder simularlo, antes de que la máquina comience a trabajar, además de visualizar y corregir los errores.

Este es un estilo de programación llamado **«programación a pie de máquina»;** quiere decir que programamos escribiendo el programa en el propio control de la máquina.

Aunque necesitemos hacer varias fases para fabricar algunas piezas, lo podemos desarrollar sin ningún problema con la programación a pie de máquina. Pero debemos contar con unos buenos conocimientos de programación.

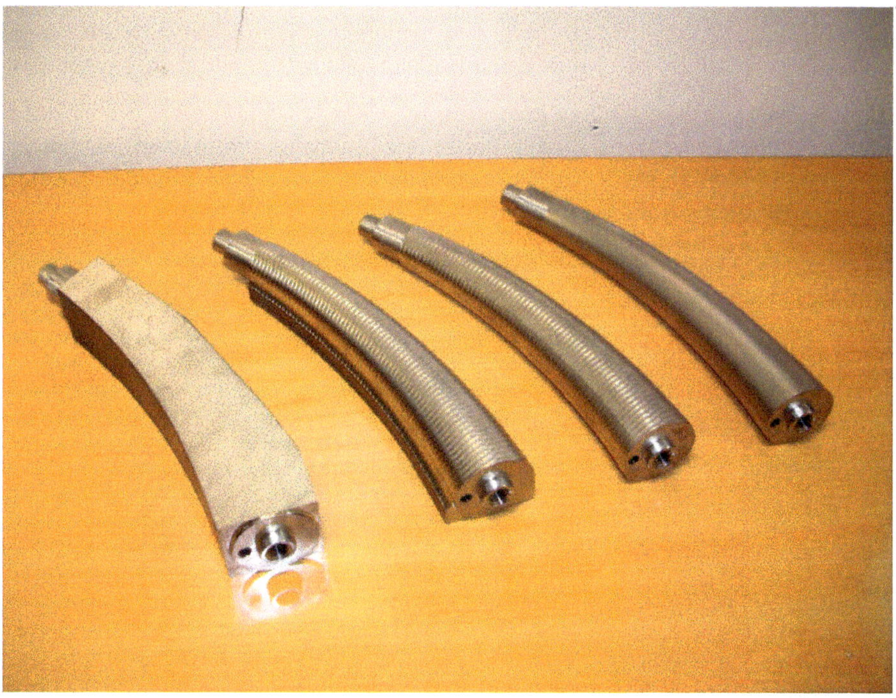

Esta pieza la fabriqué en un centro de mecanizado de tres ejes. Por supuesto que tuve que fabricarla en varias fases, como puedes observar. Pero solamente utilicé programación a pie de máquina.

Cuando tenemos piezas complejas, la programación a pie de máquina puede resultar muy compleja e incluso imposible.

Para ello, se utiliza la programación asistida por ordenador, también llamada **programación CAM.**

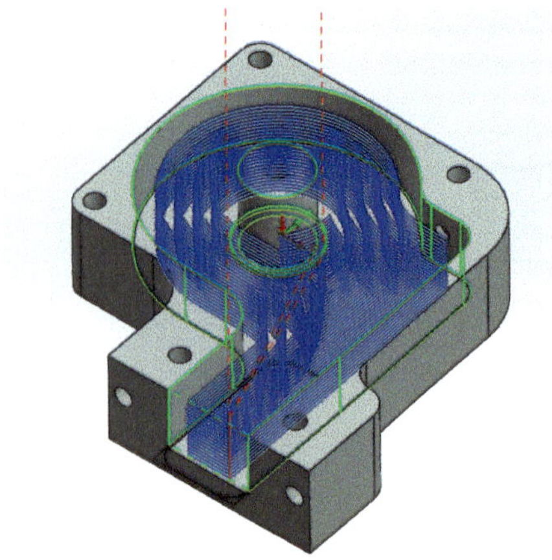

Un *software* CAM consiste en un programa de ordenador en el cual se programan los procesos de mecanizado que se quieren efectuar. Incluiremos las herramientas y las condiciones de corte para cada operación.

Las líneas de color azul muestran las trayectorias de la herramienta cuando se encuentra arrancando viruta.

Las líneas de color rojo indican los desplazamientos en avance rápido; suelen ser las aproximaciones y las retiradas de la herramienta.

Debido a la complejidad de las piezas y de las máquinas, esta opción cada día resulta más habitual en la mayoría de los talleres.

La programación CAM se suele realizar en oficinas técnicas. Para poder hacer una buena programación, se precisa contar con unos buenos conocimientos sobre mecanizado, ya que el programa se limitará a generar un código ISO de las trayectorias que nosotros programemos.

Resulta imprescindible, para desarrollar este tipo de programación, contar con un dibujo en 3D de la pieza, el **sólido** que vimos en la parte de dibujo técnico.

Existen, en el mercado, cantidad de *softwares* CAM. Algunos funcionan como un programa independiente, otros se instalan dentro de un programa de dibujo.

Yo trabajo, principalmente, con un programa llamado **CAMWorks,** el cual funciona integrado dentro del **SolidWorks.**

La unión de estos dos programas se denomina **CAD-CAM,** ya que tenemos el CAD o dibujo y el CAM o programación CNC.

Usar programas ya integrados representa una ventaja importante porque, si modificas el sólido, la programación CAM se actualiza automáticamente a los nuevos contornos.

Con estos *softwares,* ocurre lo mismo que con los programas de dibujo y es que, si quieres uno bueno, te va a costar un buen dinero. Pero hay que pensar que este tipo de *softwares* se utilizan para piezas complejas y para máquinas, las cuales resulta casi imposible programar a pie de máquina.

CAMWorks es un CAM que, cuanto más lo utilizas, cada vez te resulta más fácil y rápida la programación.

No lo digo por la destreza que terminas por adquirir, sino porque, a medida que generas nuevas trayectorias, herramientas y procesos de mecanizado, los puedes ir almacenando en su base de datos y, cuanta más información almacenes, más fácil resulta programar la siguiente pieza. El programa es capaz de detectar operaciones que se encuentran en su base de datos y generarlas automáticamente.

Pero, como siempre te digo, seamos realistas. Por suerte para quienes nos gusta programar, todavía no han inventado ningún botón mágico que lo pulses y digas: «¡¡¡Alexa!!!, fabrícame la pieza».

CAMWorks®

An HCL Technologies Product

Lo más importante de estos *softwares* es la fase de posprocesado, la cual consiste en convertir en código ISO esas trayectorias de herramienta que hemos creado, incluyendo las condiciones de corte.

Los posprocesadores son complejos y varían según el control y la máquina; por esa razón, cuando adquirimos un *software* CAM, un técnico necesita acudir a nuestro taller y llevar a cabo unas pruebas para ajustar y asegurarse de que nuestra máquina no colisionará.

Un programa generado por posprocesado suele ser muy extenso en cuanto al número de líneas y, en ningún caso, se puede modificar manualmente.

Cuando hacemos un programa a pie de máquina de una pieza que no sea muy compleja, nos puede ocupar unas pocas líneas de programa, dado que utilizamos ciclos fijos y repeticiones, entre otras cosas.

Sin embargo, el mismo programa creado por CAM ocupará un número mucho mayor de líneas. Normalmente, suelen ser muchos cientos o miles. Esto es debido a que el ordenador crea una línea con cada movimiento de la herramienta e incluso, en muchos casos, para hacer un círculo, programa varios cientos de líneas rectas, muy pequeñas, en lugar de un arco.

Por esta razón, si deseo modificar alguna parte del programa, tengo que volver al ordenador, modificar la trayectoria y volver a posprocesar el programa. Esto no ocurre en la programación a pie de máquina, ya que, en ese caso, resulta más sencillo hacer modificaciones.

Comencé diciendo que este tipo de *softwares* se usan para mecanizados y máquinas complejas, pero lo cierto es que, cada vez más, se utilizan para toda clase de trabajos y de máquinas.

Esto es debido, principalmente, a *la falta de profesionales que sepan programar a pie de máquina.* Hay quien opina que la programación CAM siempre es mejor que la programación a pie de máquina, pero yo discrepo de dicha opinión, puesto que un buen profesional con conocimientos de programación puede hacer un programa sencillo a pie de máquina mucho más rápido que en CAM, teniendo en cuenta que no necesita dibujar previamente la pieza. Además, gracias a la **programación conversacional** de la cual disponen la mayoría de los controles, se facilita mucho el trabajo.

De todas formas, quiero decirte claramente que, solo por saber utilizar un programa **CAD-CAM,** no te conviertes en un buen fresador ni tornero. Lo siento; es la verdad.

Como para cualquier profesión, hacen falta años de trabajo y dedicación; hay que cometer errores, romper herramientas y estropear piezas. No es obligatorio, pero es irremediable.

Mucha gente se olvida de esto, de aprender los procesos de mecanizado y de considerar el comportamiento de las herramientas y los materiales y se piensan que, con pulsar un botón en el ordenador, ya tienen el trabajo hecho.

Hemos dedicado gran parte de este libro a explicar los procedimientos de mecanizado y saber utilizar las herramientas de forma correcta, así que seguro que comprendes lo que acabo de decir.

Quiero que conozcas las estaciones de programación o simuladores que poseen algunos fabricantes.

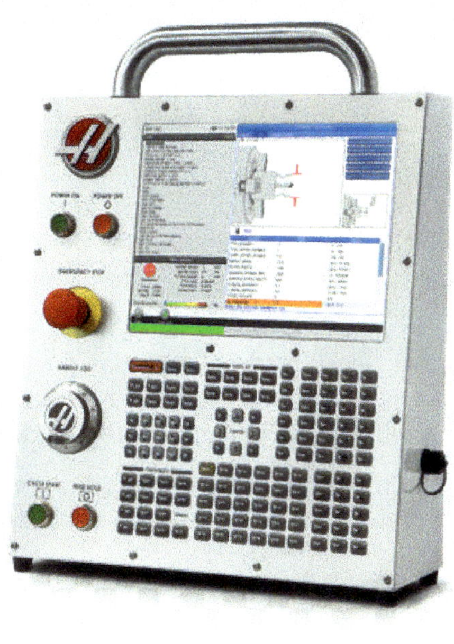

Imagen de Haas Automation Inc.
Simulador control de nueva generación (NGC) Haas.

Las **estaciones de programación** se rigen por un control idéntico al que tiene la máquina, el cual podemos tener en nuestra oficina y programar exactamente igual que si estuviéramos delante de la máquina. Una vez realizado el programa, al igual que con la programación CAM, enviaremos el programa por red, wifi o mediante una memoria USB a nuestra máquina, para comenzar el trabajo.

Al igual que las máquinas cada vez son más modernas y cuentan con un mayor número de ejes y opciones para facilitar el trabajo, los controles de las máquinas también han evolucionado mucho.

Los primeros controles presentaban pantallas diminutas y sin color, mientras que, hoy día, las pantallas son más grandes, con una resolución y calidad sorprendente, además de añadir las nuevas tecnologías de pantallas táctiles.

Ten siempre presente que estos controles están específicamente diseñados para trabajar bajo condiciones desfavorables de temperatura y humedad, con las manos sucias y con aceites y productos que no serían los más apropiados para usar en casa con nuestro televisor.

Además, los fabricantes se esfuerzan en añadir nuevas funciones a los controles, para que tengamos acceso directo a toda la información que necesitamos para hacer nuestro trabajo, incorporando lectores de archivos PDF, ver imágenes o vídeos y tener acceso a planos enviados directamente desde la oficina técnica, así como de toda la información sobre nuestra máquina acerca del mantenimiento, los sensores y el funcionamiento en general. Podemos conocer, en tiempo real, el consumo y el esfuerzo de los motores, las temperaturas de trabajo y los tiempos de máquina.

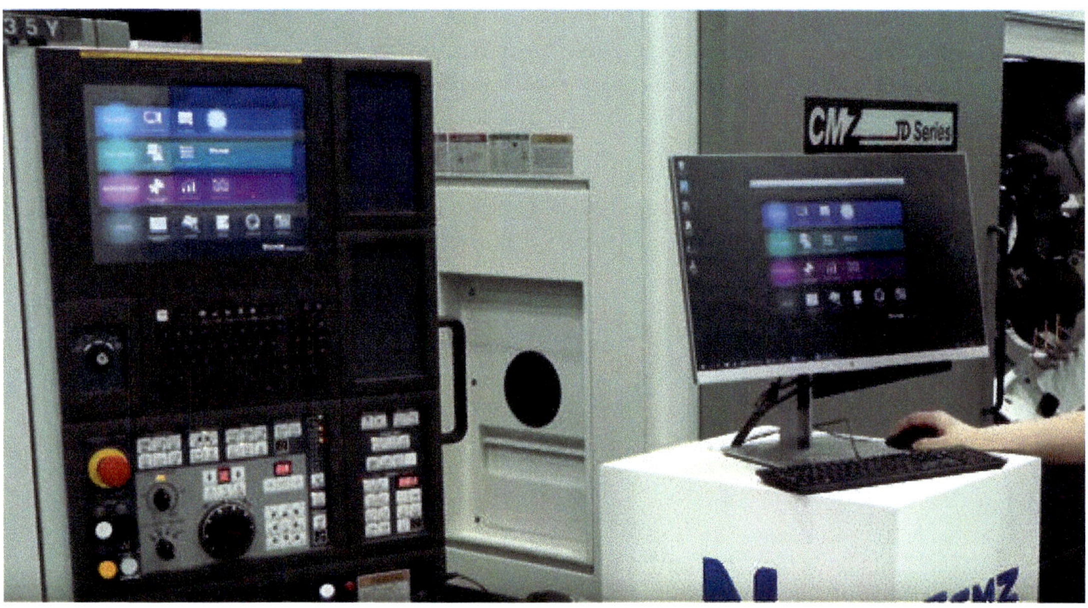

Imagen de CMZ.

Aquí puedes ver el nuevo **control iHMI,** una interfaz de usuario de FANUC que ha sido creada para ser extremadamente fácil de usar. Los tornos del fabricante CMZ de última generación vienen equipados con esta tecnología.

Provistos de pantalla táctil de alta visibilidad y funciones animadas, facilitan el acceso a los programas y las funciones más complejas. Además, podrás acceder a los datos internos de la máquina, que te ayudarán a llevar un control preciso sobre los mantenimientos y su estado general.

Por supuesto que todas estas mejoras influyen notablemente en la producción, lo que ayuda a reducir, considerablemente, los tiempos de mecanizado con opciones de optimización de tiempos de ciclo.

Imagen de CMZ.

Hasta ahora, hemos visto una pequeña introducción a los controles numéricos y las opciones de programación más utilizados.

Cuando comencemos a programar, vamos a escribir, línea a línea y código a código, cada función, porque resulta importante conocer la programación básica, ya que, cualquier máquina, por muy moderna o antigua que sea, absolutamente todas, admiten tal programación y todas se basan en ella para funcionar.

En la programación conversacional, nos encontraremos ante una pantalla de ayuda con gráficos incorporados, los cuales nos pedirán información; bastará con rellenar los campos según el trabajo que queramos realizar. No necesitaremos saber de memoria cada código ni cometeremos fallos debido a olvidos de algún comando o un error, por no seguir un orden exacto al escribir los códigos.

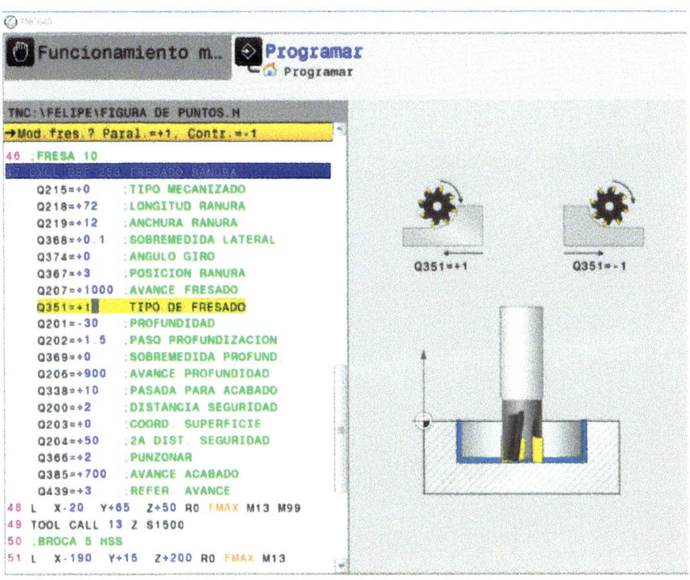

En esta imagen, puedes ver la pantalla de programación conversacional que ofrece el control Heidenhain TNC 640.

Con la ayuda de los gráficos y los diferentes parámetros que debemos rellenar, podremos hacer la programación de nuestra pieza a pie de máquina.

Pero, antes, aprenderemos a usar la programación ISO.

Imagen de Heidenhain TNC 640.

Capítulo 14
Programación ISO

La **programación ISO** consiste en comunicarnos con la máquina para decirle los movimientos que deben realizar sus ejes y poder hacer un mecanizado.

Para ello, hemos de ofrecer unos puntos de trabajo en referencia a un sistema de coordenadas. Estos puntos, llamados **coordenadas,** pueden darse como valores absolutos, incrementales o polares.Lo más habitual es trabajar con **coordenadas absolutas**, aunque, en algunas ocasiones, necesitaremos, o nos convendrá, usar los otros dos tipos, con el fin de facilitar la programación. Para comenzar, vamos a trabajar en coordenadas 2D en el caso del torno, ya que se compone de dos ejes, y en 3D, para la fresadora, por tener tres ejes.

En estas imágenes, puedes ver el sistema de coordenadas en un torno, con una pequeña diferencia entre ambas, a causa de la posición de la herramienta. Lo más habitual es trabajar según la imagen derecha.

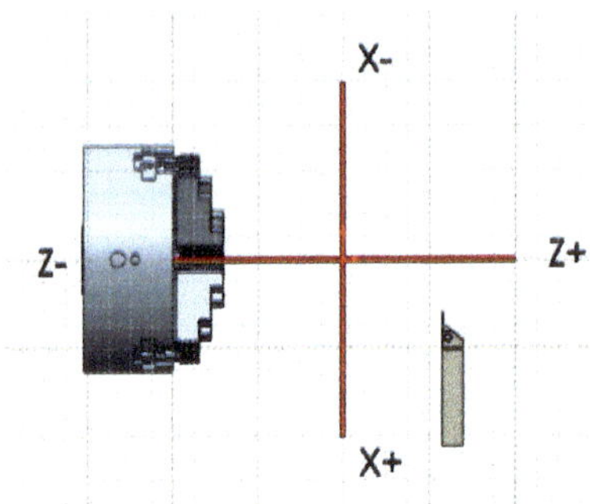

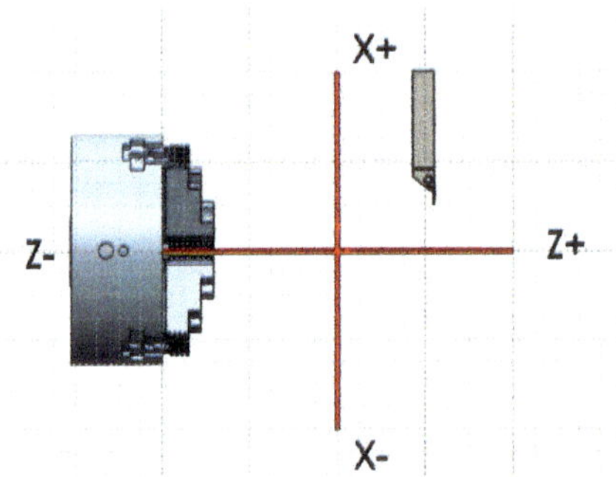

Si te fijas, verás que los signos del eje Z no varían, pero, en el eje X, son distintos. Solo tienes que pensar que, cuando la herramienta se acerca al eje de revolución, avanza en sentido negativo, mientras que, cuando se aleja, lo hace en sentido positivo.

Dependiendo de dónde se encuentre la torreta con las herramientas, tendremos los signos del eje X en un sentido u otro.

Imágenes de Haas Automation Inc.

Aunque nuestra fresadora es capaz de interpolar tres ejes, a la hora de programar, casi siempre lo haremos trabajando en dos ejes y medio. Utilizaremos el eje Z para bajar hasta las profundidades necesarias y subir para alejarnos, mientras que los contornos los haremos utilizando los ejes X e Y.

El punto donde los ejes se cruzan es el **origen de coordenadas** y, por tanto, el **punto cero.**

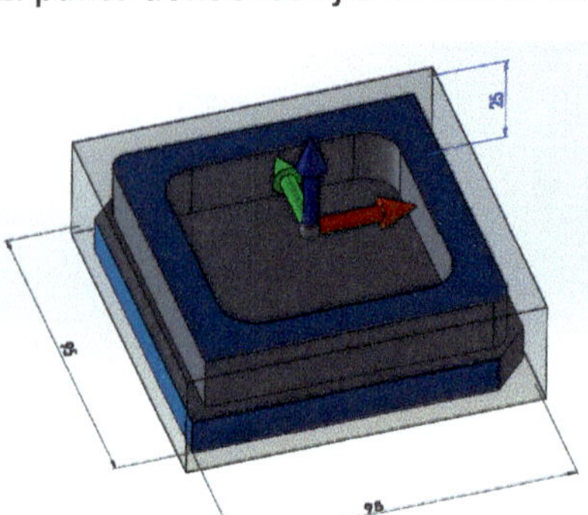

Todas las medidas de nuestra pieza vienen reflejadas en el plano de fabricación.

No hay un punto definido donde situar el eje de coordenadas.

Dependerá de cada pieza y de cómo esté acotada en el plano.

Haremos el programa de fresado completo de esta pieza en el capítulo de Heidenhain TNC 640, pero, primero, necesitamos saber indicar las coordenadas en todos los ejes.

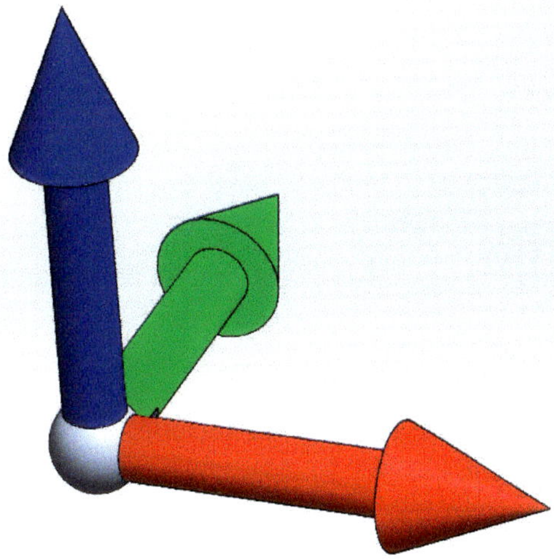

En esta imagen, puedes observar el eje de coordenadas, que nos muestra los tres ejes principales.

El color rojo representa el eje X.

El color verde representa el eje Y.

El color azul representa el eje Z.

Las flechas indican la dirección positiva; si nos movemos en la dirección de las flechas, trabajamos en valores positivos y, si lo hacemos en sentido contrario, trabajamos en valores negativos.

Antes de continuar, hagamos un par de ejercicios, ya que resulta muy importante tener esta parte clara.

En la siguiente imagen, se representa el sistema de coordenadas, con los ejes X e Y. Cada cuadrícula grande posee un tamaño de 25 mm y, partiendo del punto cero, indicaremos las coordenadas de cada punto. Este tipo de coordenadas se denominan **coordenadas absolutas.**

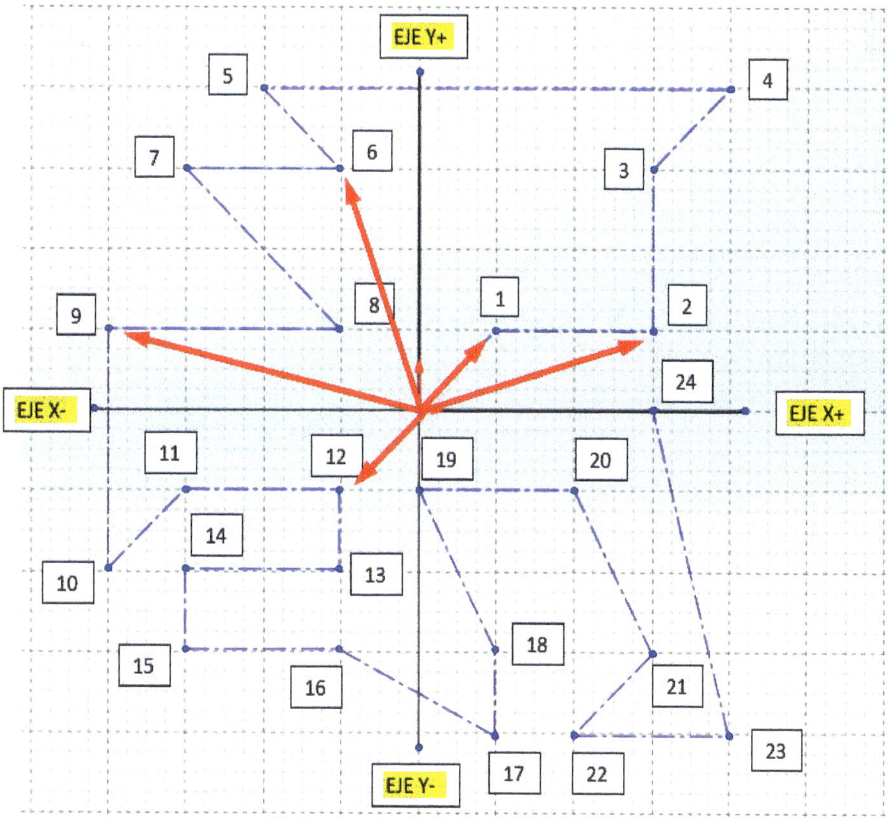

Para ir al primer punto, tenemos que desplazarnos en el eje X + 25 mm y en el eje Y + 25 mm. Estos datos son los que puedes ver en la siguiente tabla.

El segundo punto se encuentra a 75 mm del origen en el eje X y a 25 mm en el eje Y.

¡Ojo!, hasta ahora nos estamos moviendo dentro del cuadrante positivo en ambos ejes. El punto número 6 se encuentra a la izquierda del origen; por lo tanto, su valor es negativo (X – 25 Y + 75). Los valores positivos no necesitan llevar el signo +, aunque es mejor si lo pones.

El punto 12 se encuentra a la izquierda y por debajo del origen; por lo tanto, su valor en ambos ejes resulta negativo (X – 25 Y – 25).

Intenta rellenar la tabla con las 24 casillas, sin ver las soluciones. En caso de duda, y para comprobar que está correcto, tienes escrita la solución.

1	X + 25	Y + 25	18			8	X – 25	Y + 25
2			19			9	X – 100	Y + 25
3			20			10	X – 100	Y – 50
4			21			11	X – 75	Y – 25
5			22			12	X – 25	Y – 25
6			23			13	X – 25	Y – 50
7			24			14	X – 75	Y – 50
8						15	X – 75	Y – 75
9						16	X – 25	Y – 75
10						17	X + 25	Y – 100
11			1	X + 25	Y + 25	18	X + 25	Y – 75
12			2	X + 75	Y + 25	19	X + 0	Y – 25
13			3	X + 75	Y + 75	20	X + 50	Y – 25
14			4	X + 100	Y + 100	21	X + 75	Y – 75
15			5	X – 50	Y + 100	22	X + 50	Y – 100
16			6	X – 25	Y + 75	23	X + 100	Y – 100
17			7	X – 75	Y + 75	24	X + 75	Y + 0

Estamos definiendo unas **coordenadas absolutas**, lo que significa que indicamos la distancia que hay *desde el origen hasta un punto concreto,* sin importarnos el resto de los puntos.

Pero compliquemos la cosa un poco: conozcamos ahora a las **coordenadas incrementales.**

Igual que antes, comenzaremos desde el origen dando los mismos puntos, pero ahora las coordenadas serán diferentes.

En lugar de decir dónde se encuentra nuestro punto respecto del origen, digamos dónde se halla *respecto al punto anterior;* de esta manera, vamos incrementando.

Voy a ponerte un ejemplo para que lo comprendas mejor.

Toma una cinta métrica, ahora desde el 0, haz una marca a 10 cm, otra a 20 cm y otra más a 35 cm (estamos dando puntos absolutos).

A continuación, marcamos los mismos puntos incrementales. Nuestro primer punto será 10 cm igual que antes, pero el segundo punto va a ser de 10 cm, puesto que lo sumamos al anterior, mientras que nuestro tercer punto será 15 cm, por la misma razón. Has llegado al mismo punto, 35 cm de manera absoluta, y también de manera incremental.

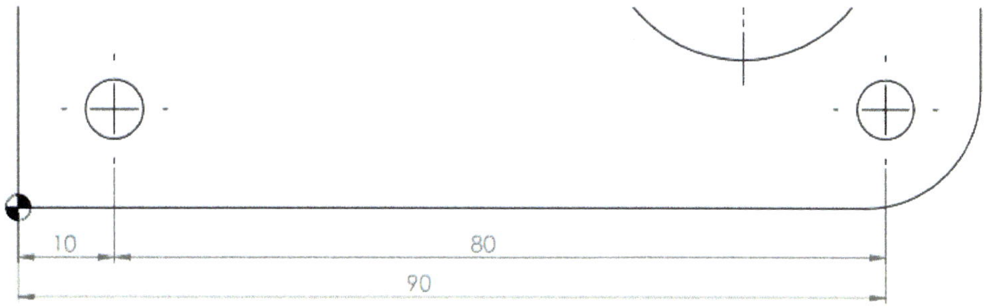

Veamos un ejemplo muy sencillo. En esta imagen, observamos dos taladros:

- Coordenadas absolutas: en el eje X, el primer taladro se encuentra en X + 10 y el segundo, en X + 90.
- Coordenadas incrementales: el primer taladro se encuentra en X + 10 y el segundo, en X + 80.

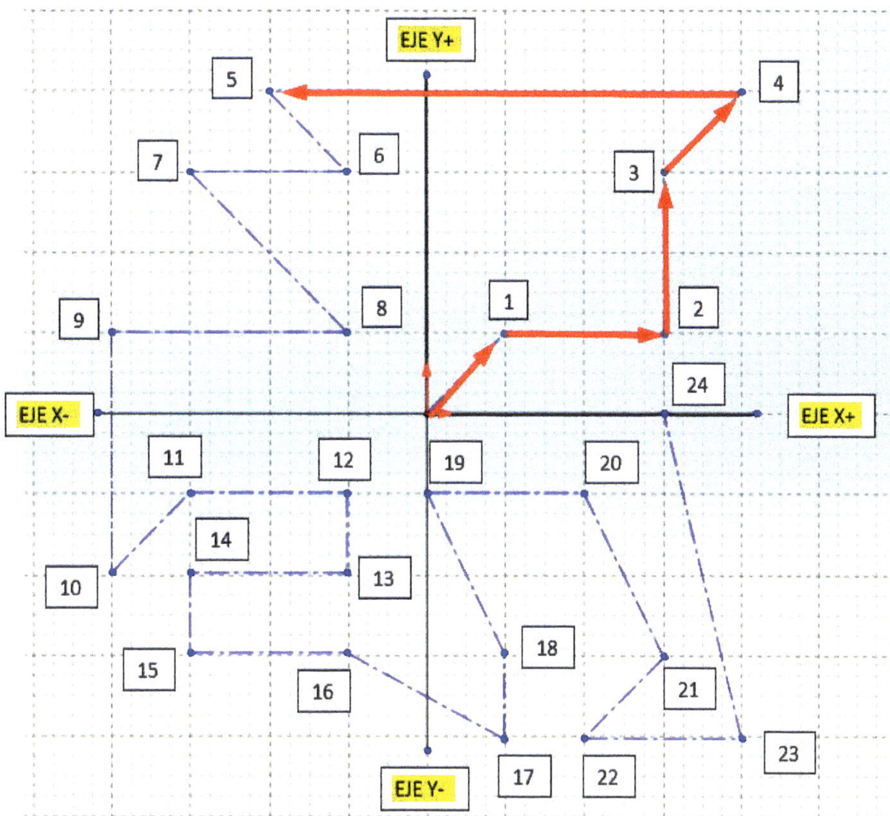

Al igual que hicimos en el ejemplo anterior, tenemos la misma imagen con los mismos puntos.

Esta vez, trabajaremos con las **coordenadas incrementales.**

Partimos del eje de coordenadas o cero de pieza: X + 0 Y + 0.

El primer punto se encuentra en X + 25 Y + 25.

Para dar el segundo punto, tomamos como referencia el anterior; por lo tanto, su posición es X + 50 Y + 0, ya que nos desplazamos 50 mm en sentido positivo en el eje X, pero, en el eje Y, continuamos en la misma altura.

Ahora, el punto 3 se encuentra en X + 0, porque no nos desplazamos, ni a derecha ni izquierda, y en el eje Y + 50.

Haz como antes e intenta rellenar la tabla de la siguiente página sin mirar.

Para comprobar si lo has hecho bien, consulta la respuesta en la misma tabla.

1			18			8	X + 50	Y – 50
2			19			9	X – 75	Y + 0
3			20			10	X + 0	Y – 75
4			21			11	X + 25	Y + 25
5			22			12	X + 50	Y + 0
6			23			13	X + 0	Y – 25
7			24			14	X – 50	Y + 0
8						15	X + 0	Y – 25
9						16	X + 50	Y + 0
10						17	X + 50	Y – 25
11			1	X + 25	Y + 25	18	X + 0	Y + 25
12			2	X + 50	Y + 0	19	X – 25	Y + 50
13			3	X + 0	Y + 50	20	X + 50	Y + 0
14			4	X + 25	Y + 25	21	X + 25	Y – 50
15			5	X – 150	Y + 0	22	X – 25	Y – 25
16			6	X + 25	Y – 25	23	X + 50	Y + 0
17			7	X – 50	Y + 0	24	X – 25	Y + 100

Te dejo otra imagen parecida, para que practiques un poco más, si lo necesitas.

En la tabla tienes los primeros 24 puntos en coordenadas absolutas y los otros 24 en coordenadas incrementales.

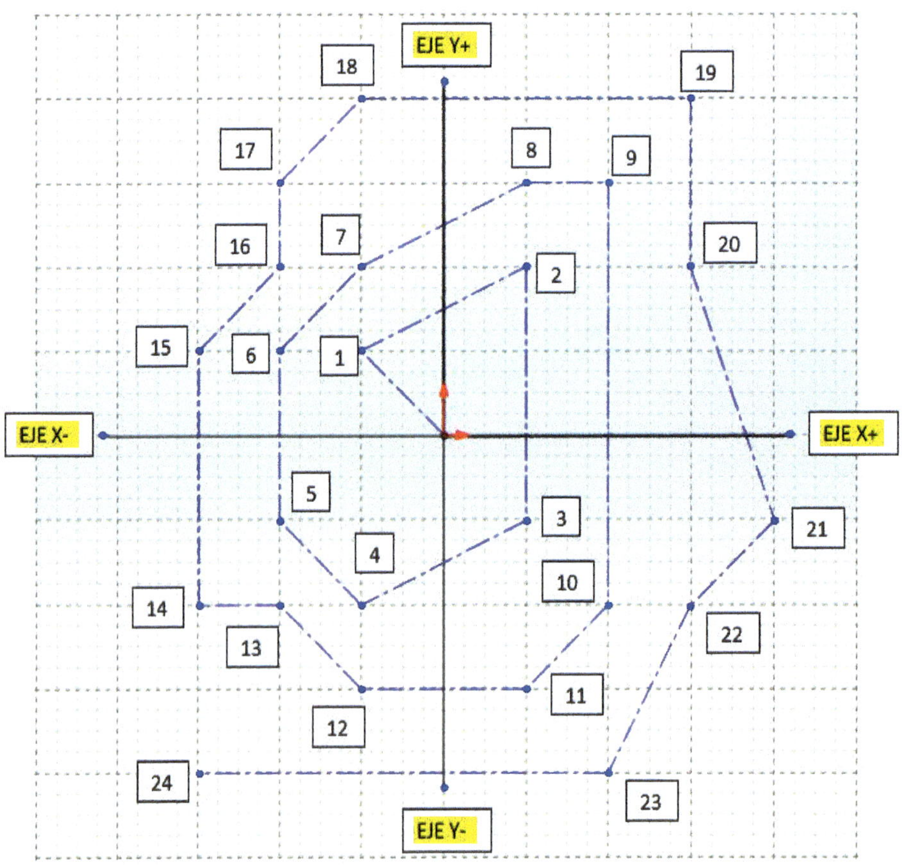

1	X – 25	Y + 25	18	X – 25	Y + 100	8	X + 50	Y + 25
2	X + 25	Y + 50	19	X + 75	Y + 100	9	X + 25	Y + 0
3	X + 25	Y – 25	20	X + 75	Y + 50	10	X + 0	Y – 125
4	X – 25	Y – 50	21	X + 100	Y – 25	11	X – 25	Y – 25
5	X – 50	Y – 25	22	X + 75	Y – 50	12	X – 50	Y + 0
6	X – 50	Y + 25	23	X + 50	Y – 100	13	X – 25	Y + 25
7	X – 25	Y + 50	24	X – 75	Y – 100	14	X – 25	Y + 0
8	X + 25	Y + 75				15	X + 0	Y + 75
9	X + 50	Y + 75				16	X + 25	Y + 25
10	X + 50	Y – 50				17	X + 0	Y + 25
11	X + 25	Y – 75	1	X – 25	Y + 25	18	X + 25	Y + 25
12	X – 25	Y – 75	2	X + 50	Y + 25	19	X + 100	Y + 0
13	X – 50	Y – 50	3	X + 0	Y – 75	20	X + 0	Y – 50
14	X – 75	Y – 50	4	X – 50	Y – 25	21	X + 25	Y – 75
15	X – 75	Y + 25	5	X – 5	Y + 25	22	X – 25	Y – 25
16	X – 50	Y + 50	6	X + 0	Y + 50	23	X – 25	Y – 50
17	X – 50	Y + 75	7	X + 25	Y + 25	24	X – 125	Y + 0

Como estoy seguro de que esta parte ya la tienes clara, vamos a ver la última forma para programar coordenadas; se trata de las **coordenadas polares.**

En este caso, determinaremos la posición de un punto, indicando una distancia y un ángulo.

Tomamos el cero como **centro polar** de un radio, para definir una coordenada, y el ángulo en el que se encuentra, para definir la otra coordenada. Tomamos el eje X + como ángulo cero desde el cual tenemos una circunferencia de 360°.

Si nos movemos en sentido contrario de las agujas del reloj, avanzamos en valores positivos y, si lo hacemos en sentido de las agujas del reloj, avanzamos en sentido negativo.

Así, podemos definir un punto que se encuentre a 90°, escribiendo + 90° o – 270°, dependiendo de si queremos hacer un cuarto de circunferencia o tres cuartos de ella.

Voy a intentar explicártelo de otra forma, por si te cuesta trabajo comprenderlo.

Piensa en un reloj de agujas, pero solo concéntrate en la manecilla de las horas. El centro de la esfera sobre el que gira la manecilla es el centro polar.

Ahora, sitúa la manecilla en las 3. Observarás que la manecilla se encuentra en posición horizontal y apunta hacia la derecha; ese es nuestro ángulo **cero.**

Hasta aquí, supongo que está claro. Ahora llevamos la manecilla hasta las 12. Para llegar hasta allí, podemos avanzar por las 4, 5, 6, 7, 8, 9, 10, 11, 12, y podemos avanzar hacia arriba: 2, 1, 12.

Si escogemos la primera opción, sería el camino largo. Nos moveríamos en sentido horario; en este caso, lo hacemos en valores negativos. Hemos descrito un ángulo de – 270°.

Si elegimos la segunda opción, sería el camino corto. Nos moveríamos en sentido antihorario; en este caso, lo hacemos en valores positivos. Hemos descrito un ángulo de + 90°.

En el caso de que lo hayas comprendido, enhorabuena. Recuérdalo, pues será de gran ayuda de ahora en adelante.

Para definir el radio en este ejemplo, solamente debemos indicar el tamaño que tiene la esfera de nuestro reloj.

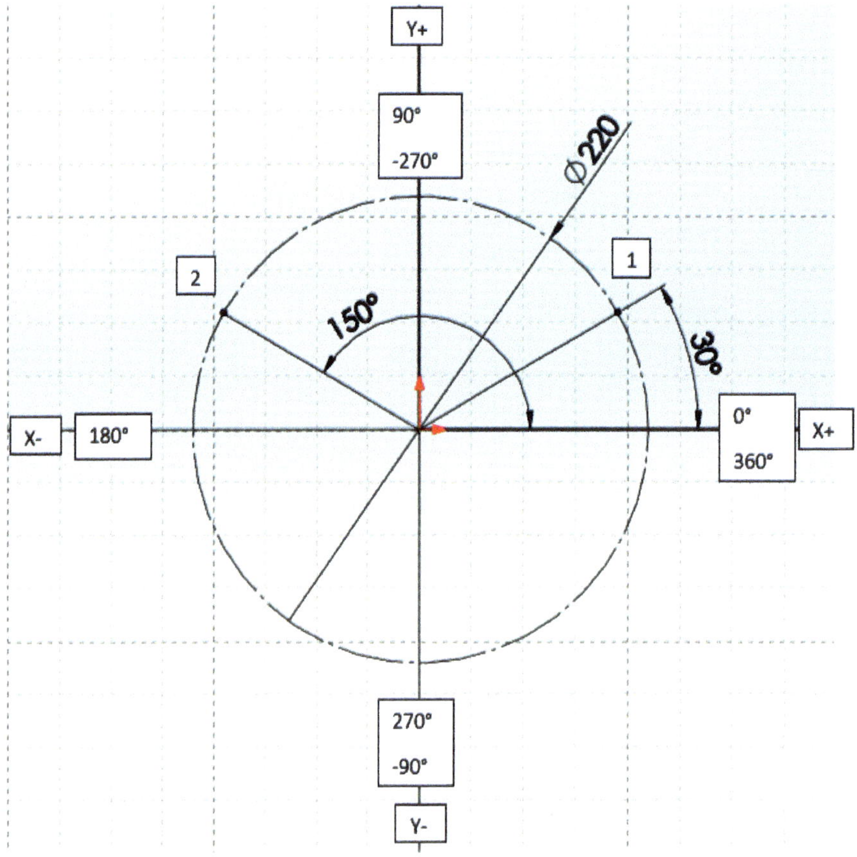

Según la imagen, el punto número 1 se encuentra en un radio de 110 mm y en un ángulo de 30°. La forma de escribirlo será R + 110 A + 30° (intenta no confundir radios con diámetros).

Y el punto número 2 se sitúa en R + 110 A + 150°.

En ciertas ocasiones, resulta obligatorio trabajar con las coordenadas polares; por ejemplo, en algunos ciclos fijos, donde tenemos que programar radios y debemos indicar dónde se encuentra el centro de dicho radio. En otras ocasiones, nos encontramos con planos de piezas acotados, de forma que solo podamos utilizar tales coordenadas.

Y puede que le cojas el gusto y las utilices a menudo. Como siempre te digo, hay muchas formas de hacer lo mismo; procura trabajar de la manera que te resulte más cómoda.

Para continuar, necesitamos decirle al control dónde se halla el cero a partir del cual señalaremos las coordenadas.

El **cero pieza** lo elige la persona que realiza la programación, de modo que, para fabricar la misma pieza y con el mismo plano, una persona puede colocar el cero pieza en un lugar, mientras que otra lo pone en otro diferente.

Siempre intentaremos colocar el cero en el lugar más lógico, en función de cómo tengamos acotado el plano de la pieza, para trabajar de un modo cómodo que nos permita conocer rápidamente las cotas de los puntos, sin necesidad de tener que realizar excesivos cálculos.

De esta manera, también reducimos las posibilidades de error.

En esta primera imagen, tienes las posiciones lógicas donde colocar el cero en una pieza de torno.

Yo me decantaré, casi siempre, por la opción de la derecha, ya que, de esta forma, siempre trabajaremos en Z negativo cuando estemos mecanizando y en Z positivo cuando salgamos de la pieza. Recuerda que, desde el cero hacia la izquierda, es **– Z** y, desde el cero hacia la derecha, es **+ Z.**

Para la fresadora, dispondremos de muchas más opciones que dependerán, básicamente, de cómo esté acotado el plano.

Por norma general, intentaremos colocar el cero en una de las esquinas de la pieza, o bien en el centro.

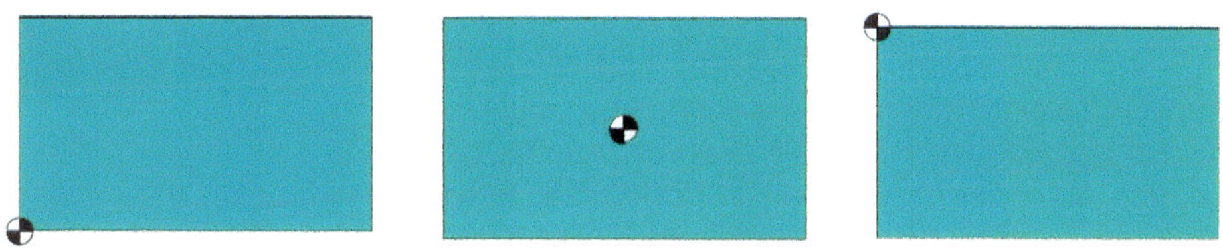

Una vez tenemos claro dónde colocar el cero pieza, se lo comunicamos al control.

Para ello, existen distintos medios:

- A partir de la palpación directa con la herramienta. 
- Mediante el uso de una bailarina. 
- Con un sensor electrónico. 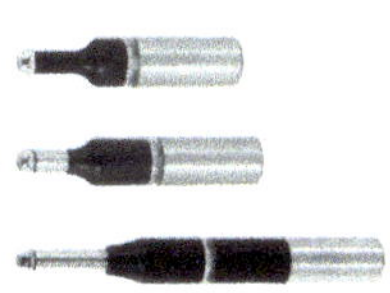
- Con un *tester* 3D. 
- Mediante palpación automática. 

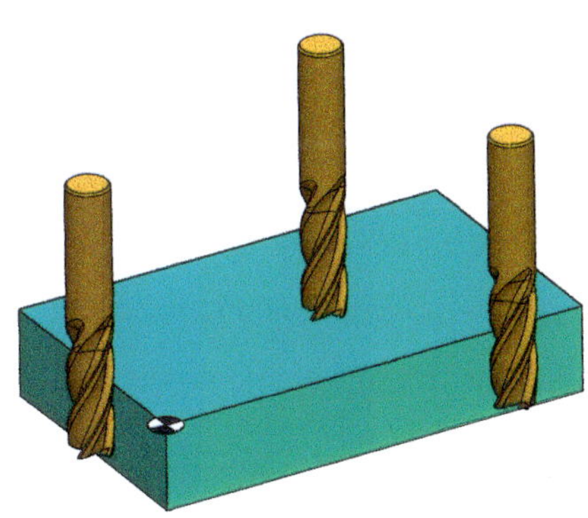

Voy a explicarte en qué consiste el proceso de tomar ceros de una pieza en la fresadora.

Si utilizamos una herramienta para tomar los ceros, nos acercaremos, con la herramienta girando, a tocar ligeramente la pieza.

Se requiere que la herramienta se encuentre girando, pues, de lo contrario, podríamos equivocarnos con la medida porque, dependiendo del número de dientes y de la disposición que presenten, tocaremos la pieza con una medida que no sea el diámetro máximo de la herramienta.

El control entiende que el eje de rotación se encuentra justo en el centro de la herramienta; por lo tanto, cuando hacemos contacto con la pieza, hemos de tener en cuenta su radio. En la imagen anterior, se muestra una pieza y dónde está su cero. La fresa de la izquierda hace contacto con una cara de la pieza, la cual será el cero en el eje X. Indicaremos al control que la herramienta se encuentra en X – 10, ya que se trata de una fresa de diámetro 20. Después de esto, el control entiende que el cero de X se sitúa a 10 mm hacia la derecha desde este punto.

Ahora toca el turno del eje Y, que es la fresa de la derecha en la misma imagen. Le decimos al control que se encuentra en Y – 10, para que el cero sea 10 mm más arriba. Y, por último, con respecto al eje Z, simplemente tocaremos con la base de la herramienta y podremos indicarle el valor Z + 0.

Imagen de Haas Automation Inc.

Resulta habitual utilizar un papel para hacer este proceso; si lo movemos suavemente, sabremos en qué punto la herramienta se halla en contacto con la pieza.

He de decirte que, a nivel profesional, este sistema no es nada fiable y no deberías utilizarlo, ya que disponemos de mejores sistemas para hacer dicho trabajo, con mayor precisión y sin la posibilidad de romper la herramienta o la pieza ante un descuido.

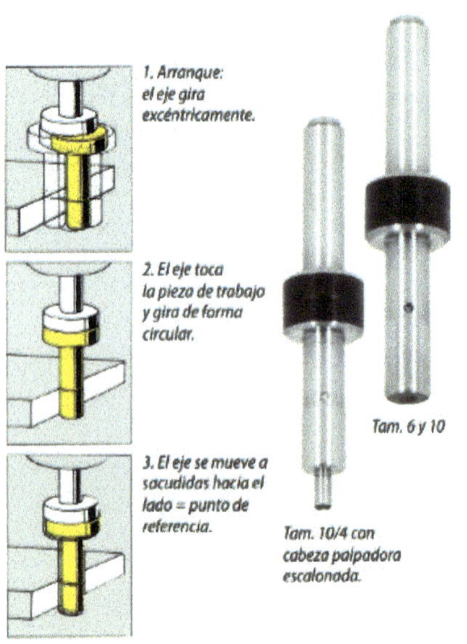

Aunque este método tampoco es mi favorito, resulta mucho mejor que el anterior.

Se trata de una herramienta llamada **bailarina.** Consta de dos piezas rectificadas a una medida conocida, las cuales se encuentran unidas mediante un muelle, para permitir que giren solidarias, pero se pueden descentrar.

Lo primero que has de recordar es que esta herramienta necesita girar para trabajar, pero solo entre 400 y 600 rpm; a una velocidad mayor, podría salir disparada, lo que ocasionaría graves daños. *Asegúrate de programar bien la velocidad del husillo antes de comenzar.*

La parte superior se sujeta con una pinza, como si fuera una fresa o una broca. Al girar, la parte de abajo lo hace descentrada, algo que se aprecia a simple vista. El método de trabajo consiste en acercar la bailarina a la pieza; a medida que comienza a tocar una cara, la parte de abajo empieza a centrarse cada vez más, hasta llegar a un punto en el que gira perfectamente alineada con su parte superior.

Ese es el punto exacto donde indicar el cero de pieza. Al igual que con la fresa anterior, debes tener en cuenta el radio de la bailarina, para indicárselo al control. Si continúas avanzando una vez que está perfectamente alineada, se descentrará lateralmente hacia el lado izquierdo, algo que observarás de una forma bastante fácil, de modo que sabrás que te has pasado.

En teoría, deberíamos tomar los ceros con una precisión de 0,01 mm, pero, sinceramente, resulta algo complicado sin gran experiencia. Solo sirve para tomar ceros lateralmente, nunca para el eje Z.

Otro sistema para tomar ceros es mediante un **sensor electrónico.**

Básicamente, se trata de un dispositivo que contiene una pila, una bombilla o led y una bola de acero rectificado sujeta por un muelle, para darle algo de juego. Internamente, la parte superior y la bola se encuentran separadas por

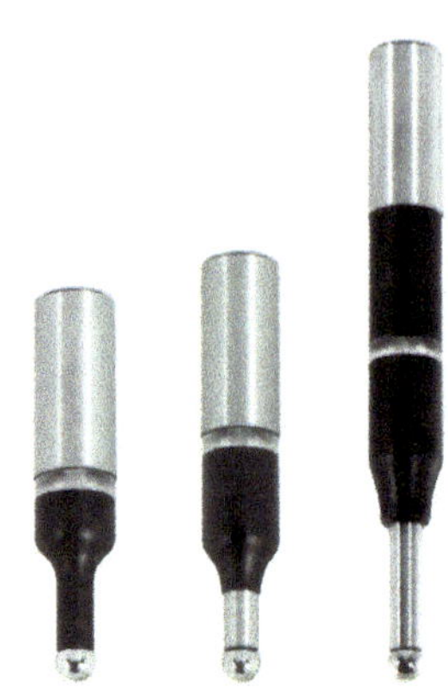

Imágenes de Hoffmann Group.

una zona plástica, que evita que se comuniquen y cierren un circuito eléctrico, el cual hace lucir la bombilla. Teniendo en cuenta que el cono, el husillo, la mesa y la máquina en general son de metal, conseguirás que, al contacto de la bola con la pieza, el circuito se cierre y la bombilla se ilumine para saber que estamos tocándola.

Al igual que los métodos anteriores, hemos de tener en cuenta el radio de la bola, para indicárselo al control. Este método solo lo podemos emplear en piezas metálicas, ya que, sobre plásticos y otros materiales no férreos, no tendremos paso de corriente y el sistema no funcionará, por lo que tampoco constituye un método que podamos utilizar siempre.

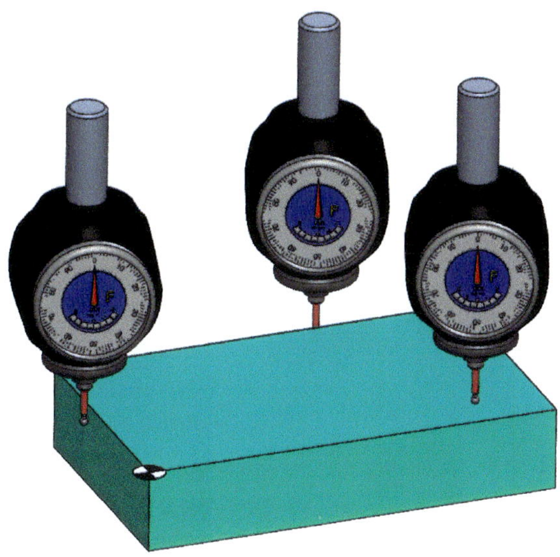

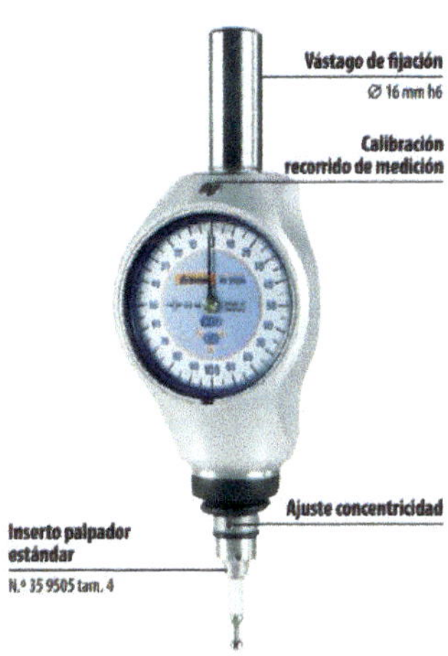

Imagen de Hoffmann Group.

Este es un método mucho más efectivo para tomar ceros: el ***tester* 3D.** Se trata de una especie de reloj comparador, el cual consta de unas agujas que indican, con mucha precisión, la posición de la bola que hace contacto sobre la pieza.

Solamente necesitamos acercar el *tester* a la pieza y ver cómo la aguja comienza a girar; seguiremos avanzando hasta colocar la aguja en el cero del dial, y ese será el punto exacto donde poner nuestro cero.

Ya no hemos de tener en cuenta el radio de la bola ni hacer cálculos que nos puedan llevar a error.

El desplazamiento que hace la bola es el equivalente a colocar el centro del reloj en el eje del husillo.

Ahora sí que hemos alcanzado la precisión; en concreto, de 0,01 mm. A diferencia de la bailarina, en este momento podremos tomar los ceros en los tres ejes.

Jamás hagas girar el tester *en el husillo de la máquina*. Como todas las herramientas de medición precisas, es frágil, por lo que procura tener mucho cuidado; no le des golpes y guárdalo en un lugar seguro.

Las puntas donde se aloja la bola resultan intercambiables y actúan como fusible mecánico; si ejercemos más presión de la permitida, la punta se romperá, evitando daños mayores al reloj.

Imágenes de Blum Novotest.

Pero, sin ninguna duda, el método más profesional con el que trabajar reside en utilizar una **sonda de medición.**

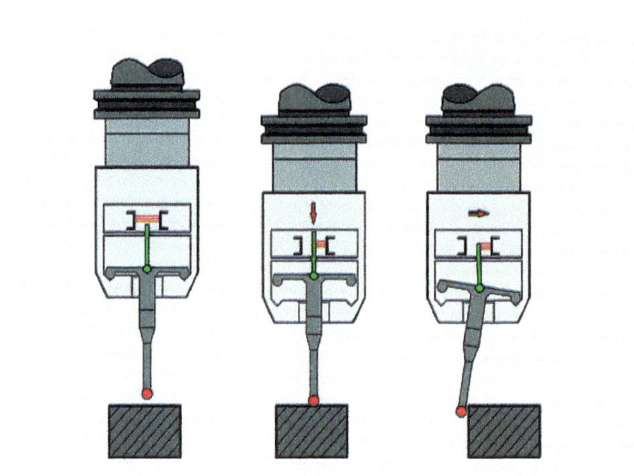

Esta opción incluye ciclos integrados en el control de la máquina.

Con la utilización de ciclos de palpado, el trabajo resulta muy sencillo, puesto que, automáticamente, se insertan en el control las medidas o puntos lógicos que podemos modificar a nuestro gusto.

Para asignar los ceros a una pieza, siempre lo haremos sobre una esquina, el centro o una zona conocida, pero *siempre sobre la pieza final y nunca sobre el bruto.*

Veamos un ejemplo para tomar los ceros teniendo en cuenta el bruto. Dicha forma de trabajar sirve tanto para un ***tester*** **3D** como para una **sonda de medición.**

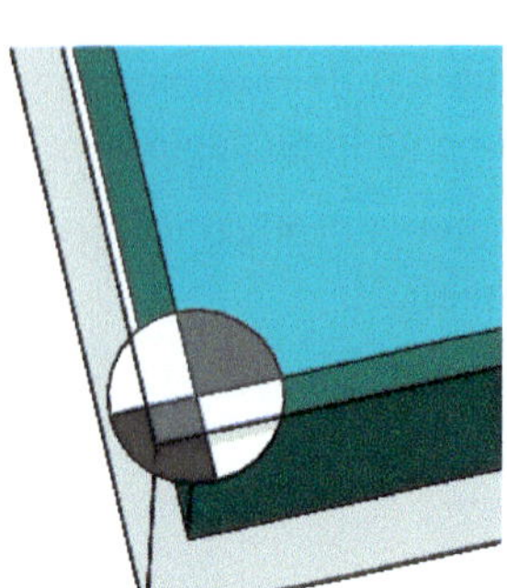

En esta imagen, puedes ver la pieza que hemos de mecanizar en color verde y el bruto en modo transparente.

El cero se encuentra en la esquina de la pieza, pero no podemos llegar a él, ya que todavía no hemos quitado el material sobrante.

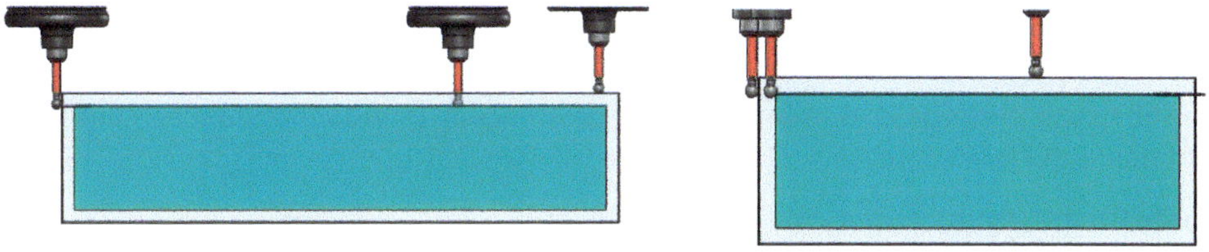

Siempre es bueno colocar la pieza centrada sobre el bruto, con el fin de evitar que la herramienta tenga que arrancar mucho material en una zona y poco en otra.

La pieza presenta unas medidas de 200 × 100 × 40 mm y el bruto mide 210 × 110 × 50 mm, lo que quiere decir que nos sobran 5 mm de material por cada lado.

Como puedes observar en la imagen, tocamos con el *tester* sobre las caras que nos servirán de referencia para asignar los ceros de los tres ejes.

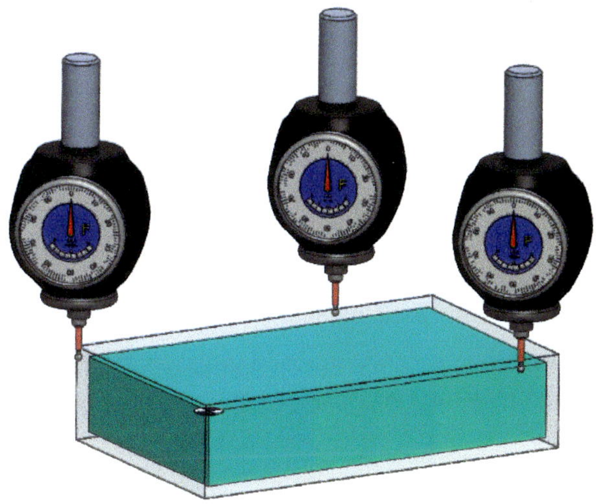

En el eje X, diremos al control que es X – 5, ya que tenemos 5 mm de exceso de material.

Cuando los quitemos, quedará el cero de pieza en esa cara.

Para el eje Y, hacemos igual e indicamos Y – 5 por la misma razón.

Para el eje Z, tocamos en la parte superior del bruto y le decimos al control que ese punto es Z + 5.

Así, a la hora de desarrollar el programa, trabajaremos sobre cotas reales del plano.

El cero de la pieza siempre ha de permanecer unido a ella; no debemos colocar, en ningún caso, el cero en un punto que desaparezca o en una esquina que no exista físicamente. Aunque en ocasiones resulte imposible, lo importante es que la zona donde se encuentre el cero se muestre fácilmente accesible.

No existe un lugar idóneo donde colocar los ceros, dado que la forma de las piezas se presenta muy variada.

Tenemos que intentar colocar el cero según como esté acotado el plano de fabricación; de esta manera, facilitaremos la programación utilizando cotas del plano, en lugar de hacer continuos cálculos.

Código ISO
Comandos G, M, S, F, T y D

Para comunicarnos con las máquinas CNC, recurriremos a un lenguaje universal que todas las máquinas son capaces de entender y convertir en movimientos de ejes, giros de husillo, entradas y salidas, para accionar los diferentes mecanismos que las componen.

Existen distintos tipos de lenguajes, según los fabricantes de controles, pero todos tienen el **código ISO** en común.

Cada vez resulta más frecuente que los fabricantes de controles utilicen una interfaz que simplifica mucho la programación, creando pantallas de **programación conversacional** que, mediante gráficos y el empleo de **ciclos de mecanizado,** nos ayudan a poder programar sin necesidad de escribir, manualmente, los comandos de código ISO.

Pero ten en cuenta que esas pantallas, internamente, transforman esos parámetros que introducimos en comandos de código ISO, puesto que es el único lenguaje que la máquina comprende.

Por esta razón, es posible trabajar programando una máquina de control numérico sin saber usar la programación ISO.

Pero lo que resulta seguro es que, si dominas dicha programación, podrás trabajar con cualquier máquina, independientemente del fabricante.

Hay movimientos o trayectorias que, tal vez, el control no es capaz de ejecutar a través de la interfaz del fabricante, pero que sí vas a poder hacer si realizas una programación en código ISO directamente.

La programación ISO consta de diferentes comandos, asignados mediante letras.

Cada letra representa una función. Las que más utilizaremos son las funciones preparatorias **(G)** y las funciones auxiliares **(M).**

Las **funciones modales** son aquellas que, cuando se programan, continúan activas, hasta que se anulan, o bien se cambian por otra función incompatible.

No puedes programar una línea recta y un círculo a la vez. Primero haces uno y, luego, otro.

En la siguiente tabla, te muestro las funciones o comandos G más habituales y los básicos que debes aprender.

Los utilizaremos para empezar a programar con un control **Fagor.** Existen muchos más, pero, en esta ocasión, aprenderemos los principales.

```
G90 G94 G97 G71 G17
S1900 T1 D1 M6; plato 50
M3 M8
G00 X-30 Y-30 Z100
Z10
G01 Z-15 F5000
G41 X0 Y0 F2000
G39 R10 Y80
X60
X100 Y70
G36 R12 Y0
X0
G40 X-30 Y-30
G00 Z200
S9500 T2 D2 M6 ; fresa 10
M3 M8
G00 X30 Y40 Z100
Z10
G87 X30 Y40 Z0 I-10 J25 K15 B2 C3 D2
G88 X75 Y30 Z0 I-5 J15 B2 C3 D2
G80
G00 Z200
S12000 T3 D3 M6; fresa 6 acabado
M3 M8
G00 X30 Y40 Z100
Z10
G01 Z-10 F5000
G91 G41 Y15 F2000
G36 R4 X-25
G36 R4 Y-30
G36 R4 X50
G36 R4 Y30
```

G00	Modal	Movimiento lineal a velocidad máxima
G01	Modal	Movimiento lineal
G02	Modal	Círculo en sentido horario (derecha)
G03	Modal	Círculo en sentido antihorario (izquierda)
G04		Parada temporizada
G05	Modal	Trabajo en arista matada
G06		Círculo con programación del centro
G07	Modal	Trabajo en arista viva
G08		Arco tangente a la trayectoria anterior
G17	Modal	Plano de trabajo activo X – Y
G18	Modal	Plano de trabajo activo X – Z
G19	Modal	Plano de trabajo activo Y – Z
G36		Redondeo controlado de aristas
G39		Achaflanado controlado de aristas
G40	Modal	Anulación de compensación radial
G41	Modal	Compensación radial a izquierdas
G42	Modal	Compensación radial a derechas
G54-G59	Modal	Traslados de origen
G68	Modal	Ciclo fijo de desbaste en eje X (torno)
G69	Modal	Ciclo fijo de desbaste en eje Z (torno) Ciclo de taladrado con paso variable (fresa)

G70	Modal	Trabajo en pulgadas
G71	Modal	Trabajo en milímetros
G80	Modal	Anulación de ciclos fijos
G83	Modal	Ciclo de taladrado de paso constante (fresa) Ciclo de taladrado de paso constante (torno)
G84	Modal	Ciclo fijo de roscado con macho (fresa)
G85	Modal	Ciclo fijo de escariado (fresa)
G86	Modal	Ciclo fijo de roscado longitudinal (torno)
G87	Modal	Ciclo fijo de cajera rectangular (fresa)
G88	Modal	Ciclo fijo de ranurado en el eje X (torno) Ciclo de cajera circular (fresa)
G89	Modal	Ciclo fijo de mandrinado (fresa)
G90	Modal	Programación en coordenadas absolutas
G91	Modal	Programación en coordenadas incrementales
G92		Limitación de rpm
G94	Modal	Avance en mm/min
G95	Modal	Avance en mm/rev
G96	Modal	Velocidad de corte constante *(S)*
G97	Modal	Velocidad de corte en rpm *(S)*

Dependiendo de si trabajamos con un torno o con una fresadora, la misma función G tendrá un significado diferente; principalmente, cuando hablamos de ciclos fijos.

En esta tabla tienes las **funciones M** más habituales.

Las funciones M dependen de cada fabricante y son diferentes en cada máquina, aunque las principales se suelen respetar y todas las máquinas las admiten y poseen el mismo significado.

M00	Parada de ejecución de programa sin reseteo
M1	Parada de ejecución de programa si está activada la opción
M2	Fin de programa con reseteo
M3	Giro de husillo a derechas
M4	Giro de husillo a izquierdas
M5	Parada de husillo
M6	Cambio de herramientas
M7	Refrigeración interna de la herramienta
M8	Refrigeración externa de la herramienta
M9	Parada de la refrigeración
M13	Giro de husillo a derechas y refrigeración externa
M14	Giro de husillo a izquierdas y refrigeración externa
M30	Fin de programa y vuelta al inicio con reseteo

Normalmente, no importa si escribes M01 o M1, M02 o M2. Es posible que algún control necesite un estilo en concreto, pero, para la mayoría, es indiferente.

M3 y M4 hacen girar el plato en el torno y la herramienta en la fresadora.

Te recomiendo que utilices M30, en lugar de M2.

Con M30, el programa se resetea por completo y retorna al inicio; después, solo tienes que pulsar la tecla de **Start** y el programa se ejecutará nuevamente para hacer otra pieza.

Hemos visto lo que son y para qué se utilizan los códigos G y M, pero vamos a necesitar otros para definir las revoluciones, el avance, el número de las herramientas...

La **F** es para indicar la **velocidad de avance:** F2000.

La **S** sirve para definir las **revoluciones por minuto,** bien de la herramienta cuando trabajas en una fresadora, bien para el giro del plato cuando trabajas en un torno: S3500.

La **T** se utiliza para **llamar a la herramienta:** T1.

La **D** solo se usa en algunos controles y acompaña a la T, para definir los **correctores de la herramienta:** T1 D1.

Una línea completa de código podría ser, por ejemplo, S2000 F0.3 T1 D1 M3.

A continuación, vamos a ver cada función G y explicar con más detalle cómo se utiliza cada una.

Las imágenes pertenecen al simulador WinUnisoft+.

G00 movimiento rápido

La función G00 se utiliza para hacer desplazamientos rápidos de forma lineal.

La máquina se moverá a la velocidad máxima para ir hasta el punto definido. Solamente usaremos esta función para movimientos en los que la herramienta no tenga contacto con la pieza como, por ejemplo, para desplazarnos a un punto de comienzo o una retirada, una vez nos hayamos separado un mínimo de la pieza.

G00 X + 20 Y + 50: la máquina se desplaza en avance rápido hasta el punto X + 20 Y + 50.

G01 desplazamiento lineal

La función G01 se utiliza para hacer movimientos rectos a un avance programado.

Sin duda, se trata de uno de los códigos más usados para programar. Este código resulta incompatible con G00, G02, G03 y G33. Al ser una función modal, permanece activa hasta que se programe otra función incompatible, lo que significa que no necesitamos escribir en cada línea el código G01 si vamos a continuar haciendo líneas; simplemente, programamos las coordenadas.

G01 X + 48 Y + 53 F1500: hacemos una línea recta hasta X + 48 Y + 53, con avance de 1500 mm/min.

X + 20 Y + 40: hacemos una línea recta hasta X + 20 Y + 40. El avance continúa siendo el mismo.

G02 círculo a derechas

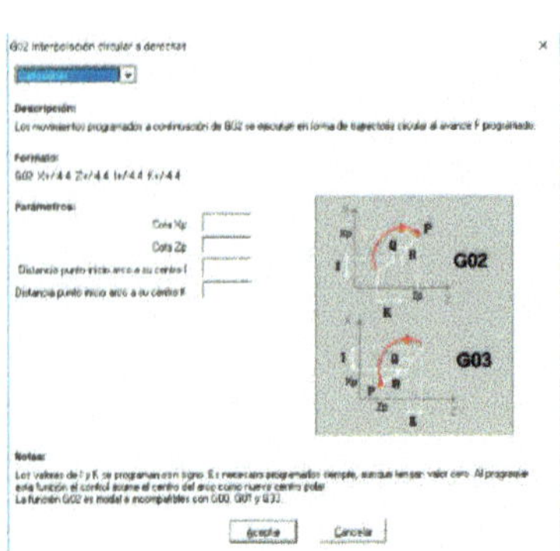

Esta función la utilizamos para programar un arco, círculo o radio en sentido de las agujas del reloj, o sea, hacia la derecha.

Para ello, nos encontramos en un punto y definimos dónde se encuentra el punto final hasta el cual queremos hacer el arco. También le indicamos el radio en milímetros: **G02 X + 36 Y + 25 R12.5.**

Recuerda que esta función también es modal; para continuar haciendo movimientos rectos, es necesario que programes un G01.

En algunas ocasiones, podremos utilizar este sistema y, en otras, precisaremos definir dónde se encuentra el centro del radio o círculo. Para ello, lo indicamos con las letras I, J, K. Con la letra **I,** definimos el centro polar del eje X; la letra **J** es para el eje Y, y la letra **K** es para el eje Z. Para decir al control dónde se ubica el centro del círculo, le señalamos la posición con respecto al punto de inicio desde el cual programamos el círculo y lo hacemos con coordenadas incrementales: **G02 X + 50 Y + 76 I + 27 J + 13.**

Normalmente, definiremos el radio simplemente indicando su valor, pero, en determinados ciclos fijos o cuando no lo conocemos, trabajamos indicando el centro del círculo para programar.

G03 círculo a izquierdas

Con la función G03, trabajaremos de la misma forma que con G02, pero, en este caso, haremos círculos o radios hacia la izquierda, o en sentido contrario a las agujas del reloj:

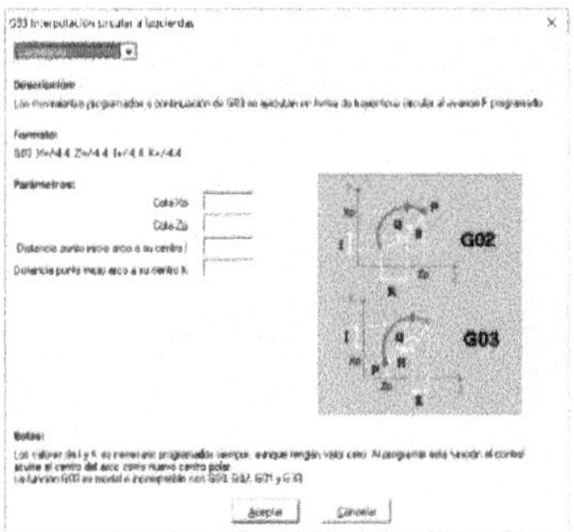

- **G03 X + 87 Y – 76 R + 38.**
- **G03 X + 69 Z – 96 I – 8 J + 5.**

G04 tiempo de espera

Es posible que, en un momento dado, precisemos programar una pequeña parada o una espera antes de que nuestra herramienta continúe trabajando; para ello, utilizamos el comando G04, seguido del tiempo que queramos que dure esa parada. Según el modelo del control, el tiempo definido lo interpretará en segundos, décimas de segundo o centésimas de segundo; por lo tanto, para programar un segundo, tendremos que escribir K + 1 o K + 10 o K + 100: **G04 K + 100.**

G05 matar aristas

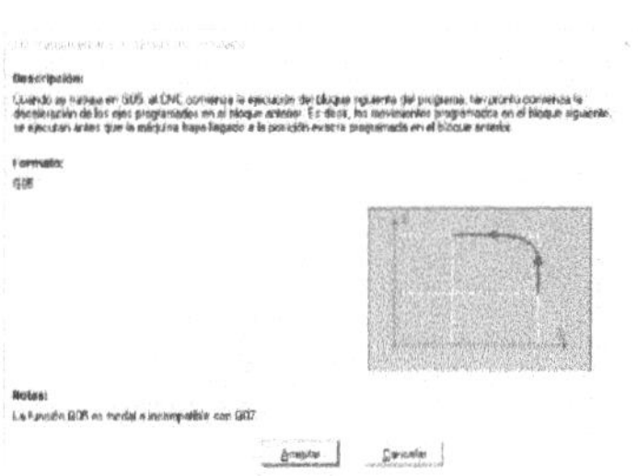

Dependiendo de nuestra máquina, y de las velocidades con las que trabajemos a la hora de mecanizar, las esquinas de la pieza pueden quedar en arista viva o con la esquina ligeramente redondeada. La máquina mueve uno o varios ejes para hacer una trayectoria y, cuando llega al punto final, comienza con la siguiente. Puede que, antes de llegar a ese punto final, comience a realizar la siguiente trayectoria, para hacer los movimientos de los ejes más fluidos y no se produzcan paradas bruscas de un movimiento a otro.

Según la precisión que tenga nuestra máquina, ese momento de comenzar con el siguiente bloque de programa hará que la esquina de la pieza quede más o menos redondeada.

Con el comando G05, obligamos a la máquina a realizar, precisamente, ese trabajo de redondear las esquinas en el caso de que la máquina no se encargara de ello. Pero no podemos definir el tipo ni el tamaño de dicho redondeo.

G06 círculo con programación del centro de coordenadas absolutas

Si añadimos un G06 delante de un G02 o G03, podremos definir el centro del círculo con los comandos I, J, K, pero definiendo ese centro en coordenadas absolutas con respecto al cero de pieza, en lugar de indicarlo desde el comienzo del arco: **G06 G02 X + 50 Y + 75 I + 30 J + 32.**

G07 arista viva

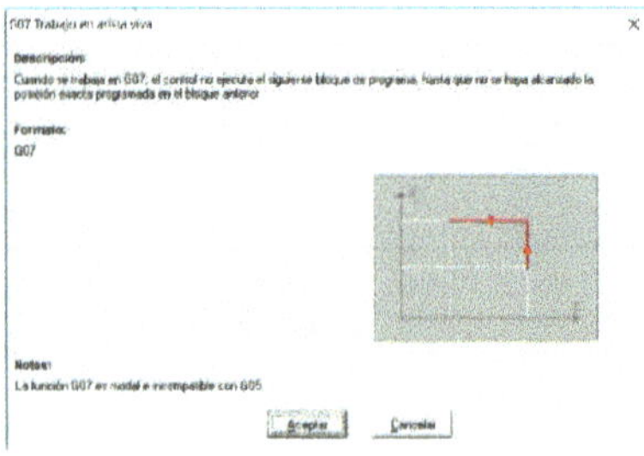

Al contrario de un G05, si utilizamos un G07, obligamos al control a no comenzar el siguiente bloque, hasta haber conseguido la posición exacta programada; por lo tanto las esquinas quedarán en arista viva.

Según el control con el que trabajemos, cuando iniciamos la máquina, puede tener definido, por defecto, G05 o G07.

Podemos elegir la opción que necesitamos, simplemente indicándolo al inicio del programa o cambiando cuando sea necesario para cada operación o herramienta.

G08 círculos tangentes

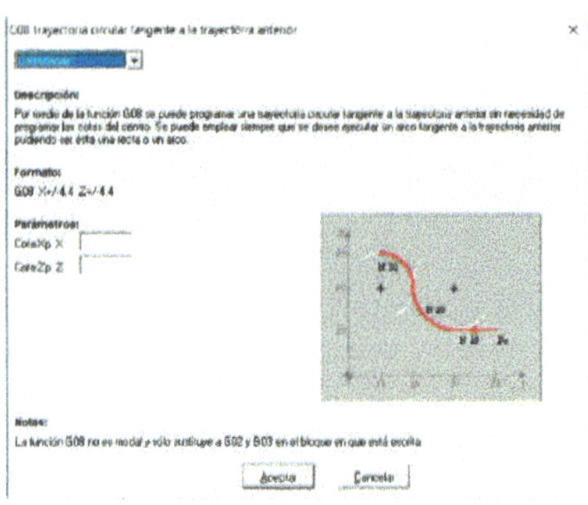

Para programar un arco de una forma muy sencilla, siempre que este sea tangente a la trayectoria anterior, utilizaremos G08.

Solo tenemos que indicar el punto final: **G08 X + 75 Y + 29.**

G17 trabajar en plano XY

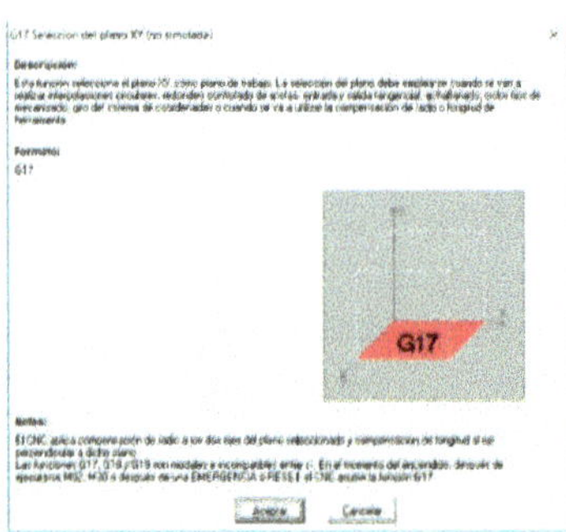

G18 trabajar en plano XZ

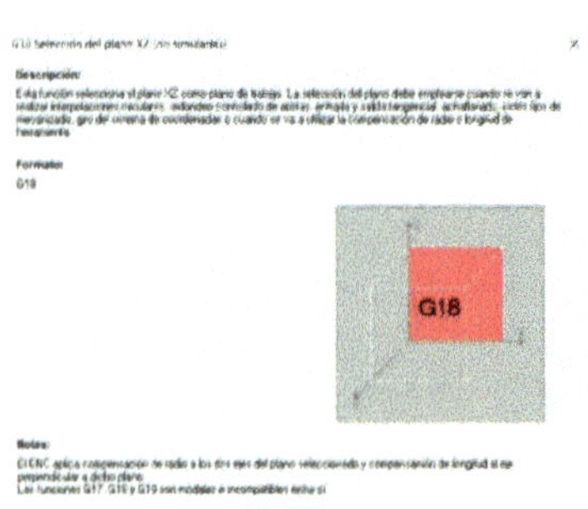

G19 trabajar en plano YZ

Por norma general, trabajamos en el plano XZ **(G18)** en un torno y en el plano XY **(G17)** en una fresadora, pero, en función de las opciones de nuestra máquina, podremos hacer giros de cabezal y la herramienta cambiará su posición de trabajo.

Al realizar tal operación, se lo tenemos que comunicar al control, para que pueda seguir ejecutando los movimientos de los ejes, en virtud de la posición de la herramienta, para que siempre trabaje perpendicular al plano de trabajo.

G36 redondeo de aristas

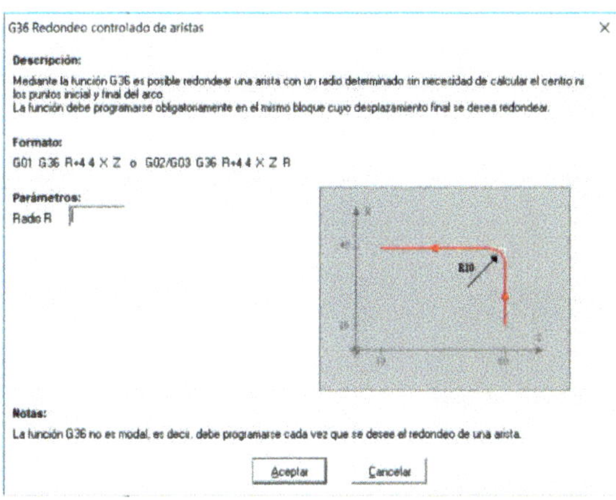

No debemos confundir esta función con un G05. En este caso, podemos hacer redondeos en las esquinas que necesitemos, indicando la medida que debe tener.

No necesitamos conocer el punto de inicio ni el final del arco; solamente programamos el punto teórico, como si se tratase de una arista viva, e introducimos un radio.

En esa esquina, la máquina realizará el redondeo programado: **G01 G36 R + 2 X + 15 Y + 28.**

G39 chaflán de aristas

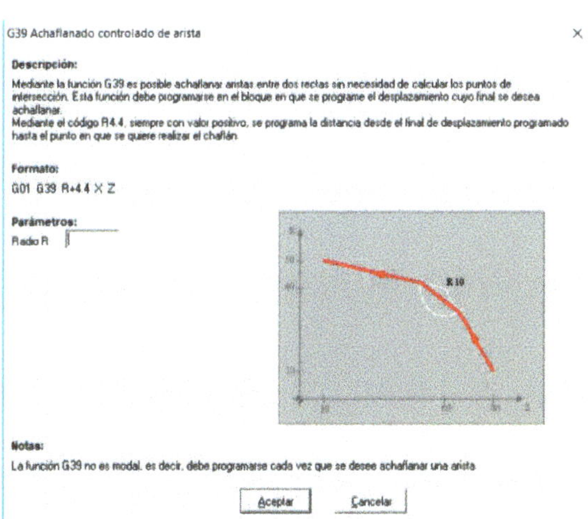

Al igual que hicimos con G36, esta vez, en lugar de hacer un radio, lo que realizaremos será un chaflán en la esquina programada: **G01 G39 R + 5 X + 46 Y + 87.**

G36 y G39 no son funciones modales; si queremos redondear o achaflanar todas las esquinas de un contorno, necesitamos indicarlo en cada línea: **G01 G39 R + 2 X + 15 Y + 28.**

G40 anulación de compensación de radio

G41 compensación de radio a izquierdas

G42 compensación de radio a derechas

Es importante saber trabajar con los correctores de las herramientas. Verás que proporcionan una gran ayuda y facilitan mucho la programación.

Detengámonos en esta parte, para comprender bien cómo emplear los correctores.

Cuando programamos un contorno, le decimos al control las coordenadas por las cuales queremos que pase la herramienta.

La máquina, en este caso una fresadora, envía la herramienta a esas coordenadas, teniendo como referencia el centro de esta, sin importar su diámetro.

Para que te hagas una idea, siempre que realizamos un taladro, trabajamos sin compensación, ya que definimos previamente dónde se encuentra su centro; no importa si hablamos de una broca de 5 o de 20 mm.

Cuando programamos un contorno, queremos que la herramienta siga unas coordenadas, pero teniendo en cuenta su diámetro, para que aleje la distancia que ocupa su radio.

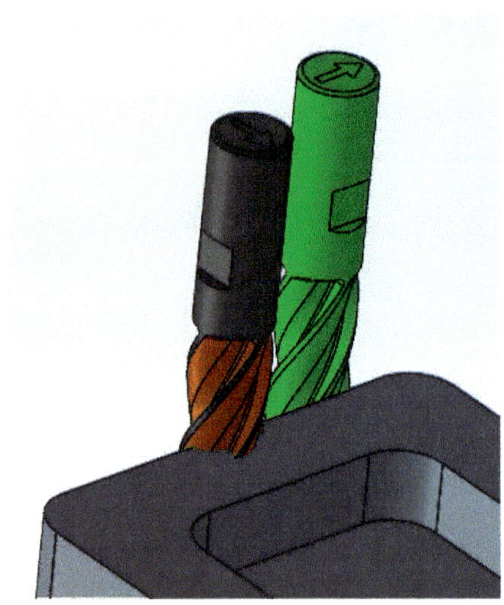

Puedes ver, en la imagen, una fresa que trabaja sin compensación, de modo que entra dentro de la pieza.

Sin embargo, la otra fresa de color verde trabaja compensada y, aunque las dos se mueven hasta el mismo punto programado, la verde tiene en cuenta su radio y se aleja esa distancia, para llegar al punto definido con su lateral, lo que hace el mecanizado óptimo.

Ahora necesitamos indicar qué dirección tomará la herramienta puesto que, si se dirige hacia la izquierda, llevará una compensación, mientras que, si lo hace a la derecha, llevará otra diferente.

Veamos un ejemplo que he preparado en la siguiente imagen, donde se nos presenta una pieza que vamos a contornear por el exterior y también por el interior.

Si te sirve de ayuda, recuerda que, con *G41, la herramienta trabaja en concordancia* (será la más habitual).

Por su parte, con G42, lo hace *en oposición*.

Cuando la herramienta se encuentra fuera de la pieza, trabaja sin compensación (G40).

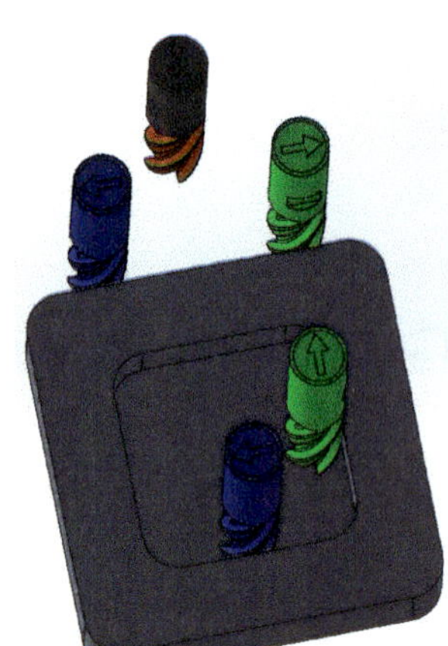

Cuando se acerca a la pieza para hacer el contorno exterior, se puede desplazar en dos direcciones (hacia la derecha o hacia la izquierda de la pieza), en función de cómo hayamos definido las coordenadas que debe seguir.

Si la herramienta se desplaza por el lado izquierdo de la pieza (el lado bueno de la pieza queda a su derecha), entonces trabaja con **compensación a izquierdas** (**G41,** fresa verde). Por el contrario, en el caso de moverse por el lado derecho de la pieza, entonces trabaja con **compensación a derechas** (**G42,** fresa azul).

Si te fijas ahora en las herramientas que se encuentran dentro de la cajera, les ocurre lo mismo. La fresa verde se mueve por la izquierda (G41) de la cara para mecanizar, mientras que la fresa azul se mueve por la derecha (G42) de la cara para mecanizar.

Siempre que hacemos movimientos *en G00, trabajamos sin compensación (G40),* al igual que cuando hacemos movimientos en G01 para posicionarnos fuera de la pieza. Después, justo en el momento en el que nos acercamos a una cara para mecanizarla, insertamos una compensación y, una vez que terminamos de hacer el contorno y nos separamos, anulamos la compensación.

Recuerda que, si trabajas sin compensación, la herramienta siempre va a la coordenada programada, teniendo en cuenta su centro.

El gran beneficio de trabajar con compensaciones reside en que introducimos las coordenadas exactas y las medidas correctas de la pieza, sin necesidad de hacer cálculos para tener en cuenta la medida de la herramienta.

De esta manera, podemos utilizar el mismo programa y trabajar con una u otra herramienta de diferentes diámetros. En los siguientes capítulos, lo pondremos en práctica.

G53 cero de máquina

Utilizamos G53 cuando queremos definir coordenadas, teniendo en cuenta el cero de máquina.

G54-G59 cero de pieza

El control de la máquina dispone de una **tabla de ceros pieza,** para poder guardar hasta seis distintos.

Imagina que, en la mesa de tu fresadora, hay dos mordazas, cada una para un trabajo distinto y, además, cuentas con otra pieza en una base de imanes. Puedes estar trabajando en tres zonas distintas a la vez.

Solamente necesitas elegir el programa apropiado para trabajar en una u otra, según las necesidades.

Para ello, guardas los ceros de la primera pieza en la tabla de ceros como G54; después, tomas de nuevo los ceros de la segunda pieza y los guardas en G55, y haces lo mismo para la tercera pieza y los guardas en G56.

Ahora, en cada programa, insertas la G correspondiente a cada cero de pieza.

De este modo, cuando ejecutas el programa, el control envía la herramienta a la pieza que quieres mecanizar.

G68 ciclo de desbastado en eje X

Este ciclo es para torno.

Para utilizar dicho ciclo, no podemos incluir coordenadas polares ni incrementales en el contorno.

Para programar G02 o G03, hemos de definir el centro de los arcos con **I**, **K.** Si no quieres hacer la pasada de acabado, pon en el valor *H* = 0.

G69 ciclo desbastado en eje Z

G69 ciclo de taladrado con paso variable

Este ciclo sirve para torno y para fresa.

Si lo utilizas en el torno, a diferencia del ciclo G68, este ciclo ejecuta las pasadas de forma transversal a la pieza, como si estuviera refrentando.

Siempre que puedas, resulta mejor trabajar arrancando la viruta de forma longitudinal, ya que, de dicha manera, las fuerzas de corte se dirigen hacia el plato del torno y tendremos menos posibilidades de provocar deformaciones en la pieza, e incluso de que se pueda escapar de las garras, si no contamos con una buena sujeción.

Si este ciclo lo utilizas en la fresadora, será un ciclo de taladrado con paso variable. Este ciclo realiza sucesivos pasos de taladrado, hasta conseguir la cota final programada.

G70 trabajo en pulgadas

Con el comando G70, le indicamos al control que las cotas que le estamos programando son valores en pulgadas.

G71 trabajo en milímetros

Si programamos un G71, el control sabe que trabajamos en milímetros.

Resulta habitual que el control tenga por defecto esta función activa, pero hemos de estar seguros de ello y, ante la duda, se lo diremos al inicio del programa.

G80 anulación de ciclos fijos

Esta función la tendremos que utilizar *siempre que queramos anular un ciclo fijo.*

Sirve para todos los ciclos, los cuales, en su mayoría, son modales.

Una vez que no queramos seguir ejecutando un ciclo, simplemente escribimos en una línea de programa G80 y, a continuación, volvemos a trabajar con G01 o G00.

Si no hacemos esto, cada vez que enviemos la herramienta a una nueva coordenada, ejecutará el último ciclo programado.

G81 ciclo de fijo taladrado

Este ciclo es para fresa. Se trata de un ciclo muy simple y sirve para hacer un taladro. Realiza el taladro de una sola vez, sin hacer desahogos de viruta, por lo que no se recomienda a menos que trabajemos con refrigeración interna.

G83 ciclo de fijo taladrado

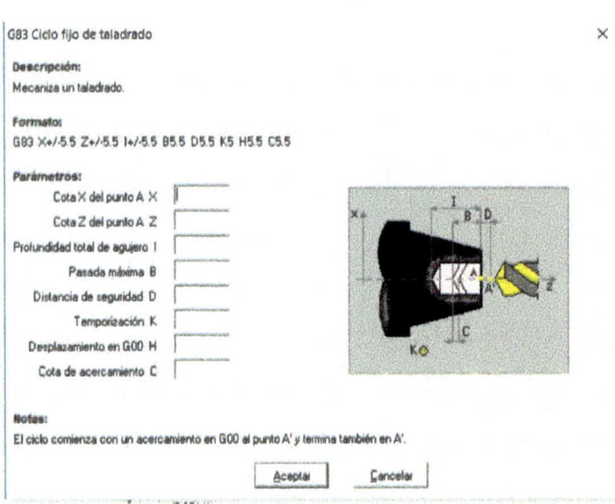

Este ciclo es uno de los más habituales para taladrar en el torno.

Resulta bastante sencillo de utilizar y permite hacer un taladro programando las pasadas y desahogos para extraer la viruta y, además, refrigerar la punta de la broca. En el capítulo dedicado a WinUnisoft+, veremos, paso a paso, cómo programarlo con ejemplos prácticos.

G83 ciclo de taladrado con paso constante

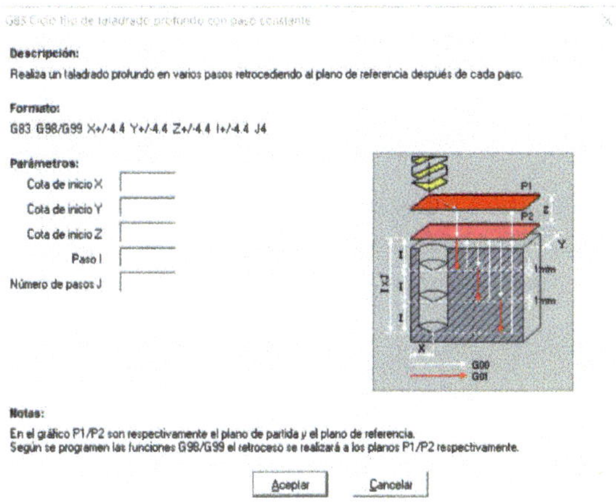

Este ciclo es para fresa.

Con él, podemos hacer taladros, donde indicaremos la profundidad total en dos parámetros.

Primero, introducimos el paso que queremos por el que avance la broca antes de desahogar y, después, el número de veces que queremos repetir.

Si damos un paso de *I* = – 5 y *J* = 6, haremos un taladro de 30 mm de profundidad.

El valor ***I*** has de ponerlo negativo.

G84 ciclo de roscado con macho

Este ciclo es para fresa y con él, podemos hacer un roscado.

Para definir el paso de rosca, tendremos que indicarlo previamente, combinando el avance y las revoluciones.

G85 ciclo de escariado

Este ciclo es para fresa. Lo usaremos para programar un escariado.

Al igual que para hacer un roscado, nunca debes programar la misma profundidad que tiene el taladro. Siempre que puedas, resulta mejor dejar una distancia mínima de seguridad. Si taladras 30 mm, escaria 27.

G86 ciclo de roscado longitudinal

Este ciclo es para torno. En el capítulo de WinUnisoft+, veremos, paso a paso, cómo programarlo.

G87 ciclo de cajera rectangular

Este ciclo es para fresa. En el capítulo de WinUnisoft+, también lo usaremos.

G88 ciclo de ranurado de eje X

Este ciclo es para torno y se utiliza bastante. Haremos un ejercicio práctico en el capítulo de WinUnisoft+ para ver, paso a paso, cómo programarlo.

G88 ciclo de cajera circular

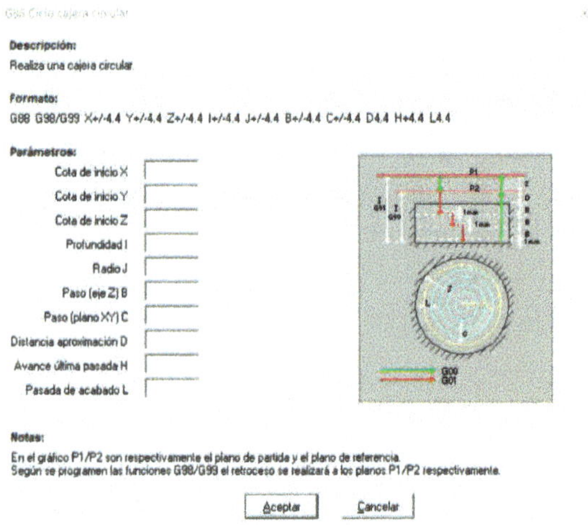

Este ciclo es para fresa y se parece al G87 de cajera rectangular.

La forma de programarlo es similar, a diferencia de que, en este ciclo, indicaremos las medidas en radios.

Fíjate bien cuando programas radios y diámetros, para no confundirte y decirle al control la medida correcta, con el fin de evitar dar un radio en lugar de un diámetro, y viceversa.

G89 ciclo de mandrinado

Este ciclo es para fresa.

Constituye un ciclo muy simple, ya que solamente tienes que programar el inicio y el final del mandrinado.

Realmente, este ciclo no resulta nada efectivo, dado que hacer un buen mandrinado requiere de mucha más información para programarlo correctamente. En los procesos de fresado, hablamos de ello.

G90 cotas absolutas

Usamos esta función para indicar al control que las coordenadas que programamos son absolutas.

G91 cotas incrementales

Usamos esta función para indicar al control que las coordenadas que programamos son incrementales. En el mismo programa, podemos cambiar de coordenadas absolutas a incrementales y viceversa, todas las veces que necesitemos. Resulta posible iniciar un bloque trabajando en coordenadas absolutas y, en el siguiente, pasar a incrementales, porque la cota que tiene el plano hace que sea más fácil programar en incrementales. No existe ningún problema, pero recuerda ser consciente de la función que tienes activa para no colisionar:

- G90 G01 X + 33 Y + 25 Z + 20.
- G91 Z – 5 (la herramienta se encuentra en Z + 15).
- G90 X + 80 Y + 80.

G92 limitación de revoluciones de cabezal

Aunque esta función también se utiliza para hacer traslados de origen, en esta ocasión, la utilizaremos para limitar las revoluciones del cabezal.

Cuando trabajamos en el torno con una **velocidad de corte constante,** el plato sube de revoluciones, hasta alcanzar el máximo de cualquier máquina.

Nunca nos va a interesar llevar nuestras máquinas al límite, sobre todo si es para dar repetidamente grandes aceleraciones y desaceleraciones, o si trabajamos con una pieza de grandes dimensiones.

Para ello, usamos la función G92 e indicamos las revoluciones máximas que queremos que alcance nuestro husillo, independientemente de la velocidad de corte que necesite alcanzar.

Si mecanizamos una pieza de un gran tamaño en cuanto a diámetro, cuando la herramienta se vaya acercando al centro durante el refrentado, la velocidad de corte hará que las revoluciones sean muy altas y, en ningún momento, resulta conveniente poner una pieza demasiado grande o pesada a altas revoluciones. En ese caso, utilizaremos la función G92, para limitar las revoluciones y evitar que la pieza alcance una velocidad que puede ser peligrosa.

Por ejemplo, si insertamos **G92 S800,** el husillo no pasará de 800 rpm.

G94 avance en mm/min

Con esta función, indicamos al control que *trabajamos en milímetros por minuto.*

Esta es la *forma de trabajar en la fresadora,* ya que las herramientas empleadas tienen varios cortes y el avance irá en función de la pasada que lleve cada corte y no cada vuelta de la herramienta: **F800.**

G95 avance en mm/rev

Con esta función, indicamos al control que *trabajamos en milímetros por revolución.*

De esta forma, *trabajaremos en el torno,* ya que, por norma general, disponemos de una herramienta de un único corte y le indicamos los milímetros que ha de avanzar por cada vuelta del husillo: **F0,3.**

Si por un error programo en la fresadora el avance en mm/rev, el único problema al que me enfrentaré será que la herramienta se desplace exageradamente despacio, lo cual detectaré rápidamente y corregiré.

En caso contrario, si programas el torno con avance en mm/min, surgirá un gran problema, ya que la herramienta se desplazará a gran velocidad y no habrá tiempo de pararla antes de colisionar. Presta atención a estas funciones y asegúrate de programarlas del modo correcto.

G96 velocidad en m/min

Velocidad de corte constante:

Si utilizamos dicha función, no tendremos que calcular las revoluciones. El control adapta las revoluciones al diámetro que se necesite mecanizar, para mantener siempre la velocidad de corte constante.

Si programamos G96 S120, quiere decir que el control calcula constantemente las rpm para una V_c = 120 m/min.

Por ejemplo, a la hora de refrentar la pieza, comenzaremos por un diámetro mayor; por lo tanto, el número de rpm es más bajo. A medida que la herramienta avanza hacia un diámetro menor, las rpm irán subiendo, y así sucesivamente, hasta alcanzar grandes rpm, cuanto más pequeño es el diámetro.

Una V_c = 120 m/min para un diámetro de 80 supone 477 rpm.

Para un diámetro de 60 = 636 rpm.

$$n = \frac{V_C \times 1000}{D \times \pi}$$

Diámetro de 40 = 954 rpm.

Diámetro de 20 = 1900 rpm.

Diámetro de 10 = 3820 rpm.

Diámetro de 5 = 7640 rpm.

Diámetro de 2 = 19 000 rpm.

Esto quiere decir que la máquina comenzará refrentando con S477 y terminará el refrentado con más de 20 000 rpm, algo imposible para la mayoría de los tornos y trabajos. Siempre que utilicemos *G96, es necesario combinarlo con G92,* para limitar las rpm.

G96 S180: velocidad constante de 180 m/min.

G92 S3500: limitación del husillo a 3500 rpm.

G97 velocidad en rev/min

En lugar de utilizar una velocidad de corte constante, podemos programar las rpm fijas: **G97 S2530.**

Para hacer un taladro, necesitamos indicar las rpm para el diámetro de la broca, sin importar el diámetro de la pieza. Será necesario trabajar con G97.

Todavía quedan muchas funciones G por ver, pero, por el momento, lo vamos a dejar aquí.

Ahora que tenemos una idea de cómo se utilizan las funciones de programación, comenzaremos a programar. Para ello, utilizaremos un simulador de código ISO llamado **WinUnisoft+.**

Hoy día, existe diversa información para solucionar dudas en cuanto a la programación. Todas las máquinas disponen de sus propios manuales de programación y, en Internet, puedes descargar manuales de cualquier control.

De todas formas, y como siempre te digo, la realidad es que normalmente te encuentres ante una máquina y necesites realizar el trabajo de forma autónoma. Por esta razón, debes acostumbrarte a ser autosuficiente, en la mayor medida posible.

Gracias al uso de este tipo de simuladores, podemos hacer pruebas, sin miedo a romper herramientas o la propia máquina.

No siempre disponemos de toda la información que nos gustaría para poder conocer todos los parámetros que forman un ciclo de mecanizado; en otras ocasiones, ni siquiera existe un ciclo fijo para poder hacer un trabajo concreto.

Prueba, prueba y prueba. Piensa lo que haces, intenta comprender lo que realiza la máquina y modifica los datos, hasta conseguir que el control haga lo que tú quieres.

Cada trabajo es distinto, cada pieza diferente y cada proceso de mecanizado varía según la herramienta, el sistema de sujeción, el material... Es posible que no encuentres una respuesta concreta acerca de cómo programar un mecanizado en especial, por el simple hecho de que, quizá, nadie lo ha hecho antes.

La realidad del trabajo es esta. Durante la mayor parte del tiempo, nos encontramos solos y tenemos que aprender a gestionar los trabajos y nunca desmoralizarnos. No siempre hay una respuesta a las preguntas y no siempre tenemos a quién hacer esas preguntas.

Por esta razón, ser un buen profesional conlleva la autosuficiencia, aprender de los errores y pensar que existen muchas maneras diferentes de hacer el mismo trabajo: unas maneras son las más apropiadas y otras no lo son tanto, pero lo importante consiste en sacar el trabajo, adquirir conocimientos nuevos continuamente y procurar no tropezar dos veces con la misma piedra.

Y, por supuesto, respeta siempre las medidas de seguridad; ningún trabajo es tan urgente como para ocasionar un accidente.

Capítulo 15

WinUnisoft+

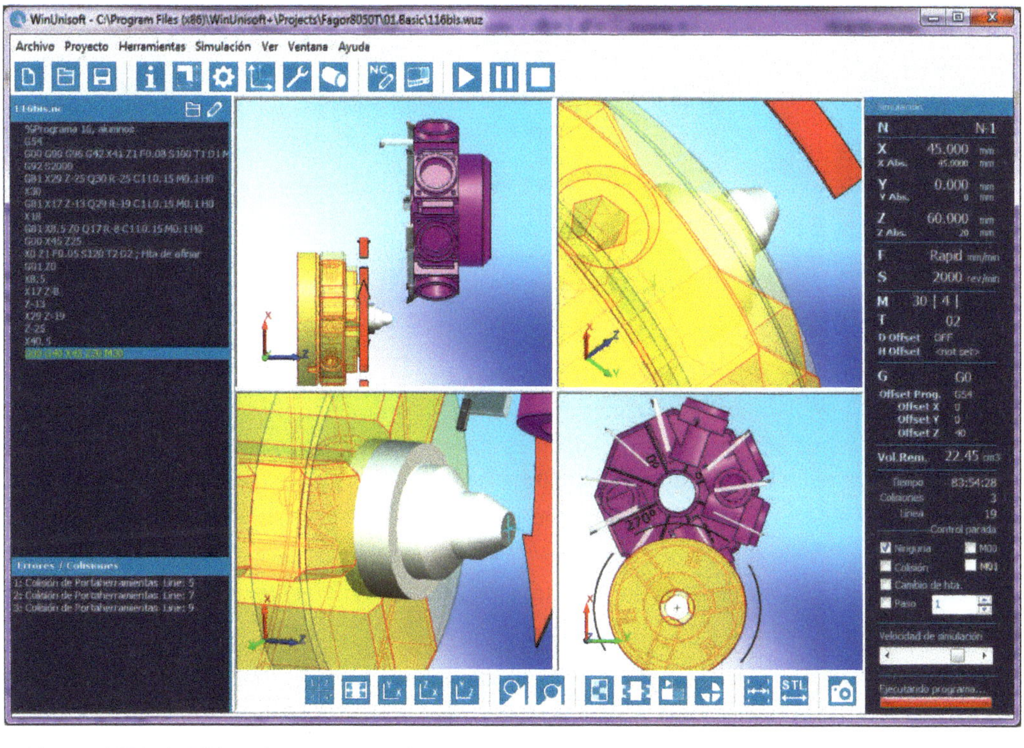

WinUnisoft+ es un producto de ALECOP S. Coop.

Todas las imágenes que aparecen en este capítulo pertenecen a WinUnisoft+. https://www.alecop.com/.

WinUnisoft+ es un programa muy útil, sobre todo para los comienzos en el mundo de la programación CNC. Con este simulador, podrás escribir código ISO y verificar, de una manera visual, los movimientos de la herramienta y el resultado final en los contornos que programes. Dispone de varios controles de diferentes fabricantes.

Los controles que tiene definidos para trabajar con torno son:

- Fagor 8055T.
- Fanuc 0iTA.
- Fanuc 0iTC.
- Sinumerik 840DT.

Los controles que tiene definidos para trabajar con fresadora son:

- Fagor 8055M.
- Fanuc 0iM.
- Sinumerik 840DM.
- Heidenhain iTNC530.

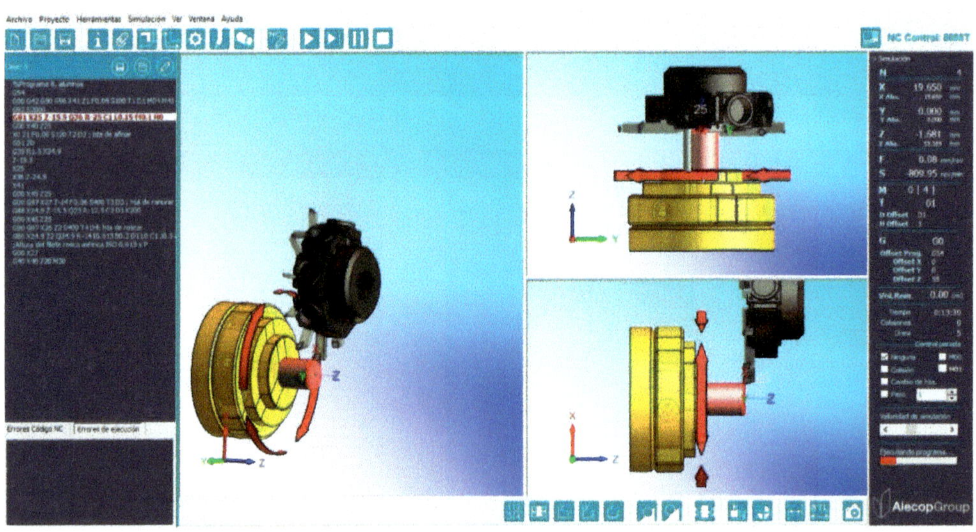

Este programa lleva muchos años en el mercado y es muy utilizado en formación. Vamos a conocer la versión más actual hasta el momento, que es **WinUnisoft+.** A continuación, te dejo la dirección web, para que accedas a la página oficial y te descargues el programa en modo demo, para que lo pruebes y lo puedas comprar:

https://www.alecop.com/equipamiento-didactico/areas/fabricacion-mecanica/winunisoft/.

El programa está dotado de un **editor** y un **simulador,** para programas en código ISO de torno y fresadora, así como de un **gestor,** para los datos de herramientas, orígenes, brutos, máquina, etc., necesarios para definir un mecanizado.

Las opciones principales que ofrece WinUnisoft+ son:

- La definición de todos los parámetros necesarios para la configuración de la máquina, así como del bruto de partida y las herramientas utilizadas. Todos los datos necesarios para definir el mecanizado de una pieza y su verificación en el simulador son gestionados, de forma sencilla, por el programa.
- La edición de programas de CNC con ayuda gráfica para cada una de las funciones ISO programables, así como el análisis sintáctico y semántico de cada bloque editado.
- La simulación en 3D de programas de CNC, lo que permite visualizar diferentes planos y puntos de vista. La simulación puede realizarse visualizando la trayectoria de la herramienta sobre el sólido o mostrando esta seguida por la punta de la herramienta.
- La simulación del control numérico escogido, tanto de aspecto como de funcionamiento. Este control interactúa con la máquina, si se conecta a una o, simplemente, simula el funcionamiento habitual.
- El acceso a contenidos relacionados con la fabricación mecánica.

La instalación se realiza de forma sencilla, como cualquier programa. Te explicaré, de una manera general, el funcionamiento de este programa, para que puedas practicar la programación CNC.

Una vez instalado, en la carpeta WinUnisoft+ que se crea en Windows, tienes el archivo *Winunisoft.pdf.* Se trara del manual de uso. Acude a él cuando necesites una mayor información adicional.

Cuando nos empezamos a mover por las diferentes ventanas, verás un icono con forma de interrogación. Si lo pulsas, se abre la ventana de Ayuda.

Nada más iniciar el programa, se abre una ventana, donde debemos elegir el tipo de máquina con la que trabajaremos, ya sea torno o fresa y, a continuación, elegimos el control. El fabricante dispone de varios modelos de máquinas CNC, tanto tornos como fresadoras, los cuales funcionan con este programa.

Puedes seleccionar cualquiera de ellas o, si lo prefieres, puedes seleccionar **Generic machine;** de esta forma, podrás crear tu propia máquina, donde configurar las dimensiones o velocidades a tu gusto. Después de esto, pulsamos sobre **Crear nuevo proyecto** y comenzaríamos a trabajar.

También puedes comenzar por abrir un programa de muestra. En la parte izquierda de la ventana, selecciona **Abrir.** Dentro de la carpeta **Projects,** tienes varios programas de diferentes controles. Puedes elegir el que quieras y, simplemente, pulsando en **Abrir,** lo tendrás listo para comenzar a simular.

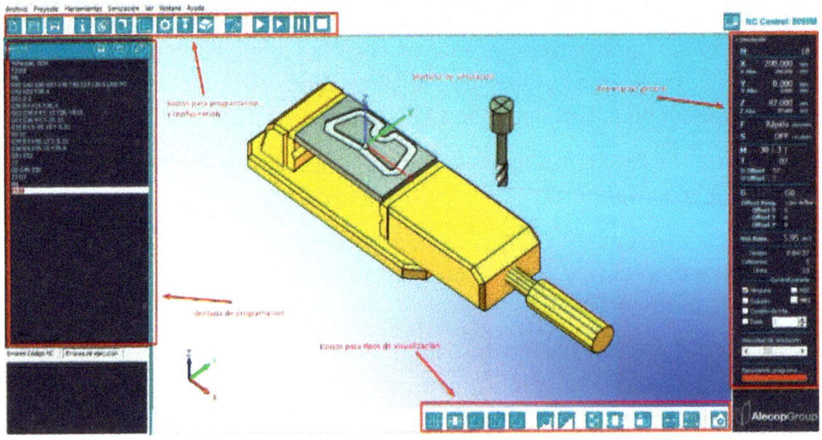

Esta es la pantalla principal del programa. La parte que ocupa más espacio se destina a los gráficos de simulación. Los iconos que se encuentran en la parte inferior sirven para modificar la visualización de esta pantalla, de modo que se tiene acceso hasta cuatro ventanas de visualización a la vez. También puedes cambiar la transparencia, tanto de la pieza como del amarre, y ver los movimientos de la herramienta, con o sin compensación de radio.

A la izquierda de la pantalla, nos encontramos con la ventana de programación. Nos muestra el código ISO que hayamos escrito y, durante la simulación, nos indica en qué línea de programa nos encontramos. Desde esta misma ventana, podemos editar el programa o abrir uno nuevo.

En la parte superior, disponemos de los iconos para poder crear nuevos programas, guardar, gestionar herramientas, bruto, orígenes... También contamos con un botón **NC,** donde escribiremos el programa y, por supuesto, con los botones para dar **Inicio, Pausa** y **Detener** la simulación.

En la parte derecha de la pantalla, nos aparece la información sobre los ejes de la máquina, la verificación de qué funciones están activas, la herramienta que está trabajando, los orígenes, los avances y las revoluciones, etc.

Un poco más abajo, hallarás la opción de controlar la velocidad de simulación.

También se muestran varias opciones, para decir cuándo quieres que el programa se detenga mientras se simula.

Si activas la primera opción, **Ninguno,** el programa se ejecuta hasta el final, sin importar colisiones ni cambios de herramienta. Si activas **Colisión,** el programa se ejecuta y, en el momento en el que encuentra una colisión, se detiene.

Con la opción **Cambio de Hta,** el programa se ejecuta y, cuando encuentra un cambio de herramienta, se detiene; para continuar, basta con pulsar, de nuevo, la tecla **Marcha.**

En las opciones **M00** y **M01,** el simulador se detiene al leer estas funciones, si las has incluido en el programa. Normalmente, se suelen usar en el cambio de herramientas, para que la máquina se detenga al terminar el trabajo con una herramienta y para que no continúe con la siguientes, antes de que hagas ciertas comprobaciones.

Por lo tanto, si activas **Cambio de Hta,** ya no necesitas utilizar estas otras opciones.

En la opción **Paso,** puedes ir simulando el programa paso a paso: se ejecuta una línea y se para. Para continuar, vuelves a pulsar sobre **Marcha;** también puedes definir el número de líneas que se ejecutarán de una vez y después continuar.

Ahora, vamos a ir viendo los botones principales que se sitúan en la parte superior.

Si pulsas este botón, se abre una ventana con toda la información sobre la pieza y la máquina con la que estás trabajando actualmente. Esta ventana es *solo de información;* por lo tanto, no modificaremos nada.

Desde este botón, se abrirá una ventana, con muchos contenidos relacionados con la fabricación mecánica.

Plano pieza: para ver el plano de la pieza programada, has de pulsar este botón. Si estás creando un programa nuevo y quieres añadir el plano de la pieza, puedes hacerlo desde aquí. No es obligatorio insertar un plano; solo si quieres.

Orígenes programa: este botón incluye los orígenes de coordenadas para trabajar. Si, por el momento, solo vas a programar una pieza, o no dominas mucho los cambios de origen, resulta mejor que te asegures de que todos los datos se hallan a cero.

Propiedades de máquina: este botón sirve para configurar la máquina; dispone de todos los parámetros sobre recorridos o velocidades.

Dentro de esta ventana, tenemos diferentes pestañas. Vamos a detenernos a conocerlas y saber cómo debemos configurarlas.

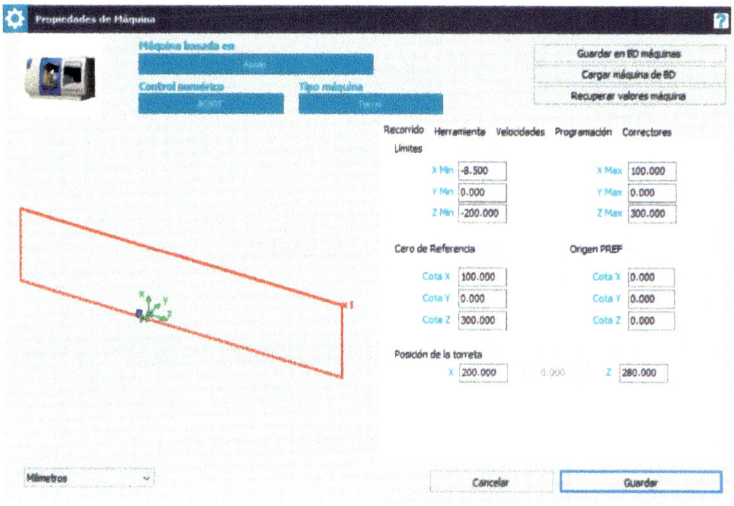

La primera pestaña de **Recorrido** muestra las dimensiones de la máquina.

Puedes modificar todos los datos que necesites. A mí me gusta dejar suficiente recorrido en **Z Min,** ya que solemos poner el cero de pieza sobre la cara que refrentamos, y continuaremos trabajando hacia Z negativo.

En el eje X, nunca trabajamos en valores negativos, ya que el cero se encuentra en el eje de revolución y no es necesario pasar de ese punto. Asegúrate de que tengas seleccionado **Milímetros,** en lugar de **Pulgadas.**

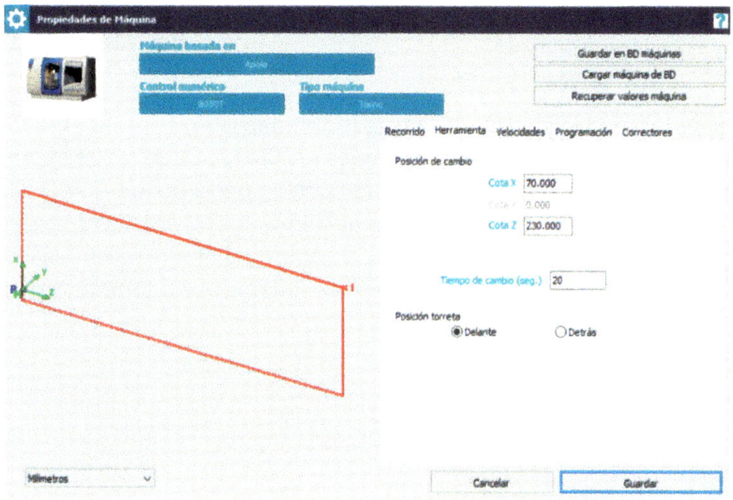

En la pestaña de **Herramienta,** puedes decidir la posición en la que se realiza el cambio de herramienta. Para no perder tiempo, es mejor hacer el cambio lo más cerca posible de la pieza, pero siempre con una distancia de seguridad suficiente como para no tener una colisión.

Si añades un tiempo de cambio de herramienta, este tiempo se suma al tiempo total para conocer, de una forma más precisa, el tiempo de mecanizado.

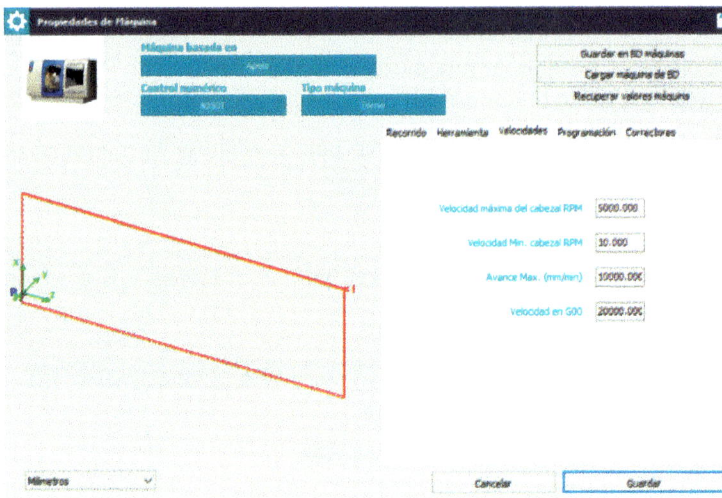

En la pestaña **Velocidades,** debes introducir las velocidades que tiene tu máquina. Si programas unas velocidades más altas que las que están asignadas aquí, la máquina solo se moverá hasta estas velocidades, independientemente de las programadas.

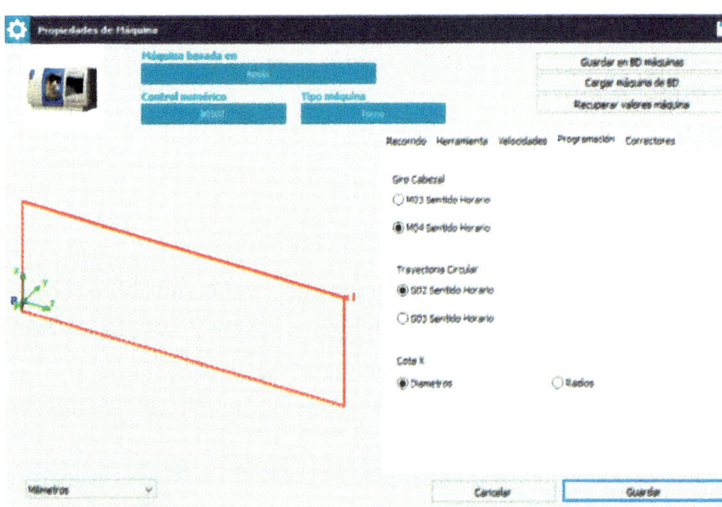

En **Programación,** puedes modificar el sentido de giro del plato. Por norma general, deja las opciones como vienen preconfiguradas. En el torno, trabajaremos en M04, ya que las herramientas se encuentran posicionadas en la parte de atrás de la pieza y con la cuchilla hacia arriba, por lo que necesitamos que la pieza gire hacia la izquierda, con el fin de que la herramienta pueda cortar. Selecciona la opción de **Diámetros** para el eje X, ya que siempre vamos a programar en diámetros, en lugar de radios, porque lo normal es que los planos de las piezas vengan acotados en diámetros y también constituye la forma más lógica de trabajar.

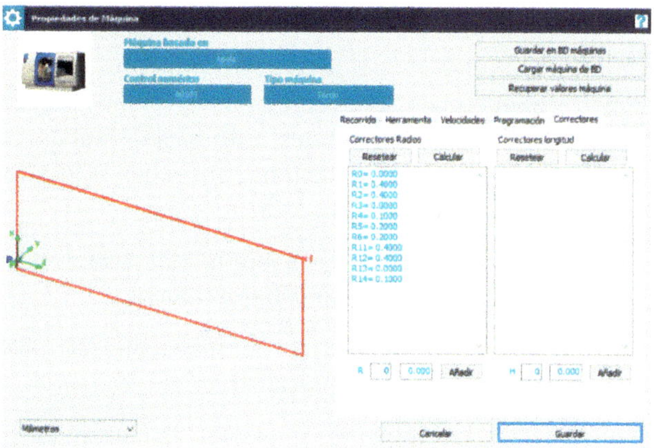

Desde la pestaña de Correctores, tenemos acceso directo a los correctores de herramientas. Con el botón **Calcular,** el programa genera los valores de corrector más probables, considerando la lista de herramientas. Para comenzar a trabajar, y en piezas sencillas, usaremos un corrector para cada herramienta.

Todos los cambios que realices en cualquier pestaña debes guardarlos antes de salir.

Herramientas torno

Si trabajas en torno, verás este icono y, si lo haces en fresa, verás el siguiente.

Ambos son para definir las **Herramientas** con las que vamos a trabajar.

	PARÁMETROS						
TIPO	Croquis	Longitud	Anchura placa	Ángulo corte	Ángulo placa	Altura placa	Diámetro
Rómbica			•	•	•		
Triangular			•	•			
Cuadrada			•	•			
Ranurar						•	•
Tronzar					•	•	•
Redonda							•
Roscar					•	•	
Broca		•			•		•
Pentagonal			•	•			
Hexagonal			•	•			

Herramientas fresa

	PARÁMETROS					
Tipo	Coquis	Longitud	Diámetro	Ángulo	Ø Inferior	Rad. Inferior
Cilíndrica		•	•			
De radio		•	•			
Cilíndrica radio		•	•			•
Broca		•	•	•		
De cuarto círculo		•	•			•
Esférica			•			
Ángulos B		•	•	•	•	
Ángulos A		•	•	•	•	
Cónicas rádio		•	•	•		

En estas tablas, puedes ver las herramientas que puedes crear y los parámetros modificables, para personalizar tus herramientas.

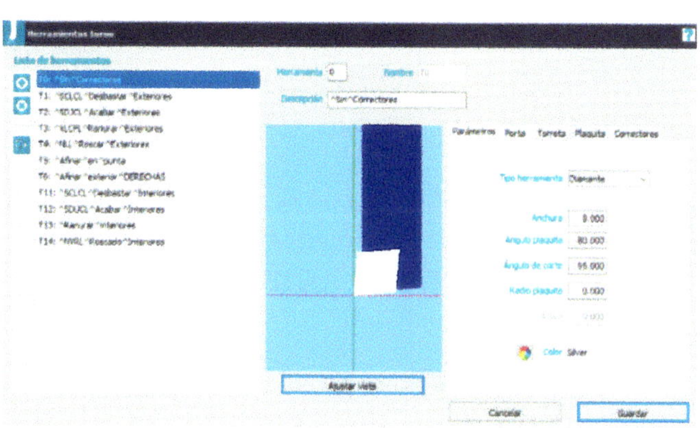

Esta es la ventana de las herramientas de torno. Siempre dispondrás de algunas herramientas ya creadas.

Pero vas a poder crear todas las herramientas que necesites.

Moverse por las pestañas resulta una labor muy sencilla, gracias a lo intuitivo que es su manejo y comprensión.

Por ejemplo, para crear una herramienta nueva, solo debes pulsar sobre el icono **+,** que está a la izquierda de la ventana.

Después, en la **Descripción,** pones el nombre a tu herramienta. En la pestaña de **Parámetros,** has de elegir el **Tipo de herramienta** en el menú desplegable y, después, añadir las medidas de la plaquita.

En la siguiente pestaña, se le cambia la medida al **Portaherramientas.** En todo momento, verás una imagen con la herramienta, que cambia según los parámetros y medidas que le indiques. Esto facilita mucho la labor, ya que, ante la duda, puedes modificar datos y ver cómo cambia la imagen, para saber si lo que programas es lo que realmente necesitas.

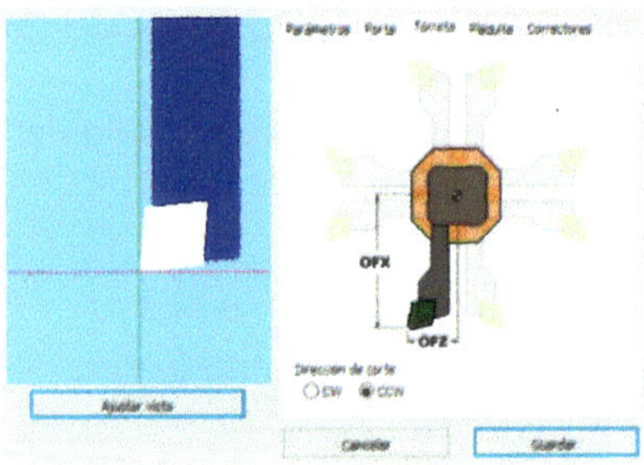

En la pestaña **Torreta,** solo has de pulsar sobre una de las siluetas transparentes, para definir la posición de la herramienta.

En esta pestaña, tienes también la opción de cambiar la dirección de corte de la herramienta: **CW** y **CCW.**

Como puedes observar en las siguientes imágenes, la herramienta se coloca en la torreta con la cuchilla mirando hacia arriba o hacia abajo.

En principio, podemos trabajar de ambas formas, siempre que tengamos en cuenta el sentido de giro del plato.

En la imagen derecha, el plato gira en M4 y la cuchilla está mirando hacia arriba; por lo tanto, la herramienta cortará el material perfectamente.

Sin embargo, en la imagen izquierda, el plato también gira en M4, pero la cuchilla está colocada hacia abajo. De esta forma, el filo de corte no hace contacto con la pieza y no se produce arranque de viruta. Se requiere programar **M3** o cambiar la posición de la herramienta.

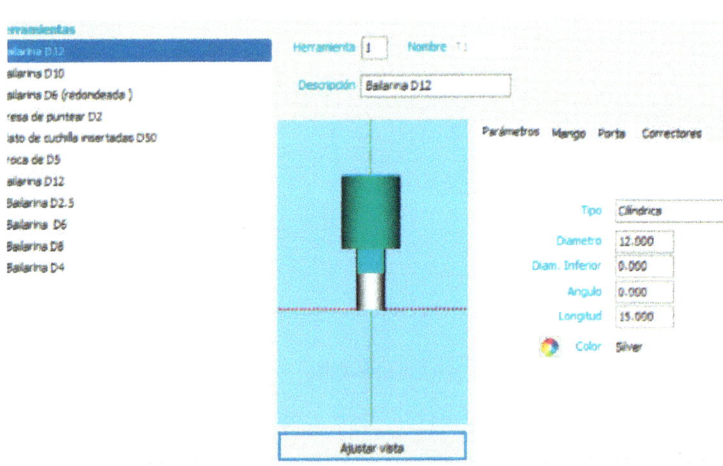

Crear **Herramientas para fresado** resulta aún más sencillo. La forma de proceder es igual al torno, pero, en este caso, no contamos con la opción de posicionar la herramienta o sus plaquitas de diferentes maneras, dado que nuestra herramienta siempre trabaja perpendicular a la pieza y sobre el eje Z.

En la primera pestaña, **Parámetros,** debes poner las medidas principales de la herramienta y, en la imagen lateral, verás el resultado.

En las siguientes pestañas, introduce las medidas, tanto del **Mango** como del **Porta;** dichas medidas no son importantes. Pero hay un detalle que sí lo es. En la pestaña de **Correctores,** indica el radio de la herramienta porque, si no, *no podrás trabajar con compensación de herramienta.*

Fíjate bien para no confundirte, puesto que en la primera pestaña debes poner el diámetro y en la última, el radio de la herramienta.

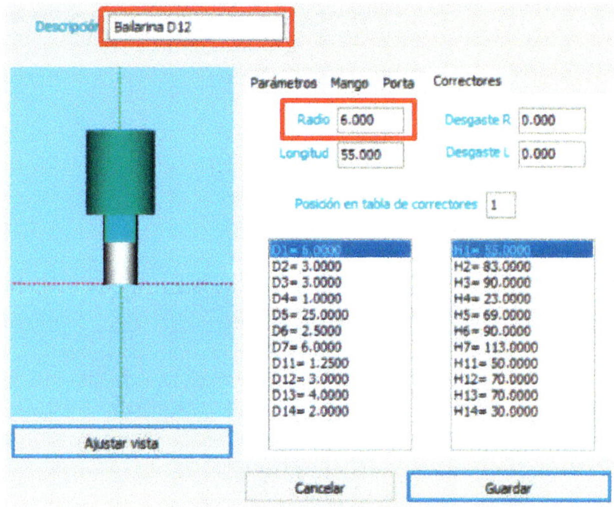

Al igual que ocurre con las herramientas, para definir el **Bruto** del cual partimos, nos encontraremos con dos iconos diferentes para torno y fresa.

Bruto para torno

Bruto para fresa

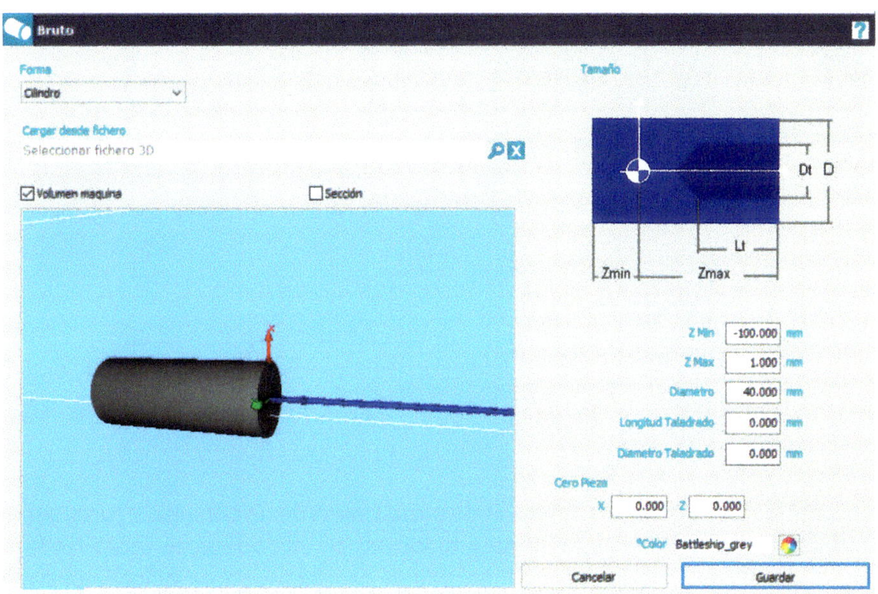

Para rellenar los valores del **Bruto** en torno, tenemos que indicar el diámetro. En **Z Max,** pondremos 1 mm, dado que representa la parte que refrentaremos para limpiar la pieza y dejar el cero de pieza justo en ese punto.

En **Z Min,** pondremos la medida de la pieza en valor negativo. Si partimos de un tubo, por ejemplo, podemos añadir el **Diámetro Taladrado** y la **Longitud Taladrado.**

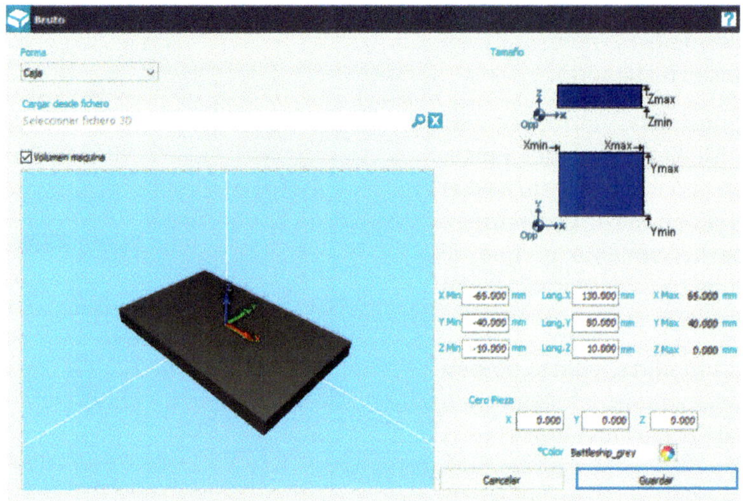

En la fresa, indicaremos los valores para los tres ejes. Dependiendo de dónde queramos poner nuestro cero de pieza, estos valores se mostrarán distintos. Recuerda siempre que, tanto para torno como para fresa, *los valores que debes insertar son los del bruto, no los de la pieza.* El bruto siempre ha de ser mayor que la pieza y debemos poder quitar material por todas las caras.

Una vez que hemos terminado de configurar nuestra máquina, las herramientas, el bruto, etc., ya podemos comenzar a escribir el programa CNC. Para ello, pulsamos sobre este icono y se abrirá el **Editor NC.**

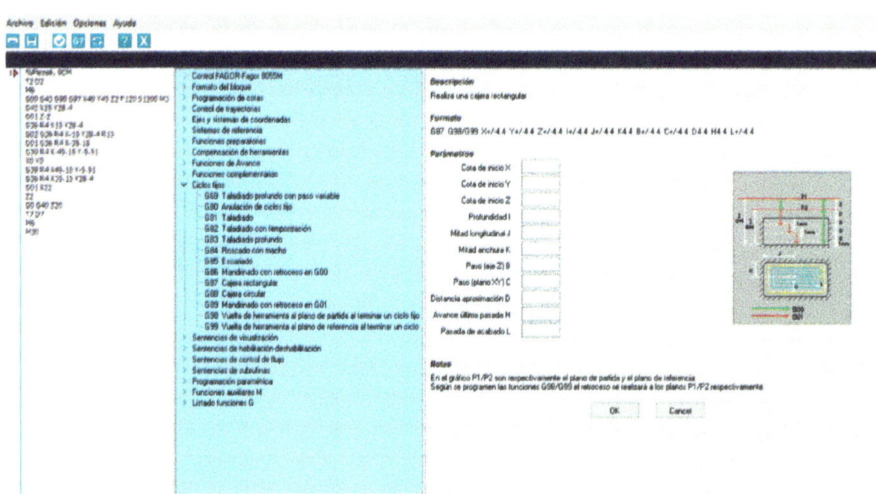

Este editor se encuentra dividido en tres zonas. En la parte izquierda, escribimos el programa, línea a línea. En el área central, contamos con la ayuda de programación; en ella aparecen todas las funciones que se pueden programar para el control seleccionado. Resulta de mucha ayuda, principalmente para rellenar los ciclos fijos, puesto que no siempre recordamos todos y cada uno de los parámetros que debemos incluir. Pulsando sobre la función elegida, entra en juego la zona derecha de la pantalla, en donde, de un modo gráfico y en un entorno conversacional, rellenaremos los datos que nos piden y, después de pulsar **OK,** aparecerá el ciclo fijo o la función programada en la parte izquierda del editor.

De esta forma, escribiremos un programa completo, simplemente rellenando la información que el control nos pide.

Análisis: este botón resulta muy útil; presiónalo cuantas veces necesites. Sirve para verificar el programa y comprobar si hay errores. Pero ten claro que solamente analiza los errores producidos como consecuencia de no rellenar bien un ciclo, funciones incompatibles, letras o números inexistentes. En ningún caso puede comprobar si el programa está bien hecho con respecto a un buen mecanizado.

Una vez escrito un comando, ya sea una función **F, S, T, M** o **G,** coloca el cursor sobre dicha función y después, al pulsar el botón, aparecerá toda la información en el lado derecho de la pantalla. Resulta muy útil, sobre todo a la hora de modificar ciclos fijos. Pero recuerda que primero es necesario que pinches con el cursor del ratón sobre la función que quieres abrir.

Cambio de amarre: gracias a esta opción, se nos permite incluir en un solo programa distintas fases de mecanizado. Podemos hacer el mecanizado de una pieza y, cuando hayamos acabado, incluimos esta función para hacer un giro de la pieza y continuar mecanizándola por otro lado.

Para salir de la pantalla y regresar a la de simulación, habremos de pulsar sobre este botón. Antes de cerrar, el control realiza un análisis del programa y, después, te recuerda que debes guardar los cambios. En el caso de encontrar algún error, una nueva ventana se abrirá en la pantalla y nos indicará el comando erróneo y la línea en la que se encuentra.

Después de conocer las diferentes pantallas, ventanas, pestañas y botones del programa, ya nos encontramos listos para comenzar a crear un programa CNC.

Voy a enseñarte desde cero cómo hacer la programación para tornear una pieza sencilla y puedas continuar avanzando. Por si no tienes ningún conocimiento sobre programación, iré paso a paso explicando cada operación, para que adquieras una buena base y te quedes con los conceptos básicos muy claros.

A continuación, se presenta el plano de la pieza que vamos a programar.

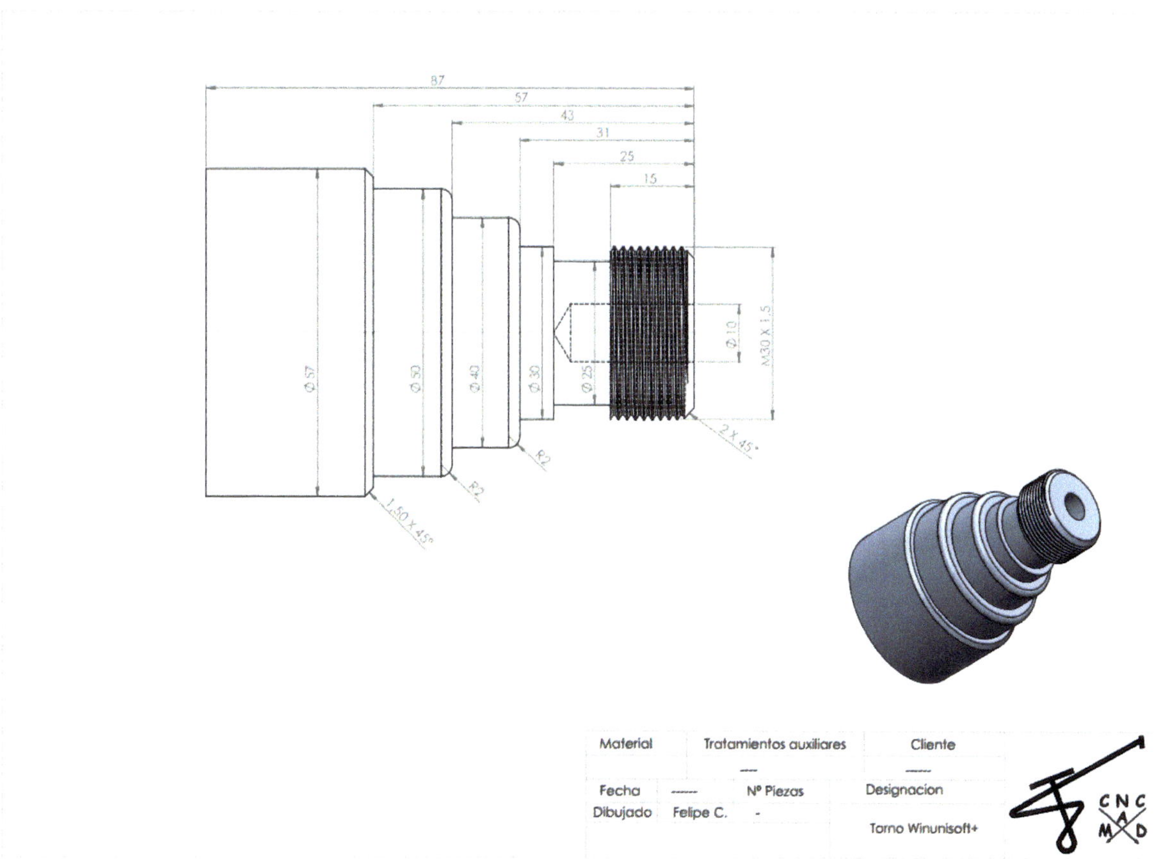

Mi primer consejo, cuando afrontamos un nuevo trabajo, radica en detenerse a mirar el plano unos instantes, observar cómo es la pieza, qué fase voy a hacer primero, qué herramientas necesito para trabajar y fijarme en las cotas y tolerancias de la pieza. Partiremos de un bruto de acero F-211 de fácil mecanización y utilizaremos herramientas de metal duro.

Como ves, la pieza incluye cilindrados, ranurado, roscado, taladrado, chaflanes y redondeos.

Nos vamos al simulador y comenzamos pulsando sobre **Nuevo proyecto;** después, elegimos **Torno Generic lathe** y el control **Fagor 8055T.**

Ahora pulsamos sobre el botón de **Orígenes** y nos aseguramos de tener todos los valores a cero.

Después, presionamos sobre el botón **Propiedades de Máquina** y aportamos todos los datos que necesita el control acerca de nuestro torno.

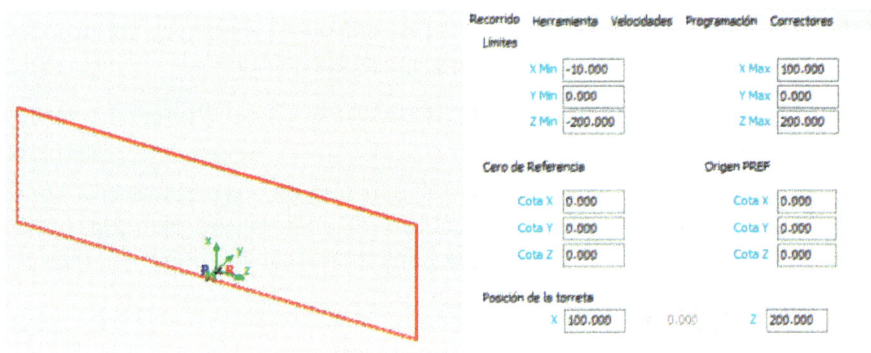

Añade los datos que aparecen en esta imagen. Como puedes ver, he dado un recorrido de 100 mm en el eje X y de 200 mm en el eje Z, tanto positivos como negativos. El resto de las referencias las dejamos a cero, ya que no son importantes para nuestro trabajo. La posición de la torreta la colocamos en los límites de máquina, para que no choque con la pieza.

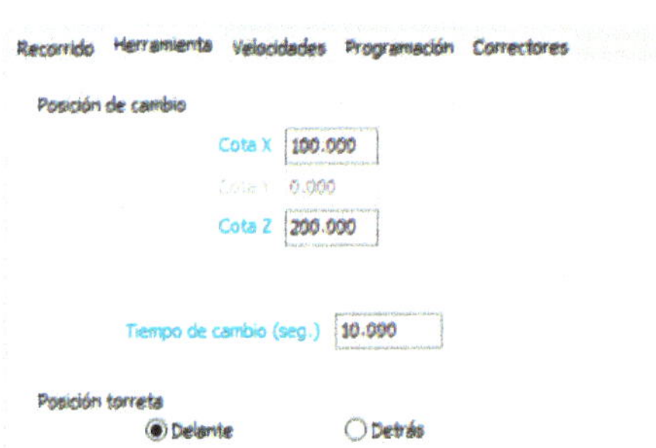

La posición de cambio de herramienta también la hacemos en los límites de máquina, por la misma razón que vimos antes. Le damos un tiempo de cambio de 10 seg. Los tornos modernos realizan los cambios de herramientas a gran velocidad, por lo que dicho tiempo resulta algo orientativo.

Las velocidades que añado en esta sección también son orientativas. En virtud del tipo de máquina con la que trabajes, aparecerán unas velocidades u otras.

El resto de las pestañas las dejamos como vienen definidas. Una vez terminado, guardamos y la ventana se cierra.

Antes de continuar, guardamos el trabajo. Pulsa sobre el botón en forma de disquete y guarda tu programa con un nombre.

Acostúmbrate a ser organizado para saber, en todo momento, dónde conservas tus programas; para ello, te *recomiendo que crees una carpeta donde ir archivando los programas de forma ordenada.*

Ahora vamos a crear las herramientas que necesitamos. Dejaremos en la torreta solo aquellas que utilizamos y borraremos el resto; de esta forma, evitamos problemas de colisiones.

La primera herramienta que utilizaremos será un porta de exteriores para refrentar y cilindrar.

En las siguientes imágenes, puedes consultar todos los datos de la herramienta. Hemos elegido una plaquita rómbica con un radio de 0,8 mm en la punta, ideal para refrentar y desbastar.

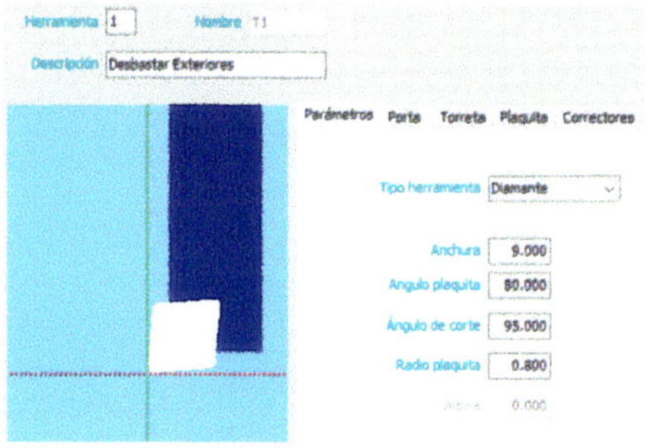

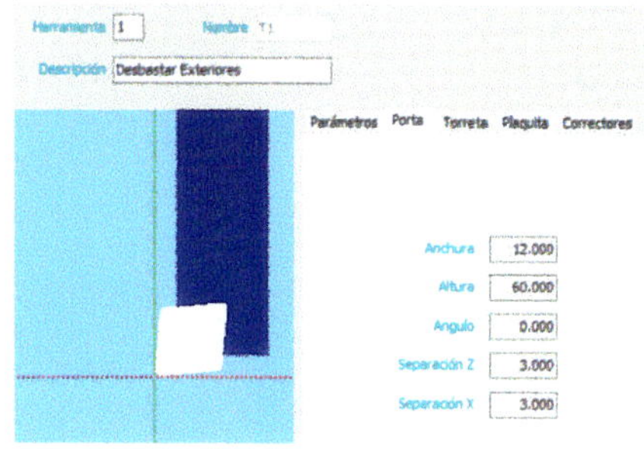

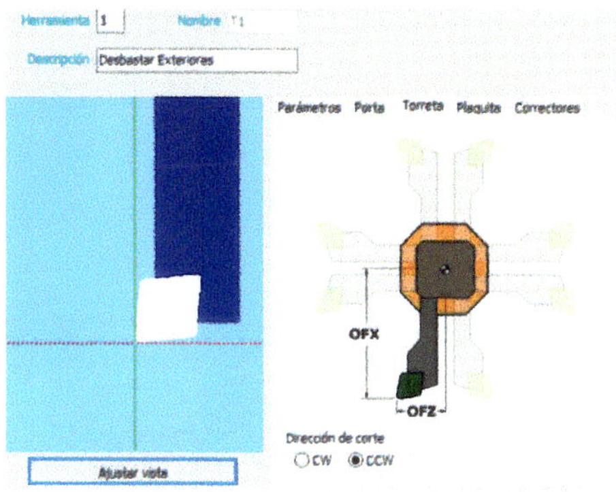

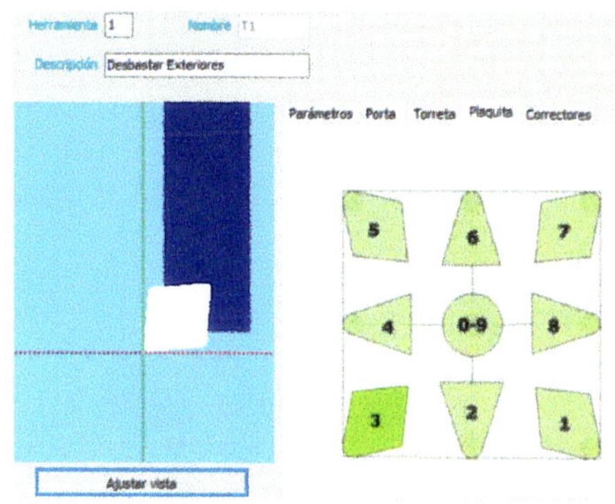

La siguiente herramienta es un porta de exteriores, para la pasada de acabado. Utilizaremos una plaquita rómbica de 55° y un radio de punta de 0,4 mm.

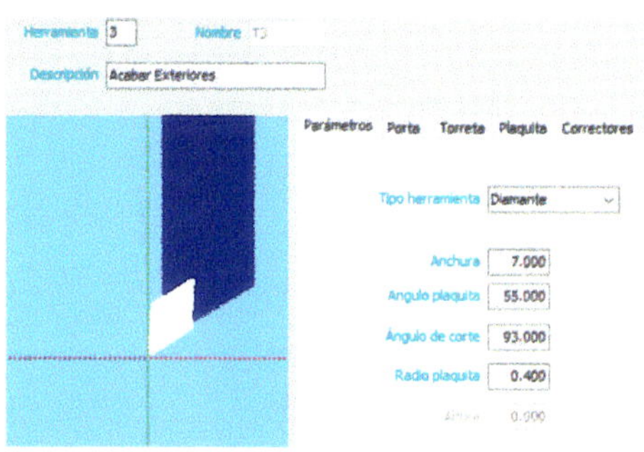

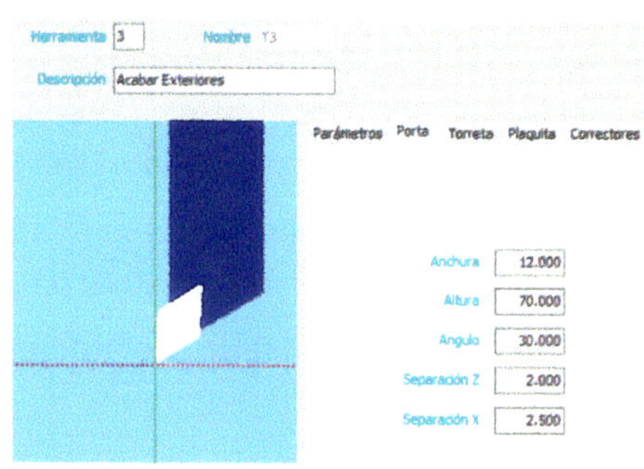

El resto de las pestañas son iguales a la herramienta anterior.

Lo siguiente consiste en crear una herramienta de ranurar. Elegiremos una plaquita de 3 mm de ancho, puesto que son muy habituales.

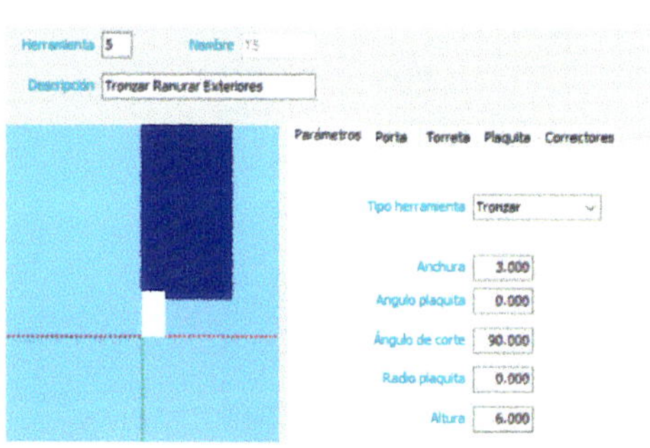

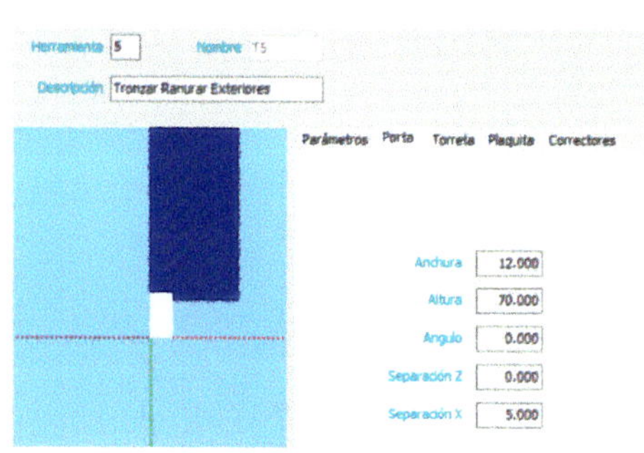

También necesitamos hacer un roscado a cuchilla, por lo que vamos a crear una herramienta de roscar exteriores. La rosca que debemos hacer es métrica 30 y de paso 1,5 mm, así que necesitamos una plaquita de 60°.

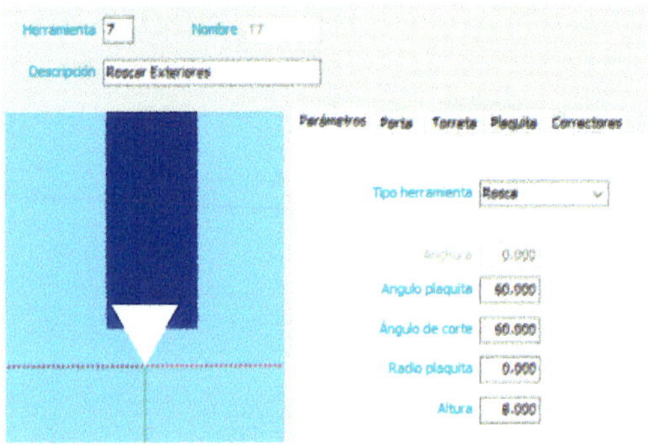

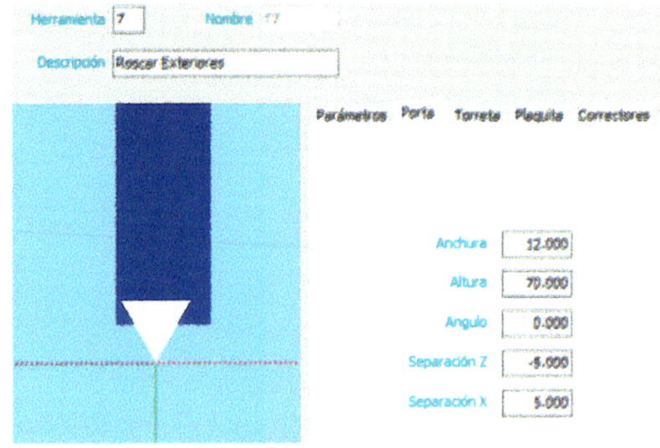

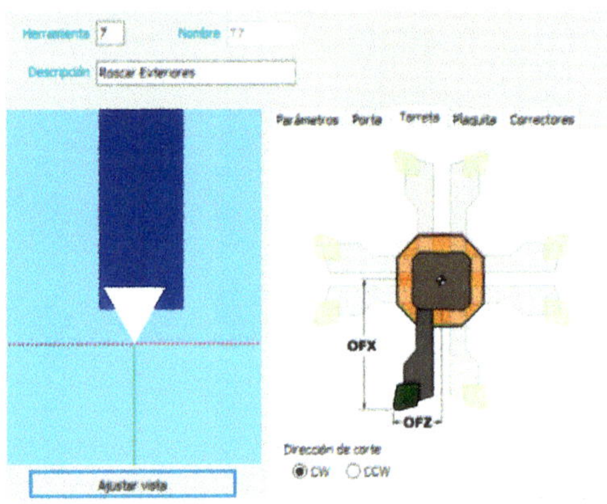

En este caso, la plaquita ha de posicionarse del revés en el porta (la plaquita debe situarse en la parte inferior del porta), para que pueda cortar el material cuando el plato gire a derechas. Si hacemos la rosca con el plato girando en sentido contrario a las agujas del reloj **M4,** crearemos una rosca a izquierdas. Por esta razón, a la hora de programar el roscado, necesitamos girar el plato a derechas **M3.**

Ahora, creamos una broca de 10 mm. Aquí solamente tenemos una opción, dado que las brocas solo cortan en un sentido (hay brocas de corte a izquierdas, pero no resultan lo habitual).

Esto quiere decir que, obligatoriamente, el plato tiene que girar a derechas **M3.**

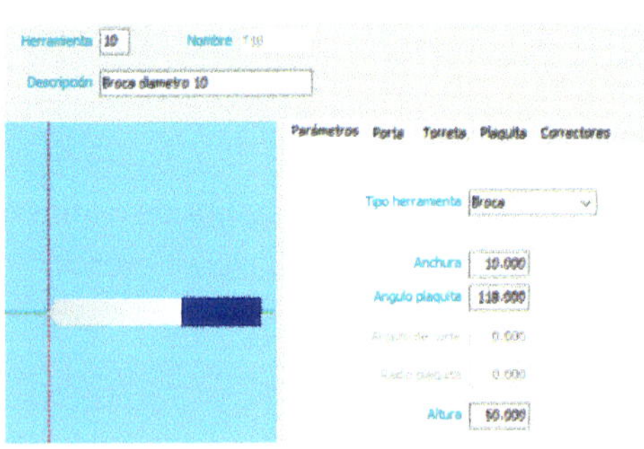

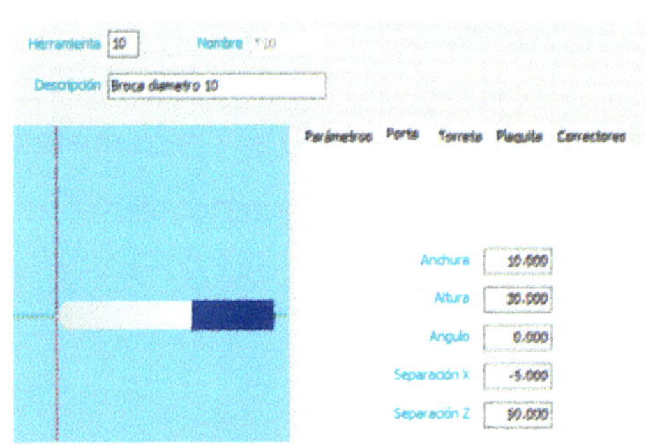

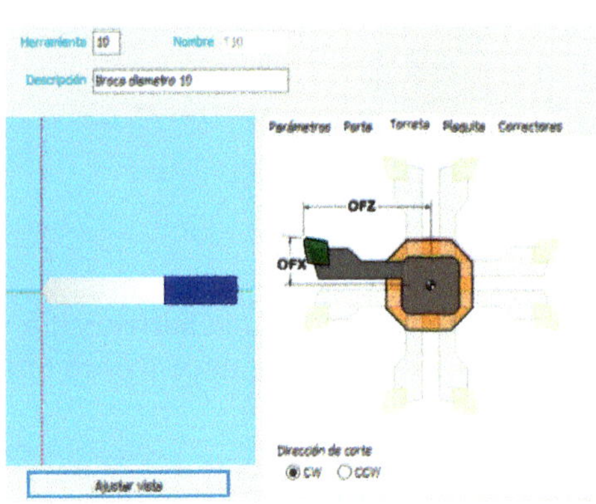

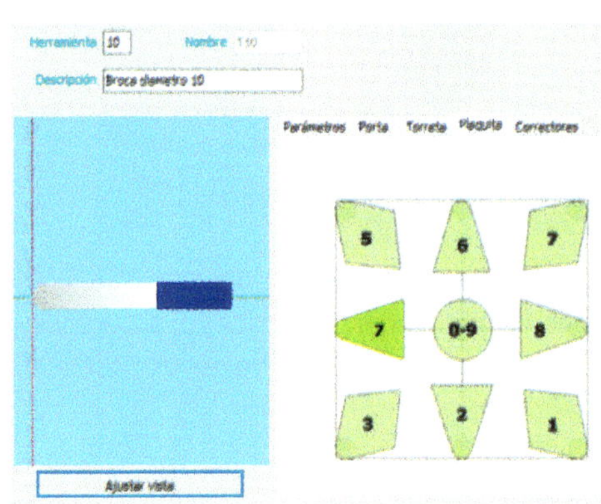

Sobre la imagen que muestra las herramientas, puedes pinchar para mover la herramienta y verla de una forma más cómoda; también puedes hacer *zoom* con la rueda del ratón.

Para terminar, crearemos una lama de tronzar.

Cuando terminemos de mecanizar la pieza, la tronzaremos para dejar el trabajo terminado. No podemos utilizar el porta de ranurar, ya que la profundidad que podemos cortar es mucho menor al radio de la pieza.

Para ello, se emplea una lama. La característica principal estriba en que el mango sobre el que se aloja la plaquita presenta el mismo ancho que esta, pudiendo introducirse en la pieza sin rozar.

Lógicamente, dicha herramienta es menos robusta y debemos mostrarnos más conservadores a la hora de programarle los avances y las velocidades.

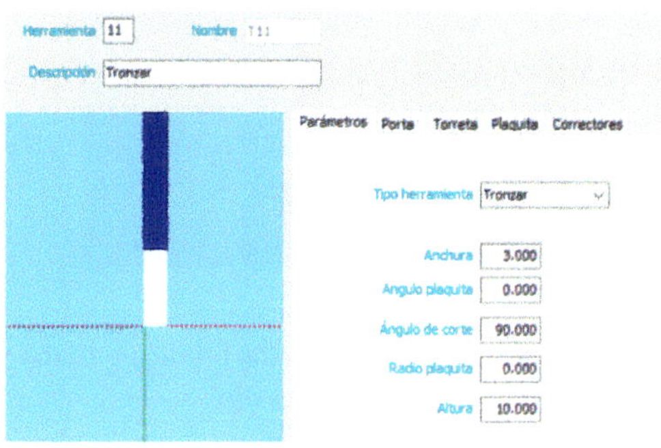

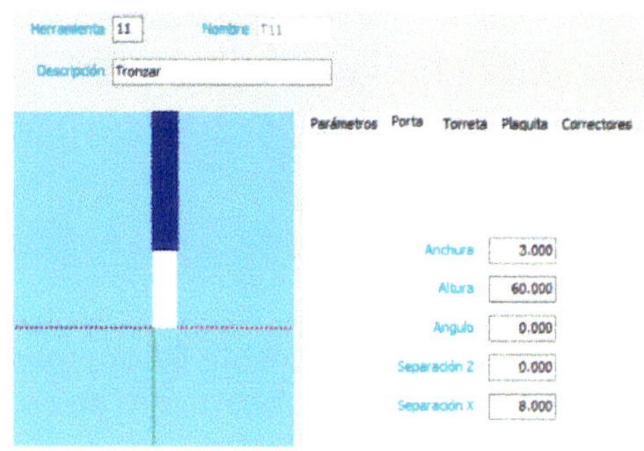

Ya hemos terminado con las **Herramientas.** Ahora solo nos falta definir el **Bruto.**

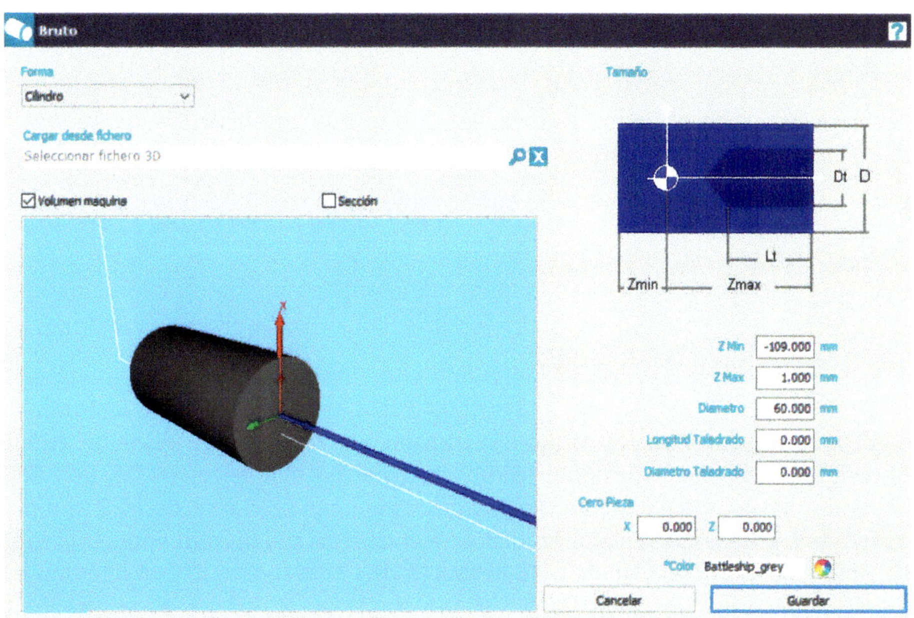

Partimos de un bruto de diámetro de 60 y 110 mm de longitud.

Tenemos material de sobra para poder sujetar la pieza con las garras y contar con suficiente material como para poder mecanizarla entera de una sola vez.

Dejamos 1 mm en **Z Max** para refrentar y los 109 mm restantes se encuentran en **Z Min.**

Si has seguido todos los pasos, deberías ver la pantalla de simulación como en la imagen mostrada a continuación.

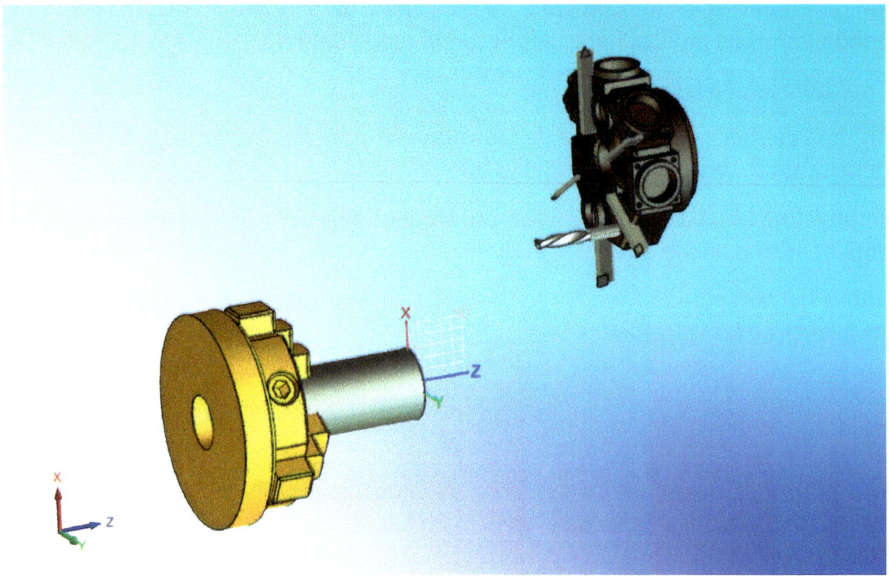

Pulsamos sobre el botón de **Edición** para comenzar a programar. Cada línea de texto se llama «bloque». Todo lo que insertamos en un mismo bloque se ejecuta a la vez.

A la hora de escribir, hemos de tener en cuenta algunos detalles, como acostumbrarse a escribir en mayúsculas. No utilices comas para programar; siempre usa puntos.

Después de cada bloque, puedes incluir un punto y coma **(;)** y escribir lo que quieras, para que te ayude a la hora de repasar, o dejar explicado algún paso concreto:

```
T1 D1 M4; cambio de herramienta número 1 y giro a izquierdas
```

El control solamente lee hasta el punto y coma, así que lo que se encuentre detrás no le influye. Te recomiendo que los comentarios los escribas en letras minúsculas.

En la primera herramienta de desbaste, usamos una V_c = 180 m/min y *F* = 0,3 mm.

Empezamos a escribir:

```
G90 G95 G96 G71

G92 S4500

F0.3 S180 T1 D1 M4
```

Comenzamos indicando unas funciones generales: trabajar en coordenadas absolutas **(G90),** avance en mm/rev **(G95),** velocidad de corte constante **(G96)** y trabajar en milímetros **(G71).** Con **G92,** limitamos el giro del plato a un máximo de 4500 rpm. Por último, definimos el avance de **F0.3** mm por vuelta y la velocidad de corte de V_c 180 m/min. En el mismo bloque, llamamos a la herramienta número 1 **(T1),** con su corrector **(D1);** también damos giro al plato a izquierdas **(M4).**

Hacemos un movimiento rápido para acercarnos a la pieza, pero siempre dejando una distancia de seguridad de 2 mm, aproximadamente:

```
G00 X62 Z0
```

Con avance controlado, bajamos hasta el centro, para hacer el refrentado de la pieza. La cara resultante será el cero del eje Z.

Bajamos hasta X – 1, para garantizar que la plaquita llega hasta el centro de la pieza y, de esta forma, nunca nos quedarán tetones:

```
G01 X-1
```

Luego, nos retiramos hacia atrás, para no rozar con la pieza:

```
Z2
```

La forma correcta de trabajar sería incluyendo un ciclo de desbaste; por ejemplo, un **G68.** En esta ocasión, programaremos pasadas a mano, para ir adquiriendo soltura y comprender bien todos los movimientos que hace la herramienta.

Nos posicionamos en X, para dar la primera pasada longitudinal:

```
G00 X57
```

Con avance controlado, señalamos la profundidad hasta la cual debe llegar la herramienta.

Cilindramos 3 mm de más porque, luego, vamos a tronzar la pieza. De esta forma, la lama de tronzar tendrá que cortar menos material:

```
G01 Z-90
```

Todavía no podemos retirarnos en Z; es necesario subir en X, para que la plaquita arranque todo el material que queda en la cara final:

```
X62
```

Ahora, cambiamos a avance rápido y nos posicionamos en Z; luego, en X, para la próxima pasada. Se requiere hacer dos bloques diferentes, ya que, si incluimos las coordenadas de los dos ejes en el mismo bloque, se moverán interpolando y la cuchilla puede chocar contra la pieza:

```
G00 Z2

X50
```

Cambiamos nuevamente a **G01** y repetimos lo anterior. Cuando llegamos al final, subimos en X, hasta limpiar todo el material, y volvemos en avance rápido, donde nos posicionamos para dar la siguiente pasada:

```
G01 Z-57

X60

G00 Z2

X40

G01 Z-43

X52

G00 Z2

X30

G01 Z-31

X42
```

Una vez hemos terminado, enviamos la herramienta lejos de la pieza, con avance rápido:

```
G00 X100 Z200
```

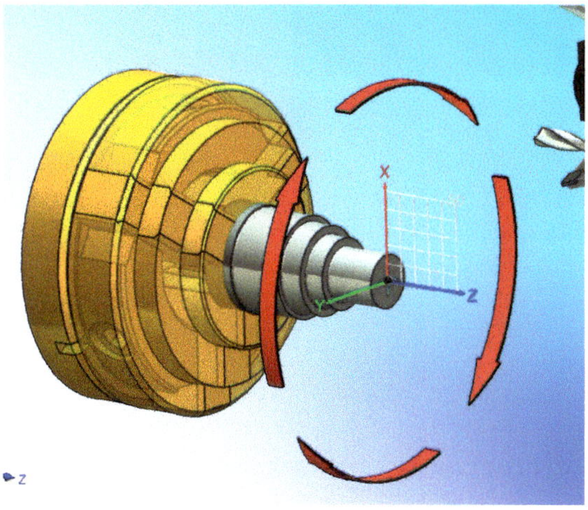

Ya hemos programado la primera operación de desbaste.

Pulsa el botón X para salir de la pantalla. Una ventana se abrirá, indicando que el análisis ha sido correcto.

Ahora puedes verificar, en la pantalla de simulación, si la máquina realiza lo que le hemos programado.

Continuamos con la herramienta de acabado. Le asignamos una V_c = 180 m/min y F = 0,2:

```
F0.2 S180 T3 D3 M4; acabado
```

Nos acercamos a la pieza en avance rápido:

```
G00 X0 Z5
```

Comenzamos con el contorno desde X + 0 Z + 0:

```
G01 Z0
```

Para hacer el chaflán en la esquina, programamos un **G39:**

```
G39 R2 X30
Z-31
```

Hacemos lo mismo para los radios usando un **G36:**

```
G36 R2 X40
Z-43
G36 R2 X50
Z-57
G39 R1.5 X57
Z-90
X62
```

Cuando terminamos, nos alejamos en avance rápido:

```
G00 X100 Z200
```

Lo próximo es hacer el ranurado.

Para ello, programamos unas revoluciones fijas **G97,** en lugar de la velocidad de corte constante. Esta herramienta trabaja con V_c = 120 m/min aunque, para el proceso de ranurado, debemos bajar las condiciones de corte entre la mitad y un tercio.

En la función S, indicamos las revoluciones por minuto, en lugar de la velocidad de corte. Recuerda que el uso de taladrina viene muy bien para un mejor desahogo de la viruta:

```
G97 F0.15 S650 T5 D5 M4 M8; ranurar
```

Para insertar el ciclo de ranurado, nos vamos a la parte central de la pantalla y buscamos el ciclo.

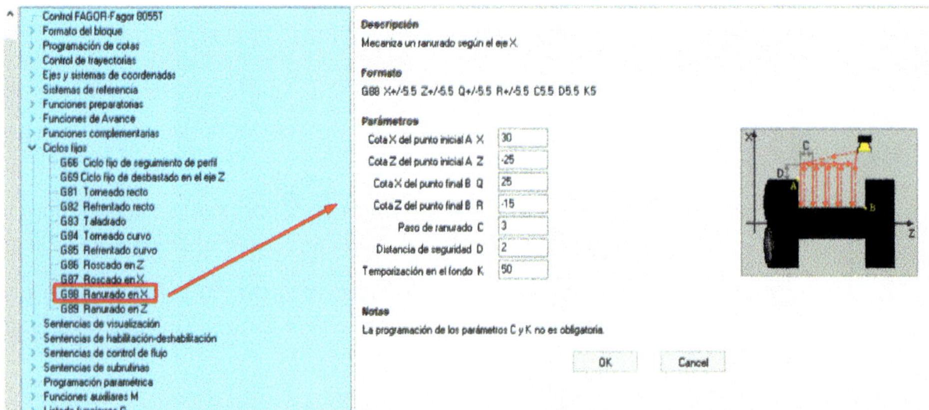

Rellenamos los datos que se nos pide.

Fíjate en los datos que he puesto y mira el plano, para comprender bien las coordenadas.

El **Paso de ranurado** C es la medida que desplaza la herramienta cada vez, antes de entrar a mecanizar sobre la pieza. Si no pones nada, el control hará el cálculo automáticamente.

A la **Distancia de seguridad** siempre le daremos un valor de 2 o 3 mm y la **Temporización en el fondo** es el tiempo que está quieta la herramienta, cuando llega al final de la coordenada programada. Dicho valor se indica en centésimas de segundo; por tanto, 50 es igual a medio segundo.

Resulta aconsejable dejar un tiempo mínimo, para que la plaquita sea capaz de repasar el diámetro completo antes de retirarse. Pero recuerda que un tiempo excesivo lo único que produce es demasiado rozamiento, lo que provoca un desgaste en la plaquita. Pulsamos **OK,** y la línea completa de ciclo se inserta en el programa:

```
G88 X30 Z-25 Q25 R-15 C3 D2 K50
```

Siempre es necesario anular cualquier ciclo si no lo vamos a seguir utilizando; nos ahorrará problemas:

```
G80
```

Y, como siempre, nos alejamos de la pieza por seguridad:

```
G00 X100 Z200
```

Ha llegado el turno del taladro. Utilizamos una broca de metal duro con refrigeración interna. La función **G97** continúa activa; por lo tanto, calculamos las rpm para una V_c = 120 m/min:

```
F0.1 S3800 T10 D10 M3 M7; taladrar Vc=120
```

Nos posicionamos rápido cerca de la pieza, pero con seguridad:

```
G00 X0 Z10
```

Como en el proceso anterior, buscamos el ciclo de taladrado.

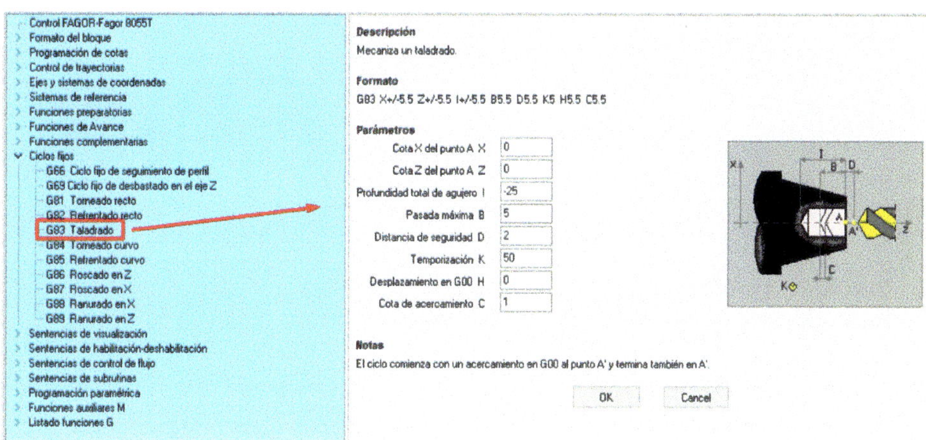

En un torno de dos ejes, solamente podremos hacer taladros en el eje de revolución de la pieza; por lo tanto, las coordenadas de inicio de taladrado serán X + 0, Z + 0.

La **Profundidad total de agujero** I es la profundidad que tiene que penetrar la broca. Dicho parámetro debemos ponerlo con signo negativo; si no, hará el taladro en sentido contrario.

La **Pasada máxima** B es la profundidad a la que puede entrar la broca de una sola vez. En principio, trabajamos con una broca de metal duro y, por lo tanto, podría hacer el agujero de una sola vez, pero, para explicar las diferentes opciones, le daremos una profundidad máxima de 5 mm.

En **Desplazamiento en G00** H, indicamos cuántos milímetros queremos que se retire hacia atrás para hacer el desahogo. Si ponemos 0, la broca saldrá por completo del agujero en avance rápido; después, vuelve a entrar también en avance rápido, hasta la **Cota de acercamiento** C que le indiquemos.

La broca hará lo siguiente: se posiciona rápido en X + 0 Z + 2, avanza hasta Z – 5, retrocede rápido hasta Z + 2, entra rápido hasta Z – 4 y avanza hasta Z – 10, sale rápido hasta Z + 2, entra rápido hasta Z – 9 y avanza hasta Z – 15, y así sucesivamente, hasta alcanzar la cota final:

```
G83 X0 Z0 I-25 B5 D2 K50 H0 C1
G80G00 X100 Z200
```

Continuamos, esta vez con el roscado. Volvemos a programar la velocidad de corte constante, llamamos a la herramienta y le damos giro a derechas; después, nos acercamos rápido cerca de la pieza.

Buscamos el ciclo de roscado **G86** y después, como siempre, lo anulamos y nos retiramos:

```
G96 F0.1 S120 T7 D7 M3; roscar
G00 X35 Z10
G86 X30 Z0 Q30 R-17 I0.9195 B0.15 E0.07 D2 L0 C1.5 J0 A60
G80
G00 X100 Z200
```

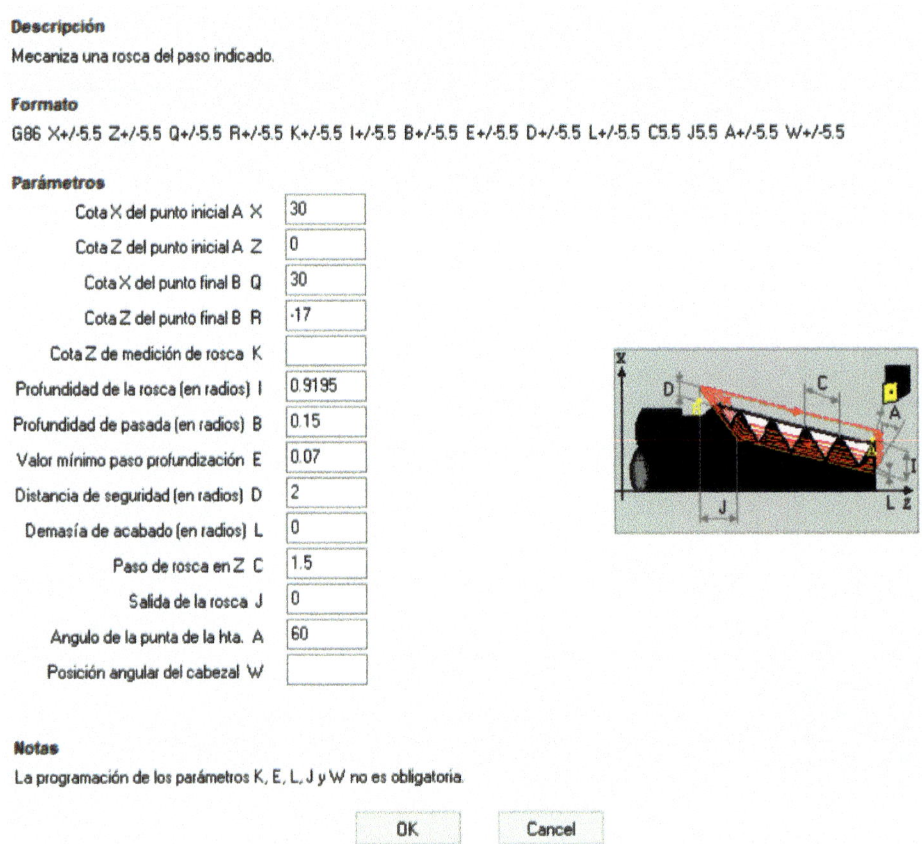

Los cuatro primeros parámetros son para indicar las coordenadas de inicio y fin del roscado; en lugar de 15 mm, le he dado 17, para que la cuchilla termine de roscar fuera, en un lugar seguro donde no hay material.

En roscas métricas, *la fórmula para calcular la profundidad del filete es de 0,613 por el paso de rosca:* 0,613 × 1,5 = 0,9195 mm.

Una rosca nunca podremos hacerla de una sola pasada. La plaquita debe dar varias pasadas, hasta conseguir el perfil completo.

El control se encarga de calcular el número de pasadas. Las primeras serán más profundas y, a medida que la plaquita se introduce en el perfil, las pasadas serán menos profundas, ya que la herramienta va empañando una mayor superficie. En el capítulo de procesos de torneado, hablamos sobre ello.

En el parámetro **Profundidad de pasada** B, introducimos la pasada máxima que llevará la plaquita en las primeras pasadas. Dicha medida se irá reduciendo, hasta llegar a un mínimo que podemos indicar en el parámetro E: **Valor mínimo paso de profundización.**

En este caso, no necesitamos hacer una salida de rosca y, por eso, ponemos 0 en el parámetro **Salida de la rosca** J. Y, con respecto al **Ángulo de la punta de la hta,** ya sabemos que es de 60°.

Posición angular del cabezal: lo usaremos para hacer roscas con varias entradas o para posicionar el comienzo de rosca en un punto concreto.

Para dar por terminada la pieza, la tronzaremos.

Seguimos los mismos pasos que hicimos para hacer el ranurado, pero ahora no utilizaremos un ciclo.

Programamos unas revoluciones fijas y llamamos a la herramienta. Ten en cuenta el ancho de la herramienta, para sumarlo a la longitud total:

```
G97 F0.1 S300 T11 D11 M4 M8; tronzar

G00 X62 Z-90
```

Después de posicionarnos, comenzamos a penetrar en la pieza, con un avance lento:

```
G01 X20
```

Cuando nos quedan 20 mm para llegar al centro, bajamos aún más las condiciones de corte. Este es el momento más delicado, tanto para la pieza como para la herramienta, y se recomienda una buena evacuación de la viruta:

```
F0.05 S200 X-1
```

Una vez terminado el corte, nos retiramos lejos de la pieza y ponemos fin a nuestro programa:

```
G00 X62

X100 Z200

M30
```

Como siempre te digo, las condiciones de corte utilizadas han sido una simple aproximación, para que te hagas una idea acerca del dónde y cómo utilizarlas.

Aquí tienes el programa completo:

```
G90 G95 G96 G71

G92 S4500

F0.3 S180 T1 D1 M4; desbaste

G00 X62 Z0

G01 X-1

Z2

G00 X57

G01 Z-90

X62

G00 Z2

X50

G01 Z-57

X60

G00 Z2

X40
```

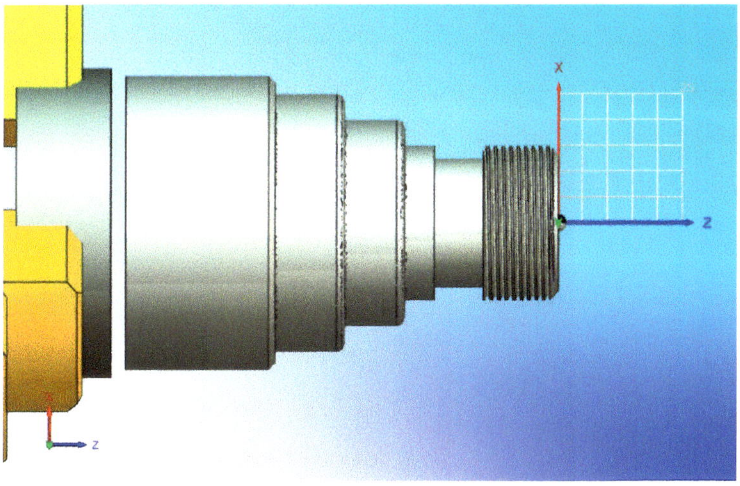

```
G01 Z-43
X52
G00 Z2
X30
G01 Z-31
X42
G00 X100 Z200
F0.2 S180 T3 D3 M4; acabado
G00 X0 Z5
G01 Z0
G39 R2 X30
Z-31
G36 R2 X40
Z-43
G36 R2 X50
Z-57
G39 R1.5 X57
Z-90
X62
G00 X100 Z200
G97 F0.15 S650 T5 D5 M4 M8; ranurar
G88 X30 Z-25 Q25 R-15 C3 D2 K50
G80
G00 X100 Z200
F0.1 S3800 T10 D10 M3 M7; taladrar
G00 X0 Z10
G83 X0 Z0 I-25 B5 D2 K50 H0 C1
G80G00 X100 Z200
G96 F0.1 S120 T7 D7 M3; roscar
G00 X35 Z10
G86 X30 Z0 Q30 R-17 I0.9195 B0.15 E0.07 D2 L0 C1.5 J0 A60
G80
G00 X100 Z200
G97 F0.1 S300 T11 D11 M4 M8; tronzar
G00 X62 Z-90
G01 X20
F0.05 S200 X-1
G00 X62
X100 Z200
```

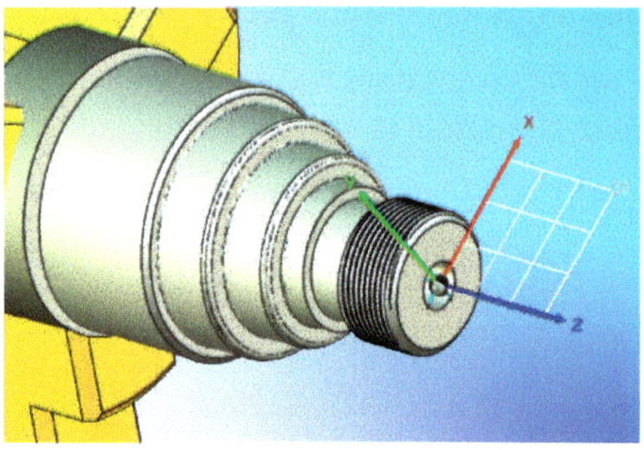

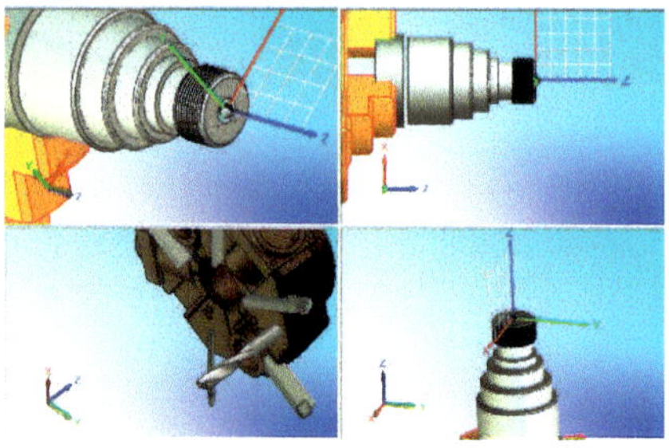

M30

Ahora ha llegado el turno del fresado. Al igual que hicimos con el torno, vamos a hacer un programa para mecanizar una pieza en nuestra fresadora.

La pieza que fabricaremos será de aluminio. Partiremos de un bruto de 110 × 90 × 25 mm y utilizaremos cuatro herramientas de metal duro.

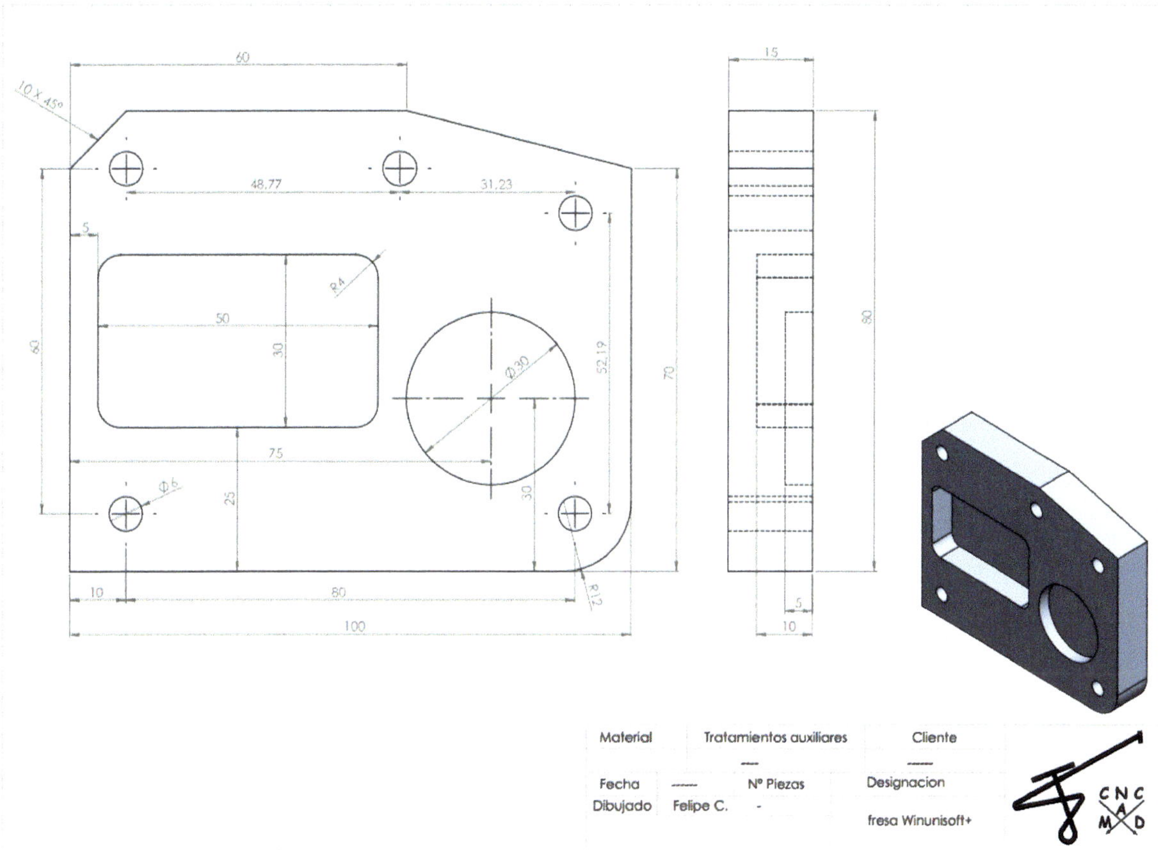

Nos vamos al simulador y comenzamos pulsando sobre **Nuevo proyecto;** después, elegimos la fresadora **Generic milling machine** y el control **Fagor 8055M.**

Entramos en la ventana de **Orígenes** y nos aseguramos de tener todos los valores a cero.

Después, pulsamos sobre el botón **Propiedades de Máquina** y aportamos los datos que necesita el control acerca de nuestra fresadora.

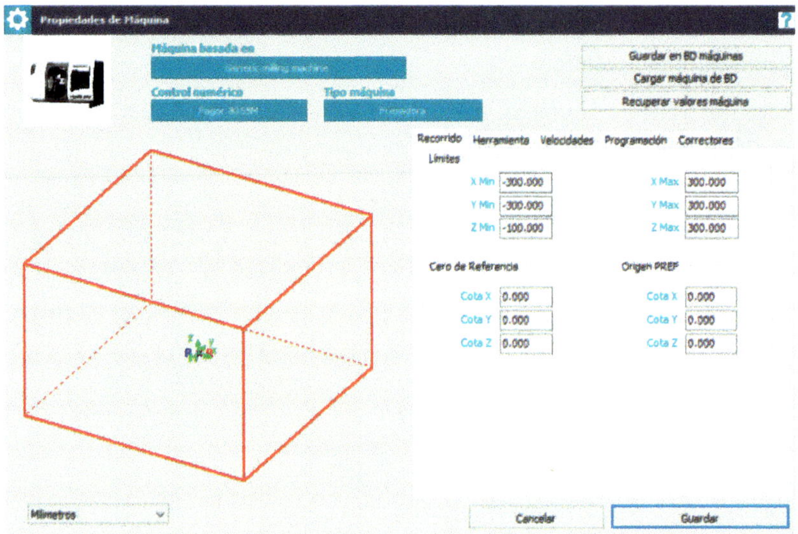

Daremos los recorridos en todos los ejes, para obtener espacio suficiente de trabajo.

Añade los mismos datos que aparecen en la imagen o, si lo prefieres, puedes elegir los que tú quieras.

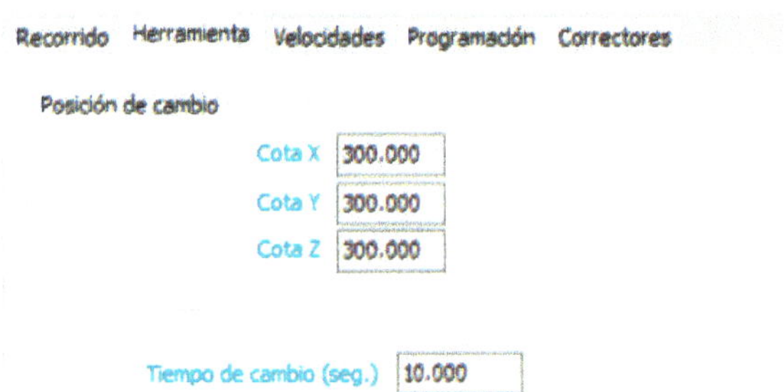

El cambio de **Herramienta** lo hacemos en una zona segura, en los límites de máquina.

Y añadimos las **Velocidades** de avance y RPM.

El resto de las pestañas las dejamos como están.

Continuamos creando las herramientas que vamos a utilizar.

Usaremos un plato de diámetro 50 para hacer el contorno exterior.

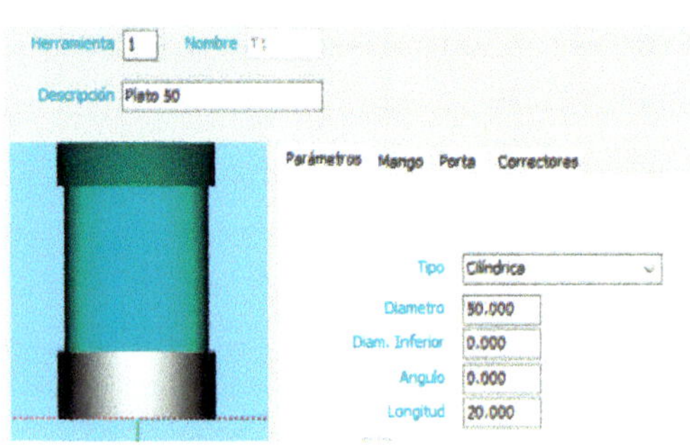

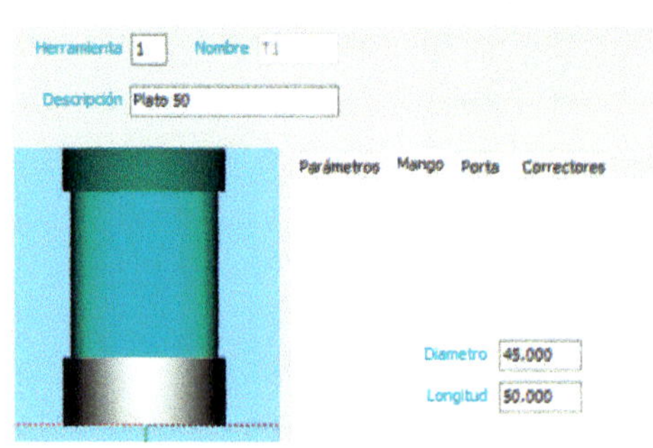

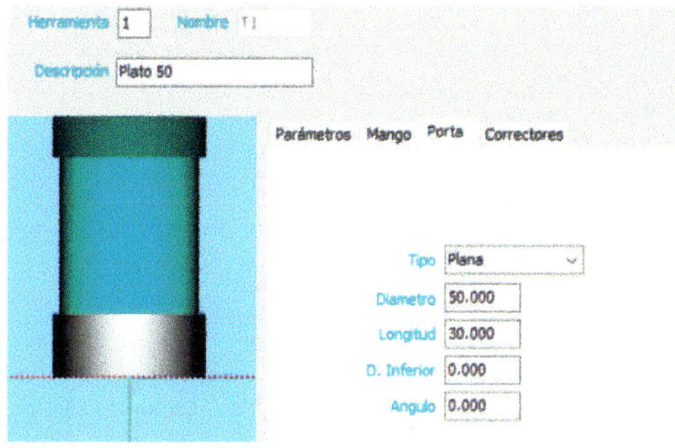

Utilizaremos una fresa plana de diámetro de 10 mm para desbastar las cajeras.

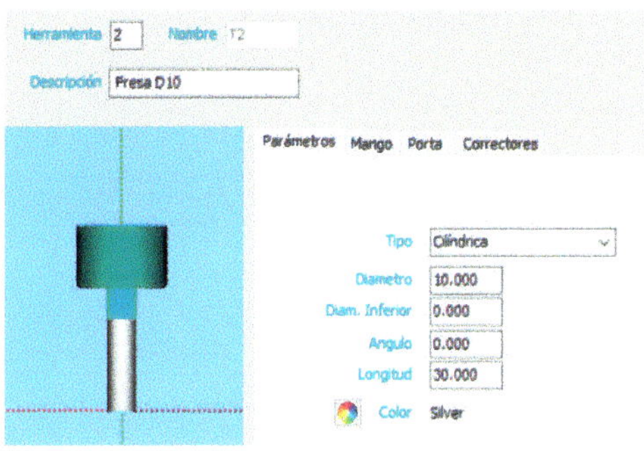

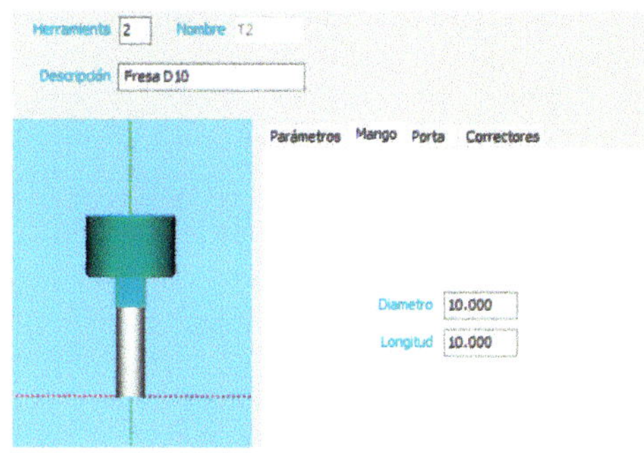

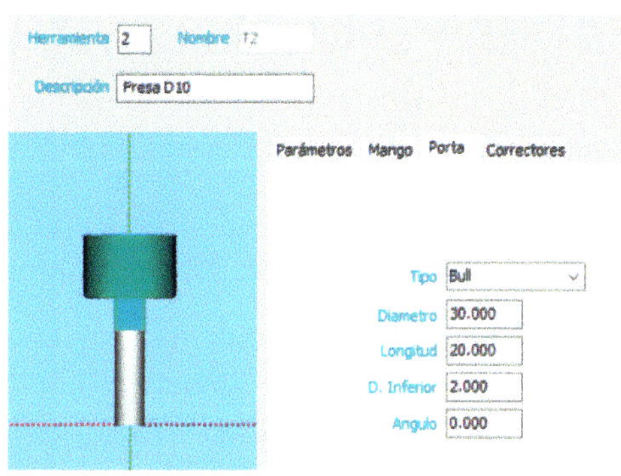

Con una fresa plana de diámetro de 6 mm, haremos el acabado de las cajeras.

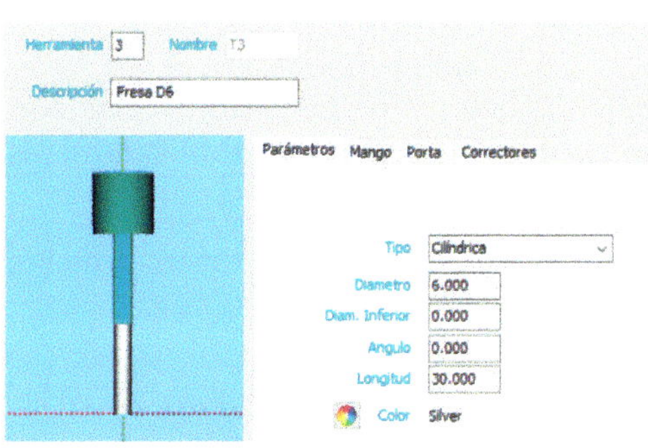

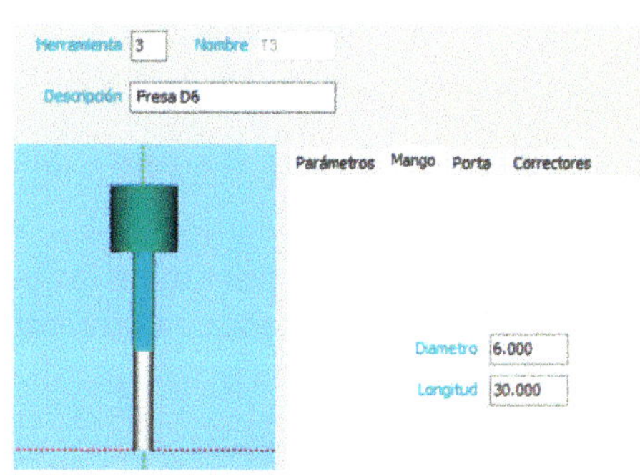

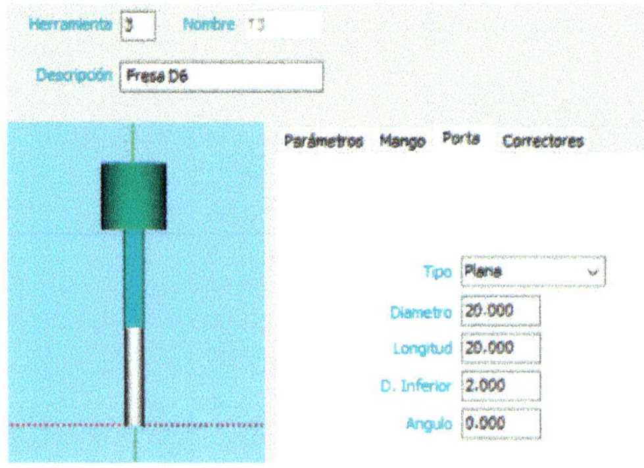

Y, por último, necesitamos una broca de diámetro de 6 mm para hacer los taladros.

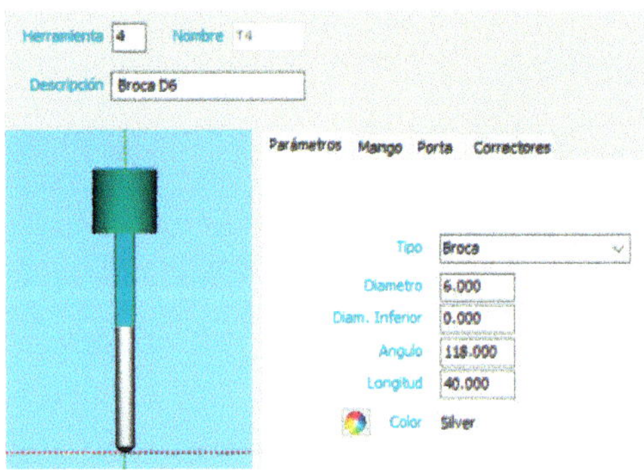

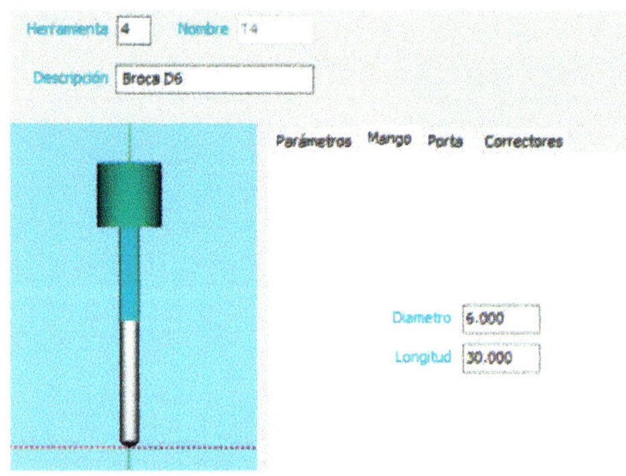

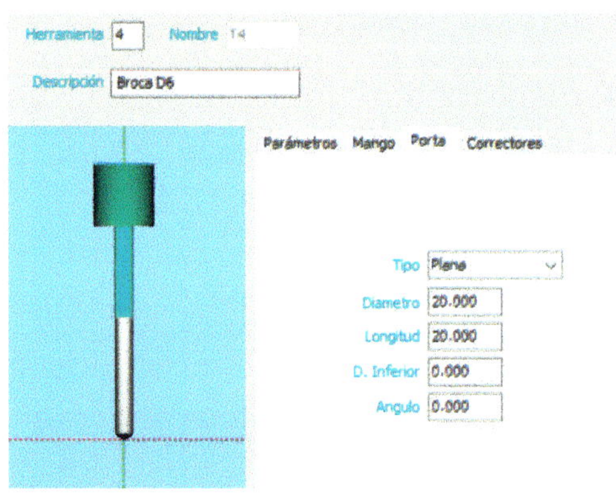

Como te habrás dado cuenta, no hemos indicado nada en la pestaña de **Correctores.** *Esta parte es muy importante: vamos a trabajar con compensación de radio y necesitamos indicar al control las medidas correctas de la herramienta.*

Una vez que hemos terminado de crear todas las herramientas, volvemos a abrir la ventana de **Propiedades de máquina** y nos vamos a la pestaña de **Correctores.**

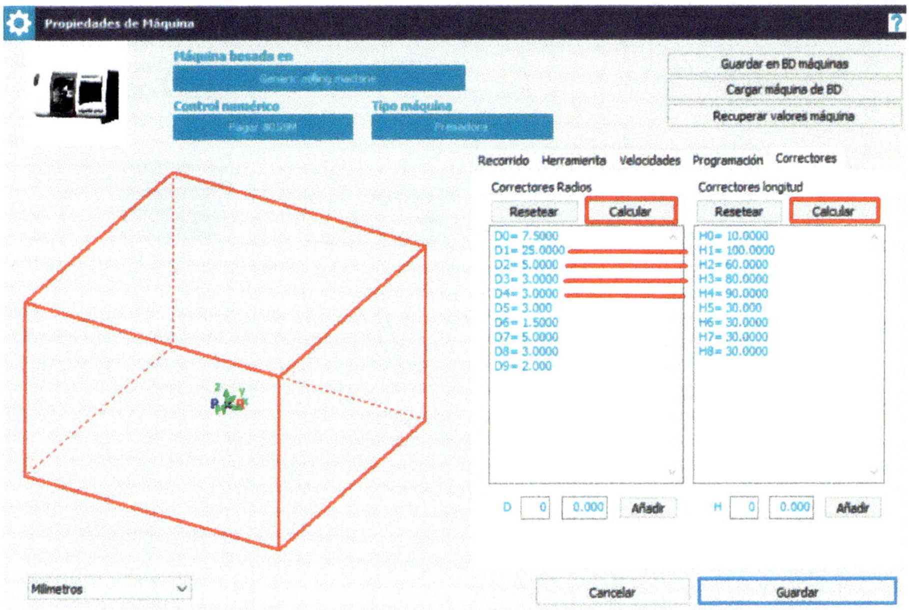

Pulsamos en ambos botones de **Calcular** y el control introduce tanto el radio de la herramienta como la altura. Esta altura constituye la suma de la longitud de la herramienta, el mango y el porta.

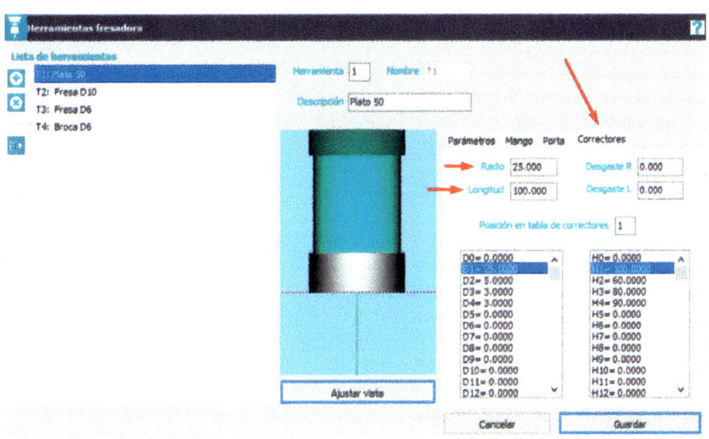

Siempre puedes introducir estas medidas manualmente desde la pestaña de **Correctores** que se encuentra en la ventana de **Herramientas,** aunque, si lo haces de la forma anterior, garantizas que no se produzcan errores, porque el control realiza los cálculos automáticamente. Continuamos indicando las medidas del **Bruto.**

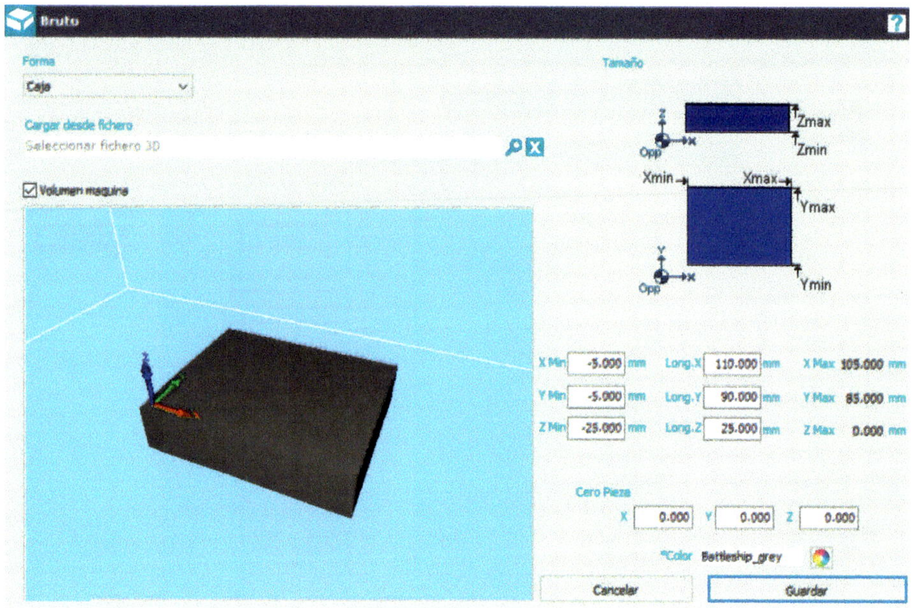

Como puedes ver en la imagen, dejamos 5 mm alrededor de la pieza, para que el plato mecanice todas las caras quitando la misma cantidad de material en cada una de ellas.

Ya podemos ir a la ventana de **Edición** y comenzar a escribir el programa.

Empezamos incluyendo algunas funciones, para garantizar que se encuentran activas:

```
G90 G94 G97 G71 G17
```

Añadimos las revoluciones, la herramienta con su corrector y la función **M6,** para que realice el cambio de herramienta en el almacén de la máquina. Después, le damos giro y taladrina:

```
S1900 T1 D1 M6; plato 50
M3 M8
```

Lo primero que hacemos es posicionarnos en avance rápido fuera de la pieza, cerca del cero de pieza, ya que, en este punto, comenzaremos a mecanizar:

```
G00 X-30 Y-30 Z100
```

Bajamos en rápido hasta una zona segura; siempre hay que asegurarse de no hacer movimientos rápidos cerca de la pieza, sobre todo cuando no contamos con gran experiencia:

```
Z10
```

Continuamos bajando hasta la altura final, aunque, esta vez, con un avance controlado,

más rápido que el avance de trabajo, pero sin ser el máximo:

```
G01 Z-15 F5000
```

Recuerda que **G01** es una función **modal.** No se requiere volver a escribirlo mientras sigamos programando líneas.

Una vez tenemos la herramienta a la altura requerida, podemos acercarnos a la pieza para comenzar a mecanizar.

Para ello incluimos, en este bloque, la compensación de radio y el avance real que debe llevar la herramienta:

```
G41 X0 Y0 F2000
```

Seguimos añadiendo todas las coordenadas, incluyendo los redondeos y chaflanes:

```
G39 R10 Y80
X60
```

```
X100 Y70
G36 R12 Y0
X0
```

Siempre es necesario regresar al punto de inicio, para que el contorno quede perfectamente definido.

Una vez aquí, nos alejamos al mismo punto desde el cual comenzamos y anulamos la compensación de radio en el mismo bloque:

```
G40 X-30 Y-30
```

Ya nos podemos retirar; siempre nos alejaremos en Z, hasta una altura de seguridad:

```
G00 Z200
```

Salimos del **Editor** y vamos al **Simulador,** para verificar el trabajo realizado. Si todo se encuentra correcto, continuamos.

Programamos la siguiente herramienta, le damos giro y taladrina y nos colocamos sobre la cajera rectangular con avance rápido:

```
S9500 T2 D2 M6; fresa 10
M3 M8
G00 X30 Y40 Z100
Z10
```

Es el turno de buscar el ciclo de cajera rectangular. En la ventana central, recuerda que dispones de dicha información.

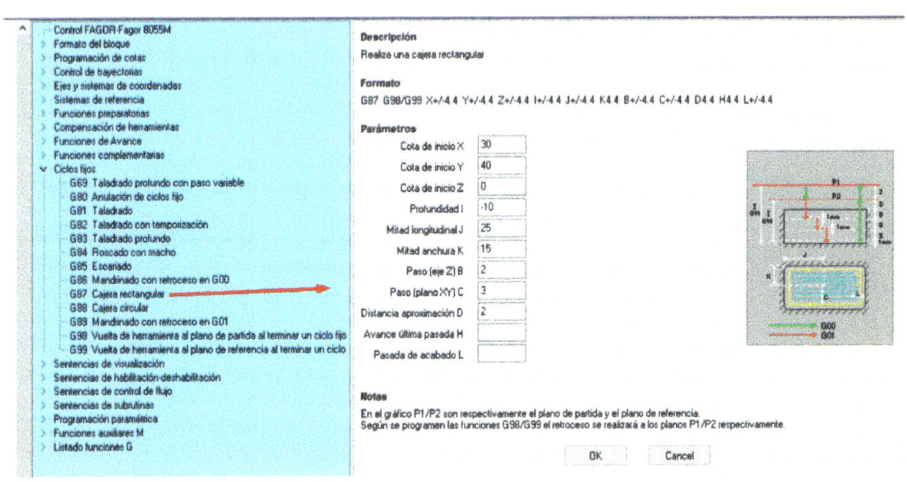

Para comenzar, has de indicar las cotas **X** e **Y** donde se encuentra el centro de la cajera.

La **Profundidad** I es la profundidad total de la cajera.

En el parámetro **Mitad longitudinal** J, tienes que poner cuánto mide la mitad de la cajera en el eje **X** y, en **Mitad anchura** K, cuánto mide la mitad de cajera en el eje **Y.**

El **Paso (eje Z)** B indica cada cuántos milímetros quieres bajar para ir mecanizando. Si la cajera mide 10 mm de profundidad, pero quieres mecanizar cada 2, entonces, en este parámetro, pones 2.

El **Paso (plano X,Y)** C sirve para indicar la pasada lateral **(ae);** en función del material y la pasada en altura, puedes llevar más o menos pasada lateral.

La **Distancia de aproximación** D sirve para indicarle al control hasta qué altura en **Z** puede acercarse la herramienta en avance rápido y, a partir de ahí, comenzar a desplazarse con el avance de trabajo programado.

En el **Avance de última pasada** H, puedes cambiar el avance, para dejar un mejor acabado.

En **Pasada de acabado** L, puedes cambiar la profundidad, para que la última pasada la realice de una sola vez, o en varias pasadas, más o menos pequeñas.

Esta vez, no rellenaremos los dos últimos parámetros, ya que utilizaremos otra herramienta para la pasada de acabado:

```
G87 X30 Y40 Z0 I-10 J25 K15 B2 C3 D2
```

Es el turno de la cajera circular. Utilizamos la misma herramienta.

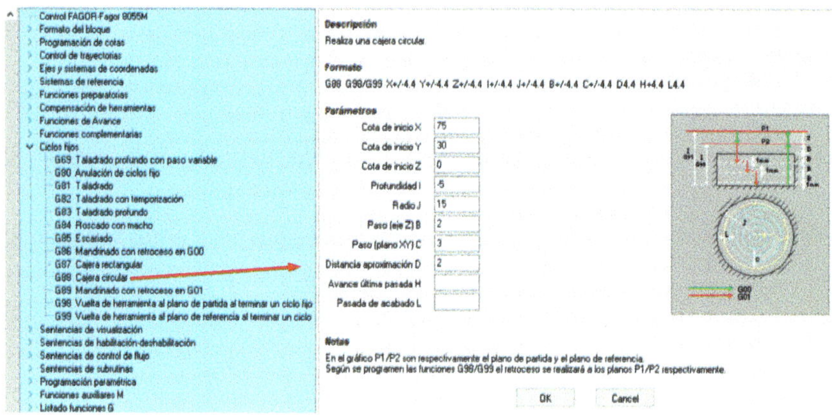

Como puedes ver, la forma de rellenar los datos resulta muy parecida a la función anterior.

Asegúrate de indicar bien el radio y no confundirlo con el diámetro de la cajera.

Una vez terminado, anulamos los ciclos activos y nos retiramos lejos de la pieza:

```
G88 X75 Y30 Z0 I-5 J15 B2 C3 D2
G80
G00 Z200
```

Para practicar un poco más, programaremos la pasada de acabado de ambas cajeras de forma manual.

Usaremos compensación de radio de herramienta y, además, incluiremos **coordenadas incrementales:**

```
S12000 T3 D3 M6; fresa 6 acabado
M3 M8
```

Nos colocamos en el centro de la cajera rectangular y bajamos hasta la altura final con seguridad:

```
G00 X30 Y40 Z100
Z10
G01 Z-10 F5000
```

Vamos a introducir coordenadas incrementales; de este modo, nos resulta más fácil la programación:

```
G91 G41 Y15 F2000
G36 R4 X-25
G36 R4 Y-30
G36 R4 X50
G36 R4 Y30
X-25
```

Regresamos a las coordenadas absolutas, anulamos la compensación de radio y nos alejamos:

```
G90 G40 X30 Y40
```

```
Z10 F5000
```

Ahora hacemos lo mismo para la cajera circular:

```
G00 X75 Y30
G01 Z-5 F5000
```

Nos acercamos al punto superior de la cajera, en línea recta y añadiendo la compensación:

```
G41 X75 Y45 F2000
```

Programamos un círculo a izquierdas, ya que hemos optado por la compensación a izquierdas.

Si programamos un **G02,** debemos cambiar la compensación por un **G42.** Es obligatorio indicar dónde se encuentra el centro del círculo; para ello, usamos **I, J.**

Desde la coordenada donde nos encontramos ahora mismo, el centro del círculo está a 0 mm en el eje **X** y a 15 mm negativos en el eje **Y:**

```
G03 X75 Y45 I0 J-15
```

Terminado el círculo, regresamos al centro, para alejarnos de la pared de la cajera, y anulamos la compensación. Luego nos retiramos, como siempre:

```
G40 G01 X75 Y30
Z10
G00 Z200
```

Solo nos queda hacer los taladros. Añadimos refrigeración interna y nos posicionamos sobre el primer taladro:

```
S12000 T4 D4 M6; broca 6
M3 M7
G00 X10 Y10 Z10
G81 X10 Y10 Z0 I-20
```

El ciclo **G81** es muy fácil de programar. Usando una broca de metal duro, podemos hacer el taladro de una sola pasada.

Al ser este ciclo una función modal, permanece activo. Por tanto, para hacer el resto de los taladros, no es necesario volver a escribir el ciclo; simplemente, indicando la coordenada, la herramienta se posicionará y realizará el ciclo programado.

Cuando hayamos terminado, anulamos el ciclo y nos retiramos, dando por finalizado el programa:

```
Y70
G91 X48.77
G90 X90 Y62.19
X90 Y10
G80
G00 X200 Y200 Z200 M30
```

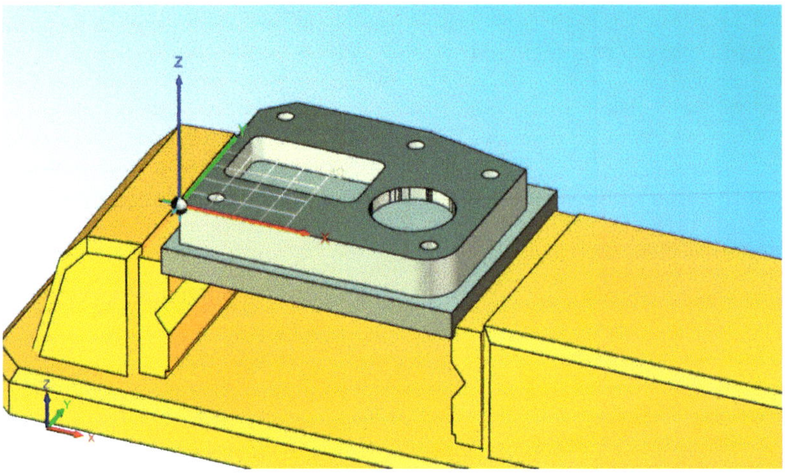

El programa completo de la pieza mecanizada sería:

```
G90 G94 G97 G71 G17
S1900 T1 D1 M6; plato 50
M3 M8
G00 X-30 Y-30 Z100
Z10
G01 Z-15 F5000
G41 X0 Y0 F2000
G39 R10 Y80
X60
X100 Y70
G36 R12 Y0
X0
G40 X-30 Y-30
G00 Z200
S9500 T2 D2 M6; fresa 10
M3 M8
G00 X30 Y40 Z100
Z10
G87 X30 Y40 Z0 I-10 J25 K15 B2 C3 D2
G88 X75 Y30 Z0 I-5 J15 B2 C3 D2
G80
G00 Z200
S12000 T3 D3 M6; fresa 6 acabado
M3 M8
G00 X30 Y40 Z100
Z10
G01 Z-10 F5000
```

```
G91 G41 Y15 F2000
G36 R4 X-25
G36 R4 Y-30
G36 R4 X50
G36 R4 Y30
X-25
G90 G40 X30 Y40
Z10 F5000
G00 X75 Y30
G01 Z-5 F5000
G41 X75 Y45 F2000
G03 X75 Y45 I0 J-15
G40 G01 X75 Y30
Z10
G00 Z200
S12000 T4 D4 M6; broca 6
M3 M7
G00 X10 Y10 Z10
G81 X10 Y10 Z0 I-20
Y70
G91 X48.77
G90 X90 Y62.19
X90 Y10
G80
G00 X200 Y200 Z200 M30
```

En la esquina superior derecha del simulador, aparece el tipo de control que estás utilizando.

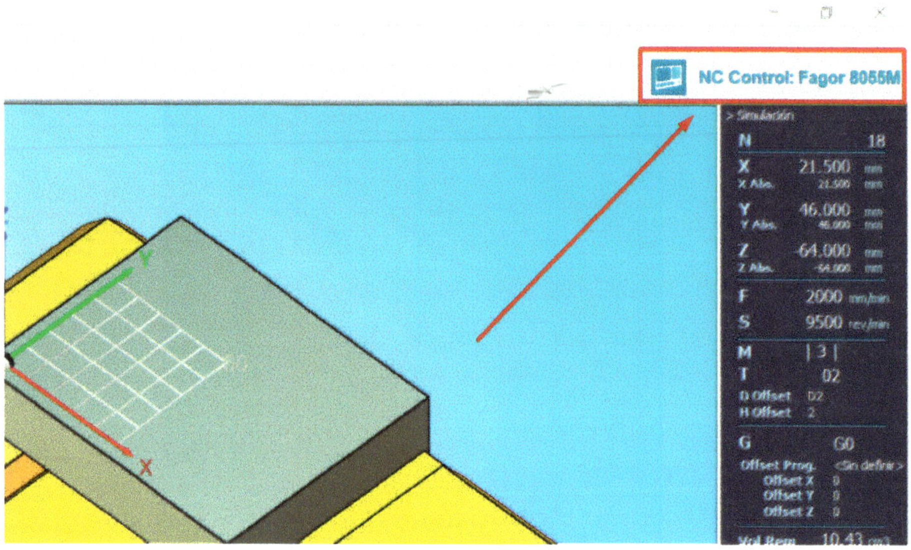

Si te sitúas encima del nombre del control y lo pulsas, automáticamente, se abrirá una nueva pantalla.

Ahora sí que puedes practicar como si estuvieras trabajando con la máquina real.

Tienes disponibles los controles **Fagor, Siemens** y **Fanuc.**

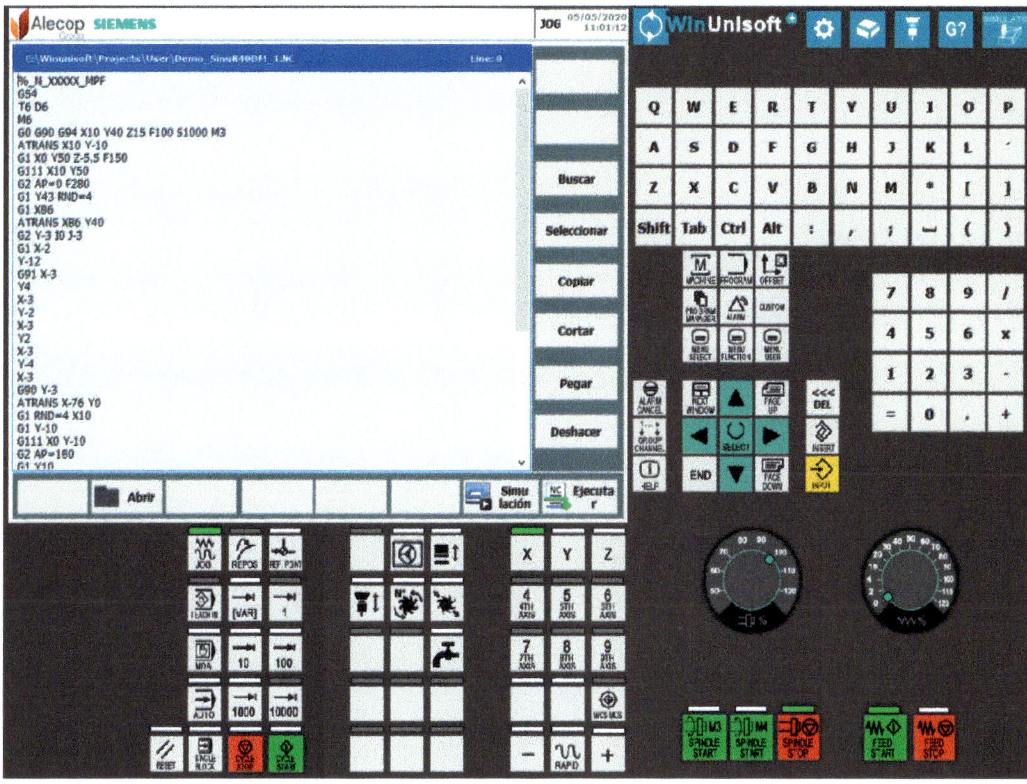
Alecop
SIEMENS
JOG
WinUnisoft
Buscar
Seleccionar
Copiar
Cortar
Pegar
Deshacer
Abrir
Simulación
Ejecutar

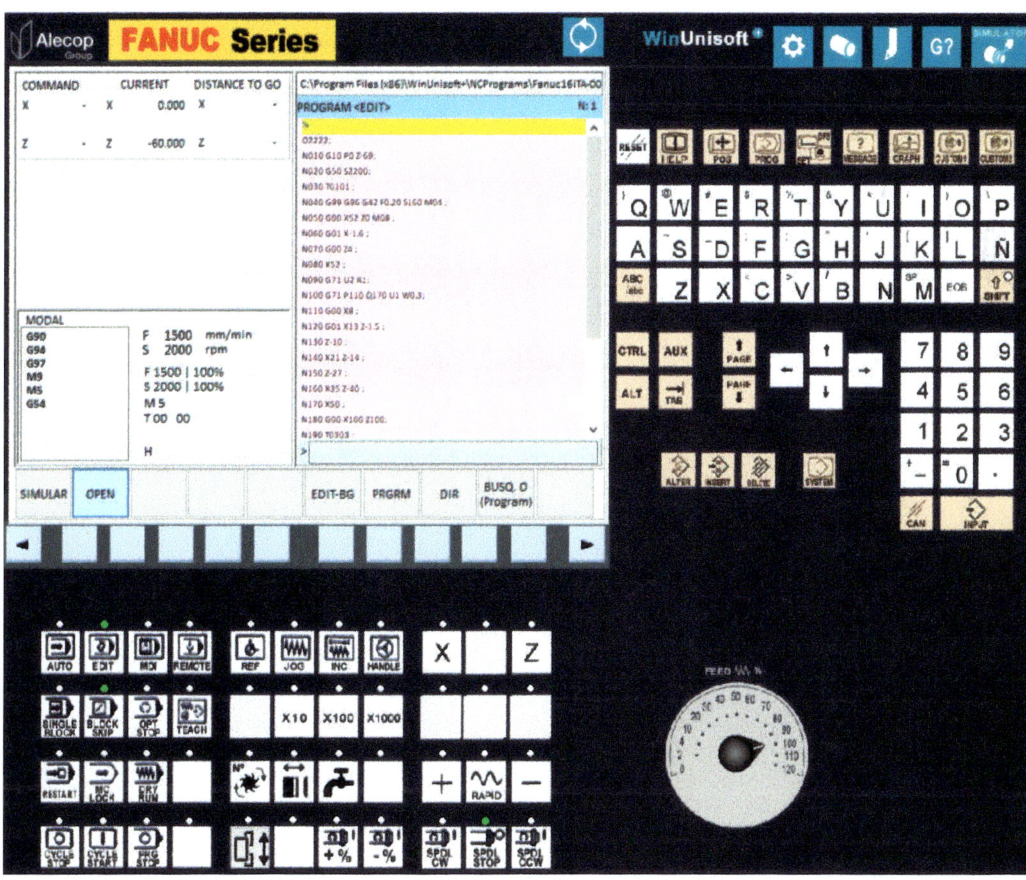
Alecop
FANUC Series
WinUnisoft
COMMAND
CURRENT
DISTANCE TO GO
PROGRAM <EDIT>
MODAL
SIMULAR
OPEN
EDIT-BG
PRGRM
DIR
BUSQ. O (Program)

Capítulo 16
Heidenhain TNC 640

Heidenhain TNC 640 es un producto de Dr. Johannes Heidenhain GmbH.
Todas las imágenes que aparecen en este capítulo pertenecen a Heidenhain TNC 640. https://www.heidenhain.es

Llevo varios años trabajando con fresadoras que montan este control y, personalmente, me gusta mucho. Creo que, en cuanto le pillas el truco y te acostumbras al tipo de programación, resulta muy fácil su uso.

Son muchas las máquinas que hay repartidas por todo el mundo, las cuales se programan con el lenguaje **Heidenhain.** Te enseñaré los primeros pasos, para que conozcas la programación y puedas continuar avanzando.

Existen distintas versiones de este control. Para que te hagas una idea, es como si hablásemos de Windows: cada cierto tiempo, se lanza una nueva versión, mejor y más moderna; así, pasamos del Windows 98, XP, Vista, 7, 8 y el último hasta la fecha, que es Windows 10.

En Heidenhain tenemos, entre otras, las versiones 407, 426, 530 y la última, que es la 640. La gran diferencia que existe con respecto a Windows reside en que, en pocas ocasiones nos encontraremos con ordenadores con versiones muy viejas, mientras que sí que hay máquinas con versiones antiguas de Heidenhain todavía en funcionamiento, por lo que resulta fácil que, en alguna ocasión, debas trabajar con esas versiones.

La ventaja principal radica en que no importa la versión que tengas, ya que la forma de programar y el lenguaje no han cambiado. Esto quiere decir que, si conoces la programación, vas a poder trabajar con cualquier versión, aunque, claro está, en una antigua dispondrás de menos opciones y te encontrarás mucho más limitado para algunos trabajos.

Imagen de Soraluce.

Hasta hace poco tiempo, solo existían controles Heidenhain en fresadoras y centros de mecanizado, ya que constituía su punto fuerte.

Recientemente, con la aparición de máquinas modernas, las cuales pueden fresar y tornear a la vez, Heidenhain ha dado un gran paso y ahora, en una sola máquina y con un único control, podemos fresar y tornear con la versión **TNC 640.**

Hoy día, ya resulta posible el uso de dispositivos externos, donde tener acceso al estado general de la máquina.

StateMonitor captura, visualiza y evalúa el estado de las máquinas conectadas y lo muestra en cualquier terminal en red. Podría tratarse de un control TNC en producción, en el que los estados de varias máquinas se exponen centralmente, o un dispositivo móvil, como una tableta o un teléfono inteligente, para que el usuario de TNC también pueda abandonar su máquina, por ejemplo, para obtener nuevas herramientas del almacén o del área de preparación de herramientas.

Como puedes observar, siempre se piensa en sacar el máximo nivel de productividad, con garantías, precisión y seguridad.

Imagen de Dr. Johannes Heidenhain GmbH.

Dr. Johannes Heidenhain GmbH nos ofrece la posibilidad de incorporar su control en nuestro ordenador totalmente gratis, aunque con la limitación de que solo podemos realizar programas con un máximo de 100 líneas.

Empecemos por instalar nuestra estación de programación; para ello, entramos en la web oficial de Heidenhain. Te aconsejo que uses la siguiente dirección: https://www.heidenhain.de.

Una vez aquí, pulsa sobre **Software** y el idioma **EN,** como puedes comprobar en la imagen.

Ahora, selecciona la versión del control que tienes en la siguiente imagen y pulsa **Download.**

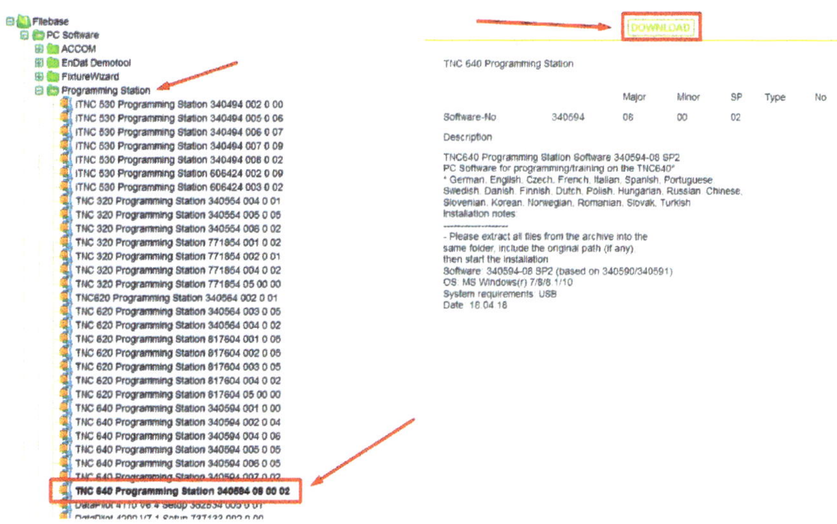

Vamos a trabajar con la última versión hasta la fecha del **TNC 640.**

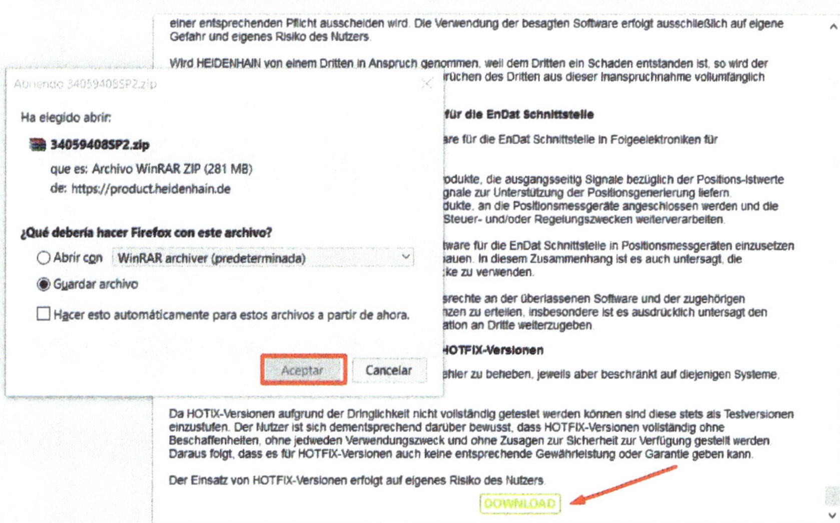

No te preocupes por el idioma: elige inglés y luego lo cambiamos. Guarda el archivo ZIP.

Una vez terminada la descarga, tendrás un fichero comprimido. Lo abres y encontrarás un archivo **Setup.exe;** lo ejecutas y lo instalas, como cualquier programa. Si te pregunta el tipo de instalación que quieres hacer, elige la **Opción con ejemplos.** Es mejor que desactives el antivirus durante la instalación, con el fin de evitar fallos.

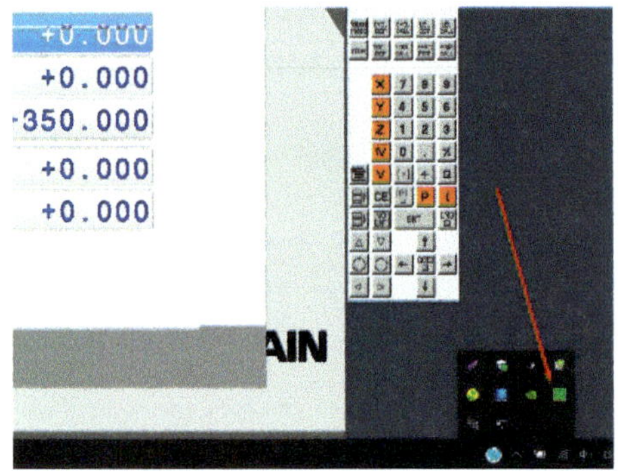

Cuando lo tengas listo, ejecutas el programa y, antes de hacer nada, acude a tu barra de herramientas en la parte inferior del ordenador y busca un icono pequeño con el símbolo de **Heidenhain.** Haces entonces doble clic y se abre otra ventana.

En esta nueva ventana, de la imagen inferior, accederás a la configuración del programa para modificar el teclado virtual o cambiar la resolución de la pantalla. Elige la opción de tamaño de pantalla que mejor se adapte a tu monitor y te dé acceso a todas las teclas de la pantalla.

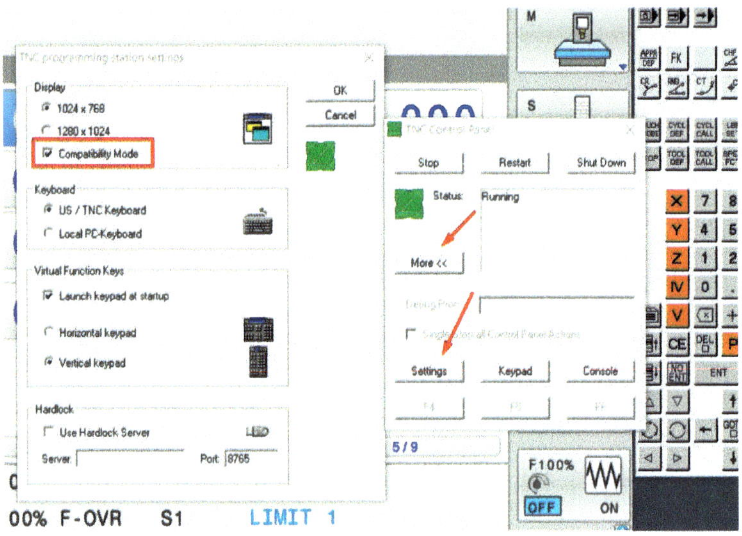

Cuando tengas todo listo, cierra la ventana. Es posible que necesites reiniciar el programa para que admita los cambios. Lo vuelves a ejecutar y ya podemos continuar.

La primera vez que se activa el programa tarda un poco más de lo normal en arrancar: no te preocupes.

Si, en algún momento, necesitas forzar el cierre del programa, desde esta ventana puedes hacerlo pulsando sobre el botón **Shut Down.**

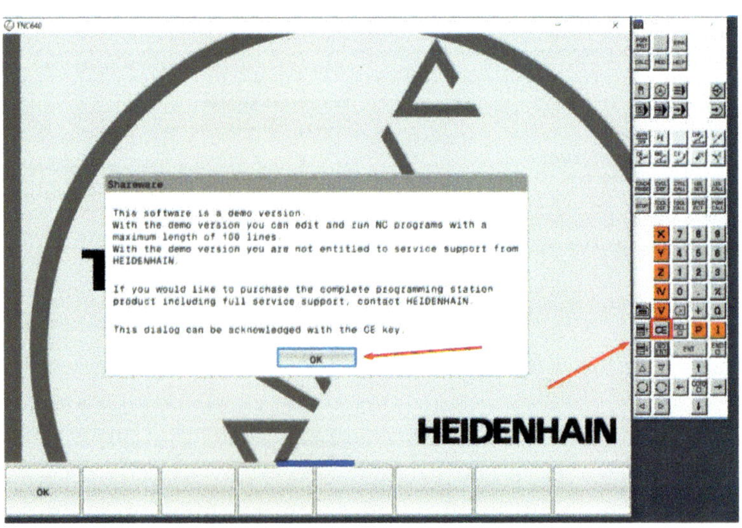

Ahora deberías ver la pantalla de la imagen anterior. Puedes pulsar sobre **OK** o directamente sobre el botón **CE.** Este botón puedes pulsarlo sin problema, siempre que necesites limpiar la pantalla de avisos de error. En ocasiones, es necesario presionar más de una vez, así que no te cortes y pincha sobre él dos o tres veces, para asegurarte de que se borran todos los mensajes y avisos.

Antes de continuar, ten en cuenta que la pantalla del programa ha de permanecer activa para que funcione, o sea, que, si pinchas con el ratón fuera de la pantalla o el teclado virtual, el programa no responde. Debes, por tanto, tocar sobre cualquier parte de la pantalla para seguir trabajando.

Pues ya tenemos nuestra estación de programación **Heidenhain TNC 640** instalada y lista para comenzar a trabajar.

Lo primero que haremos será cambiar el idioma. Sigue los pasos que te indico, sin saltarte ninguno, ya que cualquier parámetro que cambies en el control supondría que dejase de funcionar, si no sabes lo que estás haciendo.

Pulsa sobre la tecla **Manual** ; luego, sobre la tecla **MOD** MOD.

Verás la pantalla como en la imagen derecha.

Escribe el código 123 y pulsa **OK** o **ENT** en el teclado virtual.

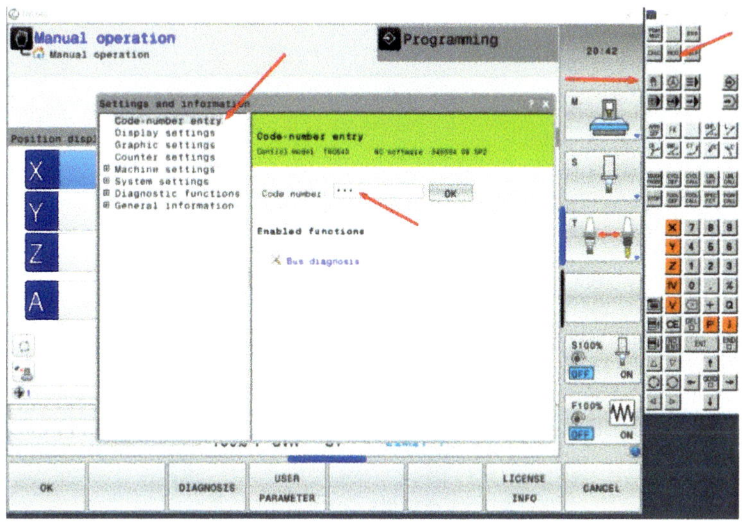

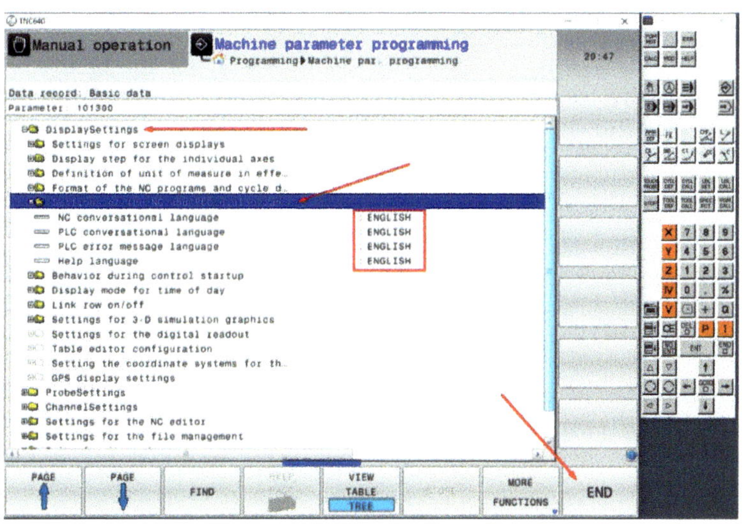

Ahora pulsa sobre **DisplaySettings** y, después, sobre **Settings of the NC and PLC;** verás entonces la pantalla como en la imagen superior. Haz doble clic encima de cada línea que contiene los idiomas y elige **Español** en las cuatro líneas. Una vez lo tengas listo, pulsa sobre la tecla **END,** que se encuentra abajo, a la derecha de la pantalla.

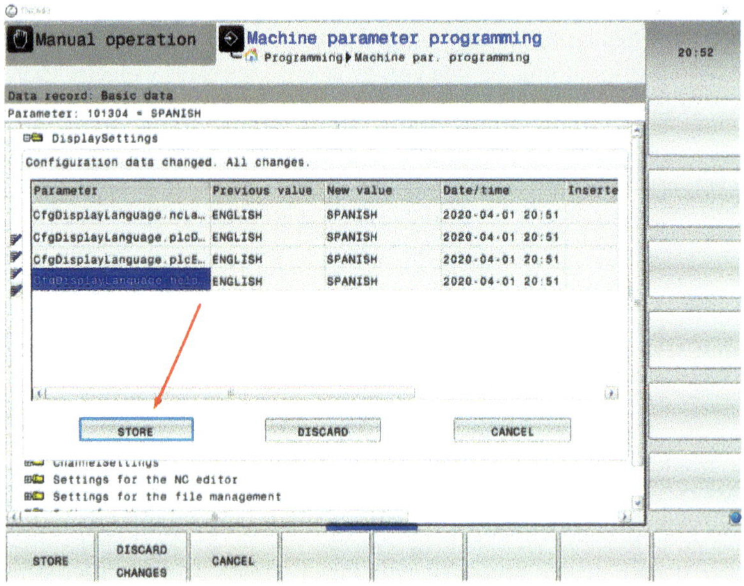

Aparece entonces una nueva ventana; solo debes pulsar sobre **STORE.** ¡Enhorabuena!, ya tienes la estación de programación lista para comenzar a trabajar.

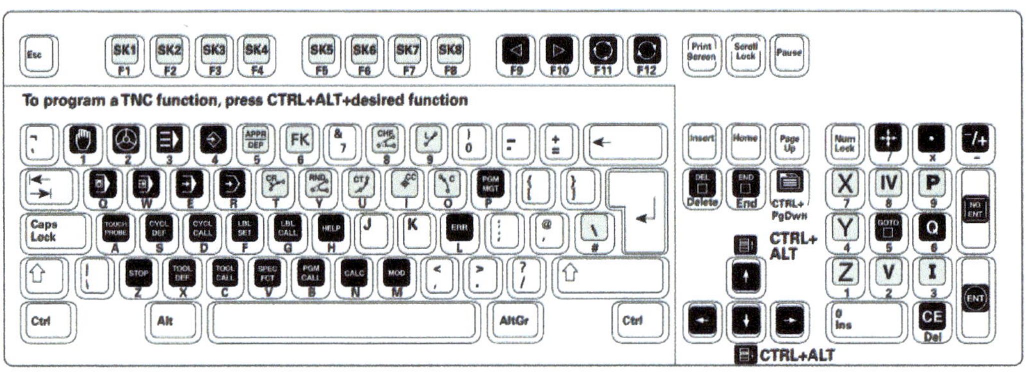

Para continuar, dispones de la opción de trabajar con el ratón y de pulsar sobre las teclas del teclado virtual que tienes en la pantalla, aunque también puedes utilizar el teclado del ordenador. Para poder usarlo, necesitas pulsar las teclas **CTRL + ALT + la tecla asignada.** En estas imágenes, tienes definida cada tecla, según el tipo de teclado, para que funcione como si fuera el control.

La verdad es que es bastante complicado adaptarse a escribir de esta forma, así que te recomiendo que utilices el teclado virtual y uses de tu teclado, por ejemplo, la tecla **ENTER,** que es igual que **ENT;** la tecla **FIN,** que es igual que **END;** las flechas de arriba, abajo, derecha e izquierda, y el teclado numérico, *pero solo el que se encuentra encima de las letras.* No utilices el teclado numérico que tienes en la derecha, porque las teclas poseen diferentes significados para el control.

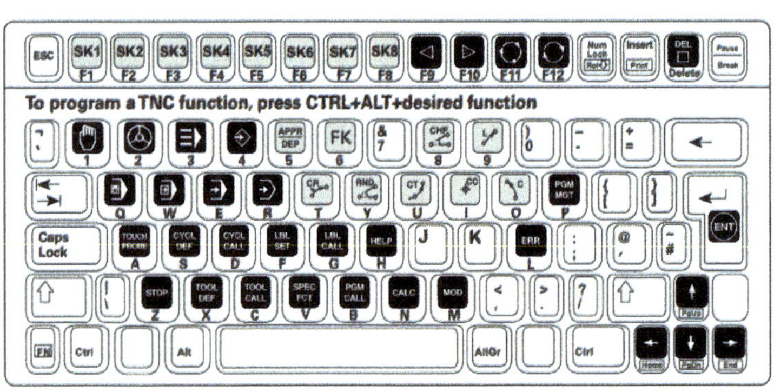

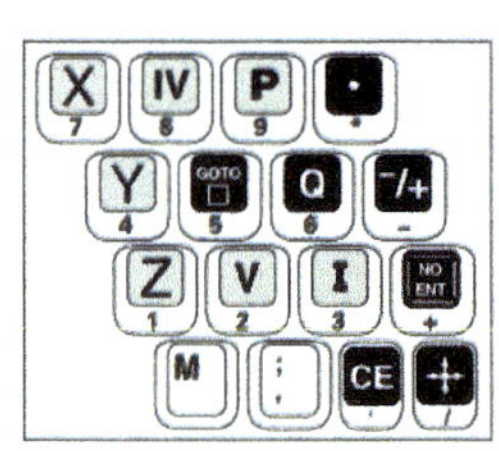

Desde la página web donde descargaste el programa, también te puedes bajar el manual oficial en formato PDF. Se trata de un manual en español muy completo.

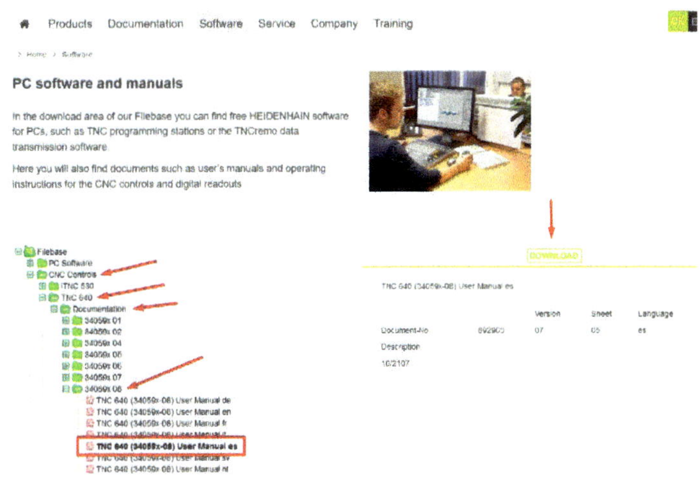

En este libro, vamos a ver las opciones principales de programación y, después, puedes continuar leyéndote el manual, porque ya tendrás los conocimientos necesarios para comprenderlo.

Para continuar, resulta conveniente que te familiarices con las teclas que más utilizaremos; así, el aprendizaje será más fluido y avanzarás más rápido.

Recuerda que Heidenhain guarda continuamente todas las configuraciones que hagas y los programas; por lo tanto, *no existe un botón para guardar.*

Te dejo unas imágenes donde aparecen las teclas más importantes y mi explicación sobre ellas de una forma sencilla; más adelante, cuando comencemos a programar, iremos hablando y explicando cada una con más detalle.

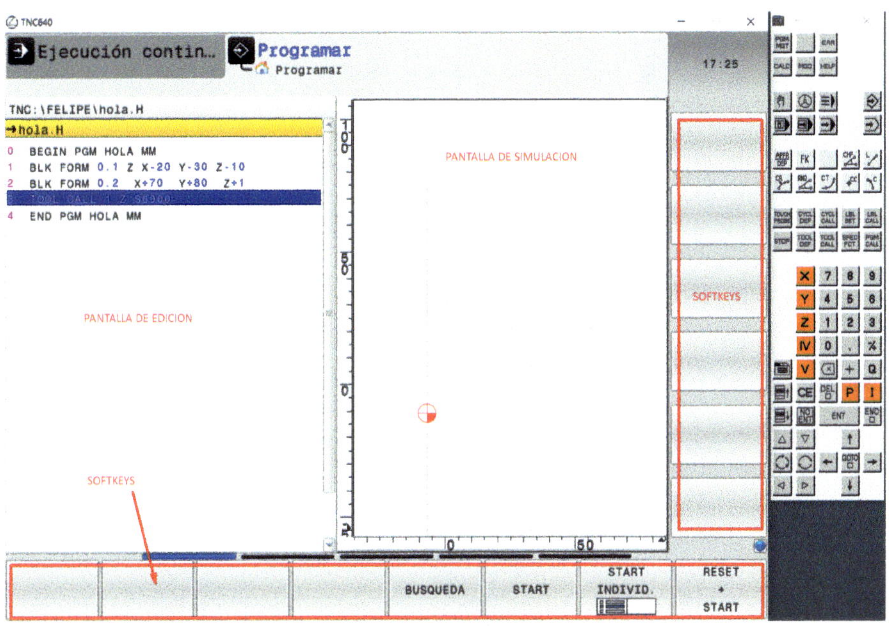

Básicamente, trabajaremos en esta pantalla, donde crearemos los programas. Consta de dos partes: la zona de la izquierda es la pantalla de **Edición,** en la que se escriben los programas, y la zona de la derecha es la pantalla de **Simulación,** donde se verifica el programa.

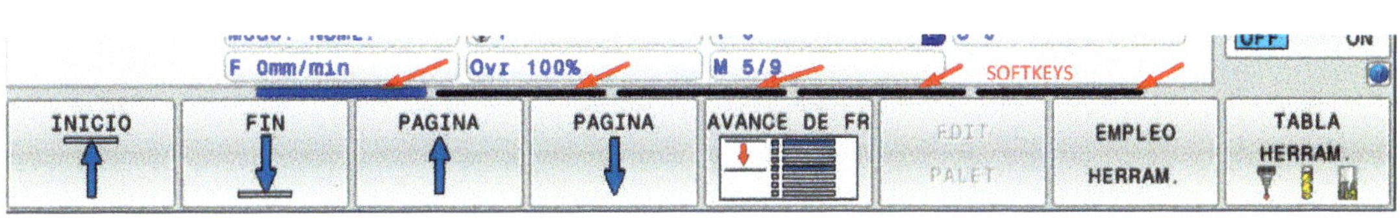

Todas estas teclas que tienes en la parte inferior y también en la parte derecha se llaman ***softkeys*** y las vamos a utilizar mucho.

Ya te puedes hacer una idea de su trabajo simplemente leyéndolas. Encima de las ***softkeys,*** aparecen unas barras estrechas de color negro y otra de color azul; las he indicado con las flechas rojas. Esto significa que, actualmente, contamos con cinco ventanas llenas de ***softkeys,*** todas diferentes. Ahora estamos en la primera ventana y, por esa razón, presenta un color azul, mientras que las demás son negras. Para poder cambiar de ventana y acceder a otro grupo de ***softkeys*** distintas, puedes pulsar con el ratón directamente sobre esas barras estrechas, o puedes pulsar las teclas ◁ ▷.

En función de la pantalla del programa en la que te encuentres, las ***softkeys*** serán diferentes: no aparecen las mismas en la zona de **Edición** que en la de **Funcionamiento manual** o en **Modo automático.**

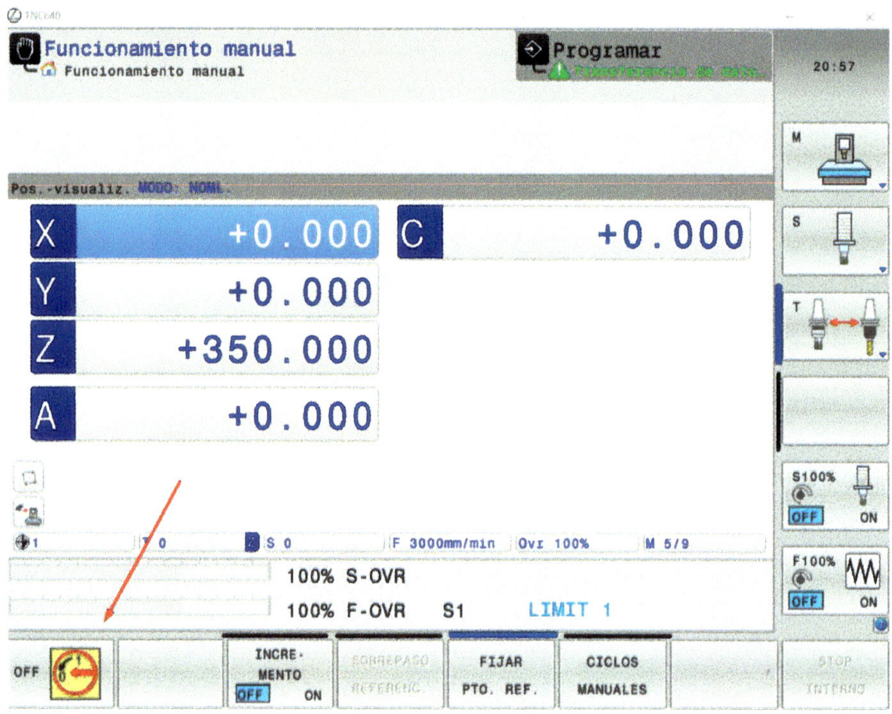

Para apagar la máquina, pulsa sobre la tecla con forma de mano y busca la ***softkey*** con el icono que ves en esta imagen. Púlsala y una nueva ventana te preguntará si estás seguro de querer apagar. Dile que sí.

Esta es la forma correcta de cerrar el programa.

Vamos a conocer las diferentes teclas con las que cuenta el control. Nos detendremos en las más importantes que necesitamos para editar un programa.

Elementos de mando en la pantalla

Tecla	Función
○	Seleccionar la subdivisión de la pantalla
○	Conmutar el monitor entre el funcionamiento de la máquina, el modo de programación y el tercer escritorio
	Softkeys: seleccionar la función en pantalla
◁ ▷ △	Conmutación de la carátula de softkeys

○ La tecla con forma de tres flechas circulares sirve para cambiar la **subdivisión de la pantalla** y poder visualizar solamente una pantalla completa con la programación o mostrar dos pantallas, en las cuales tener la programación y el dibujo para la simulación, o la programación y, en la otra pantalla, información adicional.

○ La tecla con forma de dos flechas circulares sirve para cambiar rápidamente entre las pantallas de edición y de ejecución.

Las teclas con forma de flecha triángulo sirven para cambiar las ventanas de las ***softkeys,*** tanto las de la parte inferior como las del área derecha. Por el momento, solo utilizaremos las de la zona inferior, que sirven para programar. Las ***softkeys*** de la derecha están destinadas a trabajar sobre la máquina y dependen del fabricante de esta.

Modos de funcionamiento Máquina

Tecla	Función
	Modo Manual
	Volante electrónico
	Posicionamiento manual
	Ejecución del programa frase a frase
	Ejecución continua del programa

Modo manual: la primera tecla es una mano, lo cual significa que, presionándola, abrimos la pantalla de funcionamiento manual, donde podemos operar la máquina sin programación. Esta opción la usaremos para comenzar a mover los ejes de la máquina, tomar los ceros de la pieza, acceder a la tabla de herramientas o apagar el control.

Volante electrónico: la siguiente tecla sirve para trabajar con el control remoto. Podemos mover los ejes de una forma precisa, gracias al volante incorporado y, además, en virtud del modelo, podemos dar inicio y parada al programa, para comenzar a mecanizar, o encender y apagar el husillo, para trabajar de forma manual.

Modo MDI: este modo de trabajo resulta una mezcla entre funcionamiento manual y automático. Aquí puedes crear cualquier línea de trabajo, que se ejecutará de forma automática. No activa un programa completo, solo la línea seleccionada. Lo usamos, por ejemplo, para llamar a una herramienta o hacer un movimiento de ejes a un punto exacto, sin necesidad de usar el volante.

Modo frase a frase: si pulsamos sobre esta tecla, el programa se ejecuta en modo automático, pero solo una línea; para continuar, deberemos presionar, de nuevo, sobre el botón de **START** y ejecutar la siguiente, y así sucesivamente. Lo usamos cuando queremos comprobar nuestro programa y deseamos ir poco a poco, verificando que todo esté correcto.

Ejecución continua: con esta tecla trabajaremos, normalmente, para dar inicio a nuestro programa de forma automática.

Modos de Programación

Tecla	Función
	Programación
	Test de programa

Edición: esta tecla abre la pantalla de **Edición.** Será una de las que más usemos para la programación.

Desarrollo de programas: aquí verificaremos nuestro programa, gracias a unos gráficos en tres dimensiones, que nos aportarán una idea acerca de cómo quedará nuestra pieza. Junto con la tecla de **Edición,** será una de las que más usemos.

Antes de continuar, ten presente que, en **Heidenhain,** podemos tener hasta tres programas abiertos a la vez. Mientras un programa se está ejecutando de forma automática y la máquina trabaja, podemos estar creando un nuevo programa en la ventana de **Edición,** así como verificar otro programa en la ventana de **Desarrollo.** Procura no liarte y elige bien el programa sobre el que quieres trabajar.

Al mismo tiempo que ejecutas un programa de manera automática, no puedes modificarlo en la ventana de **Edición:** deberás, para ello, detener el programa y, luego, sí que podrías modificarlo. Lo más habitual es que te encuentres editando un programa y que, cuando lo verifiques en **Desarrollo,** veas que no realiza lo que has programado y hace otro programa distinto; eso es porque has cargado un programa anterior. Elige el programa actual y continúa sin problemas.

Gestionar los programas y los ficheros, funciones del control numérico

Tecla	Función
PGM MGT	Seleccionar y borrar programas o ficheros, Transmisión externa de datos
PGM CALL	Definir llamada al programa, seleccionar tablas de puntos cero y tablas de puntos
MOD	Seleccionar la función MOD
HELP	Visualización de textos de ayuda en los avisos de error NC, activar TNCguide
ERR	Visualizar todos los avisos de error activados
CALC	Visualización de la calculadora
SPEC FCT	Visualizar las funciones especiales
⇉	Abrir el Batch Process Manager

PGM MGT **PGM-MGT:** esta tecla abre la gestión de archivos. Aquí vamos a crear carpetas y archivos de diferentes tipos. Por supuesto, también estarán todos nuestros programas.

Existen distintos tipos de programas, según la extensión que tengan; pueden ser programas que contengan tablas de herramientas, tablas de puntos o de puntos cero. Pero, normalmente, trabajaremos con programas con la extensión .H, que son los que utiliza **Heidenhain** para la edición.

PGM CALL **PGM-CALL:** usaremos esta tecla para hacer llamadas a otros programas. En la programación, resulta habitual contar con distintos programas que han de ejecutarse a la vez y, en lugar de unir dichos programas en uno solo, podemos hacer una llamada a otro programa; por lo tanto, el control, sin detenerse, pasa de un programa a otro sin problema.

MOD **MOD:** la usaremos, principalmente, para modificar parámetros de máquina; por el momento, no la utilizaremos.

HELP **HELP:** con esta tecla, se nos abrirá una pantalla de ayuda. Se trata, básicamente, del manual oficial de *Heidenhain.* Ya vimos cómo descargarlo en pdf.

ERR **ERR:** esta tecla nos abre una pantalla, con la lista de errores de máquina.

CALC **CALC:** nos abre una calculadora en medio de la pantalla, para hacer cálculos rápidos a la hora de programar; resulta de gran ayuda. Para cerrarla, pulsa de nuevo sobre esta tecla. Si quieres cambiar la posición donde aparece la calculadora en la pantalla, tan solo has de pulsar las flechas del teclado virtual y la calculadora se desplazará hacia derecha, izquierda, arriba o abajo, según los gustos.

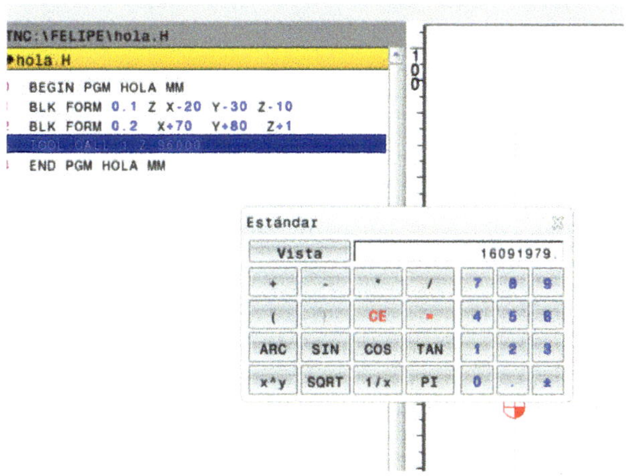

Ciclos, subprogramas y repeticiones parciales de un programa

Tecla		Función
TOUCH PROBE		Definir ciclos de palpación
CYCL DEF	CYCL CALL	Definición y llamada de ciclos
LBL SET	LBL CALL	Introducción y llamada a subprogramas y repeticiones parciales de un programa
STOP		Introducir una parada en el programa

TOUCH PROBE **TOUCH-PROBE:** dependiendo de los complementos y accesorios que tenga instalados nuestra máquina, usaremos esta tecla para diferentes opciones.

Podremos emplear medidores automáticos de herramientas o palpadores automáticos, para tomar los ceros de pieza y realizar mediciones.

CYCL DEF **CYCL-DEF:** una vez la pulsamos, nos aparecen diferentes ***softkeys,*** con distintos ciclos fijos, que nos ayudarán a programar de forma rápida y sencilla. Una vez insertado un ciclo en el programa, este no se ejecutará hasta que no sea llamado; para ello, usaremos la tecla que se describe a continuación.

CYCL CALL **CYCL-CALL:** con esta tecla, llamamos al ciclo programado; es decir, le decimos al control que lo ejecute. También podemos sustituirla por el comando **M99.**

LBL SET **LBL-SET:** gracias a esta tecla, podemos crear ***labels,*** que son partes de un programa, el cual queremos repetir determinadas veces. Con ella, simplemente definimos dónde tendrá lugar el comienzo de la parte de programa para repetir y le asignamos un número, con el fin de poder llamarlo posteriormente; por ejemplo, **LBL 1** o **LBL 5.** Podemos crear tantas ***labels*** como necesitemos, pero, para cada **LBL,** hemos de asignar un número diferente para que, a la hora de llamarlo, el control sepa exactamente cuál es el que debe ejecutar.

LBL CALL **LBL-CALL:** al igual que ocurre con los ciclos que, primero, los insertamos y, después, los llamamos, con los ***labels*** ocurre lo mismo. Esta tecla sirve para llamar al **LBL** que queramos que se ejecute. Además de llamarlo, le diremos cuántas veces queremos que se repita; por ejemplo, si queremos que el **LBL 4** se repita 20 veces, entonces, diremos **CALL LBL 4 REP 20.**

STOP **STOP:** con esta tecla, podemos incluir una parada en cualquier parte del programa. Se detendrán los ejes, pero el resto de las funciones, como el giro de husillo, la taladrina y demás que tengamos programadas, se mantendrán activas. Para continuar, debemos pulsar sobre la tecla **START** y el programa continuará por la siguiente línea, después del **STOP.**

Datos de la herramienta

Tecla	Función
TOOL DEF	Definir datos de herramienta en el programa
TOOL CALL	Llamar datos de herramienta

TOOL DEF **TOOL-DEF:** esta tecla sirve para definir la herramienta que vamos a utilizar. En ella, incluimos la longitud y el radio de la herramienta. Yo no utilizo esta tecla para tal propósito, puesto que prefiero trabajar con la **tabla de herramientas,** donde introduciremos todos los datos de la herramienta y es una forma mucho mejor de trabajar. Sin embargo, sí que uso esta tecla cuando quiero llamar a una herramienta y te explico por qué.

Lo más habitual consiste en disponer de un almacén de herramientas en la máquina, con capacidad para 20 o 30, como mínimo. Cada vez que la máquina debe cambiar una herramienta, el cambiador comienza a trabajar, moviendo su cadena, para llevar hasta el punto de recogida a la herramienta llamada, lo cual puede provocar que la máquina se mantenga parada, a la espera de la llegada de la siguiente herramienta, lo que resulta del todo contraproducente.

Si, después de llamar a una herramienta, insertamos un **TOOL-DEF** con el número de la próxima herramienta que necesite la máquina, conseguimos que, mientras la máquina trabaja, el cambiador se mueva para preparar la siguiente herramienta y, así, una vez que la actual acabe de trabajar, ya tendrá a la siguiente esperando para entrar a jugar y podremos optimizar los tiempos de mecanizado al máximo y, por consiguiente, las horas de máquina.

TOOL CALL **TOOL-CALL:** esta tecla la usamos para llamar a la herramienta con la que vamos a trabajar. En esta línea, indicaremos el número de la herramienta, según su posición en la tabla de herramientas, el eje sobre el cual trabaja y las revoluciones que necesita.

Normalmente, usaremos la secuencia **TOOL CALL 5 Z S2000,** que significa que vamos a usar la herramienta número 5 que trabaja con respecto al eje **Z** y que queremos que gire a 2000 revoluciones por minuto.

Cuando el control lee esta línea, independientemente de cualquier otra cosa que esté haciendo, de forma automática, le dice a la máquina que pare el husillo, que anule la taladrina, que mueva los ejes hasta el punto de cambio de herramienta; ordena al almacén colocar dicha herramienta en el husillo principal y, además, lee, de la tabla de herramientas, todos los datos que tengamos asignados a dicha herramienta. Después, continuará leyendo la siguiente línea de programa.

Programación de los movimientos de trayectoria

Tecla	Función
APPR DEP	Aproximación/salida del contorno
FK	Programación libre de contornos FK
L	Recta
CC	Punto central del círculo/polo para coordenadas polares
C	Trayectoria circular alrededor del punto central del círculo
CR	Trayectoria circular con radio
CT	Trayectoria circular con unión tangencial
CHF RND	Redondeos de esquinas/biseles

APPR-DEP: cuando pulsamos sobre esta tecla, nos aparecen ocho ***softkeys,*** de las cuales cuatro sirven para hacer aproximaciones y otras cuatro para hacer retiradas. Si, por ejemplo, quiero contornear mi pieza, en lugar de programar una entrada directa sobre el material, programo una aproximación, la cual provocará que mi herramienta se acerque a la pieza, haciendo un radio tangencial o una entrada con un ángulo, lo cual resulta muy conveniente, porque la herramienta no va a sufrir y el corte se realiza de una manera más limpia. Cuando terminamos de contornear, también utilizamos este método de separación, de modo que evitaremos dejar marcas en la pieza, ocasionadas por entradas y salidas bruscas.

Función	Aproximación	Salida
Recta con conexión tangencial	APPR LT	DEP LT
Recta perpendicular al punto del contorno	APPR LN	DEP LN
Trayectoria circular con unión tangencial	APPR CT	DEP CT
Trayectoria circular tangente al contorno, aproximación y salida a un punto auxiliar fuera del contorno sobre una recta tangente	APPR LCT	DEP LCT

FK: la programación libre **FK** constituye una manera de poder programar contornos para los cuales no dispongo de todas las cotas necesarias.

Comenzamos por un punto y el control nos pregunta qué es lo próximo que queremos hacer (si una línea, un círculo, un radio...) y, después, nos muestra varias opciones, para que escojamos la adecuada. Hoy día, gracias a los programas de dibujo, resulta difícil encontrarnos con planos a los que les falten datos y, si se produjese el caso, desde la oficina técnica, nos solucionarían el problema rápidamente, por lo cual yo no lo suelo utilizar mucho, pero representa una buena opción que tener en cuenta.

L: sin duda, esta es la tecla que más utilizamos para programar. Cualquier movimiento que no sea un arco lo programaremos con **L.** En esta línea, incluiremos todos los ejes que queremos mover a la vez; también pondremos los avances de trabajo y, además, podemos incluir si trabajamos con compensaciones de herramienta, así como algunas funciones **M.**

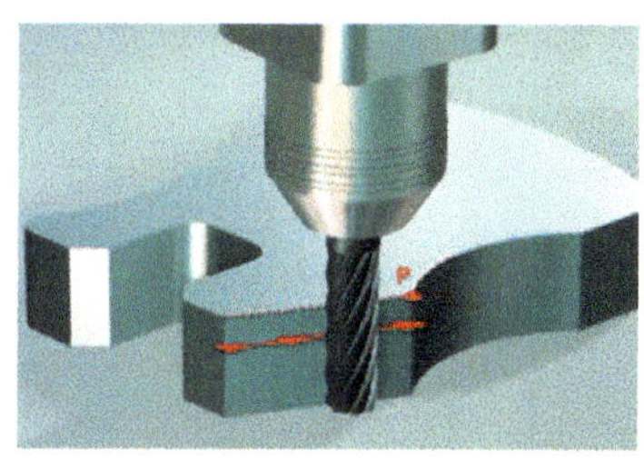

CC: esta tecla la utilizamos para definir dónde se encuentra el centro de un círculo que vamos a programar o el origen de coordenadas polares.

C: con esta tecla, podemos programar círculos completos o arcos, pero siempre necesitaremos utilizar primero la tecla anterior, para definir dónde se sitúa el centro de nuestro círculo.

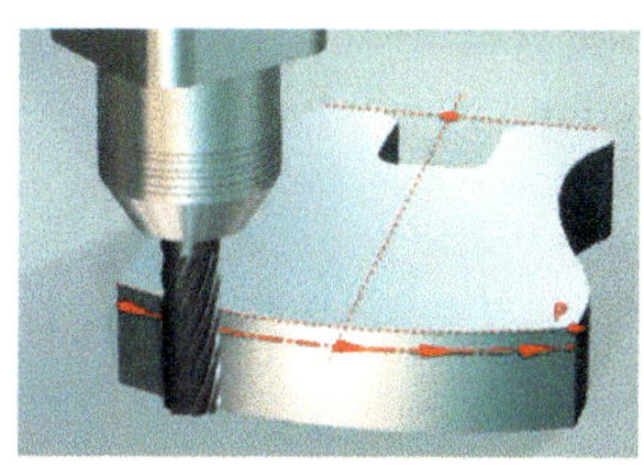

CR: usaremos esta tecla para programar arcos de los cuales conocemos los puntos de inicio y fin, sin necesidad de saber dónde se encuentra el centro.

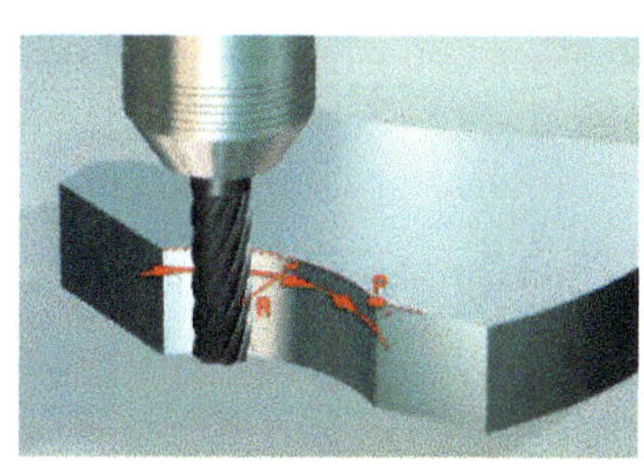

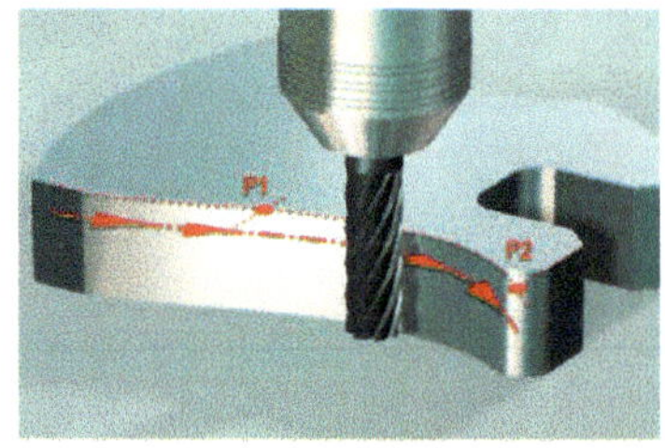

CT: al igual que con la función anterior, podremos programar arcos que sean tangentes al comando anterior.

CHF: vamos a utilizar esta tecla para hacer chaflanes de esquina. Imagina que estamos programando un contorno y que deseamos realizar un chaflán en una esquina; para ello, no necesitaremos calcular los puntos de inicio y fin del chaflán, sino que definiremos el punto de intersección y, después, pulsaremos sobre la tecla y le comunicaremos que, en esa esquina, nos haga un chaflán con la medida que queramos.

RND: al igual que hicimos para definir un chaflán, con esta tecla podemos hacer un redondeo de la misma forma. Siempre programamos el punto teórico y, después, el control hará el redondeo programado.

Introducción de los ejes de coordenadas y de cifras y edición

Tecla	Función
X ... V	Seleccionar los ejes de coordenadas o introducirlos en el programa
0 ... 9	Cifras
. -/+	Invertir separador decimal / signo
P I	Introducción de coordenadas polares / Valores incrementales
Q	Programación de parámetros Q / Estado de parámetros Q
+	Aceptar la posición real

X ... V **X Y Z IV V:** estas teclas las usamos para seleccionar el eje que queremos programar. Ya conoces los ejes principales, que son **X, Y, Z.** Si la máquina dispone de más ejes como, por ejemplo, un aparato divisor, ese será el cuarto eje y usaremos la tecla **IV.** En caso de contar con un quinto eje, emplearemos la tecla **V** para seleccionarlo.

P **P:** esta tecla la emplearemos para trabajar con **coordenadas polares.** Para ello, en lugar de programar dos ejes **X** o **Y,** programamos un radio y un ángulo.

I **I:** dicha tecla sirve para trabajar con **coordenadas incrementales.** Normalmente, la programación siempre la hacemos en coordenadas absolutas, pero, si necesitásemos utilizar las incrementales, basta con pulsar esta tecla cuando definamos un eje; delante de este, aparecerá una **I.** *En la misma línea, puedo trabajar con coordenadas absolutas e incrementales en distintos ejes.*

Q **Q:** tal tecla se usa para la programación de funciones paramétricas.

Si pulsamos sobre esta tecla, automáticamente nos inserta el valor seleccionado en el eje que estemos programando. También incorpora el resultado de la calculadora directamente en el programa, o en la tabla de herramientas.

NO ENTER: cuando nos encontramos rellenando una línea con los valores que el control nos pide y no queremos insertar algunos de ellos, podemos presionar sobre esta tecla y se anula. Digamos que, con esta tecla, podemos borrar valores que se hallan dentro de una línea, sin borrar la línea completa.

ENTER: esta tecla es como el Intro de nuestro ordenador; sirve para aceptar.

END: con esta tecla, ponemos fin a una línea de programación. También se utiliza mucho para salir de ventanas y de opciones en las que hemos entrado y queremos volver para atrás.

CE: cuando estamos insertando valores en un eje y queremos cambiarlo, podemos pulsar sobre esta tecla, de forma que se anula lo que hayamos escrito. También sirve para borrar errores que aparecen en la pantalla cada vez que hacemos algo que no está permitido.

DELETE: sirve para borrar. Si nos encontramos en una línea de programa y pulsamos sobre esta tecla, borramos la línea completa. Hay que tener cuidado cuando se presione, porque todo lo que borramos *desaparece para siempre* y, en Heidenhain, no existe una tecla para cancelar, anular o volver atrás. Si has borrado algo por error, tendrás que rehacerlo.

Todavía nos quedan muchas teclas, ***softkeys*** y funciones por estudiar, pero, por el momento, lo dejaremos aquí. A partir de ahora, vamos a comenzar con la programación e iremos viendo el resto a medida que las necesitemos para programar.

Todo esto se hace con la idea de no agobiarte y de que este libro no se convierta en un manual aburrido, que es lo que pretendo desde el principio.

Tabla de herramientas

Lo primero que vamos a hacer para poder empezar a programar es crear nuestra tabla de herramientas. La máquina cuenta con un cargador de herramientas automático, con el cual dispondremos de muchas herramientas que utilizamos a menudo y otras que ponemos y quitamos, en función del trabajo.

La tabla de herramientas constituye una parte fundamental del control y nos permite aportar toda la información sobre nuestras herramientas. Por el momento, solo veremos lo básico, porque aquí hay mucho de lo que hablar y explicar y es que, para cada herramienta, podemos definir el radio, el número de dientes, el ángulo de penetración, la vida útil de la herramienta, la creación de herramientas gemelas y muchísimo más.

Si trabajas con una versión antigua, en la tabla de herramientas, no se te ofrece la posibilidad de definir herramientas para hacer chaflanes, punteados, formas en T y diferentes geometrías, por lo que, dependiendo del trabajo, la simulación no va a ser todo lo precisa que nos gustaría. Sin embargo, en el control **TNC 640,** tenemos la opción de indicar la geometría de la herramienta y conseguir una simulación lo más real posible.

ALMACEN DE HERRAMIENTAS

POS	HERRAMIENTA	Vc (mts/Min)	Fz (mm)	z
1	Plato 80	180	0.35	6
2	Plato 50	200	0.3	5
3	Plato 25	150	0.2	3
4	Plato 20	150	0.2	2
5	Fresa 20	120	0.1	6
6	Fresa 16	120	0.1	4
7	Fresa 10	120	0.1	4
8	Fresa 8	120	0.1	4
9	Fresa 6	120	0.07	3
10	Fresa esferica 10 r5	120	0.1	2
11	Fresa esferica 30 r15	120	0.15	2
12	Broca puntear 16x90º	150	0.1	1
13	Broca 5	24	0.05	2
14	Broca 6.75	24	0.05	2
15	Broca 10	120	0.1	2
16	Broca 13	24	0.05	2
17	Broca 17.5	24	0.05	2
18	Macho M6	20	0.1	1
19	Macho M8	20	0.1	1
20	Macho M20	20	0.1	1

Creemos, en primer lugar, una tabla con las herramientas que aparecen en la imagen. Se trata de herramientas habituales, que usaremos para programar nuestras piezas.

La mayoría son herramientas de metal duro, a excepción de algunas brocas HSS, las cuales puedes distinguir por la velocidad de corte, considerablemente menor.

En cada herramienta, tienes la V_c, el número de dientes ***z*** y el avance por diente F_z.

Estas condiciones de corte son un poco genéricas para trabajar un acero al carbono. Con dichos datos, hemos de calcular las revoluciones y el avance para trabajar.

Para empezar, pulsa la tecla de **modo manual** y verás una ***softkey*** de **Tabla de herramientas** . Púlsala y, después, presiona sobre **Editar** , para desbloquear la tabla y poder modificarla.

Donde nos pida **NAME,** escribimos el nombre de la herramienta; debajo de la letra **L,** podemos dejar lo que tiene o poner cero: no importa. Esta medida se corresponde con la altura que posee la herramienta con respecto al *tester,* o al útil para tomar los ceros. Resulta realmente importante a la hora de trabajar, pero, si no lo hacemos sobre una máquina real, no sirve para nada.

Debajo de la columna **R,** es obligatorio que pongamos el radio de nuestra herramienta y, debajo de la columna **R2,** introduciremos el radio, solo para herramientas esféricas o toroidales; por ejemplo, si trabajo con una fresa esférica de diámetro 10, tengo que poner **R = 5** y **R2 = 5.**

Si avanzas columnas hacia la derecha, te toparás con una columna que te pide el tipo de herramienta **TYP.** Cuando pinches sobre la casilla de tu herramienta, se abrirá un desplegable, donde podrás elegir la forma que mejor se adapta a dicha herramienta. Para que te hagas una idea, elegiremos **Herramientas de fresado** para todos los platos y fresas, **Taladro** para las brocas y **Roscado con macho.**

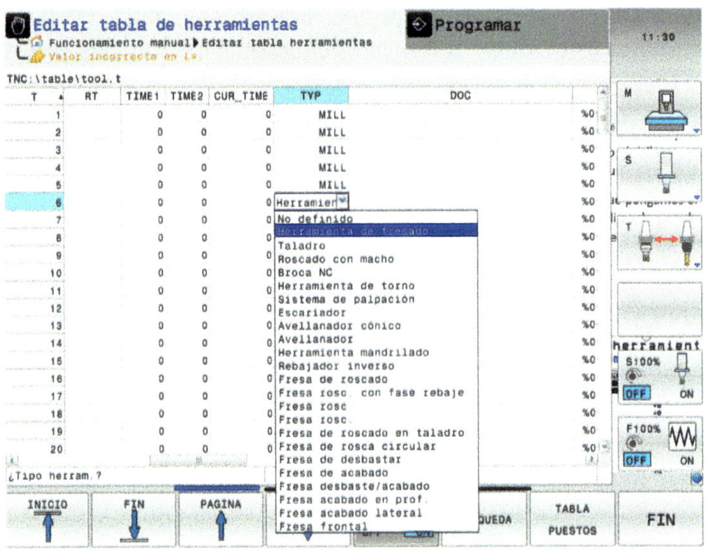

En el caso de tener la suerte de trabajar con máquinas de última generación, podrás acceder a pantallas táctiles, ratón o *touchpad.* Si no fuese así, acostúmbrate a utilizar las flechas del teclado, ya que representan la forma de movernos por todo el control para programar.

Tu tabla de herramientas debería quedar como la que tienes en la imagen.

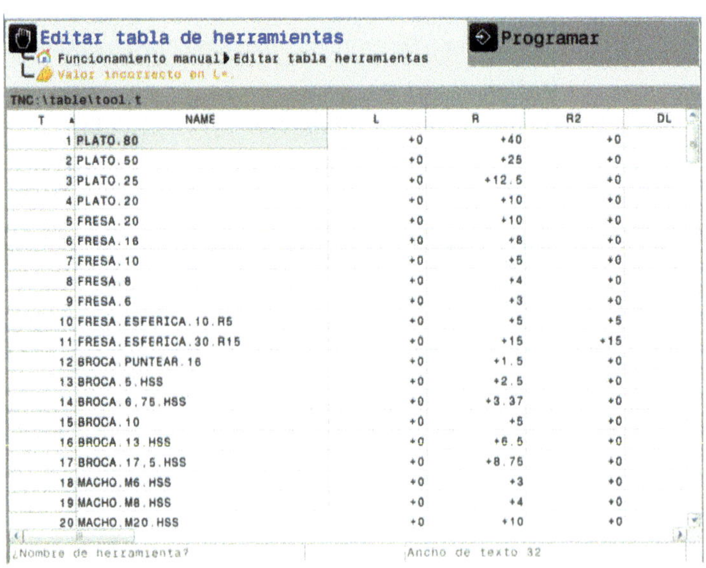
Editar tabla de herramientas

Funcionamiento manual ▸ Editar tabla herramientas

Programar

TNC:\table\tool.t

T	NAME	L	R	R2	DL
1	PLATO.80	+0	+40	+0	
2	PLATO.50	+0	+25	+0	
3	PLATO.25	+0	+12.5	+0	
4	PLATO.20	+0	+10	+0	
5	FRESA.20	+0	+10	+0	
6	FRESA.16	+0	+8	+0	
7	FRESA.10	+0	+5	+0	
8	FRESA.8	+0	+4	+0	
9	FRESA.6	+0	+3	+0	
10	FRESA.ESFERICA.10.R5	+0	+5	+5	
11	FRESA.ESFERICA.30.R15	+0	+15	+15	
12	BROCA.PUNTEAR.16	+0	+1.5	+0	
13	BROCA.5.HSS	+0	+2.5	+0	
14	BROCA.6.75.HSS	+0	+3.37	+0	
15	BROCA.10	+0	+5	+0	
16	BROCA.13.HSS	+0	+6.5	+0	
17	BROCA.17.5.HSS	+0	+8.75	+0	
18	MACHO.M6.HSS	+0	+3	+0	
19	MACHO.M8.HSS	+0	+4	+0	
20	MACHO.M20.HSS	+0	+10	+0	

¿Nombre de herramienta? Ancho de texto 32

Una vez que se encuentre todo listo, salimos y, para ello, pulsamos sobre **END** o sobre la ***softkey*** **FIN.**

Nuestro control es un ordenador y, por lo tanto, posee una capacidad determinada de almacenamiento.

Mi consejo es que mantengas guardados, en el control, solamente los programas que estés utilizando, programando o verificando y que, una vez terminado el trabajo, los extraigas a un ordenador conectado a tu máquina; así, podrás guardarlos en un lugar seguro y bien clasificados en carpetas, según clientes, trabajos o con un número de plano, para que la próxima vez que vuelvas a hacer el mismo trabajo encuentres los programas rápido, lo que ahorrará una gran cantidad de tiempo.

Además, cuanta más capacidad y recursos tenga nuestro control, será mucho mejor para la máquina. Piensa que el control consta de un disco duro que se puede estropear, como cualquier otro, con lo que se perdería toda la información que tanto tiempo y trabajo ha costado.

Comencemos a crear nuestro primer programa; para ello, pulsamos sobre **Editar** y, a continuación, sobre **PGM-MGT.**

Deberías ver la pantalla como en la imagen inferior. En primer lugar, pulsa sobre la ***softkey*** . **Seleccionar tipo** y, después, sobre **Mostrar .H** .

Esto nos sirve para crear el programa en código **Heidenhain.**

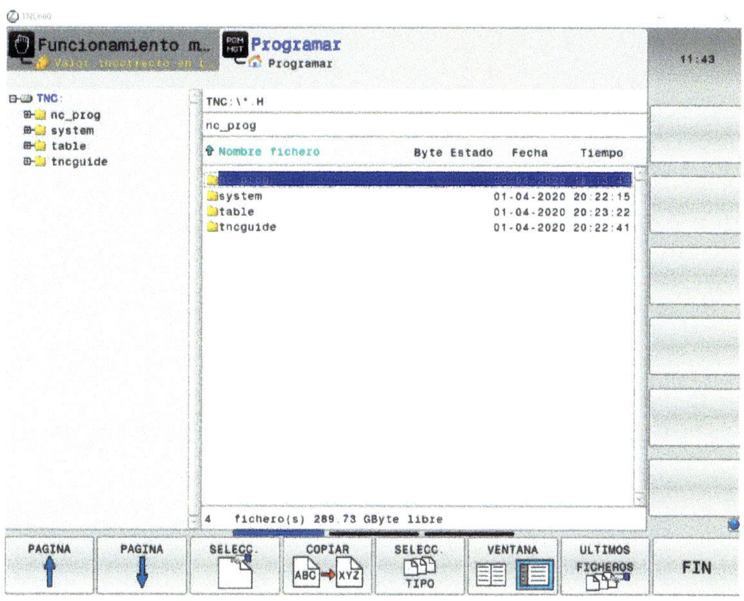

Ahora pincha con el ratón sobre **TNC,** ubicado a la izquierda de la pantalla. También puedes desplazarte con las flechas del teclado.

Debería aparecer sobre un fondo azul, lo que significa que se encuentra seleccionado. Después, pincha sobre la ***softkey*** **Nuevo directorio.** Se abrirá entonces una ventana, donde has de escribir tu nombre; luego, pulsa **ENTER.**

Hemos creado una carpeta con tu nombre, para que tengas los programas perfectamente organizados.

Una vez creada, aparece tu carpeta dentro del directorio **TNC.**

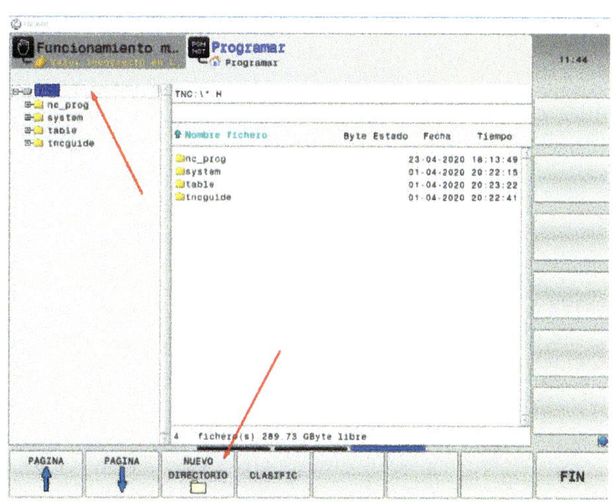

Ahora, muévete con las flechas del teclado hacia la derecha o pulsa con el ratón, para que se resalte en azul la línea que ves en la imagen. Pulsa sobre **Nuevo fichero.** Fíjate en la siguiente imagen.

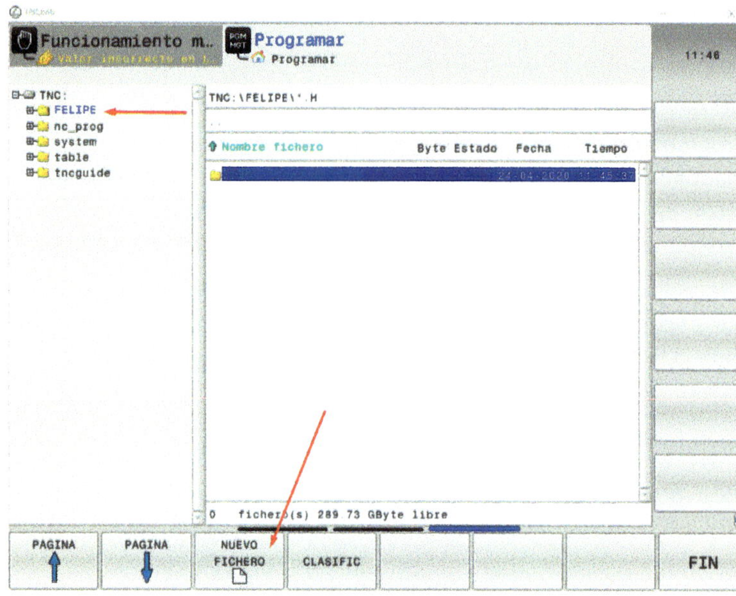

Se abre una ventana, indicándonos que estamos a punto de crear un fichero nuevo. Lo llamaremos *PRUEBA 1;* después, pulsa **ENTER**, con lo que se abrirá otra pantalla donde se nos pregunta si vamos a trabajar en milímetros **MM,** pulgadas **INCH** o **INTERRUMPIR.** Pulsa sobre **MM** y, después, sobre **ENTER.**

Ya se nos abrió el editor con el nombre de nuestro programa. El control inserta, de forma automática, dos líneas de inicio y fin de programa que no se pueden modificar.

Softkey	**Función**
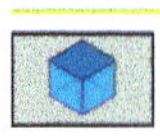	Definición de una pieza en bruto rectangular
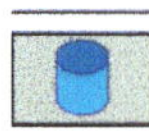	Definición de una pieza en bruto cilíndrica
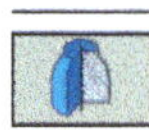	Definición de una pieza en bruto con simetría de revolución de forma arbitraria

Estas son las primeras ***softkeys*** que nos aparecen en la parte inferior. Como ya comentamos, este control **TNC 640** puede fresar y tornear. Ahora, vamos a definir el bruto sobre el cual trabajaremos. En esta ocasión, nos centraremos en la parte de fresado.

Pulsa sobre la primera ***softkey,*** con forma de cubo cuadrado.

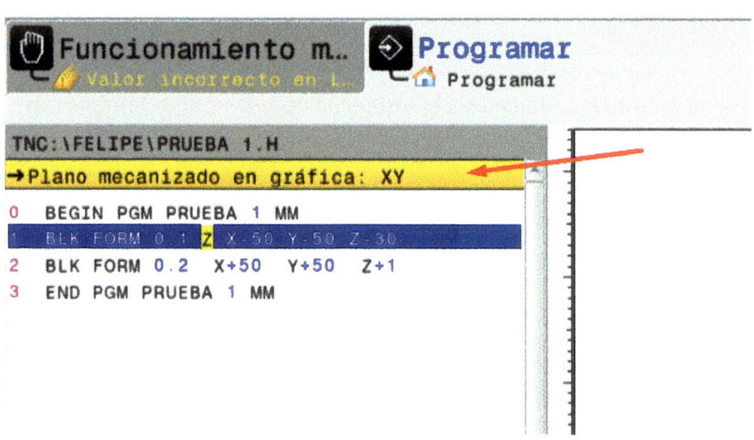

Durante el proceso de programación, la barra de color amarillo que se encuentra en el área superior del programa actúa como la parte conversacional. Continuamente muestra distinta información, para que sepas lo que debes escribir. Fíjate siempre en ella; te guiará sobre lo que debes hacer.

Para desplazarte al siguiente comando de la línea, presiona sobre la flecha lateral de tu teclado o pulsa **ENTER.**

BLK FORM es como llama **Heidenhain** al bruto del que partimos.

Aquí tenemos que insertar las medidas del bruto, en función de la posición del **«Cero pieza».**

`Plano mecanizado en gráfica: XY`	**Z** pulsa **ENTER**
`Definición pieza bruto: Mínimo X`	escribe – 50 y pulsa **ENTER**
`Definición pieza bruto: Mínimo Y`	escribe – 50 y pulsa **ENTER**
`Definición pieza bruto: Mínimo Z`	escribe – 30 y pulsa **ENTER**
`Definición pieza bruto: Máximo X`	escribe 50 y pulsa **ENTER**
`Definición pieza bruto: Máximo Y`	escribe 50 y pulsa **ENTER**
`Definición pieza bruto: Máximo Z`	escribe 1 y pulsa **ENTER**

Si, por alguna razón, borras sin querer el **BLK FORM,** pulsa la tecla de **Funciones especiales** SPEC FCT y la ***softkey* Ajustes de programa**. Después, verás otra que dice **BLK FORM.** La pinchas y continúas de nuevo con el programa.

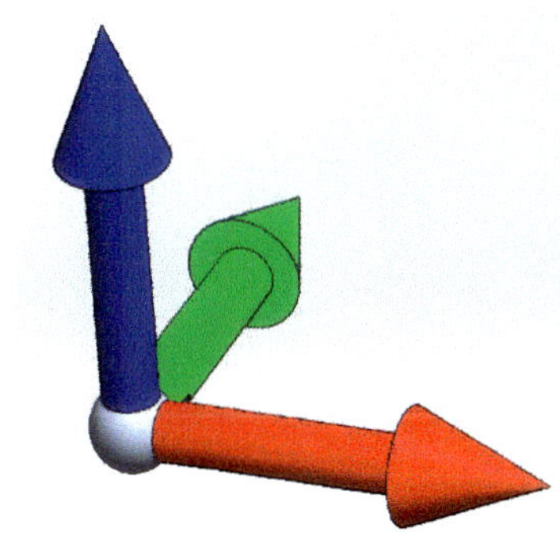

En esta imagen, puedes ver el eje de coordenadas que nos muestra los tres ejes principales. El color rojo es el eje **X;** el verde, el eje **Y,** y el azul, el eje **Z.** Las flechas indican la dirección positiva; por lo tanto, si nos movemos en la dirección de las flechas, trabajamos en valores positivos y, si nos movemos al revés, lo hacemos en valores negativos.

Lo primero que debemos hacer es definir dónde se encuentra el **«cero»** o, lo que es lo mismo, el centro de los ejes de coordenadas.

Esta es la primera pieza que vamos a programar. Mide 95 × 95 × 25 mm y la fabricaremos partiendo de un bruto de acero que mide 100 × 100 × 30.

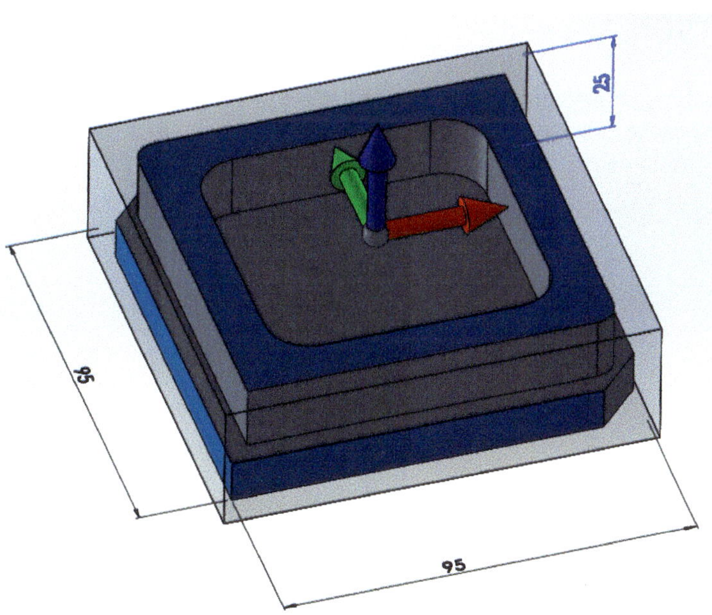

Situamos el **cero de pieza** justo en el centro, en el eje **X** e **Y.** El cero del eje **Z** lo colocamos en la parte más alta de la pieza, pero no del bruto. Por dicha razón, a la hora de rellenar el **BLK FORM,** decimos las medidas del bruto con respecto al cero. Así pues, el punto mínimo del eje **X** es X – 50 y el punto máximo es X + 50, lo que hace un total de 100. Ocurre lo mismo con el eje **Y.** Para el eje **Z,** le comunicamos que, desde el cero, hay 29 mm (Z – 29) en valor negativo y 1 mm (Z + 1) en valor positivo, ya que, de esta forma, mecanizamos todas las caras de la pieza.

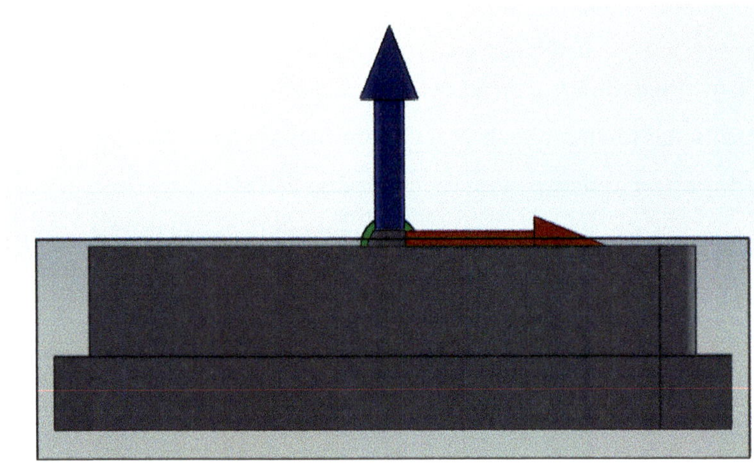

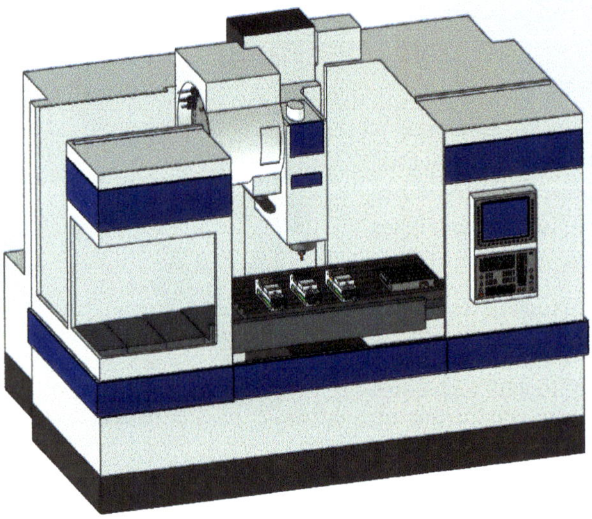

Ya tenemos el bruto sujeto en nuestra mordaza y listo para comenzar a mecanizar.

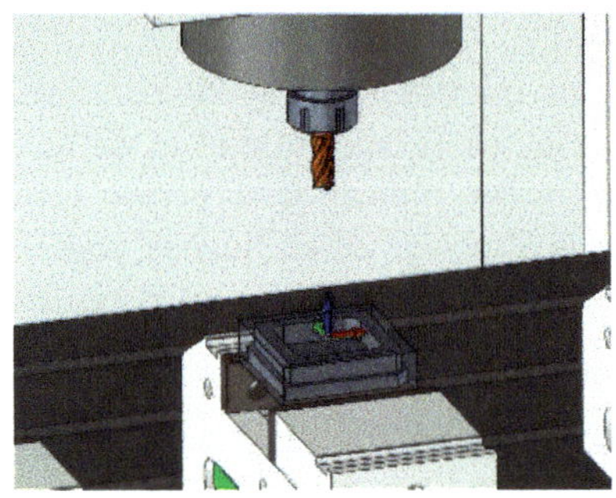

Puedes observar, en la imagen inferior, que colocamos la pieza centrada sobre la mordaza. En dicha pieza, podemos mecanizar la pieza por completo en su altura, porque contamos con material de sobra para sujetarla. Siempre asegúrate de mantener la distancia de seguridad suficiente para no mecanizar la mordaza o colisionar con ella.

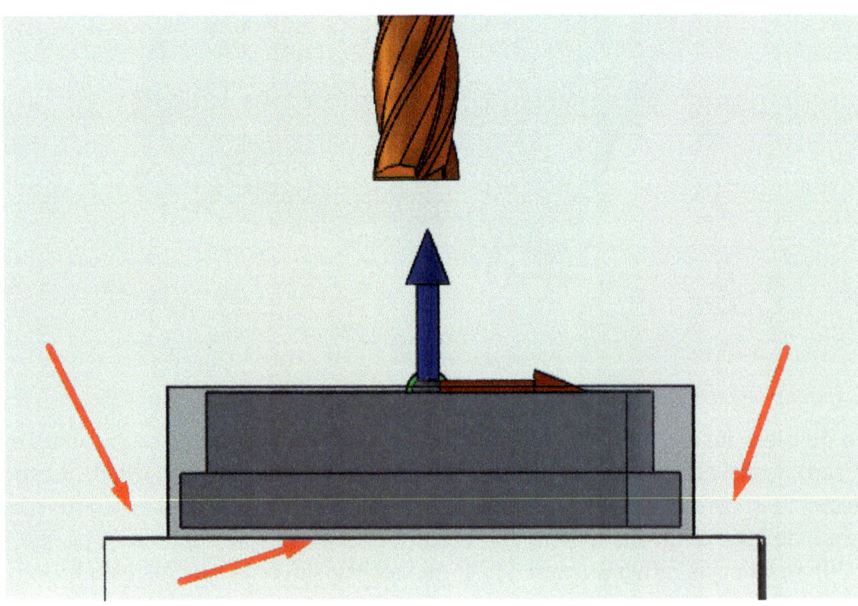

Para fabricar la pieza, emplearemos dos fases. En la primera, planearemos la pieza y la contornearemos a diferentes alturas. También haremos la cajera cuadrada del centro. Vamos a utilizar herramientas para el desbaste y otras para el acabado.

Una vez tengamos lista la primera fase, soltaremos nuestra pieza de la mordaza y le daremos la vuelta, para hacer la segunda fase, que consiste únicamente en quitar el exceso de material por el cual teníamos sujeta la pieza. Para ello, necesitamos volver a tomar los **ceros,** que pueden encontrarse en el mismo lugar que la primera fase o en otro lugar distinto.

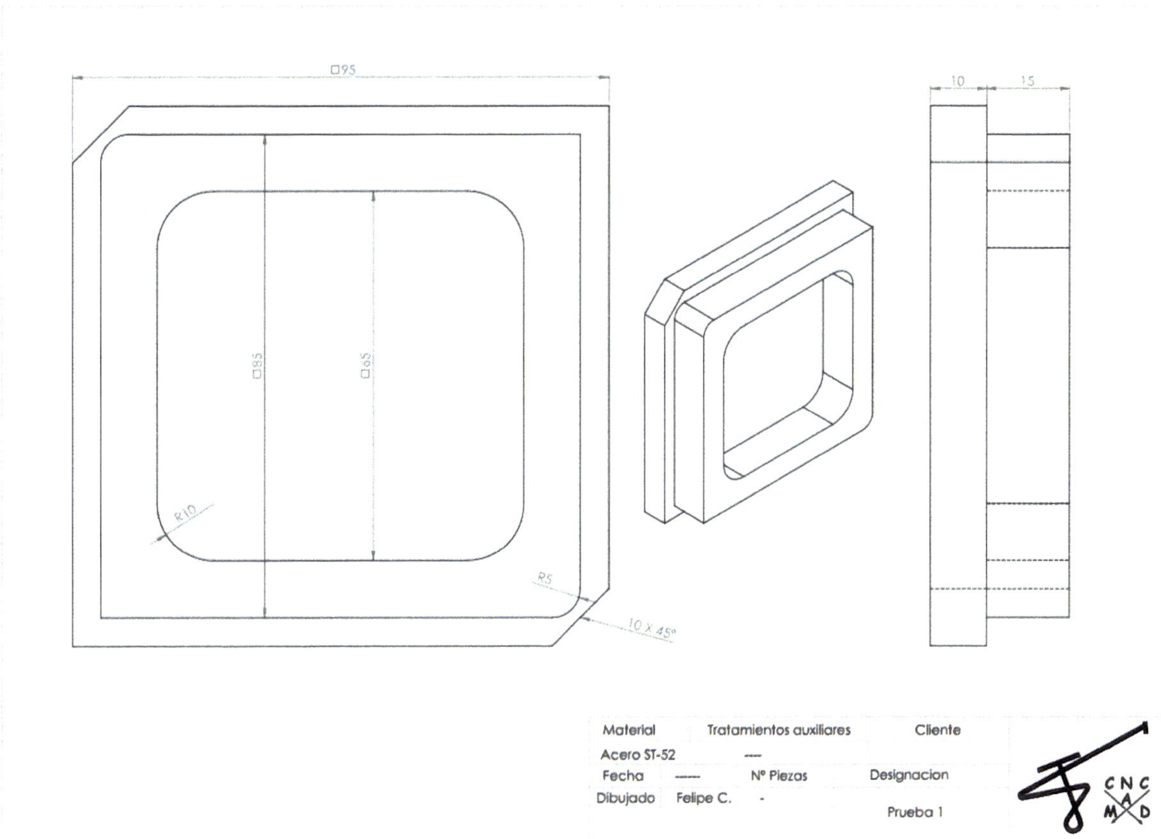

Aquí tienes el plano de la pieza con sus medidas.

Al ser este el primer programa, nos iremos deteniendo en muchos puntos para explicar y que entiendas todo lo que hacemos; a medida que aprendamos, cada vez avanzaremos más rápido.

Ahora pulsamos la tecla **Editar** y volvemos al programa. La franja de color azul nos muestra la línea sobre la que nos encontramos. Ten esto en cuenta, puesto que siempre hemos de tener marcada la línea correcta para que, si añadimos más líneas de programa, se coloquen a partir de ella. Si queremos intercalar alguna línea en medio del programa, nos situamos sobre aquella que queramos y la nueva se insertará debajo de esta.

Antes de continuar, recuerda que, si has cambiado de pantalla en Windows y ahora tu programa no funciona, basta con pinchar con el ratón sobre la pantalla del programa y listo.

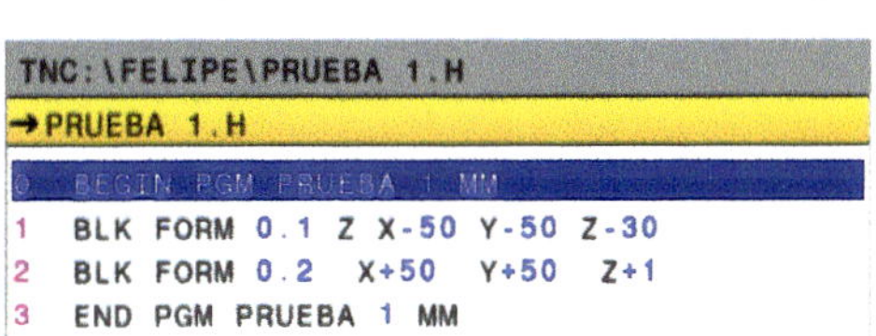

Comprueba que en tu programa aparezca lo mismo que en la imagen y seguimos.

Ahora pulsa la tecla **TOOL-CALL.** Surgirá una línea que diga **TOOL CALL;** tan solo has de escribir un **2,** para llamar a nuestro plato de 50, situado en el puesto número 2. Después, presiona **ENTER.** Ahora te pide ¿Herramienta paralela al eje X/Y/Z? y pone **Z.** Pulsa **ENTER** y, después, te pedirá las revoluciones por minuto. ¿Te acuerdas de la velocidad de corte? Un plato de 50 y con una V_c = 200 m/min son 1273 rpm, así que escribe 1273 y pulsa **ENTER.** En esta línea ya no daremos más datos; pulsa ahora **END,** para cerrar la línea.

En cualquier momento, puedes modificar una línea simplemente colocándote encima de ella y presionando sobre las flechas derecha o izquierda del teclado. Para terminar o cerrar la línea, pulsa **END.**

Como estamos empezando, vamos a acostumbrarnos a dejar unas distancias de seguridad abundantes, para evitar las colisiones y no romper herramientas. A medida que practiquemos y adquiramos experiencia, esas distancias de seguridad las acortaremos para ahorrar tiempos y dotar de más nivel a nuestro trabajo, pero no tengas prisa y no intentes correr más de lo que puedes: todo llegará.

Ahora pulsa la tecla **Lineal** . Daremos unas coordenadas para que la máquina acerque la herramienta a la pieza de forma segura. Se ha abierto una línea y te pone el eje **X;** si quieres poner otro eje, tan solo tienes que pulsarlo en el teclado virtual. Le damos una coordenada de **X – 100;** luego, presionamos sobre la flecha derecha y ponemos **Y – 50.** Pinchamos otra vez sobre la flecha derecha y ponemos **Z + 200.** Como no contamos con más ejes, ahora le damos a **ENTER** y, dado que nos movemos sin compensación de radio, volvemos a pulsar **ENTER.** En cuanto al avance, iremos al máximo, porque estamos seguros de que no vamos a colisionar con nada, ya que nos hallamos fuera de la pieza y a 200 mm por encima, o sea, que presionamos otra vez sobre **ENTER** y nos preguntará si queremos añadir alguna función **M.** Le damos un **M3,** para que la herramienta comience a girar y, después, pulsamos **END** porque, en esta línea, no pondremos nada más.

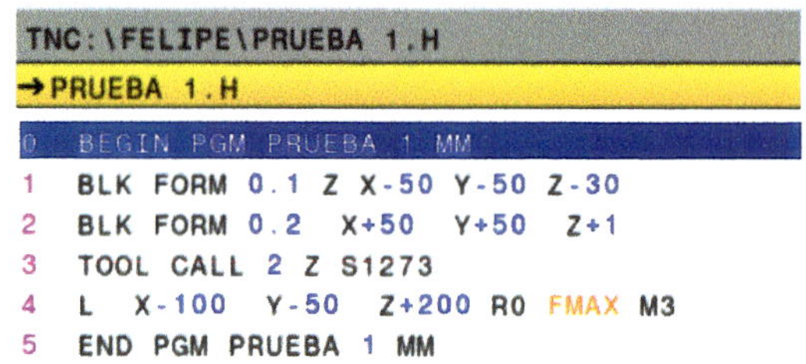

Hasta ahora, hemos creado el **BLK FORM.** Hemos llamado a la herramienta y le hemos dicho que se coloque encima de la esquina izquierda inferior y que comience a girar.

El siguiente paso consiste en programar un ciclo de planeado. Pulsa la tecla **CYCL-DEF** y, después, la ***softkey*** **Ciclos especiales.** Encontrarás una ***softkey*** con el **Ciclo de planeado 232.**

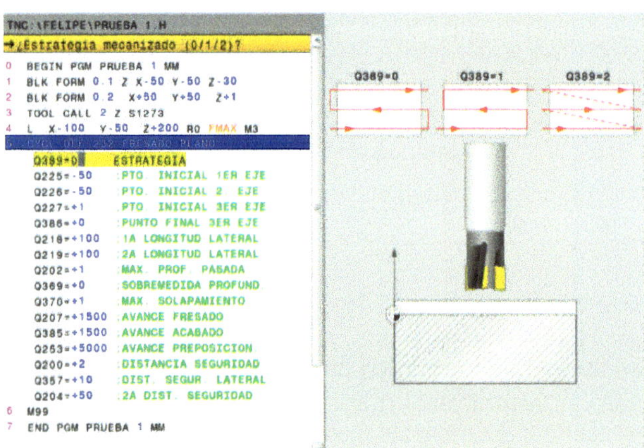

Para desplazarte de un parámetro al siguiente, pulsa las flechas de derecha e izquierda y, cuando desees terminar, presiona sobre **END.**

Rellenar los campos de los ciclos resulta algo sencillo disponiendo de unos conocimientos básicos. Fíjate bien en los dibujos e intenta pararte a pensar en lo que te solicita el programa, antes de ponerte a escribir rápido sin saber lo que estás haciendo.

El parámetro **Q389** nos pregunta la estrategia que queremos usar y nos da tres opciones, donde habremos de elegir entre los números 0, 1 o 2. Escojamos la opción 0.

Q225: ponemos el punto mínimo en el eje **X.** Si nuestro bruto mide 100 mm y el cero se sitúa en el centro, entonces tenemos **X – 50.**

Q226: al igual que en el anterior, colocamos el punto mínimo de **Y,** que también es **Y – 50.**

Q227: en este parámetro, tenemos que poner el punto desde el cual va a comenzar el planeado en el eje **Z.** Nosotros dejamos 1 mm de material por encima del cero.

Q386: este es el punto final hasta donde la herramienta bajará planeando. Nuestro punto final queremos que sea el cero del eje **Z.** Así, después, todos los mecanizados partirán de **Z + 0.**

Q218: ahora debemos decir la distancia que ha de planear en el eje **X.** Si nuestro bruto presenta 100 mm, esa es la medida que tiene que recorrer la herramienta.

Q219: aquí hacemos lo mismo que antes, pero para el eje **Y,** y también son 100 mm.

Q202: en este parámetro, informamos de la pasada máxima para planear en el eje **Z.** En este caso, solo mecanizaremos 1 mm, pero, en otras ocasiones, podemos necesitar planear más espesor y, en lugar de fresar todo de una pasada, el control irá dando varias pasadas, según lo que programemos. El control calcula el número de pasadas para que todas sean lo más iguales posible y no dar, por ejemplo, una pasada con 3 mm y otra con 1.

Q369: la sobremedida de profundidad sirve para poder mecanizar el desbaste con una pasada y un avance, y la pasada final, con otro avance distinto, para dejar un mejor acabado o, simplemente, no realizar la pasada de acabado y dejar un sobreespesor. Si ponemos 0, el control no ejecuta la pasada final distinta al resto.

Q370: el factor de solapamiento indica la pasada lateral **(ae)** que lleva la herramienta. Este cálculo lo hace el control. Normalmente, lo dejaremos en **1,** que es un porcentaje que asigna el control. El mínimo es 0,1 y el máximo, 1,9.

Q207: este es el avance que lleva la herramienta para planear.

Q385: se trata del avance para la pasada de acabado, si previamente la hemos asignado.

Q253: el avance de preposición es la velocidad que lleva la herramienta para los movimientos que hace fuera de pieza para, por ejemplo, posicionarse antes de comenzar a mecanizar. Puedes poner un avance máximo, pero, de momento, te aconsejo que uses un avance de 5000, todavía rápido, pero sin ir al máximo.

Q200: esta es la distancia de seguridad hasta la cual la herramienta se mueve en avance rápido y, a partir de ella, comienza a trabajar en el avance programado de fresado.

Q357: en este ciclo, se incluye dicho parámetro, para dejar una distancia de seguridad lateral, ya que, habitualmente, el ciclo de planeado se suele hacer como primer paso para mecanizar y puede ocurrir que nuestro bruto no venga bien cortado o sea irregular; así, la herramienta no colisiona contra el bruto. Le damos 10 mm de seguridad.

Q204: la segunda distancia de seguridad es la distancia a la cual se mueve la herramienta una vez ha terminado el ciclo. Le decimos que vaya a **Z + 50.**

Ya hemos creado un ciclo de planeado, pero el control todavía no hace nada; para ejecutar dicho ciclo, hemos de poner un **M99.** Desde el teclado del ordenador, puedes pulsar directamente la tecla **M** y se incluye como una nueva línea; después, escribe 99 y pulsa **END.**

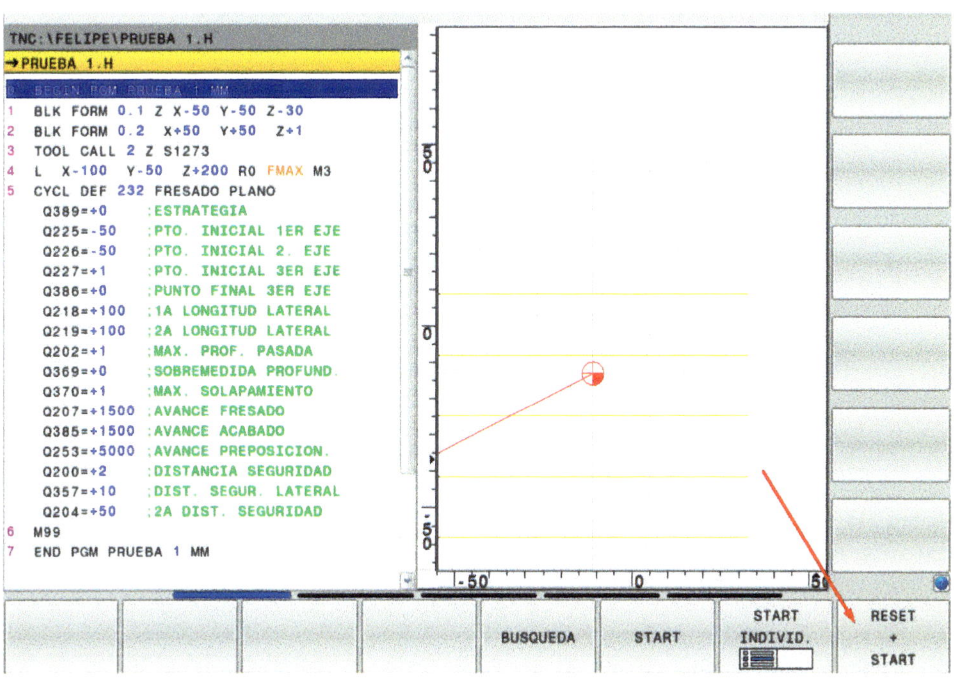

Si te colocas sobre la primera línea de programa y después pulsas la ***softkey*** **RESET + START,** observarás los movimientos que hace la herramienta en la pantalla derecha. Desde la ventana de **Edición,** podemos ver tales movimientos definidos como líneas en un plano 2D, pero lo que queremos es comprobar la pieza en 3D.

Para ello, presiona sobre la tecla **Desarrollo** [⇒]. Después, pulsa **PGM-MGT** [PGM MGT], para abrir el gestor de archivos y seleccionar el programa que quieres verificar. Puedes ir al árbol de archivos o, simplemente, pinchar sobre la ***softkey*** **Últimos ficheros** y marcar el programa que estás editando, por lo que aparece en primera posición.

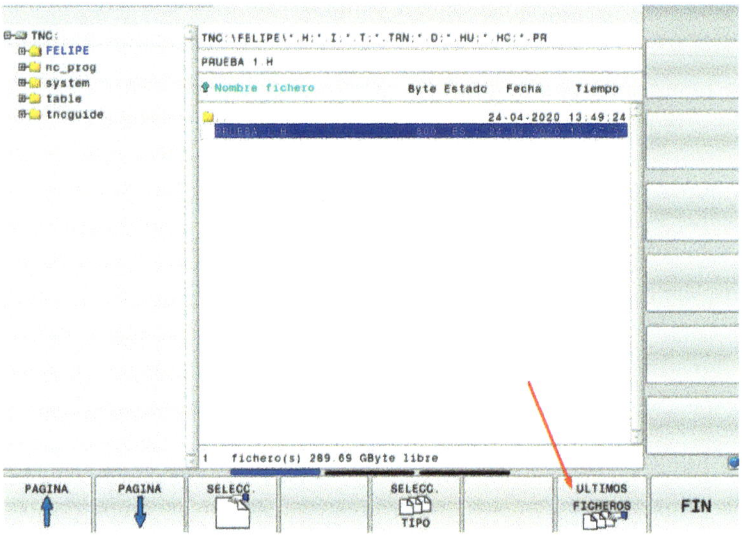

Recuerda siempre seleccionar el programa adecuado, dado que ya te he explicado que podemos encontrarnos con diferentes programas seleccionados en las distintas ventanas de programación.

Ahora deberías ver la imagen que se muestra a continuación.

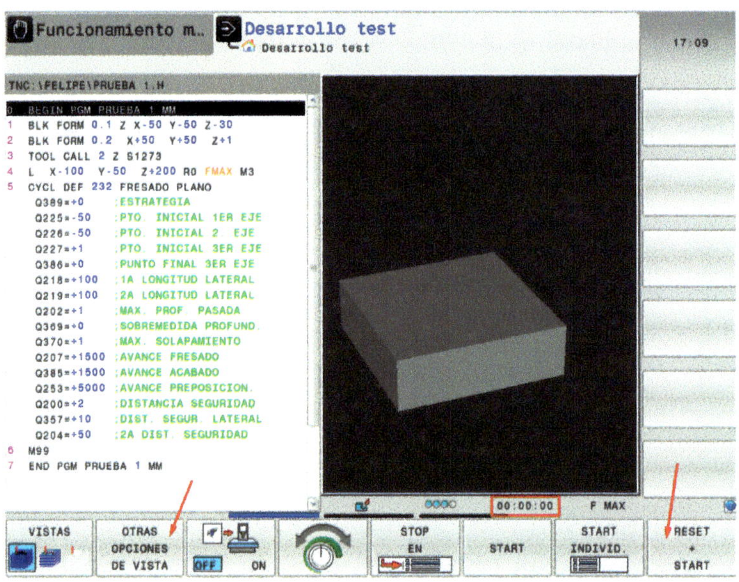

Pulsando **RESET + START,** el programa comienza a mecanizar la pieza. Puedes comprobar el tiempo de mecanizado, para calcular cuánto tardará nuestra máquina en ejecutar el trabajo.

Pulsando sobre la ***softkey*** **Otras opciones de vista,** accederás a diferentes tipos de visualización, para poder ver la pieza en 3D o 2D.

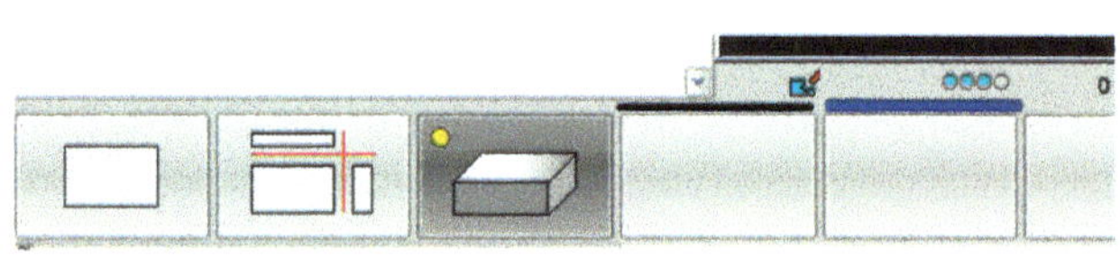

También puedes elegir cómo quieres visualizar la herramienta durante la simulación.

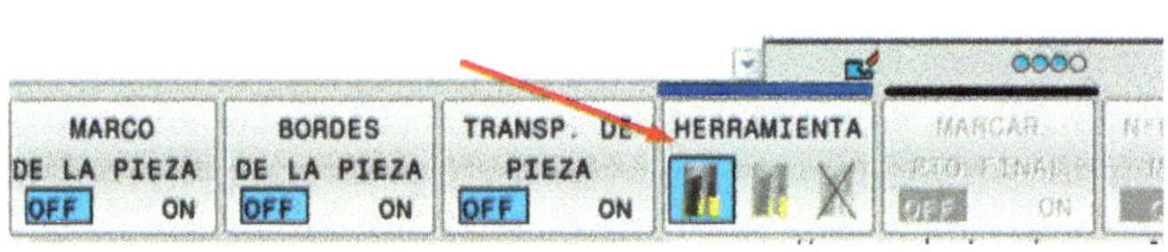

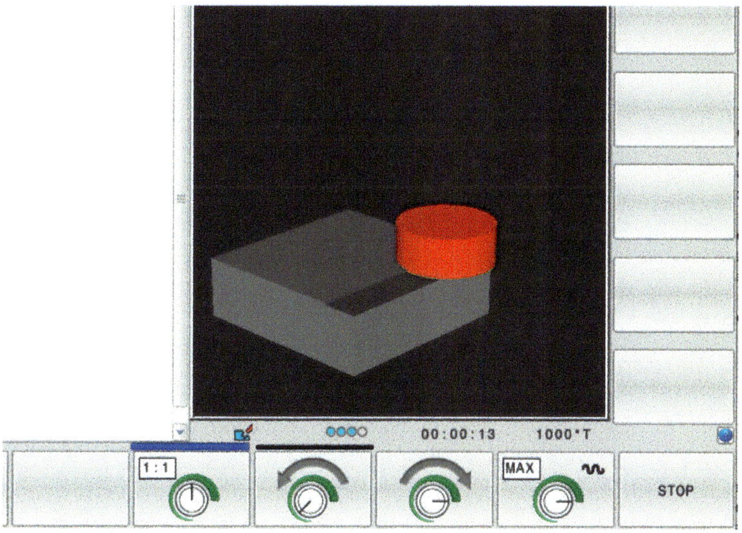

Una vez pulsado **RESET + START,** y mientras se ejecuta el programa, aparecen otras ***softkeys,*** como las mostradas en la imagen superior. Es posible que tu programa corra demasiado rápido; para cambiarlo, dispones de las opciones de bajar la velocidad, o bien pulsa la ***softkey* 1:1,** que ejecuta el programa en tiempo real.

Para rotar o hacer *zoom* sobre la ventana de simulación, te aconsejo que busques la ***softkey*** expuesta en la imagen inferior.

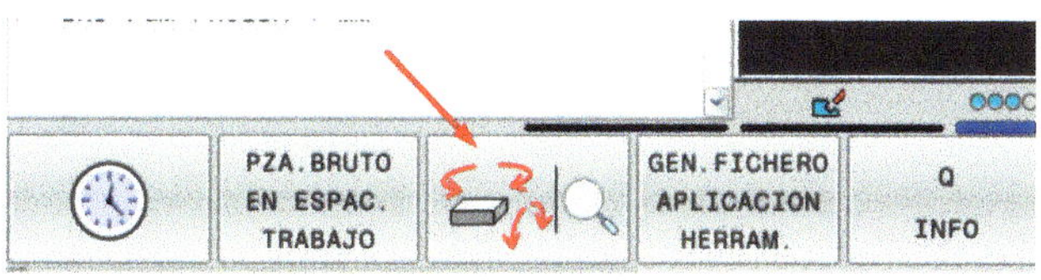

Ahora, podrás girar y posicionar a tu gusto la pieza.

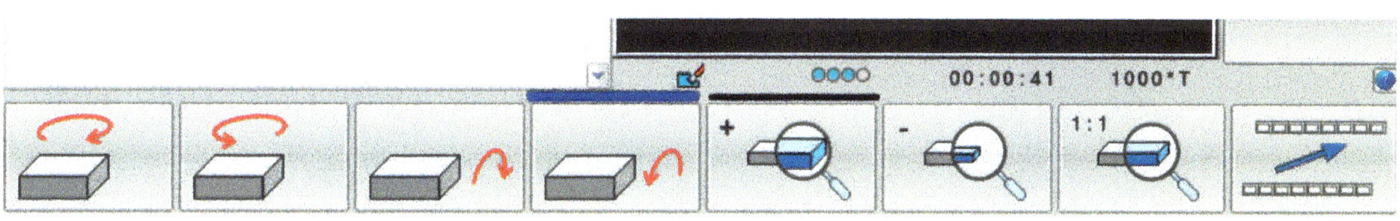

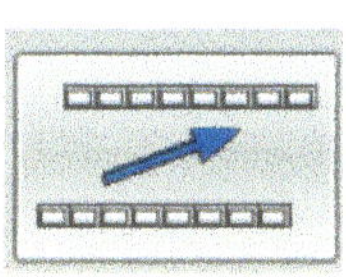

Siempre que veas esta ***softkey,*** significa que te encuentras dentro de alguna otra ventana, ciclo u opciones. Si la pulsas, retrocederás un paso hasta la ventana anterior. Presiona sin miedo tanto sobre esta ***softkey*** como sobre la de **FIN** cuando no sepas dónde te encuentras y así podrás salir.

Mi programa tarda 41 segundos. ¿Y el tuyo? Cuando termines de tocar todas las teclas y hayas visualizado bien la pieza, continuamos.

Ahora volvemos a **EDITAR.** Ya no es necesario ir hasta el gestor de programas cada vez que cambiemos entre ventanas, ya que, por el momento, el programa se mantiene seleccionado y, aunque apaguemos el control, cuando lo arranquemos nuevamente, seguirá en el mismo sitio.

Una vez en la ventana de **Edición,** nos colocamos con las flechas del teclado sobre la línea **M99,** con el fin de que se resalte en color azul, para seguir insertando líneas en orden.

Después de planear, contorneamos la pieza y, para ello, utilizamos la misma herramienta, pero con un pequeño truco.

Queremos contornear, pero en forma de desbaste, o sea, dejar un sobreespesor lateral para, después, pasar otra herramienta que haga el acabado. Como vamos a trabajar con compensación de herramienta, iremos hasta la tabla de herramientas y cambiaremos el radio del plato de 50.

Vamos al **modo manual;** después, entramos en la tabla de herramientas y pulsamos la ***softkey*** de **Editar tabla** y, en el radio del plato que pusimos 25, introducimos 25.2. Le decimos al control que nuestra herramienta es un poco más grande de lo que realmente es y, por eso, a la hora de mecanizar, el control entiende que la herramienta resulta más grande, por lo que se separa más de la pieza; en concreto, dos décimas, las cuales quitaremos en la fase de acabado. Tal modificación también afecta a la operación anterior de planeado, pero, al tratarse de solo dos décimas y teniendo en cuenta que la herramienta trabaja con el 40 % del diámetro, no nos surgirá ningún problema. Este método lo emplearemos con frecuencia cuando queramos dejar demasía de material, pero también para hacer ajustes de acabado. En lugar de dar mayor radio de herramienta, quizá debamos ir reduciéndolo, hasta conseguir que la herramienta deje la pieza con unos ajustes precisos. Hay que tener precaución y estar seguro de los valores que escribimos: *un cero o una coma mal puestos pueden hacer que, en lugar de corregir una centésima, corrijamos un milímetro.*

Gracias a trabajar de esta forma, no necesitamos modificar el programa cambiando coordenadas continuamente, lo que provocaría mayores posibilidades de cometer un error.

En este primer programa de ejemplo, vamos a contornear con el plato, con una pasada en altura que no llevaríamos en la vida real, pero lo haremos así a modo de aprendizaje, y para ir poco a poco. Después, modificaremos estos parámetros e incluiremos una pasada más pequeña, insertando repeticiones.

La forma de trabajar casi siempre será la misma:

1. *Nos posicionamos en X, Y, Z fuera de la pieza.*
2. *Bajamos en Z.*
3. *Nos acercamos a la pieza en X, Y con compensación de radio.*
4. *Hacemos el contorno.*
5. *Nos alejamos al punto de inicio fuera de la pieza en X, Y sin compensación de radio.*
6. *Subimos en Z hasta una zona de seguridad.*
7. *Nos retiramos en X, Y, Z.*

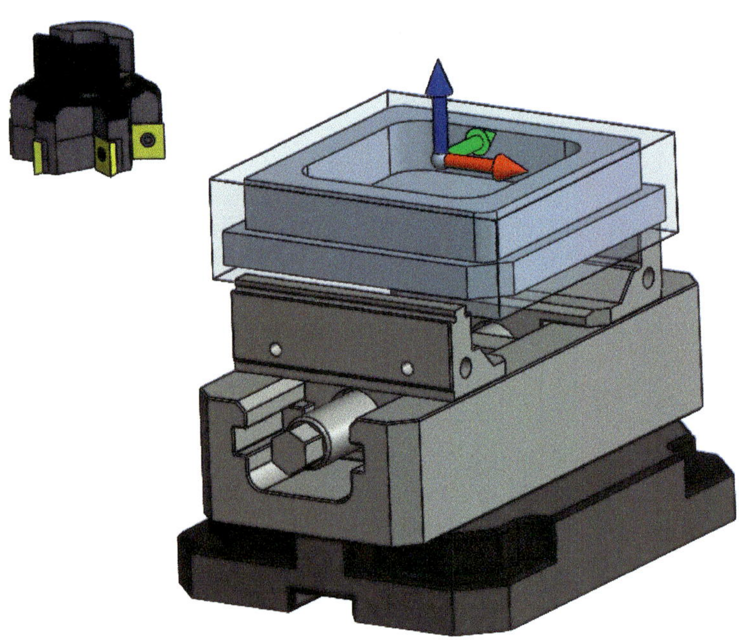

Como puedes ver en la imagen, una vez terminado el planeado, colocaremos la herramienta en una posición inicial fuera de la pieza.

Para ello, pulsamos la tecla **Lineal** e introducimos:

```
L X-100 Y-100 Z+20 R0 FMAX
```

Ahora bajamos en **Z,** con un avance un poco más rápido que el de trabajo, pero sin ser el máximo:

```
L Z-15 R0 F5000
```

Y ya estamos listos para acercarnos a la pieza y comenzar a contornear. Esta vez tampoco usaremos las aproximaciones; lo haremos más adelante.

El primer contorno que vamos a hacer es el cuadrado de 85 mm; por lo tanto, nos hemos de acercar a **X – 42.5 Y – 42.5.**

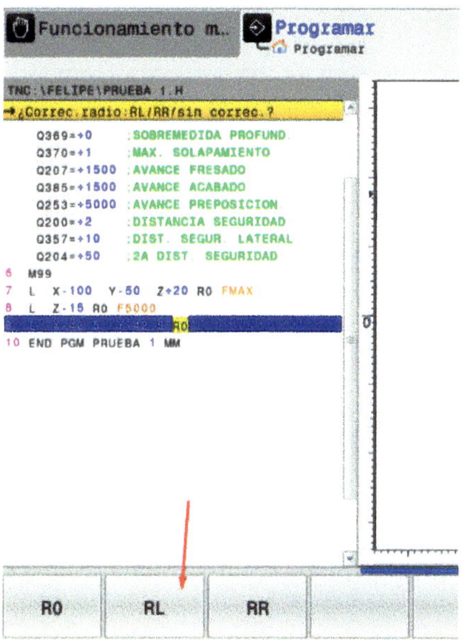

Ahora presionamos sobre la ***softkey* RL,** porque vamos a movernos por la izquierda de la pieza:

R0 = sin compensación.

RL = compensar a izquierda.

RR = compensar a derecha.

En el capítulo de programación ISO, explicamos detenidamente esta parte:

R0 = G40 **RL = G41** **RR = G42**

Después, definimos el avance **F1900** y pulsamos **END.**

Hacemos una nueva línea:

```
L Y+42.5
```

En esta esquina, tenemos que hacer un redondeo; por lo tanto, pulsamos la tecla **RND** y ponemos 5.

En la siguiente línea, introducimos:

```
L X+42.5
```

Después:

```
L Y-42.5
```

Y, a continuación, otro redondeo:

```
RND R5
```

Volvemos al inicio:

```
L X-42.5
```

Y ahora nos alejamos sin compensación de radio:

```
L X-100 Y-45 R0 F5000
```

Ya tenemos nuestro primer contorno listo. Nos vamos a **Desarrollo** y simulamos el programa.

```
TNC:\FELIPE\PRUEBA 1.H
6  M99
7  L  X-100  Y-50  Z+20 R0 FMAX
8  L  Z-15 R0 F5000
9  L  X-42.5  Y-42.5 RL F1900
10 L  Y+42.5
11 RND R5
12 L  X+42.5
13 L  Y-42.5
14 RND R5
15 L  X-42.5
16 L  X-100  Y-100 R0 F5000
17 END PGM PRUEBA 1 MM
```

Si algo no está bien, comprueba que aparecen las líneas o los bloques del programa, como en esta imagen.

Es muy importante no equivocarse con los signos **+** *y* **–.**

Cuando añadimos una compensación de radio, se mantiene activa hasta que la anulemos; por lo tanto, asegúrate de anularla en el momento exacto. Con los avances ocurre lo mismo y es que siempre permanece activo el último programado.

Durante la simulación, la herramienta cambia a color rojo para avances de trabajo, y a azul, para movimientos de posicionamientos rápidos.

Ya podemos continuar. Volvemos al **Editor** y ahora bajamos en **Z** y hacemos el siguiente contorno usando la misma compensación de radio, así como unos chaflanes en las esquinas, en lugar de redondeos.

Después de alejarnos y anular la compensación de radio en **X, Y,** podemos bajar en **Z.**

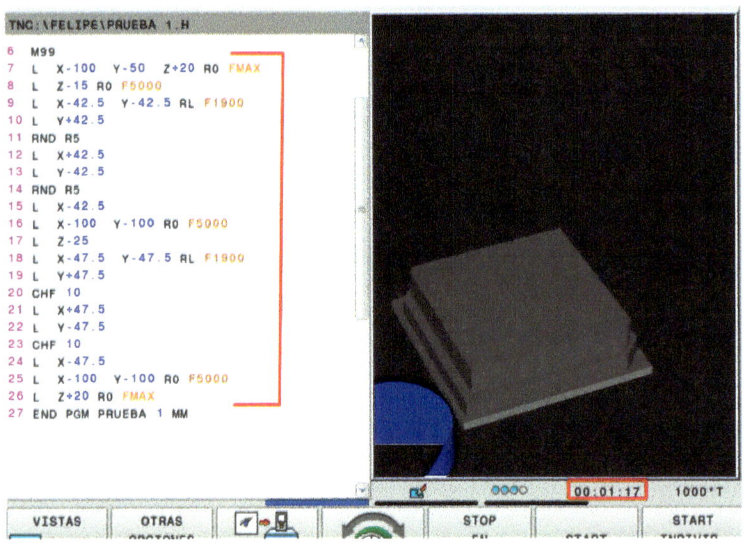

Si has seguido todos los pasos, te debería salir un programa como el de la imagen.

Vemos que, por el momento, mi programa tarda 1:17 minutos en hacer el planeado y los dos contornos programados.

Los tiempos que nos indica el simulador son 100 % fiables, siempre y cuando, claro está, nuestra máquina no pierda tiempos excesivos a la hora de hacer los cambios de herramienta, por ejemplo.

Los controles modernos **Heidenhain** cuentan con un *touchpad* como un ordenador portátil para utilizar el puntero del ordenador sin ratón. Tampoco nos podemos olvidar de las pantallas táctiles.

Si lo tocamos con el dedo, vemos el puntero de Windows por la pantalla; pues bien, voy a contarte un detalle interesante.

Cuando te encuentres en la pantalla de **Desarrollo,** busca una ***softkey*** llamada **MEDICIÓN.** Si la activas, verás sobre la pieza un marcador señalando las coordenadas de los tres ejes. Una pequeña bola, que puedes desplazar sobre la zona que te interese, indica el punto de medición. Si, en lugar de aparecer la vista 3D, tienes seleccionada la 2D, podrás comprobar, de forma más fiable, las alturas en el eje **Z.**

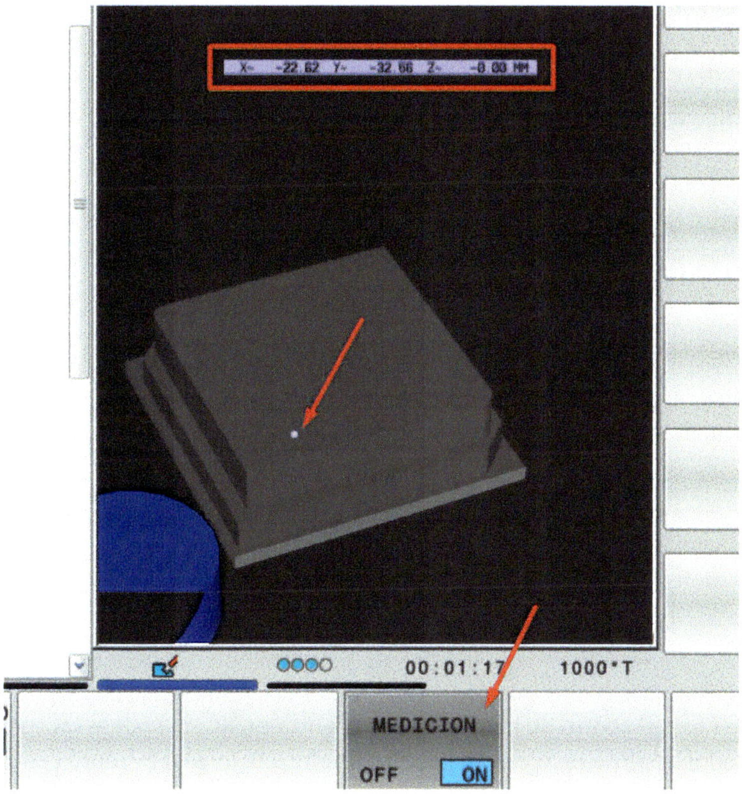

Ya hemos terminado con esta herramienta; ahora vamos a desbastar la cajera interior con una fresa de diámetro 16.

Volvemos al **Editor,** nos colocamos sobre la última línea del programa y pulsamos **TOOL-CALL.**

Elegimos la herramienta número 6 y le ponemos **S2400.**

Después, nos colocamos en el centro de la pieza y, a 50 mm separados en **Z,** aprovechamos para dar giro a la herramienta.

Pulsamos la tecla **CYCL-DEF** y la ***softkey*** **CAJERAS/ISLAS/RANURAS** y, después, elegimos el **ciclo 251.**

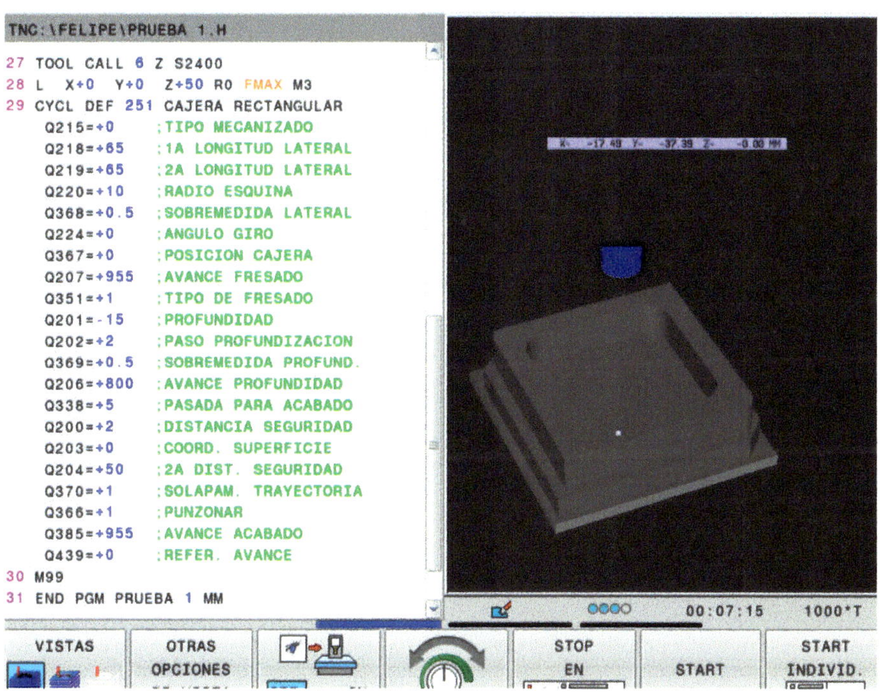

Q215: disponemos de tres opciones, dependiendo de si queremos hacer un desbaste y el acabado con la misma herramienta, o si solamente deseamos realizar un desbaste o un acabado. En este caso, nos decantaremos por un desbaste y un acabado; por lo tanto, ponemos un 0.

Q218: aquí tenemos que poner la primera longitud de la cajera para el eje **X.**

Q219: resulta igual que el anterior, pero con la longitud en el eje **Y.**

Q220: en este parámetro, indicamos el radio de esquina. Nunca podremos hacer una cajera sin radio en las esquinas, ya que, como mínimo, tendremos el radio de la herramienta. Es importante que este radio sea mayor que el de la herramienta, para evitar que el control nos dé un error y para que, a la hora de mecanizar, las esquinas queden con un buen acabado y no con una vibración que producirá la herramienta, al empañar demasiada superficie de contacto.

Q368: la sobremedida lateral es la demasía que dejamos para, después, hacer el acabado. Si ponemos 0, el control no hará la pasada de acabado, aunque la hayamos programado. Vamos a dejar cinco décimas para el acabado.

Q224: si nuestra cajera se halla recta, pondremos 0, pero, si presenta una inclinación, introduciremos el ángulo en el que se encuentra y el resto de las medidas las pondremos como si la cajera estuviera recta. El control se encarga de transformar esas medidas a la posición asignada.

Q367: es importante que entiendas bien el parámetro. Como ya sabes, este ciclo no se va a ejecutar hasta que lo llamemos; para ello, escribiremos una línea de programa con unas coordenadas. Dependiendo de cómo esté acotado el plano o las cotas que conozcas, podrás programar la cajera desde distintos puntos. En nuestro caso, sabemos que el centro de la cajera se encuentra en **X0, Y0;** por lo tanto, nos interesa dar ese punto, para definir dónde se sitúa la cajera. Así pues, ponemos 0, que es el punto central.

Q207: este es el avance para hacer el desbaste; después de realizar los cálculos, tenemos que poner 955.

Q351: ahora podemos elegir si queremos mecanizar en concordancia u oposición; para ello, solo hemos de cambiar a signo negativo o positivo.

Q201: en este parámetro, introduciremos la profundidad de la cajera, que son 15 mm.

Q202: aquí pondremos el paso de profundización o, lo que es lo mismo, cada vez que la herramienta baja, realiza un mecanizado por toda la superficie y continúa bajando otro nivel, hasta llegar a la profundidad máxima.

Q369: ya vimos la demasía que dejamos para hacer el acabado lateral. En este parámetro, indicamos la demasía que dejamos en el fondo.

Q206: cuando la herramienta comienza a profundizar hasta la pasada programada, podemos variar el avance para que sea algo menor, ya que, en este caso, la herramienta puede empañar más superficie de la que debería para trabajar bien.

Q338: una vez que la herramienta, bajando nivel a nivel, llega a la profundidad máxima, sube y comienza a hacer el acabado. No es lo mismo la pasada que puede hacer para desbastar, donde arranca mucho material, que la pasada de acabado; para ella, solamente dejamos cinco décimas. Por tanto, la pasada de acabado puede hacerla toda de una sola pasada. De todas formas, en este caso, le diremos al control que dé pasadas de 5 mm.

Q200: este parámetro ya sabes que es para dejar una distancia mínima de seguridad, con el fin de que la máquina pase de movimientos rápidos a avances de trabajo, sin peligro de colisión.

Q203: ya definimos el origen de la cajera en los ejes **X** e **Y;** ahora le diremos dónde se encuentra el comienzo en el eje **Z.** En este caso, el inicio de la cajera comienza en **Z + 0.**

Q204: la segunda distancia de seguridad vimos que se corresponde con la distancia donde se retira la herramienta en el eje **Z,** una vez terminado el ciclo.

Q370: el solapamiento es ese cálculo que hace el control para la pasada lateral de la herramienta. Lo dejaremos, por defecto, en 1.

Q366: ahora contamos con tres opciones diferentes para que la herramienta penetre en el material. Con la opción 1, la herramienta entra taladrando; esta elección yo nunca la recomiendo, principalmente, porque has de estar realmente seguro de que tu herramienta dispone de corte al centro, pues, de lo contrario, se estrellará. La opción número 2, para mí, siempre es la mejor; consiste en hacer una interpolación helicoidal, de modo que la herramienta penetra poco a poco, moviendo los tres ejes a la vez, y no importa el tipo de herramienta que estés usando, ya que, con casi cualquiera, podrás usar este método. Por último, la opción número 3 consiste en una penetración en rampa.

Q385: también podemos asignar un avance distinto para la pasada de acabado. Normalmente, suele ser mayor que el desbaste, dado que la herramienta come poco material, pero, puesto que también queremos que el acabado sea bueno, entonces, de momento, dejaremos el mismo avance que usamos para desbastar.

Q439: con este parámetro, podemos definir con precisión si el avance asignado se realiza con respecto al centro de la herramienta, a la pasada **ae** o **ap,** etc.

Una vez que hemos definido todos los parámetros, ya podemos decir al control que ejecute el ciclo; para ello, solo nos falta añadir la función **M99,** ya que, antes del ciclo, mandamos la herramienta a la posición donde comienza el ciclo.

Si queremos utilizar diferentes herramientas para hacer el desbaste y el acabado, en lugar de elegir la opción primera, en el parámetro **Q215,** elegimos la segunda opción para hacer el desbaste y, después, realizamos un cambio de herramienta y volvemos a insertar el mismo ciclo, pero, esta vez, con la tercera opción de acabado, donde debemos rellenar todos los campos de la misma forma, incluida la demasía del desbaste, para que el control lo tenga en cuenta, ya que, de lo contrario, no ejecutará la fase de acabado.

Ahora utilizaremos la misma herramienta para hacer el acabado de los contornos que habíamos desbastado con el plato de 50. Para ello, volveremos a escribir los mismos puntos que dimos al plato de 50 y modificamos el avance para dicha herramienta.

Una vez terminado, enviamos la herramienta lejos de la pieza en el eje **Z** e insertamos la función **M30,** que indica al control el fin del programa.

```
L   X-100  Y-100  Z+20 R0 FMAX
L   Z-15 R0 F5000
L   X-42.5  Y-42.5 RL F900
L   Y+42.5
RND R5
L   X+42.5
L   Y-42.5
RND R5
L   X-42.5
L   X-100  Y-100 R0 F5000
L   Z-25
L   X-47.5  Y-47.5 RL F900
L   Y+47.5
CHF 10
L   X+47.5
L   Y-47.5
CHF 10
L   X-47.5
L   X-100  Y-100 R0 F5000
L   Z+200 R0 FMAX M30
END PGM PRUEBA 1 MM
```

A continuación, se presenta el programa completo:

```
0 BEGIN PGM prueba 1 MM
1 BLK FORM 0.1 Z X-50 Y-50 Z-30
2 BLK FORM 0.2 X+50 Y+50 Z+1
3 TOOL CALL 2 Z S1273
4 L X-100 Y-50 Z+200 R0 FMAX M3
5 CYCL DEF 232 FRESADO PLANO ~
  Q389=+0     ;ESTRATEGIA ~
  Q225=-50    ;PTO. INICIAL 1ER EJE ~
  Q226=-50    ;PTO. INICIAL 2. EJE ~
  Q227=+1     ;PTO. INICIAL 3ER EJE ~
```

```
   Q386=+0     ;PUNTO FINAL 3ER EJE ~
   Q218=+100   ;1A LONGITUD LATERAL ~
   Q219=+100   ;2A LONGITUD LATERAL ~
   Q202=+1     ;MAX. PROF. PASADA ~
   Q369=+0     ;SOBREMEDIDA PROFUND. ~
   Q370=+1     ;MAX. SOLAPAMIENTO ~
   Q207=+1500 ;AVANCE FRESADO ~
   Q385=+1500 ;AVANCE ACABADO ~
   Q253=+5000 ;AVANCE PREPOSICION. ~
   Q200=+2     ;DISTANCIA SEGURIDAD ~
   Q357=+10    ;DIST. SEGUR. LATERAL ~
   Q204=+50    ;2A DIST. SEGURIDAD
6 M99
7 L X-100 Y-100 Z+20 R0 FMAX
8 L Z-15 R0 F5000
9 L X-42.5 Y-42.5 RL F1900
10 L Y+42.5
11 RND R5
12 L X+42.5
13 L Y-42.5
14 RND R5
15 L X-42.5
16 L X-100 Y-100 R0 F5000
17 L Z-25
18 L X-47.5 Y-47.5 RL F1900
19 L Y+47.5
20 CHF 10
21 L X+47.5
22 L Y-47.5
23 CHF 10
24 L X-47.5
25 L X-100 Y-100 R0 F5000
26 L Z+20 R0 FMAX
27 TOOL CALL 6 Z S2400
28 L X+0 Y+0 Z+50 R0 FMAX M3
29 CYCL DEF 251 CAJERA RECTANGULAR ~
   Q215=+0     ;TIPO MECANIZADO ~
   Q218=+65    ;1A LONGITUD LATERAL ~
   Q219=+65    ;2A LONGITUD LATERAL ~
```

```
   Q220=+10    ;RADIO ESQUINA ~
   Q368=+0.5   ;SOBREMEDIDA LATERAL ~
   Q224=+0     ;ANGULO GIRO ~
   Q367=+0     ;POSICION CAJERA ~
   Q207=+955   ;AVANCE FRESADO ~
   Q351=+1     ;TIPO DE FRESADO ~
   Q201=-15    ;PROFUNDIDAD ~
   Q202=+2     ;PASO PROFUNDIZACION ~
   Q369=+0.5   ;SOBREMEDIDA PROFUND. ~
   Q206=+800   ;AVANCE PROFUNDIDAD ~
   Q338=+5     ;PASADA PARA ACABADO ~
   Q200=+2     ;DISTANCIA SEGURIDAD ~
   Q203=+0     ;COORD. SUPERFICIE ~
   Q204=+50    ;2A DIST. SEGURIDAD ~
   Q370=+1     ;SOLAPAM. TRAYECTORIA ~
   Q366=+1     ;PUNZONAR ~
   Q385=+955   ;AVANCE ACABADO
30 M99
31 L X-100 Y-100 Z+20 R0 FMAX
32 L Z-15 R0 F5000
33 L X-42.5 Y-42.5 RL F900
34 L Y+42.5
35 RND R5
36 L X+42.5
37 L Y-42.5
38 RND R5
39 L X-42.5
40 L X-100 Y-100 R0 F5000
41 L Z-25
42 L X-47.5 Y-47.5 RL F900
43 L Y+47.5
44 CHF 10
45 L X+47.5
46 L Y-47.5
47 CHF 10
48 L X-47.5
49 L X-100 Y-100 R0 F5000
50 L Z+200 R0 FMAX M30
51 END PGM prueba 1 MM
```

Ya tenemos la primera fase de nuestra pieza lista para fabricar. Una vez que la máquina ha completado el mecanizado, soltamos la pieza de la mordaza y le damos la vuelta, para emprender la segunda fase, que consistirá en hacer un planeado para eliminar los 4 mm que le sobran. Para ello, haremos otro programa diferente, que podemos llamar «prueba1-fase2», en el que llamamos al plato de 50 e incluimos el ciclo de planeado con los datos necesarios.

Como te dije cuando comenzamos con este programa, la forma correcta de trabajar difiere algo de lo que acabamos de hacer. No podemos contornear la pieza llevando 10 o 15 mm de pasada en **Z** de una sola vez. Por eso, te voy a enseñar a incluir repeticiones parciales del programa y hacer que la herramienta realice el contorno llevando 5 mm de pasada en **Z;** para ello, utilizaremos las *labels* **(LBL).**

Vamos a usar el programa que hemos hecho e incluiremos también esas repeticiones. Para hacerlo, lo primero de todo será colocar la herramienta en **Z + 0;** después, añadimos el comando **LBL** y, a continuación, hacemos un incremento del eje **Z,** lo que provoca que, cada vez que el control lee esta línea, incrementa el valor de **Z** y, después, repite el contorno, pero a una altura diferente.

En la imagen inferior, se presenta el programa modificado, con las líneas señaladas que añadimos o cambiamos.

```
7  L  X-100  Y-100  Z+20 R0 FMAX
8  L  Z+0 R0 F5000
9  LBL 1
10 L  IZ-5
11 L  X-42.5  Y-42.5 RL F1900
12 L  Y+42.5
13 RND R5
14 L  X+42.5
15 L  Y-42.5
16 RND R5
17 L  X-42.5
18 L  X-100  Y-100 R0 F5000
19 CALL LBL 1 REP2
```

Puedes observar dónde incluimos la línea (9) de **LBL** y, después, realizamos el incremento (10) en **Z.** El control continúa leyendo las líneas y, cuando llega a la línea 19, se encuentra con una llamada al **LBL 1;** por lo tanto, vuelve hasta la línea 9 y se encuentra el incremento en **Z,** que hace que la herramienta baje 5 mm más desde donde se encuentra y continúa. Tal proceso lo lleva a cabo dos veces, ya que constituye el número de repeticiones que le hemos ordenado. Al final, el control hace lo siguiente:

- Se coloca en **X, Y.**
- Baja hasta **Z + 0.**
- Incrementa hasta **Z-5.**
- Se aproxima y compensa para hacer el contorno y sale descompensando.
- Vuelve al principio del **LBL** y baja hasta **Z – 10.**
- Se aproxima y compensa para hacer el contorno y sale descompensando.
- Vuelve al principio del **LBL** y baja hasta **Z – 15.**
- Se aproxima y compensa para hacer el contorno y sale descompensando.
- Como ya hizo las dos repeticiones programadas, continúa con el resto del programa.

Ahora, seguiremos el mismo proceso para el siguiente contorno, incluyendo otro **LBL** y otra llamada, pero, esta vez, con pasadas de 2 mm.

```
20 LBL 2
21 L IZ-2
22 L  X-47.5  Y-47.5 RL F1900
23 L  Y+47.5
24 CHF 10
25 L  X+47.5
26 L  Y-47.5
27 CHF 10
28 L  X-47.5
29 L  X-100  Y-100 R0 F5000
30 CALL LBL 2 REP4
31 L  Z+20 R0 FMAX
```

Es importante que tengas clara la forma de trabajar con las repeticiones.

Debemos incluir siempre un incremento y, después, añadir la compensación de radio para hacer el contorno. Una vez terminado el contorno, nos alejamos de la pieza y descompensamos para que, a la hora de afrontar la repetición, la herramienta *baje en **Z** sin compensación* y, después, vuelva a compensar para repetir el contorno. Puede parecer un poco lioso, pero, con un poco de práctica, verás que resulta muy sencillo y útil. La programación con **LBL** se utiliza mucho y nos ayuda a programar de una forma realmente rápida y segura, ya que, cuantas menos líneas escribimos, menos posibilidad de equivocarnos tenemos y, si la primera pasada la hace bien, puedes estar seguro de que el resto de las repeticiones también estarán bien.

Recuerda que, si haces dos repeticiones, el programa pasa tres veces por el mismo lugar. La primera pasada la hemos de tener en cuenta. El **LBL** comienza a trabajar después de haber realizado ya un contorno.

Ya puedes ir a **Desarrollo** y verificar la simulación del programa.

Te dejo el programa modificado con los **LBL** sin la herramienta de 16:

```
0 BEGIN PGM prueba 1 MM
1 BLK FORM 0.1 Z X-50 Y-50 Z-30
2 BLK FORM 0.2 X+50 Y+50 Z+1
3 TOOL CALL 2 Z S1273
4 L X-100 Y-50 Z+200 R0 FMAX M3
5 CYCL DEF 232 FRESADO PLANO ~
  Q389=+0      ;ESTRATEGIA ~
  Q225=-50     ;PTO. INICIAL 1ER EJE ~
  Q226=-50     ;PTO. INICIAL 2. EJE ~
  Q227=+1      ;PTO. INICIAL 3ER EJE ~
  Q386=+0      ;PUNTO FINAL 3ER EJE ~
  Q218=+100    ;1A LONGITUD LATERAL ~
  Q219=+100    ;2A LONGITUD LATERAL ~
  Q202=+1      ;MAX. PROF. PASADA ~
  Q369=+0      ;SOBREMEDIDA PROFUND. ~
  Q370=+1      ;MAX. SOLAPAMIENTO ~
  Q207=+1500   ;AVANCE FRESADO ~
```

```
   Q385=+1500  ;AVANCE ACABADO ~
   Q253=+5000  ;AVANCE PREPOSICION. ~
   Q200=+2     ;DISTANCIA SEGURIDAD ~
   Q357=+10    ;DIST. SEGUR. LATERAL ~
   Q204=+50    ;2A DIST. SEGURIDAD
6 M99
7 L X-100 Y-100 Z+20 R0 FMAX
8 L Z+0 R0 F5000
9 LBL 1
10 L IZ-5
11 L X-42.5 Y-42.5 RL F1900
12 L Y+42.5
13 RND R5
14 L X+42.5
15 L Y-42.5
16 RND R5
17 L X-42.5
18 L X-100 Y-100 R0 F5000
19 CALL LBL 1 REP2
20 LBL 2
21 L IZ-2
22 L X-47.5 Y-47.5 RL F1900
23 L Y+47.5
24 CHF 10
25 L X+47.5
26 L Y-47.5
27 CHF 10
28 L X-47.5
29 L X-100 Y-100 R0 F5000
30 CALL LBL 2 REP4
31 L Z+20 R0 FMAX
```

Vamos a continuar con otra pieza, en la que incluiremos aproximaciones a la pieza de forma tangencial, ciclos de planeado, taladrado y fresado de taladros.

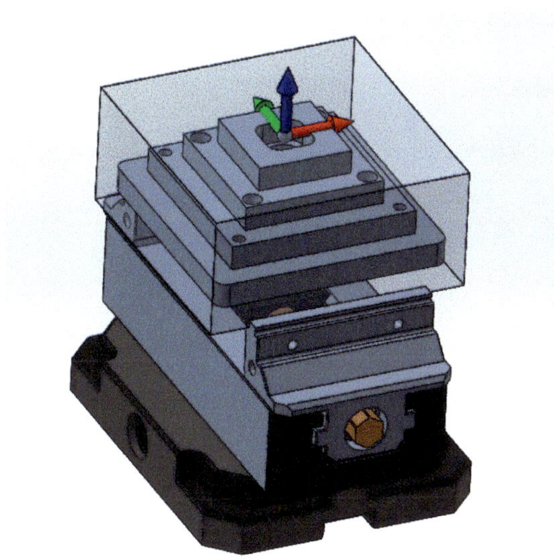

Para fabricar esta pieza, partimos de un bruto de acero ST-52 de 110 × 110 × 50 mm y utilizaremos las siguientes herramientas, ya tenemos algunas de ellas en la tabla de herramienta e incluiremos las otras:

Plato de diámetro 50 con 5 plaquitas V_c = 180 m/min F_z = 0,2 mm

Broca de diámetro 16 V_c = 180 m/mm F_z = 0,1 mm

Broca de diámetro 5 HSS V_c = 24 m/min F_z = 0,05 mm

Broca de diámetro 6 HSS V_c = 24 m/min F_z = 0,05 mm

Fresa plana diámetro 8 de 4 labios V_c = 120 m/min F_z = 0,05 mm

Fresa plana diámetro 6 de 4 labios V_c = 120 m/min F_z = 0,05 mm

TNC:\table\tool.t

T	NAME	L	R
6	FRESA.16	+0	+8
7	FRESA.10	+0	+5
8	FRESA.8 ←	+0	+4
9	FRESA.6 ←	+0	+3
10	FRESA.ESFERICA.10.R5	+0	+5
11	FRESA.ESFERICA.30.R15	+0	+15
12	BROCA.PUNTEAR.16	+0	+1.5
13	BROCA.5.HSS ←	+0	+2.5
14	BROCA.6,75.HSS	+0	+3.37
15	BROCA.10	+0	+5
16	BROCA.13.HSS	+0	+6.5
17	BROCA.17,5.HSS	+0	+8.75
18	MACHO.M6.HSS	+0	+3
19	MACHO.M8.HSS	+0	+4
20	MACHO.M20.HSS	+0	+10
21	BROCA.16 ←	+0	+8
22	BROCA.6 ←	+0	+3
23	.	+0	+0

Aunque determinadas herramientas se utilizan a menudo para trabajos en general, tienes que acostumbrarte a añadir y quitar herramientas de la tabla continuamente. En el simulador, contarás con cientos de herramientas, pero, en la vida real, solo dispondrás de almacenes con 20, 30 o 40 herramientas como norma general, las cuales se hallan en continuo movimiento.

Imagen de Haas Automation Inc.

La pieza de la imagen es la próxima que fabricaremos.

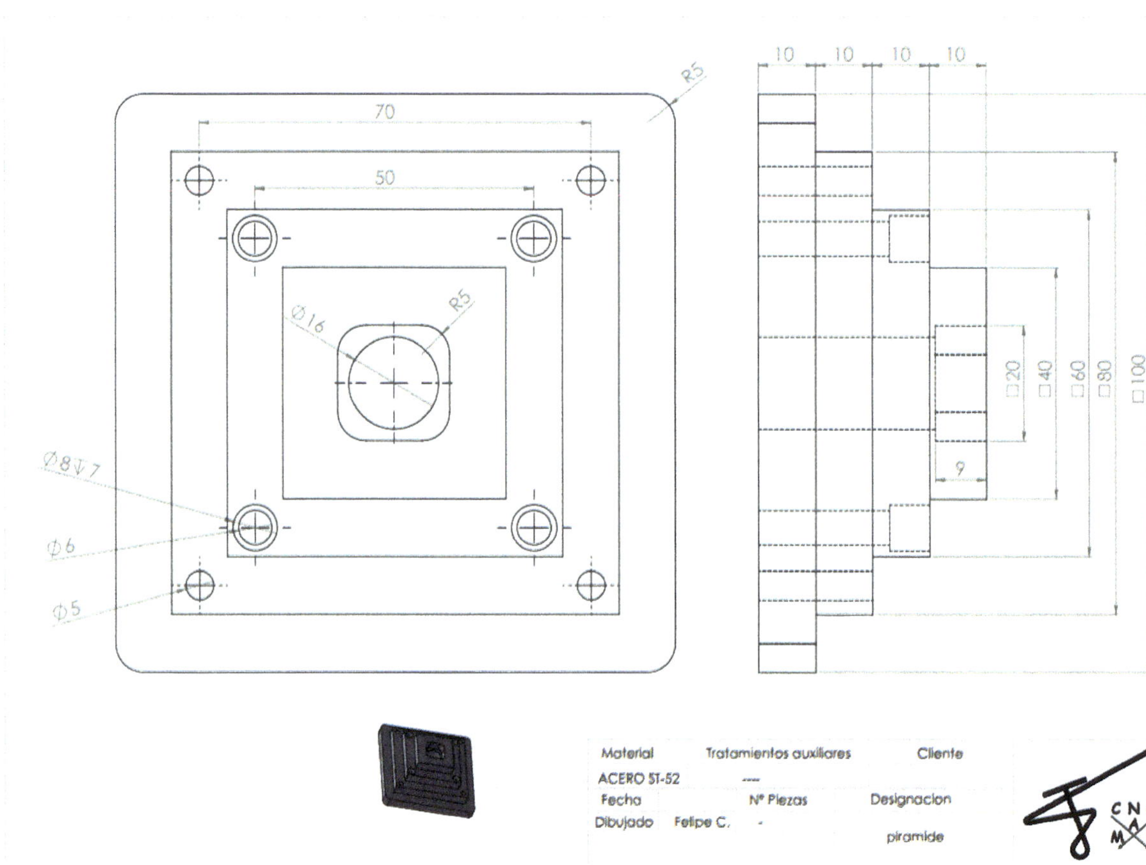

Para comenzar, vamos a **Editar** y, luego, iremos a **PGM-MGT.** Pulsa sobre la ***softkey* Nuevo fichero** y ponle al nuevo programa el nombre de *PIRAMIDE.*

Colocaremos el cero de pieza en el centro y dejaremos 2 mm en **Z** para planear; después de rellenar el **BLK FORM,** llamaremos al plato de 50 para comenzar.

```
TNC:\FELIPE\piramide.H
→piramide.H
0  BEGIN PGM PIRAMIDE MM
1  BLK FORM 0.1 Z X-55 Y-55 Z-48
2  BLK FORM 0.2  X+55  Y+55  Z+2
3  TOOL CALL 2 Z S1150
4  ;PLATO DE 50
```

Si pulsas punto y coma **(;)** en tu teclado, se inserta una línea en el programa y puedes escribir anotaciones. El control omite esta línea, por lo que no afecta al programa. Yo lo suelo utilizar para poner indicaciones y nombrar las herramientas. Así, la próxima vez que utilice este programa sé de qué herramienta se trata. Dependiendo de tu ordenador, puede ocurrir que, al pulsar **;** no inserte la línea; prueba entonces con la tecla **Ñ:** debería funcionar.

Vamos a comenzar haciendo un planeado, para limpiar 2 mm de la cara superior. Llamamos al **ciclo de planeado 232** y rellenamos los datos que nos pide. Esta vez, para ir viendo casos distintos, vamos a comenzar a planear en la esquina izquierda superior.

```
4  ;PLATO DE 50
5  L  X-100  Y-50  Z+200 R0 FMAX M3
6  CYCL DEF 232 FRESADO PLANO
    Q389=+0      ;ESTRATEGIA
    Q225=-55     ;PTO. INICIAL 1ER EJE
    Q226=+55     ;PTO. INICIAL 2. EJE
    Q227=+2      ;PTO. INICIAL 3ER EJE
    Q386=+0      ;PUNTO FINAL 3ER EJE
    Q218=+110    ;1A LONGITUD LATERAL
    Q219=-110    ;2A LONGITUD LATERAL
    Q202=+1      ;MAX. PROF. PASADA
    Q369=+0.5    ;SOBREMEDIDA PROFUND.
    Q370=+1      ;MAX. SOLAPAMIENTO
    Q207=+1500   ;AVANCE FRESADO
    Q385=+1000   ;AVANCE ACABADO
    Q253=+5000   ;AVANCE PREPOSICION.
    Q200=+2      ;DISTANCIA SEGURIDAD
    Q357=+5      ;DIST. SEGUR. LATERAL
    Q204=+50     ;2A DIST. SEGURIDAD
7  M99
```

Fíjate bien en los datos que introducimos en los parámetros marcados en la imagen.

También dejamos una demasía para hacer una pasada de acabado.

Después, añade el comando **M99** y vete a **Desarrollo** a verificar el programa. Acuérdate de seleccionar el programa actual.

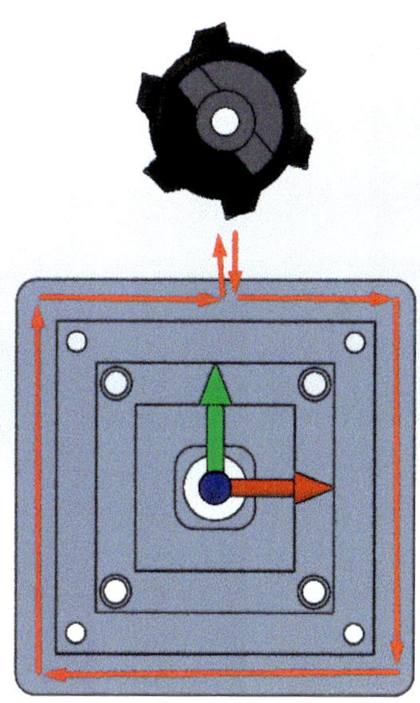

Una vez terminado el planeado, colocamos el plato fuera de la pieza, como se muestra en la imagen, y comenzamos a programar los contornos a distintas alturas.

Nos desplazamos en avance máximo hasta una zona de seguridad: **X + 0 Y + 100 Z + 5;** después, bajamos en **Z,** con un avance más lento; a continuación, incluimos la aproximación.

Para insertar una aproximación, no hay que pulsar la tecla **L.** Simplemente presiona sobre **APPR/DEP** y las diferentes ***softkeys*** aparecerán en pantalla. Esta vez, usaremos la aproximación **APPR LCT** y la separación **DEP LCT.** La herramienta se acerca a la pieza, haciendo un arco tangente a la entrada, lo que mejora notablemente la vida de la herramienta, el esfuerzo de la máquina y deja mejor acabado en la pieza. Has de vigilar no programar un radio demasiado grande porque, si no, el control te dará un error. Con un radio de 5 mm, ya resulta suficiente para que no sea un golpe seco de entrada.

Las cuatro primeras ***softkeys*** se corresponden con las aproximaciones **APPR,** y las cuatro restantes son para las separaciones **DEP.** Siempre elegiremos una aproximación para comenzar el contorno y, cuando hayamos terminado, escogeremos una separación para alejarnos.

Cuando hacemos la aproximación, llega el momento de añadir la compensación de radio, ya sea a derechas **RR** o a izquierdas **RL.**

Una vez terminamos de indicar todas las coordenadas para hacer el contorno o el recorrido que debe seguir la herramienta, incluimos la separación **DEP.** En esta línea no insertamos un **R0;** no es necesario. El control ya entiende que, si programamos una separación, quita la compensación en automático.

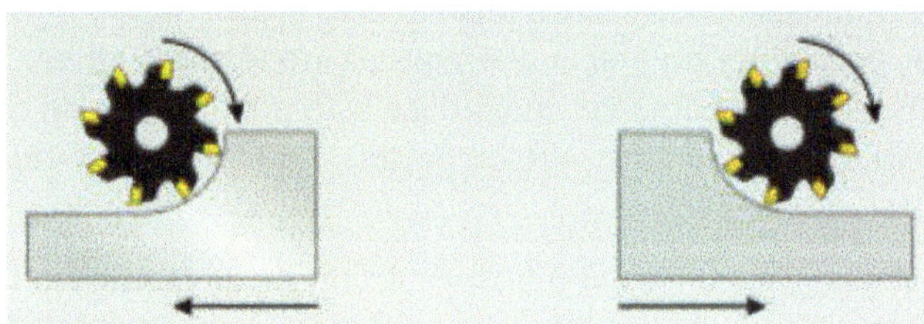

Siempre que tengas dudas, ponte en el lugar de la herramienta; quiero decir, que te imagines que tú eres la herramienta y estás mirando hacia abajo, hacia la pieza. De esta forma, te resultará más fácil centrarte para saber si te mueves por la derecha o por la izquierda.

La primera opción siempre será moverse por la izquierda de la pieza **RL;** de esta manera, la herramienta avanza arrancando material de más a menos. Es el **fresado en concordancia** que ya vimos en el capítulo de **procesos de mecanizado.**

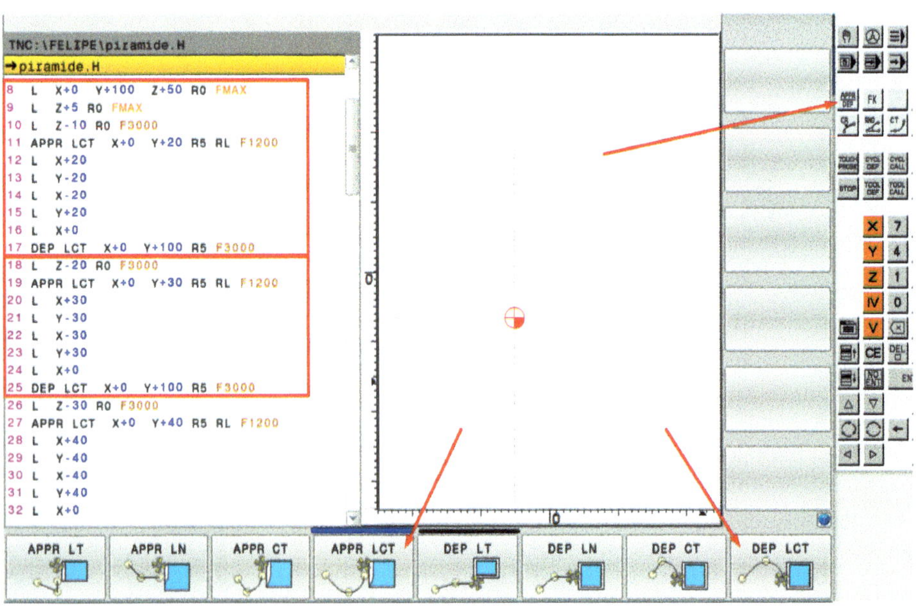

Los cuadrados rojos de la imagen contienen los dos primeros niveles del contorno. Intenta hacer el siguiente nivel de la misma forma. Como ves, el modo de trabajar siempre es igual, como ya te comenté. Nos movemos con avances más o menos rápidos, para acercarnos y alejarnos, y ajustamos el avance de trabajo solo durante el tiempo en el que la herramienta se halla en contacto con la pieza.

Lógicamente, siempre resulta preferible que la herramienta se mueva mucho más despacio de lo que debería cuando se encuentre fuera de la pieza a que lleve un avance excesivo en el momento del mecanizado, pues el resultado siempre será, como mínimo, la rotura de la herramienta. Con la práctica y la experiencia, irás puliendo estos detalles.

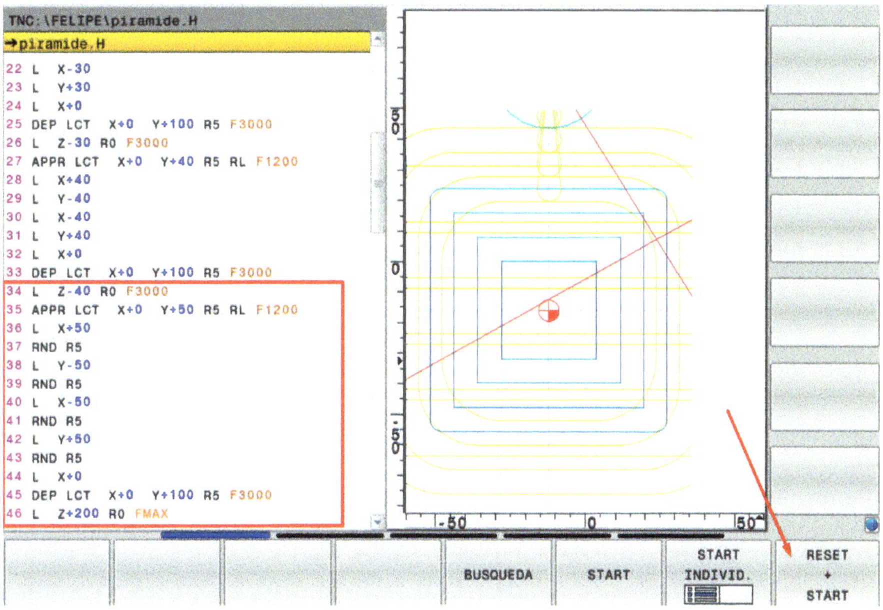

Acuérdate de añadir los redondeos en las esquinas en el último contorno y, cuando acabes, incluye un alejamiento en **Z,** para que no exista posibilidad de colisión al realizar el próximo cambio de herramienta. Si pulsas **RESET + START,** podrás verificar las trayectorias de la herramienta.

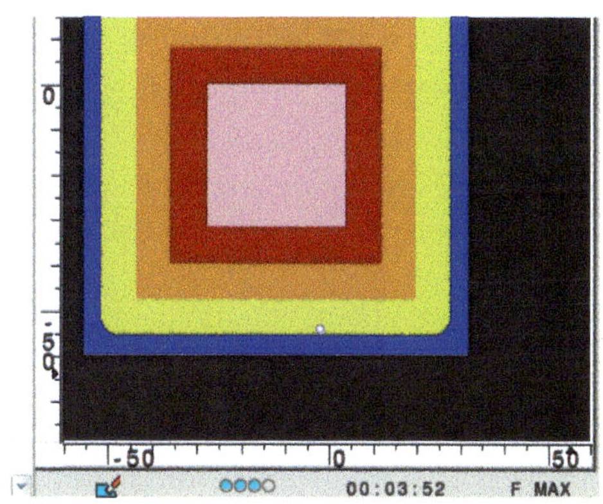

En **Desarrollo,** tienes las otras opciones de visualización que hemos visto.

Seguimos programando el taladro central con la broca de diámetro 16.

```
47 TOOL CALL 21 Z S3600
48 ;BROCA 16
49 CYCL DEF 200 TALADRADO
    Q200=+2      ;DISTANCIA SEGURIDAD
    Q201=-45     ;PROFUNDIDAD
    Q206=+360    ;AVANCE PROFUNDIDAD
    Q202=+50     ;PASO PROFUNDIZACION
    Q210=+0      ;TIEMPO ESPERA ARRIBA
    Q203=+0      ;COORD. SUPERFICIE
    Q204=+50     ;2A DIST. SEGURIDAD
    Q211=+0      ;TIEMPO ESPERA ABAJO
    Q395=+0      ;REFERENCIA PROFUNDIDAD
50 L  X+0  Y+0  Z+50 R0 FMAX M3 M7
51 M99
```

Después de llamar a la herramienta, pulsa la tecla **CYCL-DEF** y, en las ***softkeys,*** selecciona **Taladrado** y el **Ciclo 200.**

Si te fijas en el programa, solo hemos llamado a la herramienta y, seguidamente, insertamos el ciclo. Después, con una sola línea, podemos definir el punto de inicio y dar giro a la herramienta; asimismo, con la función **M7,** activamos la taladrina interna y rematamos con un **M99** para ejecutar el ciclo.

Detengámonos a analizar los datos que nos pide este ciclo.

Q200: se trata de la distancia de seguridad para comenzar a taladrar.

Q201: se corresponde con la profundidad total del taladro, sin importar la coordenada de inicio en **Z.**

Q206: constituye el avance para taladrar, calculado con las fórmulas de la V_c.

Q202: aquí indicamos cuánto baja la broca cada vez, antes de subir, para desahogar la viruta. Con *brocas HSS,* lo habitual es taladrar con el diámetro de la broca, o sea, que, si mi broca es de diámetro 6, taladro 6 mm y desahogo; después, otros 6, y así sucesivamente. En este caso, usamos una *broca de metal duro con refrigeración interna;* por lo tanto, no necesita desahogar y lleva el taladro completo de una sola pasada. Si colocamos una cifra mayor que en el parámetro **Q201,** no pasa nada: el control solo baja hasta el dato que hay en **Q201.**

Q210: no suele ser necesario, pero, si por alguna razón quieres que, antes de comenzar a taladrar, la herramienta espere algunos segundos, puedes ponerlo aquí. Se emplea en máquinas cuando al husillo le cuesta un tiempo alcanzar las revoluciones definidas.

Q203: es la coordenada en el eje **Z** donde va a comenzar a taladrar; en este caso, comienza en **Z + 0,** pero, en el resto de los taladros, deberemos empezar en Z – 10 o Z – 20.

Q204: cuando termina de hacer el taladro, la herramienta sube hasta esta altura.

Q211: también podemos programar un tiempo, para que la broca se mantenga al fondo del agujero y así garantizar la medida total. Yo solo lo utilizo para brocas con grandes diámetros, para darle tiempo a la broca a dar, al menos, un giro completo antes de comenzar la subida. Recuerda que tampoco resulta bueno tener mucho tiempo a la herramienta girando y rozando sin cortar, ya que terminaríamos dañando el filo.

Q395: dicho parámetro se utiliza para ser más precisos y definir la profundidad desde la punta de la broca o desde el diámetro útil. Si eliges la opción **Q395 = 1,** necesitas definir, en la tabla de herramientas, esa medida de la broca.

Voy a contarte otro detalle que necesitas saber para no volverte loco cuando trabajes con ciclos.

Siempre que editas un ciclo, utilizas las flechas de derecha e izquierda del teclado para pasar de un parámetro a otro. Cuando quieras cerrar el ciclo, pulsas **END** y todo listo.

Si, en lugar de pulsar las flechas de derecha e izquierda, presionas sobre arriba y abajo sin querer, no ocurre nada. Ahora bien, si tienes más de un ciclo en tu programa, te encuentras editando uno y pulsas las flechas de arriba y abajo del teclado, el control te lleva al mismo parámetro, pero de otro ciclo.

Dicha opción se utiliza para hacer modificaciones rápidamente, pero, si no eres consciente de ello, puedes pensar que algo raro pasa.

Esta misma opción la tienes cuando editas cualquier línea de programa y, sobre el comando que quieras, pulsas las teclas de arriba o abajo; así, saltarás al siguiente comando de otra línea.

Por ejemplo, imagínate que quiero modificar todas las Z + 20 a Z + 200. Pues edito una línea donde tenga Z + 20 y me coloco encima de este eje; ahora pulso las flechas de arriba o abajo y, automáticamente, salto a otra **Z** para poder realizar los cambios de forma rápida.

```
52 TOOL CALL 13 Z S1500
53 ;BROCA 5 HSS
54 CYCL DEF 200 TALADRADO
   Q200=+2     ;DISTANCIA SEGURIDAD
   Q201=-25    ;PROFUNDIDAD
   Q206=+76    ;AVANCE PROFUNDIDAD
   Q202=+3     ;PASO PROFUNDIZACION
   Q210=+0     ;TIEMPO ESPERA ARRIBA
   Q203=-20    ;COORD. SUPERFICIE
   Q204=+50    ;2A DIST. SEGURIDAD
   Q211=+0     ;TIEMPO ESPERA ABAJO
   Q395=+0     ;REFERENCIA PROFUNDIDAD
55 L  X-35  Y-35  Z+50 R0 FMAX M13 M99
56 L  X+35 R0 FMAX M99
57 L  Y+35 R0 FMAX M99
58 L  X-35 R0 FMAX M99
```

Seguimos.

Continuamos con los taladros de diámetro 5. Utilizamos el mismo ciclo que antes.

Esta vez, tenemos que hacer cuatro taladros; por lo tanto, hemos de definir los puntos donde queremos realizar los taladros y dar la orden de ejecutar el ciclo.

Primero, mandamos la herramienta a la coordenada X – 35 Y – 35 Z + 50 con giro de herramienta y taladrina externa **M13** y, después, le decimos, en la misma línea, que haga el ciclo en ese punto. A continuación, insertamos el siguiente punto y le volvemos a dar un **M99,** con el fin de que repita el ciclo, y así sucesivamente. Si ponemos la coordenada y no añadimos el **M99,** la herramienta irá a ese punto y continuará hasta el siguiente sin hacer nada.

Actúa de la misma forma con la siguiente herramienta, que es la broca de 6.

Una vez terminados todos los taladros, vamos a hacer las cajeras de diámetro 8 por 7 mm de profundidad. Para ello, usamos una fresa de diámetro 6.

```
66 TOOL CALL 9 Z S6300
67 ;FRESA 6
68 CYCL DEF 208 FRESADO DE TALADROS
    Q200=+2     ;DISTANCIA SEGURIDAD
    Q201=-7     ;PROFUNDIDAD
    Q206=+900   ;AVANCE PROFUNDIDAD
    Q334=+0.5   ;PASO PROFUNDIZACION
    Q203=-10    ;COORD. SUPERFICIE
    Q204=+50    ;2A DIST. SEGURIDAD
    Q335=+8     ;DIAMETRO NOMINAL
    Q342=+6     ;DIAMETRO PRETALAD.
    Q351=+1     ;TIPO DE FRESADO
69 L  X-25  Y-25  Z+50 R0 FMAX M13 M99
70 L  X+25 R0 FMAX M99
71 L  Y+25 R0 FMAX M99
72 L  X-25 R0 FMAX M99
```

Vete a **CYCL-DEF** y elije **Taladrado;** después, busca la ***softkey* 208 Fresado de taladros.**

Yo utilizo muchísimo esta opción. Lo que vamos a hacer es abrir un diámetro con una interpolación helicoidal.

Q206: nos pregunta acerca del paso de profundización, el paso por cada vuelta. En una interpolación helicoidal, los tres ejes se mueven a la vez, como si hicieran una hélice o un muelle perforando la pieza. Si la profundidad total es de 7 mm y decimos que, por cada vuelta, baje 0,5 mm, entonces, para hacer este fresado, la herramienta dará 14 vueltas. En caso de que le pongamos un paso de profundización de 1 mm, entonces dará 7 vueltas. Esto es para que te hagas una idea; en realidad, siempre da unas vueltas más, ya que comienza antes y, al terminar, emprende otra vuelta, para repasar el fondo.

Q335: en este parámetro, decimos el diámetro que queremos fresar; por supuesto, la herramienta tiene que ser más pequeña que el diámetro que se vaya a fresar.

Q342: ahora es obligatorio que pongamos un diámetro menor que en el parámetro anterior, ya que se supone que este ciclo sirve para agrandar un agujero previamente taladrado.

Q351: sirve para seleccionar el fresado, en concordancia u oposición.

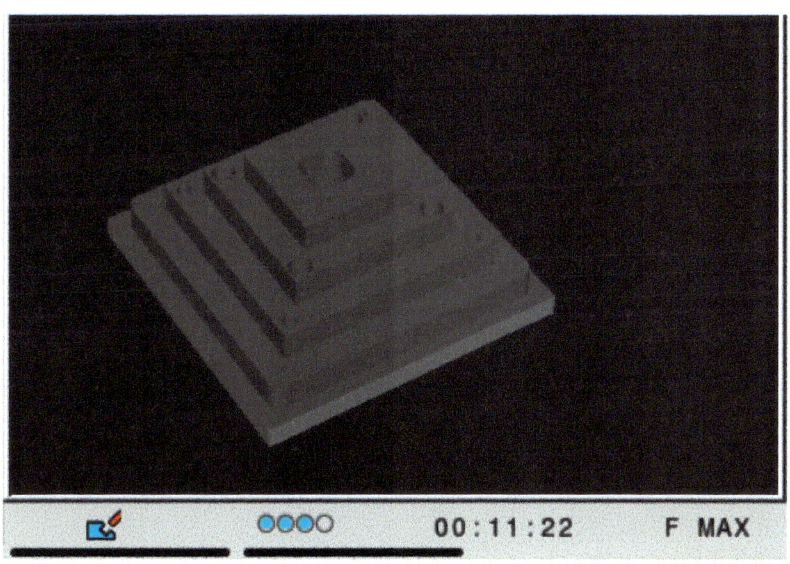

Y, por último, para terminar esta pieza, usaremos la fresa de 8 mm para hacer la cajera superior de 20 mm. Incluiremos repeticiones y aproximaciones, como las que ya hemos visto.

Después, daríamos vuelta a la pieza y quitaríamos el sobrante con un ciclo de planeado.

Te dejo, a continuación, el programa completo:

```
0 BEGIN PGM piramide MM
1 BLK FORM 0.1 Z X-55 Y-55 Z-48
2 BLK FORM 0.2 X+55 Y+55 Z+2
3 TOOL CALL 2 Z S1150
4 ;plato de 50
5 L X-100 Y-50 Z+200 R0 FMAX M3
```

```
6 CYCL DEF 232 FRESADO PLANO ~
   Q389=+0     ;ESTRATEGIA ~
   Q225=-55    ;PTO. INICIAL 1ER EJE ~
   Q226=+55    ;PTO. INICIAL 2. EJE ~
   Q227=+2     ;PTO. INICIAL 3ER EJE ~
   Q386=+0     ;PUNTO FINAL 3ER EJE ~
   Q218=+110   ;1A LONGITUD LATERAL ~
   Q219=-110   ;2A LONGITUD LATERAL ~
   Q202=+1     ;MAX. PROF. PASADA ~
   Q369=+0.5   ;SOBREMEDIDA PROFUND. ~
   Q370=+1     ;MAX. SOLAPAMIENTO ~
   Q207=+1500 ;AVANCE FRESADO ~
   Q385=+1000 ;AVANCE ACABADO ~
   Q253=+5000 ;AVANCE PREPOSICION. ~
   Q200=+2     ;DISTANCIA SEGURIDAD ~
   Q357=+5     ;DIST. SEGUR. LATERAL ~
   Q204=+50    ;2A DIST. SEGURIDAD
7 M99
8 L X+0 Y+100 Z+50 R0 FMAX
9 L Z+5 R0 FMAX
10 L Z-10 R0 F3000
11 APPR LCT X+0 Y+20 R5 RL F1200
12 L X+20
13 L Y-20
14 L X-20
15 L Y+20
16 L X+0
17 DEP LCT X+0 Y+100 R5 F3000
18 L Z-20 R0 F3000
19 APPR LCT X+0 Y+30 R5 RL F1200
20 L X+30
21 L Y-30
22 L X-30
23 L Y+30
24 L X+0
25 DEP LCT X+0 Y+100 R5 F3000
26 L Z-30 R0 F3000
27 APPR LCT X+0 Y+40 R5 RL F1200
28 L X+40
```

```
29 L Y-40
30 L X-40
31 L Y+40
32 L X+0
33 DEP LCT X+0 Y+100 R5 F3000
34 L Z-40 R0 F3000
35 APPR LCT X+0 Y+50 R5 RL F1200
36 L X+50
37 RND R5
38 L Y-50
39 RND R5
40 L X-50
41 RND R5
42 L Y+50
43 RND R5
44 L X+0
45 DEP LCT X+0 Y+100 R5 F3000
46 L Z+200 R0 FMAX
47 TOOL CALL 21 Z S3600
48 ;BROCA 16
49 CYCL DEF 200 TALADRADO ~
   Q200=+2     ;DISTANCIA SEGURIDAD ~
   Q201=-45    ;PROFUNDIDAD ~
   Q206=+360   ;AVANCE PROFUNDIDAD ~
   Q202=+50    ;PASO PROFUNDIZACION ~
   Q210=+0     ;TIEMPO ESPERA ARRIBA ~
   Q203=+0     ;COORD. SUPERFICIE ~
   Q204=+50    ;2A DIST. SEGURIDAD ~
   Q211=+0     ;TIEMPO ESPERA ABAJO ~
   Q395=+0     ;REFERENCIA PROFUNDID
50 L X+0 Y+0 Z+50 R0 FMAX M3 M7
51 M99
52 TOOL CALL 13 Z S1500
53 ;BROCA 5 HSS
54 CYCL DEF 200 TALADRADO ~
   Q200=+2     ;DISTANCIA SEGURIDAD ~
   Q201=-25    ;PROFUNDIDAD ~
   Q206=+76    ;AVANCE PROFUNDIDAD ~
   Q202=+3     ;PASO PROFUNDIZACION ~
```

```
   Q210=+0     ;TIEMPO ESPERA ARRIBA ~
   Q203=-20    ;COORD. SUPERFICIE ~
   Q204=+50    ;2A DIST. SEGURIDAD ~
   Q211=+0     ;TIEMPO ESPERA ABAJO ~
   Q395=+0     ;REFERENCIA PROFUNDID
55 L X-35 Y-35 Z+50 R0 FMAX M13 M99
56 L X+35 R0 FMAX M99
57 L Y+35 R0 FMAX M99
58 L X-35 R0 FMAX M99
59 TOOL CALL 22 Z S1200
60 ;BROCA 6 HSS
61 CYCL DEF 200 TALADRADO ~
   Q200=+2     ;DISTANCIA SEGURIDAD ~
   Q201=-35    ;PROFUNDIDAD ~
   Q206=+65    ;AVANCE PROFUNDIDAD ~
   Q202=+4     ;PASO PROFUNDIZACION ~
   Q210=+0     ;TIEMPO ESPERA ARRIBA ~
   Q203=-10    ;COORD. SUPERFICIE ~
   Q204=+50    ;2A DIST. SEGURIDAD ~
   Q211=+0     ;TIEMPO ESPERA ABAJO ~
   Q395=+0     ;REFERENCIA PROFUNDID
62 L X-25 Y-25 Z+50 R0 FMAX M13 M99
63 L X+25 R0 FMAX M99
64 L Y+25 R0 FMAX M99
65 L X-25 R0 FMAX M99
66 TOOL CALL 9 Z S6300
67 ;FRESA 6
68 CYCL DEF 208 FRESADO DE TALADROS ~
   Q200=+2     ;DISTANCIA SEGURIDAD ~
   Q201=-7     ;PROFUNDIDAD ~
   Q206=+900   ;AVANCE PROFUNDIDAD ~
   Q334=+0.5   ;PASO PROFUNDIZACION ~
   Q203=-10    ;COORD. SUPERFICIE ~
   Q204=+50    ;2A DIST. SEGURIDAD ~
   Q335=+8     ;DIAMETRO NOMINAL ~
   Q342=+6     ;DIAMETRO PRETALAD. ~
   Q351=+1     ;TIPO DE FRESADO
69 L X-25 Y-25 Z+50 R0 FMAX M13 M99
70 L X+25 R0 FMAX M99
```

```
71 L Y+25 R0 FMAX M99
72 L X-25 R0 FMAX M99
73 TOOL CALL 8 Z S4800
74 ;FRESA 8
75 L X+0 Y+0 Z+50 R0 FMAX M3
76 L Z+5 R0 FMAX
77 L Z+0 R0 F2000
78 LBL 1
79 L IZ-1 R0 F2000
80 APPR LCT X+0 Y+8 R2 RL F900
81 L X-8
82 RND R5
83 L Y-8
84 RND R5
85 L X+8
86 RND R5
87 L Y+8
88 RND R5
89 L X+0
90 DEP LCT X+0 Y+0 R2
91 CALL LBL 1 REP8
92 L Z+200 R0 FMAX
93 L X+300 Y+300 Z+300 R0 FMAX M30
94 END PGM piramide MM
```

A la siguiente pieza la llamaremos *figura de puntos.* Esta vez, seguiremos practicando los ciclos de planeado, taladrado y ranuras. Haremos el contorno de la pieza, dando pasadas de 2 mm y programaremos unos radios. También utilizaremos los **ciclos de figura de puntos,** para poder hacer gran cantidad de taladros de una forma muy sencilla.

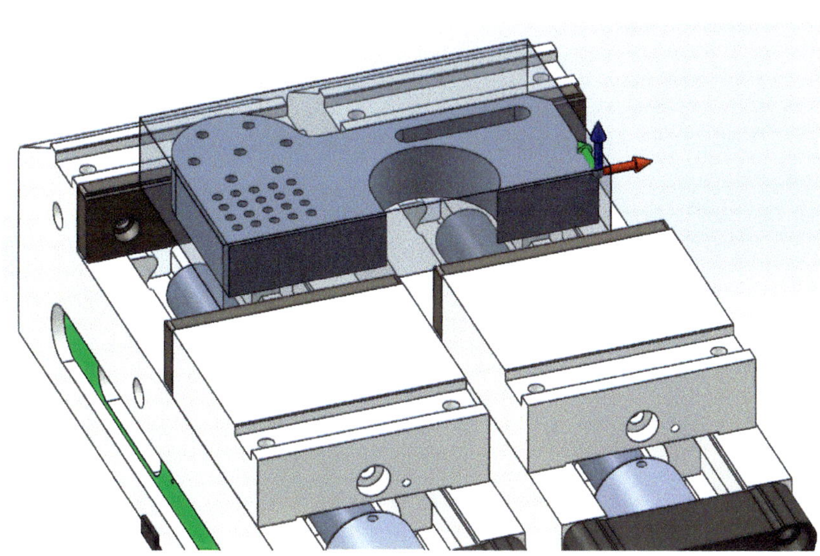

El cero de pieza, esta vez, lo tenemos en la parte derecha, para abrir nuestra mente y no acostumbrarnos a hacer siempre lo mismo y de idéntica manera, puesto que las costumbres, muchas veces, ocasionan que nos volvamos cómodos y, cuando salimos de nuestra zona de confort, nos encontramos perdidos.

Como puedes observar en la imagen, la pieza se muestra demasiado grande para sujetarla en una sola mordaza, de tal modo que utilizamos dos y repartimos la pieza, para dejarla lo más centrada posible.

De esta forma, cada mordaza realiza el mismo esfuerzo y garantizamos que la pieza se encuentra perfectamente amarrada y no tendremos problemas de vibraciones.

Como siempre, te iré dando algunas explicaciones en cuanto a programación, aunque cada vez menos, puesto que, si te surgen dudas sobre algo que ya hemos visto, puedes volver atrás y repasar lo que necesites.

A continuación tienes el plano de la pieza. Y, después, te dejo el programa completo, para que lo revises.

Vamos a por ello.

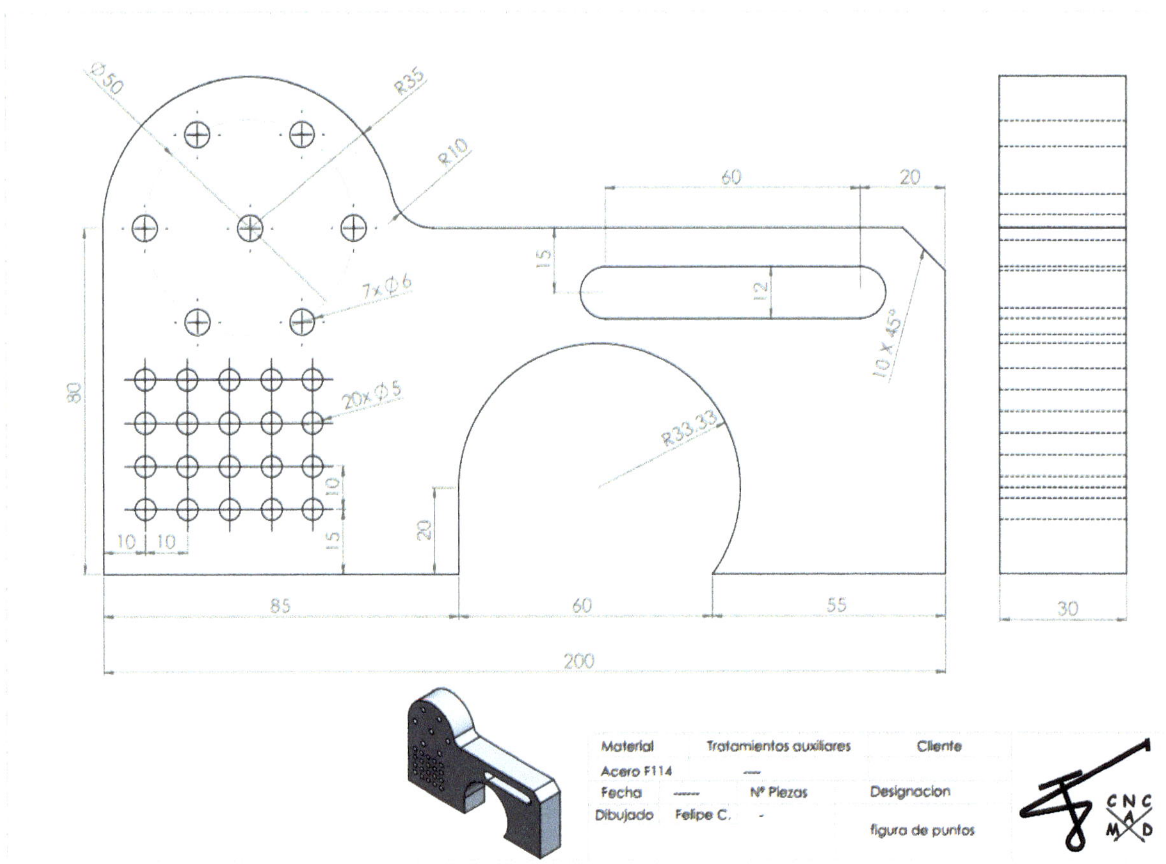

```
TNC:\FELIPE\FIGURA DE PUNTOS.H
→FIGURA DE PUNTOS.H
0  BEGIN PGM FIGURA DE PUNTOS MM
1  BLK FORM 0.1 Z X-205 Y-5 Z-35
2  BLK FORM 0.2  X+5  Y+120  Z+5
3  TOOL CALL 1 Z S800
4  ;PLATO 80 ALTO AVANCE
5  CYCL DEF 232 FRESADO PLANO
    Q389=+0     ;ESTRATEGIA
    Q225=-205   ;PTO. INICIAL 1ER EJE
    Q226=-5     ;PTO. INICIAL 2. EJE
    Q227=+5     ;PTO. INICIAL 3ER EJE
    Q386=+0     ;PUNTO FINAL 3ER EJE
    Q218=+210   ;1A LONGITUD LATERAL
    Q219=+120   ;2A LONGITUD LATERAL
    Q202=+1     ;MAX. PROF. PASADA
    Q369=+1     ;SOBREMEDIDA PROFUND.
    Q370=+1     ;MAX. SOLAPAMIENTO
    Q207=+2000  ;AVANCE FRESADO
    Q385=+1000  ;AVANCE ACABADO
    Q253=+5000  ;AVANCE PREPOSICION.
    Q200=+2     ;DISTANCIA SEGURIDAD
    Q357=+10    ;DIST. SEGUR. LATERAL
    Q204=+50    ;2A DIST. SEGURIDAD
6  L  Z+200 R0 FMAX M13 M99
```

Partimos de un bruto de 210 × 125 × 40.

Fíjate cómo hemos configurado, en este caso, nuestro **BLK FORM** y también los datos del planeado.

Daremos pasadas de 1 mm y dejaremos 1 mm para la pasada de acabado con un avance menor, con el fin de obtener un acabado más fino.

Me gusta usar, siempre que puedo, el menor número de líneas y, así, hacer programas más sencillos.

Primero, desbastamos el contorno con el plato de 50. Usamos **LBL** para hacer repeticiones.

Nos aproximamos a la pieza haciendo un radio de 10 mm y vamos contorneando por la izquierda de la pieza, con compensación **RL.**

Para hacer el primer círculo, usaremos la función **CR,** donde indicamos el punto final del arco y el radio que tiene.

```
7  TOOL CALL 2 Z S1200
8  ;PLATO 50
9  L  X+50  Y-50  Z+100 R0 FMAX M3
10 L  Z+0 R0 FMAX
11 LBL 1
12 L IZ-2 R0 FMAX
13 APPR LCT  X+0  Y+0 R10 RL F1200
14 L  X-55
15 CR  X-115  Y+20 R-33.33 DR+
16 L  Y+0
17 L  X-200
18 L  Y+80
19 CT IX+70  Y+80
20 L  X+0
21 CHF 10
22 L  Y+0
23 DEP LCT  X+50  Y-50 R10 F5000
24 CALL LBL 1 REP14
25 L  Z+200 R0 FMAX
```

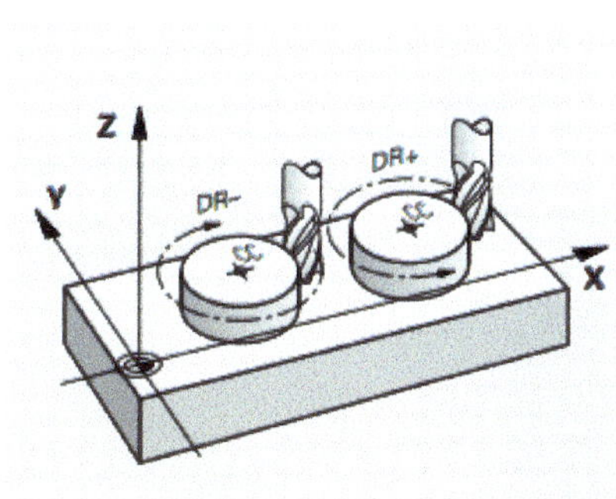

A la hora de programar arcos, hemos de tener en cuenta el sentido de giro, el cual modificamos, simplemente, con el signo positivo o negativo en el comando **DR+, DR–.**

Otro parámetro que podemos modificar cuando programamos un arco sin asignar su centro es el signo del radio, el cual nos hace un arco simple o muy pronunciado, en función de usar **R–** o **R+.**

Para alcanzar la media circunferencia que tiene la pieza en la parte superior, usamos la función **CT,** la cual nos hace un arco tangente a la línea previamente programada y solo necesitamos darle el punto final. Como puedes ver en el programa, hemos incorporado un incremento en el eje **X** y, así, no hace falta calcular el punto desde el cero pieza.

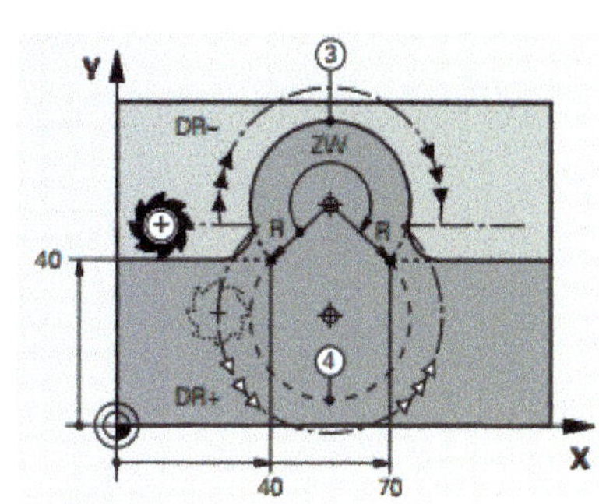

Después, llamamos a la fresa de 16 para hacer el acabado del contorno, dando pasadas de 10 mm en **Z** y conseguir el radio de 10, ya que el plato nos ha dejado un radio de 25 mm.

Para hacer la ranura, utilizamos un **ciclo de ranura 253,** el cual se rellena introduciendo los datos de manera muy parecida a como hicimos en una pieza anterior al realizar una cajera.

```
49 TOOL CALL 13 Z S1500
50 ;BROCA 5 HSS
51 L  X-190  Y+15  Z+200 R0 FMAX M13
52 CYCL DEF 200 TALADRADO
   Q200=+2     ;DISTANCIA SEGURIDAD
   Q201=-35    ;PROFUNDIDAD
   Q206=+75    ;AVANCE PROFUNDIDAD
   Q202=+4     ;PASO PROFUNDIZACION
   Q210=+0     ;TIEMPO ESPERA ARRIBA
   Q203=+0     ;COORD. SUPERFICIE
   Q204=+50    ;2A DIST. SEGURIDAD
   Q211=+0     ;TIEMPO ESPERA ABAJO
   Q395=+0     ;REFERENCIA PROFUNDIDAD
53 CYCL DEF 221 FIGURA LINEAL
   Q225=-190   ;PTO. INICIAL 1ER EJE
   Q226=+15    ;PTO. INICIAL 2. EJE
   Q237=+10    ;DISTANCIA 1ER EJE
   Q238=+10    ;DIST. SEGUNDO EJE
   Q242=+5     ;NUMERO COLUMNAS
   Q243=+4     ;NUMERO LINEAS
   Q224=+0     ;ANGULO GIRO
   Q200=+2     ;DISTANCIA SEGURIDAD
   Q203=+0     ;COORD. SUPERFICIE
   Q204=+50    ;2A DIST. SEGURIDAD
   Q301=+1     ;IR ALTURA SEGURIDAD
```

Tenemos que hacer 20 taladros con la broca de 5 y, para ello, vamos a utilizar un **ciclo de figura de puntos;** lo encontrarás en las ***softkeys*** de los ciclos.

Para usar este tipo de ciclo, en primer lugar, se llama a la herramienta y, después, se define un ciclo; en este caso, un **ciclo de taladrado.**

Lo rellenamos como hemos hecho hasta ahora y, después, insertamos el **ciclo de figura de puntos 221.**

En este ciclo, indicamos el punto del primer taladro, y el resto de los parámetros resultan fáciles de rellenar. Los ciclos de figura de puntos *son los únicos ciclos que no necesitan un M99* para ejecutarlos.

Primero, introducimos un ciclo de taladro y el ciclo de figura de puntos se encarga de llamarlo y ejecutarlo.

Estos ciclos ejecutan el último ciclo programado, por lo que, si contamos con diferentes ciclos de taladro, ranuras o cajeras y, después, un ciclo de figura de puntos, se ejecutará el último ciclo programado, pudiendo hacer varios taladros, o varias ranuras o cajeras.

```
56 CYCL DEF 200 TALADRADO
   Q200=+2     ;DISTANCIA SEGURIDAD
   Q201=-35    ;PROFUNDIDAD
   Q206=+60    ;AVANCE PROFUNDIDAD
   Q202=+4     ;PASO PROFUNDIZACION
   Q210=+0     ;TIEMPO ESPERA ARRIBA
   Q203=+0     ;COORD. SUPERFICIE
   Q204=+50    ;2A DIST. SEGURIDAD
   Q211=+0     ;TIEMPO ESPERA ABAJO
   Q395=+0     ;REFERENCIA PROFUNDIDAD
57 L  X-165  Y+80  Z+200 R0 FMAX M13 M99
58 CYCL DEF 220 FIGURA CIRCULAR
   Q216=-165   ;CENTRO 1ER EJE
   Q217=+80    ;CENTRO SEGUNDO EJE
   Q244=+50    ;DIAM. ARCO CIRCULAR
   Q245=+0     ;ANGULO INICIAL
   Q246=+360   ;ANGULO FINAL
   Q247=+60    ;ANGULO INCREMENTAL
   Q241=+6     ;NUMERO MECANIZADOS
   Q200=+2     ;DISTANCIA SEGURIDAD
   Q203=+0     ;COORD. SUPERFICIE
   Q204=+50    ;2A DIST. SEGURIDAD
   Q301=+1     ;IR ALTURA SEGURIDAD
   Q365=+0     ;TIPO DESPLAZAMIENTO
59 L  Z+200 R0 FMAX M30
```

Haremos lo mismo para hacer los taladros de 6 mm. Pero, ahora, usaremos el otro **ciclo de figura de puntos circular 220.**

Este ciclo trabaja como el anterior, pero, en lugar de dar el punto de un taladro, vamos a indicar el centro del círculo desde el cual están posicionados los taladros de forma equidistante. Tenemos seis taladros en un diámetro de 50 mm, lo que quiere decir que se encuentran a 60 grados.

Puedes ver que llamamos a la herramienta, insertamos el **ciclo de taladrado** y, después, hacemos el taladro central. A continuación, el **ciclo de puntos** se encarga de los seis que faltan.

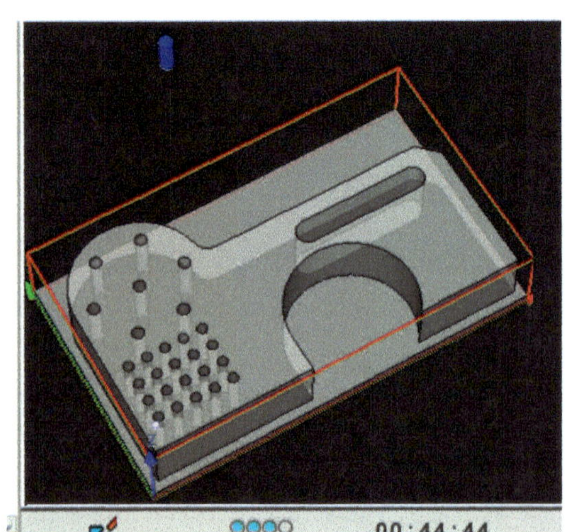

Ya tenemos otra pieza lista:

```
0 BEGIN PGM FIGURA DE PUNTOS MM
1 BLK FORM 0.1 Z X-205 Y-5 Z-35
2 BLK FORM 0.2 X+5 Y+120 Z+5
3 TOOL CALL 1 Z S800
4 ;PLATO 80 ALTO AVANCE
5 CYCL DEF 232 FRESADO PLANO ~
  Q389=+0     ;ESTRATEGIA ~
  Q225=-205   ;PTO. INICIAL 1ER EJE ~
  Q226=-5     ;PTO. INICIAL 2. EJE ~
  Q227=+5     ;PTO. INICIAL 3ER EJE ~
  Q386=+0     ;PUNTO FINAL 3ER EJE ~
  Q218=+210   ;1A LONGITUD LATERAL ~
  Q219=+120   ;2A LONGITUD LATERAL ~
  Q202=+1     ;MAX. PROF. PASADA ~
  Q369=+1     ;SOBREMEDIDA PROFUND. ~
  Q370=+1     ;MAX. SOLAPAMIENTO ~
  Q207=+2000  ;AVANCE FRESADO ~
  Q385=+1000  ;AVANCE ACABADO ~
  Q253=+5000  ;AVANCE PREPOSICION. ~
  Q200=+2     ;DISTANCIA SEGURIDAD ~
  Q357=+10    ;DIST. SEGUR. LATERAL ~
  Q204=+50    ;2A DIST. SEGURIDAD
6 L Z+200 R0 FMAX M13 M99
7 TOOL CALL 2 Z S1200
8 ;PLATO 50
9 L X+50 Y-50 Z+100 R0 FMAX M3
10 L Z+0 R0 FMAX
11 LBL 1
12 L IZ-2 R0 FMAX
13 APPR LCT X+0 Y+0 R10 RL F1200
14 L X-55
15 CR X-115 Y+20 R-33.33 DR+
16 L Y+0
17 L X-200
18 L Y+80
19 CT IX+70 Y+80
20 L X+0
```

```
21 CHF 10
22 L Y+0
23 DEP LCT X+50 Y-50 R10 F5000
24 CALL LBL 1 REP14
25 L Z+200 R0 FMAX
26 TOOL CALL 6 Z S3600
27 ;FRESA 16
28 L X+50 Y-50 Z+100 R0 FMAX M3
29 L Z+0 R0 FMAX
30 LBL 2
31 L IZ-10 R0 FMAX
32 APPR LCT X+0 Y+0 R10 RL F900
33 L X-55
34 CR X-115 Y+20 R-33.33 DR+
35 L Y+0
36 L X-200
37 L Y+80
38 CT IX+70 Y+80
39 L X+0
40 CHF 10
41 L Y+0
42 DEP LCT X+50 Y-50 R10 F5000
43 CALL LBL 2 REP2
44 L Z+200 R0 FMAX
45 TOOL CALL 7 Z S3800
46 ;FRESA 10
47 CYCL DEF 253 FRESADO RANURA ~
   Q215=+0     ;TIPO MECANIZADO ~
   Q218=+72    ;LONGITUD RANURA ~
   Q219=+12    ;ANCHURA RANURA ~
   Q368=+0.1   ;SOBREMEDIDA LATERAL ~
   Q374=+0     ;ANGULO GIRO ~
   Q367=+3     ;POSICION RANURA ~
   Q207=+1000  ;AVANCE FRESADO ~
   Q351=+1     ;TIPO DE FRESADO ~
   Q201=-30    ;PROFUNDIDAD ~
   Q202=+1.5   ;PASO PROFUNDIZACION ~
   Q369=+0     ;SOBREMEDIDA PROFUND. ~
   Q206=+900   ;AVANCE PROFUNDIDAD ~
```

```
   Q338=+10    ;PASADA PARA ACABADO ~
   Q200=+2     ;DISTANCIA SEGURIDAD ~
   Q203=+0     ;COORD. SUPERFICIE ~
   Q204=+50    ;2A DIST. SEGURIDAD ~
   Q366=+2     ;PUNZONAR ~
   Q385=+700   ;AVANCE ACABADO ~
   Q439=+3     ;REFER. AVANCE
48 L X-20 Y+65 Z+50 R0 FMAX M13 M99
49 TOOL CALL 13 Z S1500
50 ;BROCA 5 HSS
51 L X-190 Y+15 Z+200 R0 FMAX M13
52 CYCL DEF 200 TALADRADO ~
   Q200=+2     ;DISTANCIA SEGURIDAD ~
   Q201=-35    ;PROFUNDIDAD ~
   Q206=+75    ;AVANCE PROFUNDIDAD ~
   Q202=+4     ;PASO PROFUNDIZACION ~
   Q210=+0     ;TIEMPO ESPERA ARRIBA ~
   Q203=+0     ;COORD. SUPERFICIE ~
   Q204=+50    ;2A DIST. SEGURIDAD ~
   Q211=+0     ;TIEMPO ESPERA ABAJO ~
   Q395=+0     ;REFERENCIA PROFUNDID
53 CYCL DEF 221 FIGURA LINEAL ~
   Q225=-190   ;PTO. INICIAL 1ER EJE ~
   Q226=+15    ;PTO. INICIAL 2. EJE ~
   Q237=+10    ;DISTANCIA 1ER EJE ~
   Q238=+10    ;DIST. SEGUNDO EJE ~
   Q242=+5     ;NUMERO COLUMNAS ~
   Q243=+4     ;NUMERO LINEAS ~
   Q224=+0     ;ANGULO GIRO ~
   Q200=+2     ;DISTANCIA SEGURIDAD ~
   Q203=+0     ;COORD. SUPERFICIE ~
   Q204=+50    ;2A DIST. SEGURIDAD ~
   Q301=+1     ;IR ALTURA SEGURIDAD
54 TOOL CALL 22 Z S1200
55 ;BROCA 6 HSS
56 CYCL DEF 200 TALADRADO ~
   Q200=+2     ;DISTANCIA SEGURIDAD ~
   Q201=-35    ;PROFUNDIDAD ~
   Q206=+60    ;AVANCE PROFUNDIDAD ~
```

```
   Q202=+4     ;PASO PROFUNDIZACION ~
   Q210=+0     ;TIEMPO ESPERA ARRIBA ~
   Q203=+0     ;COORD. SUPERFICIE ~
   Q204=+50    ;2A DIST. SEGURIDAD ~
   Q211=+0     ;TIEMPO ESPERA ABAJO ~
   Q395=+0     ;REFERENCIA PROFUNDID
57 L X-165 Y+80 Z+200 R0 FMAX M13 M99
58 CYCL DEF 220 FIGURA CIRCULAR ~
   Q216=-165   ;CENTRO 1ER EJE ~
   Q217=+80    ;CENTRO SEGUNDO EJE ~
   Q244=+50    ;DIAM. ARCO CIRCULAR ~
   Q245=+0     ;ANGULO INICIAL ~
   Q246=+360   ;ANGULO FINAL ~
   Q247=+60    ;ANGULO INCREMENTAL ~
   Q241=+6     ;NUMERO MECANIZADOS ~
   Q200=+2     ;DISTANCIA SEGURIDAD ~
   Q203=+0     ;COORD. SUPERFICIE ~
   Q204=+50    ;2A DIST. SEGURIDAD ~
   Q301=+1     ;IR ALTURA SEGURIDAD ~
   Q365=+0     ;TIPO DESPLAZAMIENTO
59 L Z+200 R0 FMAX M30
60 END PGM FIGURA DE PUNTOS MM
```

A continuación, te he preparado unas piezas para que sigas practicando la programación **Heidenhain** de fresado. He incluido unas sencillas, intentando que sean lo más realistas posible y parecidas al trabajo que tendrás que desempeñar.

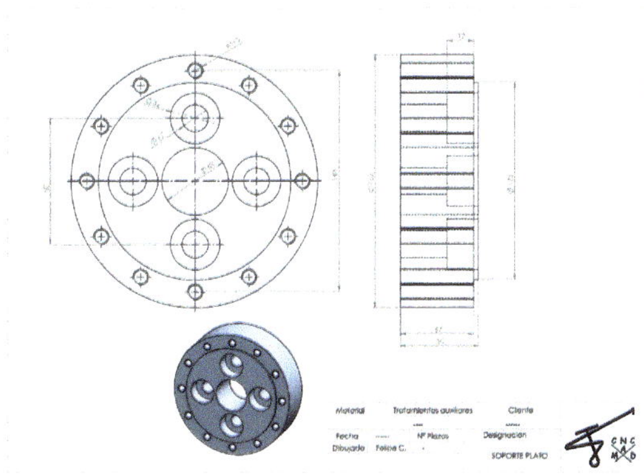

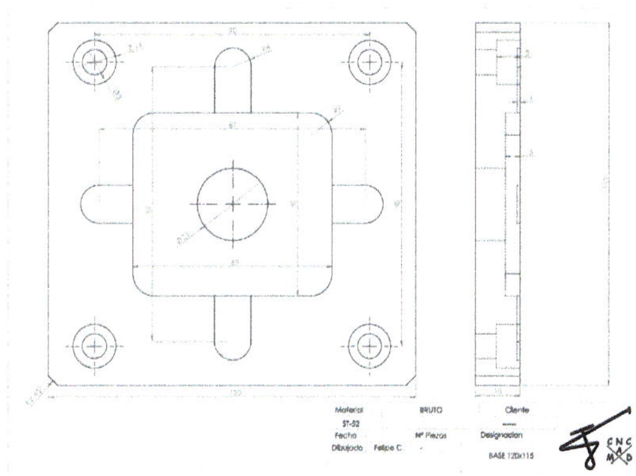

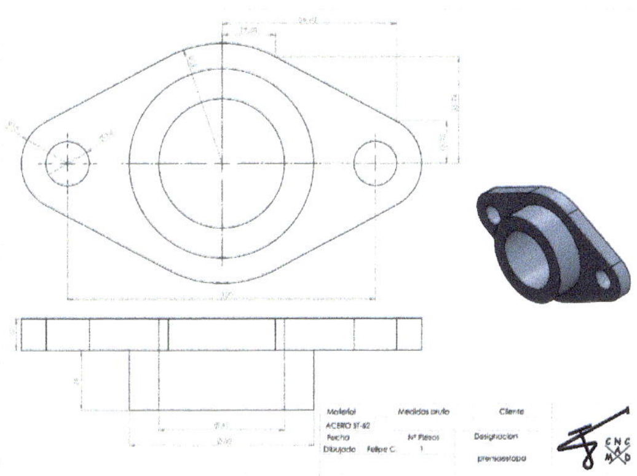

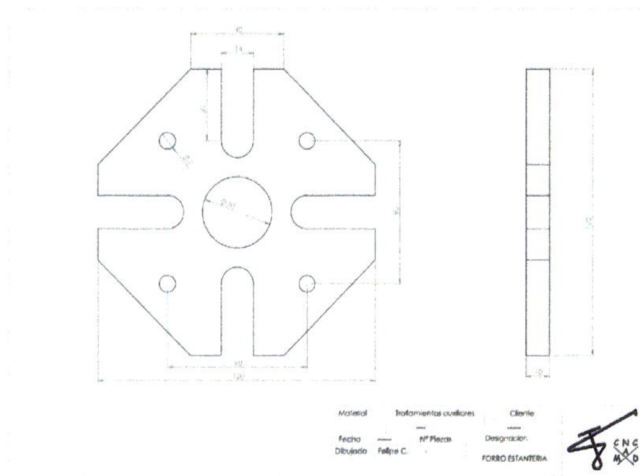

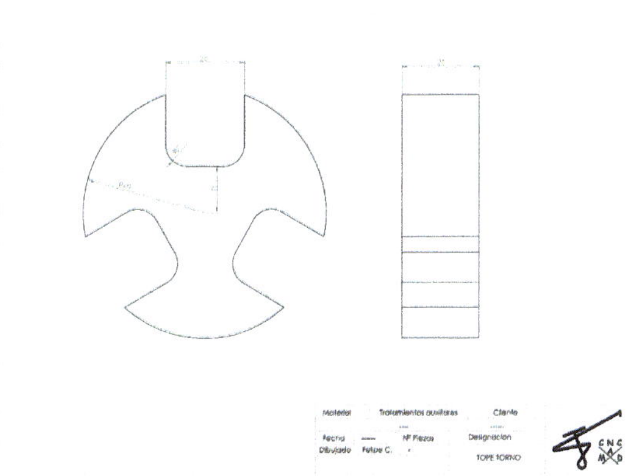

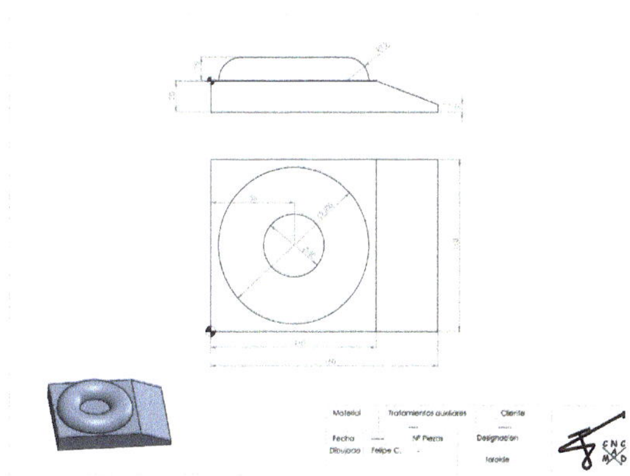

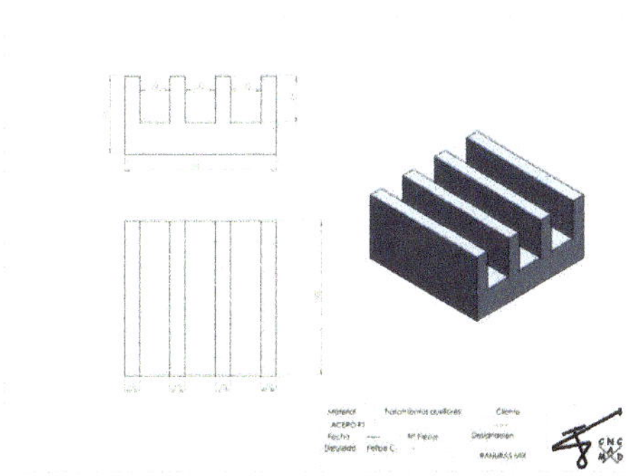

Las condiciones de corte que he empleado son orientativas. Te toca a ti decidir el tipo de herramientas, materiales y condiciones de corte para cada pieza. Los programas completos de todas las piezas aparecen justo detrás del plano.

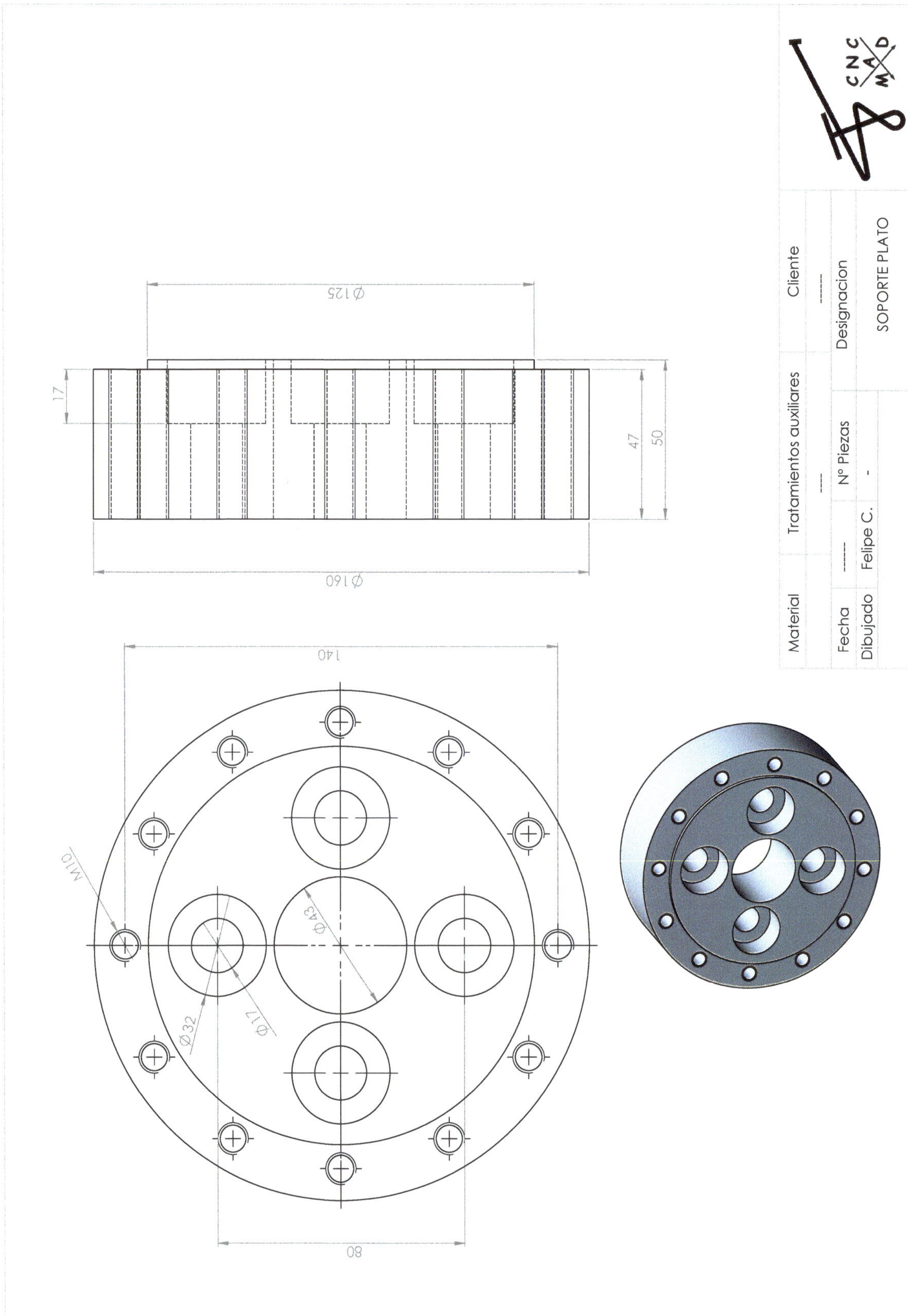

Para fabricar esta pieza, partimos de un bruto cuadrado de 164 × 164 × 52.

Lo normal sería tornear la pieza y mecanizar en la fresadora los taladros y cajeras. En este caso, haremos la pieza completa en la fresadora, para practicar la programación de radios y círculos:

```
0  BEGIN PGM SOPORTE PLATO MM
1  BLK FORM 0.1 Z X-82 Y-82 Z-50
2  BLK FORM 0.2  X+82  Y+82  Z+2
3  TOOL CALL 2 Z S1900
4  ;PLATO DE 50
5  ;PLANEAR BRUTO
6  CYCL DEF 232 FRESADO PLANO ~
   Q389=+0      ;ESTRATEGIA ~
   Q225=-82     ;PTO. INICIAL 1ER EJE ~
   Q226=-82     ;PTO. INICIAL 2. EJE ~
   Q227=+2      ;PTO. INICIAL 3ER EJE ~
   Q386=+0      ;PUNTO FINAL 3ER EJE ~
   Q218=+164    ;1A LONGITUD LATERAL ~
   Q219=+164    ;2A LONGITUD LATERAL ~
   Q202=+1      ;MAX. PROF. PASADA ~
   Q369=+1      ;SOBREMEDIDA PROFUND. ~
   Q370=+1      ;MAX. SOLAPAMIENTO ~
   Q207=+2000   ;AVANCE FRESADO ~
   Q385=+1000   ;AVANCE ACABADO ~
   Q253=+5000   ;AVANCE PREPOSICION. ~
   Q200=+2      ;DISTANCIA SEGURIDAD ~
   Q357=+10     ;DIST. SEGUR. LATERAL ~
   Q204=+50     ;2A DIST. SEGURIDAD
7  L  Z+100 R0 FMAX M13 M99
8  ;MECANIZAR DIAMETRO EXTERIOR
9  L  X+0  Y+130  Z+20 R0 FMAX
10 L  Z+0 R0 FMAX
11 LBL 1
12 L IZ-5 R0 FMAX
13 CC  X+0  Y+0
14 APPR LCT  X+0  Y+82 R5 RL F1500
15 C  X+0  Y+82 DR-
16 DEP LCT  X+0  Y+130 R5 F5000
17 CALL LBL 1 REP9
18 ;MECANIZAR DIAMETRO DE 125
19 L  Z-3 R0 FMAX
20 APPR LCT  X+0  Y+62.5 R5 RL F1500
21 C  X+0  Y+62.5 DR-
22 DEP LCT  X+0  Y+130 R5 F5000
```

```
23 L  Z+100 R0 FMAX
24 TOOL CALL 17 Z S5600
25 ;BROCA 17 MD
26 ;HACER UN TALADRO CENTRAL
27 CYCL DEF 200 TALADRADO ~
   Q200=+2        ;DISTANCIA SEGURIDAD ~
   Q201=-55       ;PROFUNDIDAD ~
   Q206=+1600     ;AVANCE PROFUNDIDAD ~
   Q202=+60       ;PASO PROFUNDIZACION ~
   Q210=+0        ;TIEMPO ESPERA ARRIBA ~
   Q203=+0        ;COORD. SUPERFICIE ~
   Q204=+10       ;2A DIST. SEGURIDAD ~
   Q211=+0        ;TIEMPO ESPERA ABAJO ~
   Q395=+0        ;REFERENCIA PROFUNDIDAD
28 L  X+0  Y+0  Z+100 R0 FMAX M3 M7 M99
29 ;HACER 4 TALADROS DE 17
30 CYCL DEF 220 FIGURA CIRCULAR ~
   Q216=+0        ;CENTRO 1ER EJE ~
   Q217=+0        ;CENTRO SEGUNDO EJE ~
   Q244=+80       ;DIAM. ARCO CIRCULAR ~
   Q245=+0        ;ANGULO INICIAL ~
   Q246=+360      ;ANGULO FINAL ~
   Q247=+90       ;ANGULO INCREMENTAL ~
   Q241=+4        ;NUMERO MECANIZADOS ~
   Q200=+5        ;DISTANCIA SEGURIDAD ~
   Q203=+0        ;COORD. SUPERFICIE ~
   Q204=+100      ;2A DIST. SEGURIDAD ~
   Q301=+0        ;IR ALTURA SEGURIDAD ~
   Q365=+0        ;TIPO DESPLAZAMIENTO
31 TOOL CALL 4 Z S4700
32 ;PLATO 20
33 ;ABRIR AGUJERO CENTRAL DE 43
34 CYCL DEF 208 FRESADO DE TALADROS ~
   Q200=+2        ;DISTANCIA SEGURIDAD ~
   Q201=-50       ;PROFUNDIDAD ~
   Q206=+2000     ;AVANCE PROFUNDIDAD ~
   Q334=+0.5      ;PASO PROFUNDIZACION ~
   Q203=+0        ;COORD. SUPERFICIE ~
   Q204=+50       ;2A DIST. SEGURIDAD ~
```

```
   Q335=+43      ;DIAMETRO NOMINAL ~
   Q342=+17      ;DIAMETRO PRETALAD. ~
   Q351=+1       ;TIPO DE FRESADO
35 L  X+0  Y+0  Z+100 R0 FMAX M3 M7 M99
36 ;ABRIR 4 CAJERAS DE 32
37 CYCL DEF 208 FRESADO DE TALADROS ~
   Q200=+2       ;DISTANCIA SEGURIDAD ~
   Q201=-20      ;PROFUNDIDAD ~
   Q206=+2000    ;AVANCE PROFUNDIDAD ~
   Q334=+0.25    ;PASO PROFUNDIZACION ~
   Q203=+0       ;COORD. SUPERFICIE ~
   Q204=+10      ;2A DIST. SEGURIDAD ~
   Q335=+32      ;DIAMETRO NOMINAL ~
   Q342=+17      ;DIAMETRO PRETALAD. ~
   Q351=+1       ;TIPO DE FRESADO
38 CYCL DEF 220 FIGURA CIRCULAR ~
   Q216=+0       ;CENTRO 1ER EJE ~
   Q217=+0       ;CENTRO SEGUNDO EJE ~
   Q244=+80      ;DIAM. ARCO CIRCULAR ~
   Q245=+0       ;ANGULO INICIAL ~
   Q246=+360     ;ANGULO FINAL ~
   Q247=+90      ;ANGULO INCREMENTAL ~
   Q241=+4       ;NUMERO MECANIZADOS ~
   Q200=+5       ;DISTANCIA SEGURIDAD ~
   Q203=+0       ;COORD. SUPERFICIE ~
   Q204=+100     ;2A DIST. SEGURIDAD ~
   Q301=+0       ;IR ALTURA SEGURIDAD ~
   Q365=+0       ;TIPO DESPLAZAMIENTO
39 TOOL CALL 14 Z S10000
40 ;BROCA 8.5 MD
41 ;HACER 12 TALADROS DE 8,5
42 L  Z+100 R0 FMAX M3 M7
43 CYCL DEF 200 TALADRADO ~
   Q200=+2       ;DISTANCIA SEGURIDAD ~
   Q201=-52      ;PROFUNDIDAD ~
   Q206=+2000    ;AVANCE PROFUNDIDAD ~
   Q202=+60      ;PASO PROFUNDIZACION ~
   Q210=+0       ;TIEMPO ESPERA ARRIBA ~
   Q203=+3       ;COORD. SUPERFICIE ~
```

```
   Q204=+5        ;2A DIST. SEGURIDAD ~
   Q211=+0        ;TIEMPO ESPERA ABAJO ~
   Q395=+0        ;REFERENCIA PROFUNDIDAD
44 CYCL DEF 220 FIGURA CIRCULAR ~
   Q216=+0        ;CENTRO 1ER EJE ~
   Q217=+0        ;CENTRO SEGUNDO EJE ~
   Q244=+140      ;DIAM. ARCO CIRCULAR ~
   Q245=+0        ;ANGULO INICIAL ~
   Q246=+360      ;ANGULO FINAL ~
   Q247=+30       ;ANGULO INCREMENTAL ~
   Q241=+12       ;NUMERO MECANIZADOS ~
   Q200=+5        ;DISTANCIA SEGURIDAD ~
   Q203=-3        ;COORD. SUPERFICIE ~
   Q204=+100      ;2A DIST. SEGURIDAD ~
   Q301=+0        ;IR ALTURA SEGURIDAD ~
   Q365=+1        ;TIPO DESPLAZAMIENTO
45 TOOL CALL 7 Z S500
46 ;MACHO M10
47 ;ROSCAR 12 TALADROS DE M10
48 L  Z+100 R0 FMAX M13
49 CYCL DEF 207 ROSCADO RIGIDO ~
   Q200=+2        ;DISTANCIA SEGURIDAD ~
   Q201=-30       ;PROFUNDIDAD ROSCADO ~
   Q239=+1.5      ;PASO ROSCA ~
   Q203=+3        ;COORD. SUPERFICIE ~
   Q204=+10       ;2A DIST. SEGURIDAD
50 CYCL DEF 220 FIGURA CIRCULAR ~
   Q216=+0        ;CENTRO 1ER EJE ~
   Q217=+0        ;CENTRO SEGUNDO EJE ~
   Q244=+140      ;DIAM. ARCO CIRCULAR ~
   Q245=+0        ;ANGULO INICIAL ~
   Q246=+360      ;ANGULO FINAL ~
   Q247=+30       ;ANGULO INCREMENTAL ~
   Q241=+12       ;NUMERO MECANIZADOS ~
   Q200=+5        ;DISTANCIA SEGURIDAD ~
   Q203=-3        ;COORD. SUPERFICIE ~
   Q204=+100      ;2A DIST. SEGURIDAD ~
   Q301=+0        ;IR ALTURA SEGURIDAD ~
   Q365=+1        ;TIPO DESPLAZAMIENTO
51 L  Z+200 R0 FMAX M30
52 END PGM SOPORTE PLATO MM
```

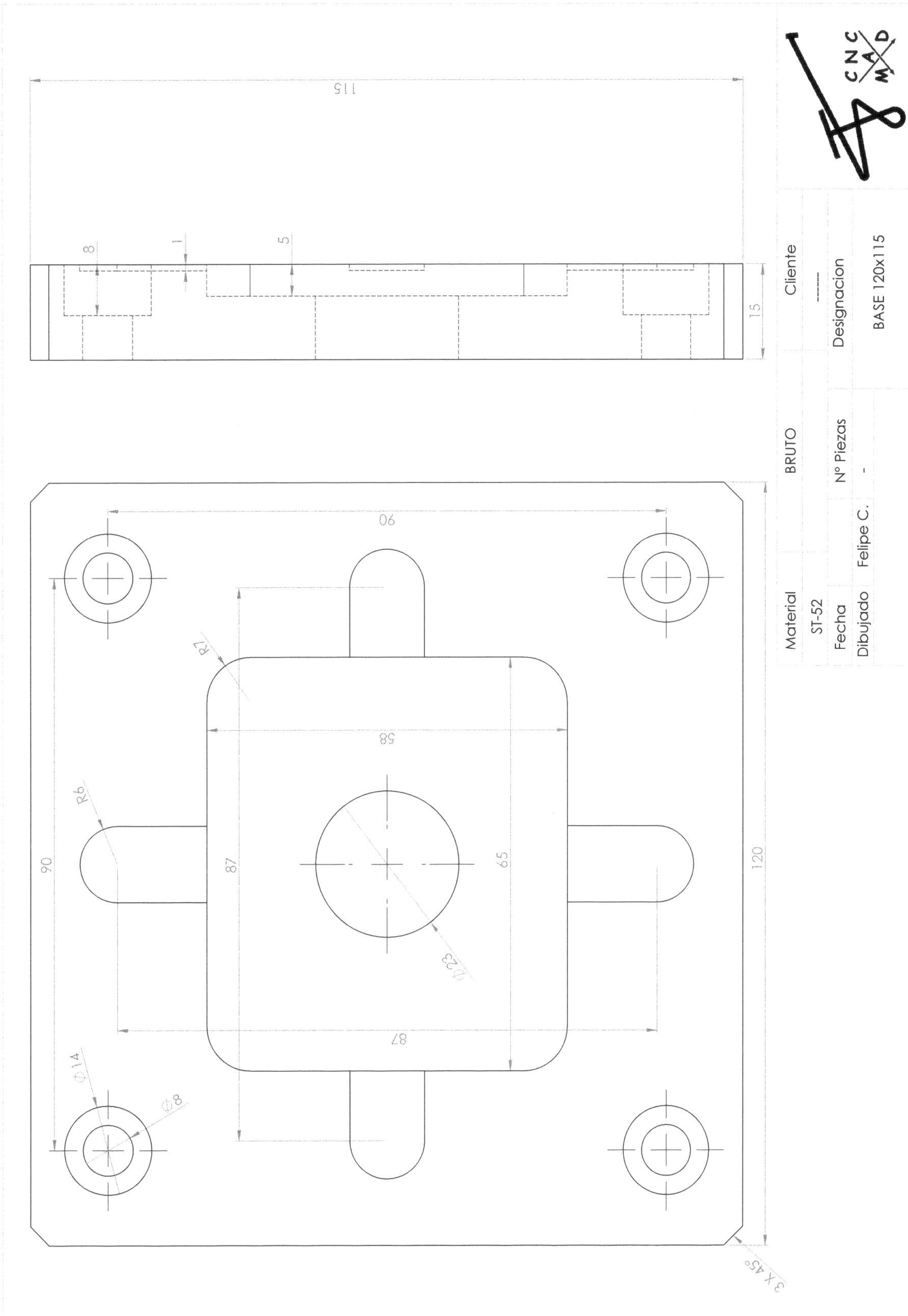

Para fabricar esta pieza, partimos de un bruto de 130 × 120 × 20.

Programaremos todos los mecanizados utilizando ciclos fijos y repeticiones **(LBL):**

```
0  BEGIN PGM BASE 120X115 MM
1  BLK FORM 0.1 Z X-65 Y-60 Z-18
2  BLK FORM 0.2  X+65  Y+60  Z+2
3  TOOL CALL 2 Z S1200
4  ;PLATO DE 50
5  ;PLANEAR Y CONTORNO EXTERIOR
6  CYCL DEF 232 FRESADO PLANO ~
   Q389=+0       ;ESTRATEGIA ~
   Q225=-65      ;PTO. INICIAL 1ER EJE ~
   Q226=-60      ;PTO. INICIAL 2. EJE ~
   Q227=+2       ;PTO. INICIAL 3ER EJE ~
   Q386=+0       ;PUNTO FINAL 3ER EJE ~
   Q218=+130     ;1A LONGITUD LATERAL ~
   Q219=+120     ;2A LONGITUD LATERAL ~
   Q202=+1       ;MAX. PROF. PASADA ~
   Q369=+1       ;SOBREMEDIDA PROFUND. ~
   Q370=+1       ;MAX. SOLAPAMIENTO ~
   Q207=+2000    ;AVANCE FRESADO ~
   Q385=+1000    ;AVANCE ACABADO ~
   Q253=+5000    ;AVANCE PREPOSICION. ~
   Q200=+2       ;DISTANCIA SEGURIDAD ~
   Q357=+5       ;DIST. SEGUR. LATERAL ~
   Q204=+10      ;2A DIST. SEGURIDAD
7  L  Z+200 R0 FMAX M13 M99
8  L  X-90  Y-90  Z+10 R0 FMAX
9  L  Z+0 R0 FMAX
10 LBL 1
11 L IZ-5 R0 FMAX
12 APPR LCT  X-60  Y-57.5 R5 RL F800
13 L  Y+57.5
14 CHF 3
15 L  X+60
16 CHF 3
17 L  Y-57.5
18 CHF 3
19 L  X-60
20 CHF 3
21 L IY+5
22 DEP LCT  X-90  Y-90 R5 FMAX
```

```
23 CALL LBL 1 REP2
24 L  Z+200 R0 FMAX
25 TOOL CALL 14 Z S6000
26 ;BROCA DE 8 MD
27 ;HACER 4 TALADROS MAS OTRO CENTRAL
28 CYCL DEF 200 TALADRADO ~
   Q200=+2       ;DISTANCIA SEGURIDAD ~
   Q201=-20      ;PROFUNDIDAD ~
   Q206=+1000    ;AVANCE PROFUNDIDAD ~
   Q202=+25      ;PASO PROFUNDIZACION ~
   Q210=+0       ;TIEMPO ESPERA ARRIBA ~
   Q203=+0       ;COORD. SUPERFICIE ~
   Q204=+10      ;2A DIST. SEGURIDAD ~
   Q211=+0       ;TIEMPO ESPERA ABAJO ~
   Q395=+0       ;REFERENCIA PROFUNDIDAD
29 L  X+0  Y+0  Z+10 R0 FMAX M3 M7 M99
30 L  X-45  Y+45 R0 FMAX M99
31 L  Y-45 R0 FMAX M99
32 L  X+45 R0 FMAX M99
33  Y+45 R0 FMAX M99
34 L  Z+200 R0 FMAX
35 TOOL CALL 26 Z S4000
36 ;FRESA 12
37 ;ABRIR AGUJERO CENTRAL DE 23
38 CYCL DEF 208 FRESADO DE TALADROS ~
   Q200=+2       ;DISTANCIA SEGURIDAD ~
   Q201=-16      ;PROFUNDIDAD ~
   Q206=+2000    ;AVANCE PROFUNDIDAD ~
   Q334=+0.5     ;PASO PROFUNDIZACION ~
   Q203=+0       ;COORD. SUPERFICIE ~
   Q204=+10      ;2A DIST. SEGURIDAD ~
   Q335=+23      ;DIAMETRO NOMINAL ~
   Q342=+8       ;DIAMETRO PRETALAD. ~
   Q351=+1       ;TIPO DE FRESADO
39 L  X+0  Y+0  Z+100 R0 FMAX M13 M99
40 ;DESBASTAR CAJERA RECTANGULAR
41 CYCL DEF 251 CAJERA RECTANGULAR ~
   Q215=+1       ;TIPO MECANIZADO ~
   Q218=+65      ;1A LONGITUD LATERAL ~
```

```
   Q219=+58      ;2A LONGITUD LATERAL ~
   Q220=+8.5     ;RADIO ESQUINA ~
   Q368=+0.3     ;SOBREMEDIDA LATERAL ~
   Q224=+0       ;ANGULO GIRO ~
   Q367=+0       ;POSICION CAJERA ~
   Q207=+1200    ;AVANCE FRESADO ~
   Q351=+1       ;TIPO DE FRESADO ~
   Q201=-5       ;PROFUNDIDAD ~
   Q202=+1       ;PASO PROFUNDIZACION ~
   Q369=+0.3     ;SOBREMEDIDA PROFUND. ~
   Q206=+1000    ;AVANCE PROFUNDIDAD ~
   Q338=+0       ;PASADA PARA ACABADO ~
   Q200=+2       ;DISTANCIA SEGURIDAD ~
   Q203=+0       ;COORD. SUPERFICIE ~
   Q204=+100     ;2A DIST. SEGURIDAD ~
   Q370=+1       ;SOLAPAM. TRAYECTORIA ~
   Q366=+1       ;PUNZONAR ~
   Q385=+500     ;AVANCE ACABADO ~
   Q439=+0       ;REFER. AVANCE
42 L  X+0  Y+0 R0 FMAX M99
43 TOOL CALL 7 Z S5500
44 ;FRESA 10
45 ;HACER 4 CAJERAS DE 14
46 CYCL DEF 208 FRESADO DE TALADROS ~
   Q200=+2       ;DISTANCIA SEGURIDAD ~
   Q201=-8       ;PROFUNDIDAD ~
   Q206=+1000    ;AVANCE PROFUNDIDAD ~
   Q334=+0.25    ;PASO PROFUNDIZACION ~
   Q203=+0       ;COORD. SUPERFICIE ~
   Q204=+10      ;2A DIST. SEGURIDAD ~
   Q335=+14      ;DIAMETRO NOMINAL ~
   Q342=+8       ;DIAMETRO PRETALAD. ~
   Q351=+1       ;TIPO DE FRESADO
47 L  X-45  Y+45  Z+100 R0 FMAX M13 M99
48 L  X+45 R0 FMAX M99
49 L  Y-45 R0 FMAX M99
50 L  X-45 R0 FMAX M99
51 ;ACABADO DE CAJERA RECTANGULAR
52 CYCL DEF 251 CAJERA RECTANGULAR ~
   Q215=+2       ;TIPO MECANIZADO ~
   Q218=+65      ;1A LONGITUD LATERAL ~
```

```
   Q219=+58     ;2A LONGITUD LATERAL ~
   Q220=+7      ;RADIO ESQUINA ~
   Q368=+0.3    ;SOBREMEDIDA LATERAL ~
   Q224=+0      ;ANGULO GIRO ~
   Q367=+0      ;POSICION CAJERA ~
   Q207=+900    ;AVANCE FRESADO ~
   Q351=+1      ;TIPO DE FRESADO ~
   Q201=-5      ;PROFUNDIDAD ~
   Q202=+1      ;PASO PROFUNDIZACION ~
   Q369=+0.3    ;SOBREMEDIDA PROFUND. ~
   Q206=+800    ;AVANCE PROFUNDIDAD ~
   Q338=+5      ;PASADA PARA ACABADO ~
   Q200=+2      ;DISTANCIA SEGURIDAD ~
   Q203=+0      ;COORD. SUPERFICIE ~
   Q204=+10     ;2A DIST. SEGURIDAD ~
   Q370=+1      ;SOLAPAM. TRAYECTORIA ~
   Q366=+1      ;PUNZONAR ~
   Q385=+600    ;AVANCE ACABADO ~
   Q439=+0      ;REFER. AVANCE
53 L  X+0  Y+0 R0 FMAX M99
54 ;HACER 4 RANURAS
55 L  X+0  Y+0  Z-1 R0 F5000
56 L  X+6  Y+29 RL F800
57 L  Y+43.5
58 CT  X-6
59 L  Y+29
60 L  X-32.5  Y+6 F2000
61 L  X-43.5 F800
62 CT  Y-6
63 L  X-32.5
64 L  X-6  Y-29 F2000
65 L  Y-43.5 F800
66 CT  X+6
67 L  Y-29
68 L  X+32.5  Y-6 F2000
69 L  X+43.5 F800
70 CT  Y+6
71 L  X+32.5
72 L  X+0  Y+0 R0 FMAX
73 L  Z+200 R0 FMAX M30
74 END PGM BASE 120X115 MM
```

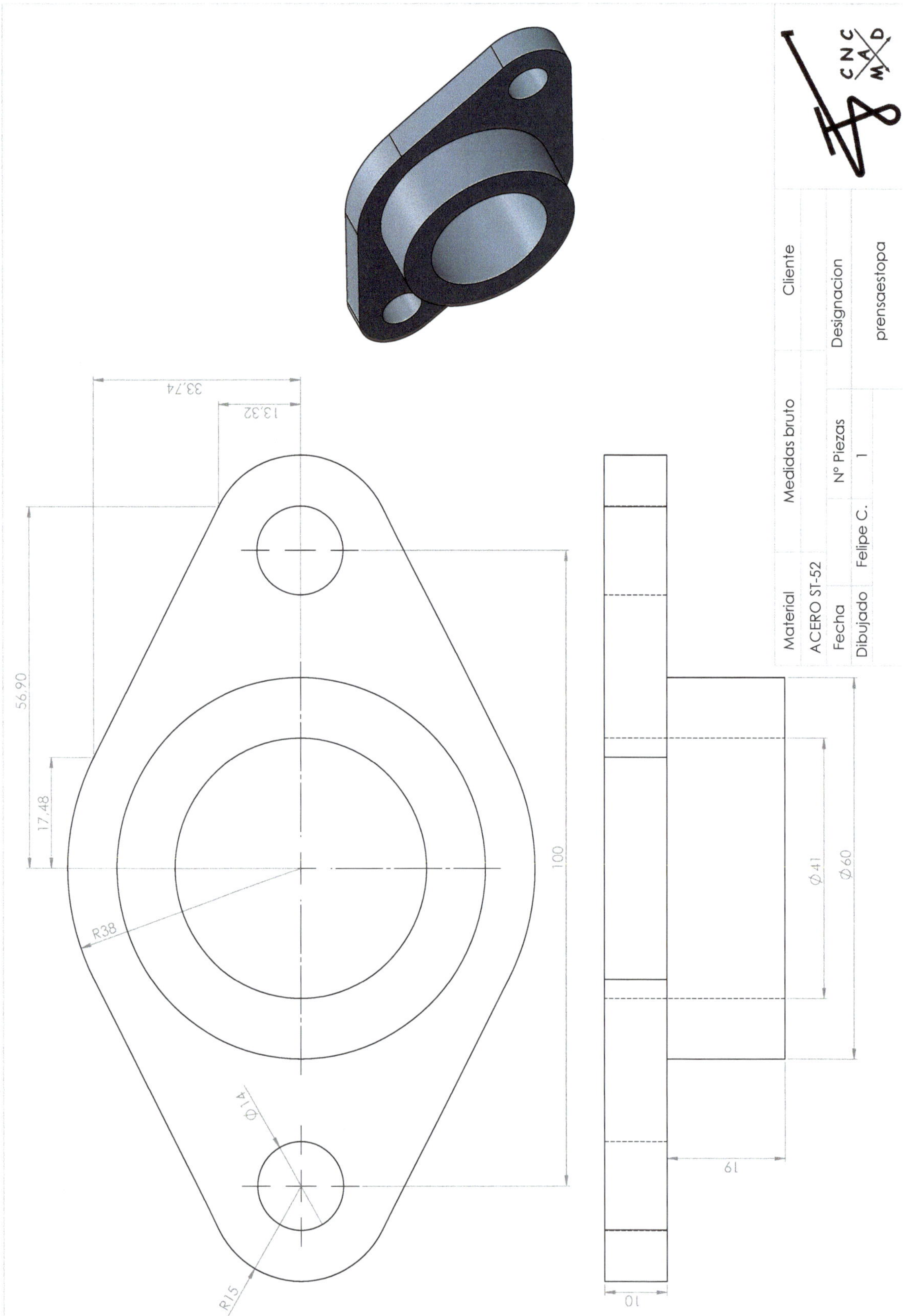

Para fabricar esta pieza, partimos de un bruto de 140 × 80 × 30.

Puede parecer, a simple vista, que se trata de una pieza complicada, pero, con las cotas que aparecen en el plano, verás lo fácil que resulta la programación:

```
0  BEGIN PGM PRENSAESTOPA MM
1  BLK FORM 0.1 Z X-70 Y-40 Z-29
2  BLK FORM 0.2  X+70  Y+40  Z+1
3  TOOL CALL 2 Z S1200
4  ;PLATO 50
5  ;PLANEAR BRUTO
6  CYCL DEF 232 FRESADO PLANO ~
   Q389=+0      ;ESTRATEGIA ~
   Q225=-70     ;PTO. INICIAL 1ER EJE ~
   Q226=-40     ;PTO. INICIAL 2. EJE ~
   Q227=+1      ;PTO. INICIAL 3ER EJE ~
   Q386=+0      ;PUNTO FINAL 3ER EJE ~
   Q218=+140    ;1A LONGITUD LATERAL ~
   Q219=+80     ;2A LONGITUD LATERAL ~
   Q202=+1      ;MAX. PROF. PASADA ~
   Q369=+0      ;SOBREMEDIDA PROFUND. ~
   Q370=+1      ;MAX. SOLAPAMIENTO ~
   Q207=+1000   ;AVANCE FRESADO ~
   Q385=+1000   ;AVANCE ACABADO ~
   Q253=+5000   ;AVANCE PREPOSICION. ~
   Q200=+2      ;DISTANCIA SEGURIDAD ~
   Q357=+5      ;DIST. SEGUR. LATERAL ~
   Q204=+20     ;2A DIST. SEGURIDAD
7  L  Z+100 R0 FMAX M13 M99
8  ;MECANIZAR CONTORNO EXTERIOR
9  L  X+0  Y+80  Z+20 R0 FMAX
10 L  Z+0 R0 FMAX
11 LBL 1
12 L IZ-1 R0 FMAX
13 APPR LCT  X+0  Y+38 R5 RL F1000
14 CR  X+17.48  Y+33.74 R+38 DR-
15 L  X+56.9  Y+13.32
16 CT  Y-13.32
17 L  X+17.48  Y-33.74
18 CR  X-17.48 R+38 DR-
19 L  X-56.9  Y-13.32
20 CT  Y+13.32
21 L  X-17.48  Y+33.74
22 CR  X+0  Y+38 R+38 DR-
```

```
23 DEP LCT  Y+80 R5 FMAX
24 CALL LBL 1 REP28
25 L  Z+0 R0 FMAX
26 ;MECANIZAR DIAMETRO DE 60
27 CC  X+0  Y+0
28 LBL 2
29 L IZ-1 R0 FMAX
30 APPR LCT  X+0  Y+30 R5 RL F1000
31 C  Y+30 DR-
32 DEP LCT  X+0  Y+80 R5 FMAX
33 CALL LBL 2 REP18
34 L  Z+100 R0 FMAX
35 TOOL CALL 16 Z S600
36 ;BROCA 13 HSS
37 ;HACER UN TALADRO CENTRAL
38 CYCL DEF 200 TALADRADO ~
   Q200=+2        ;DISTANCIA SEGURIDAD ~
   Q201=-34       ;PROFUNDIDAD ~
   Q206=+100      ;AVANCE PROFUNDIDAD ~
   Q202=+6        ;PASO PROFUNDIZACION ~
   Q210=+0        ;TIEMPO ESPERA ARRIBA ~
   Q203=+0        ;COORD. SUPERFICIE ~
   Q204=+30       ;2A DIST. SEGURIDAD ~
   Q211=+0        ;TIEMPO ESPERA ABAJO ~
   Q395=+0        ;REFERENCIA PROFUNDIDAD
39 L  X+0  Y+0  Z+100 R0 FMAX M13 M99
40 ;HACER 2 TALADROS
41 CYCL DEF 200 TALADRADO ~
   Q200=+2        ;DISTANCIA SEGURIDAD ~
   Q201=-14       ;PROFUNDIDAD ~
   Q206=+100      ;AVANCE PROFUNDIDAD ~
   Q202=+6        ;PASO PROFUNDIZACION ~
   Q210=+0        ;TIEMPO ESPERA ARRIBA ~
   Q203=-19       ;COORD. SUPERFICIE ~
   Q204=+30       ;2A DIST. SEGURIDAD ~
   Q211=+0        ;TIEMPO ESPERA ABAJO ~
   Q395=+0        ;REFERENCIA PROFUNDIDAD
42 L  X-50  Y+0 R0 FMAX M99
43 L  X+50 R0 FMAX M99
```

```
44 TOOL CALL 3 Z S2000
45 ;PLATO 25
46 ;ABRIR AGUJERO CENTRAL DE 41
47 CYCL DEF 208 FRESADO DE TALADROS ~
   Q200=+2        ;DISTANCIA SEGURIDAD ~
   Q201=-30       ;PROFUNDIDAD ~
   Q206=+2000     ;AVANCE PROFUNDIDAD ~
   Q334=+0.25     ;PASO PROFUNDIZACION ~
   Q203=+0        ;COORD. SUPERFICIE ~
   Q204=+100      ;2A DIST. SEGURIDAD ~
   Q335=+41       ;DIAMETRO NOMINAL ~
   Q342=+13       ;DIAMETRO PRETALAD. ~
   Q351=+1        ;TIPO DE FRESADO
48 L  X+0  Y+0  Z+100 R0 FMAX M3 M7 M99
49 TOOL CALL 7 Z S5500
50 ;FRESA 10
51 ;AJUSTAR TALADROS DE 14
52 CYCL DEF 208 FRESADO DE TALADROS ~
   Q200=+2        ;DISTANCIA SEGURIDAD ~
   Q201=-11       ;PROFUNDIDAD ~
   Q206=+1500     ;AVANCE PROFUNDIDAD ~
   Q334=+0.5      ;PASO PROFUNDIZACION ~
   Q203=-19       ;COORD. SUPERFICIE ~
   Q204=+30       ;2A DIST. SEGURIDAD ~
   Q335=+14       ;DIAMETRO NOMINAL ~
   Q342=+13       ;DIAMETRO PRETALAD. ~
   Q351=+1        ;TIPO DE FRESADO
53 L  X-50  Y+0  Z+100 R0 FMAX M13 M99
54 L  X+50 R0 FMAX M99
55 L  Z+200 R0 FMAX M30
56 END PGM PRENSAESTOPA MM
```

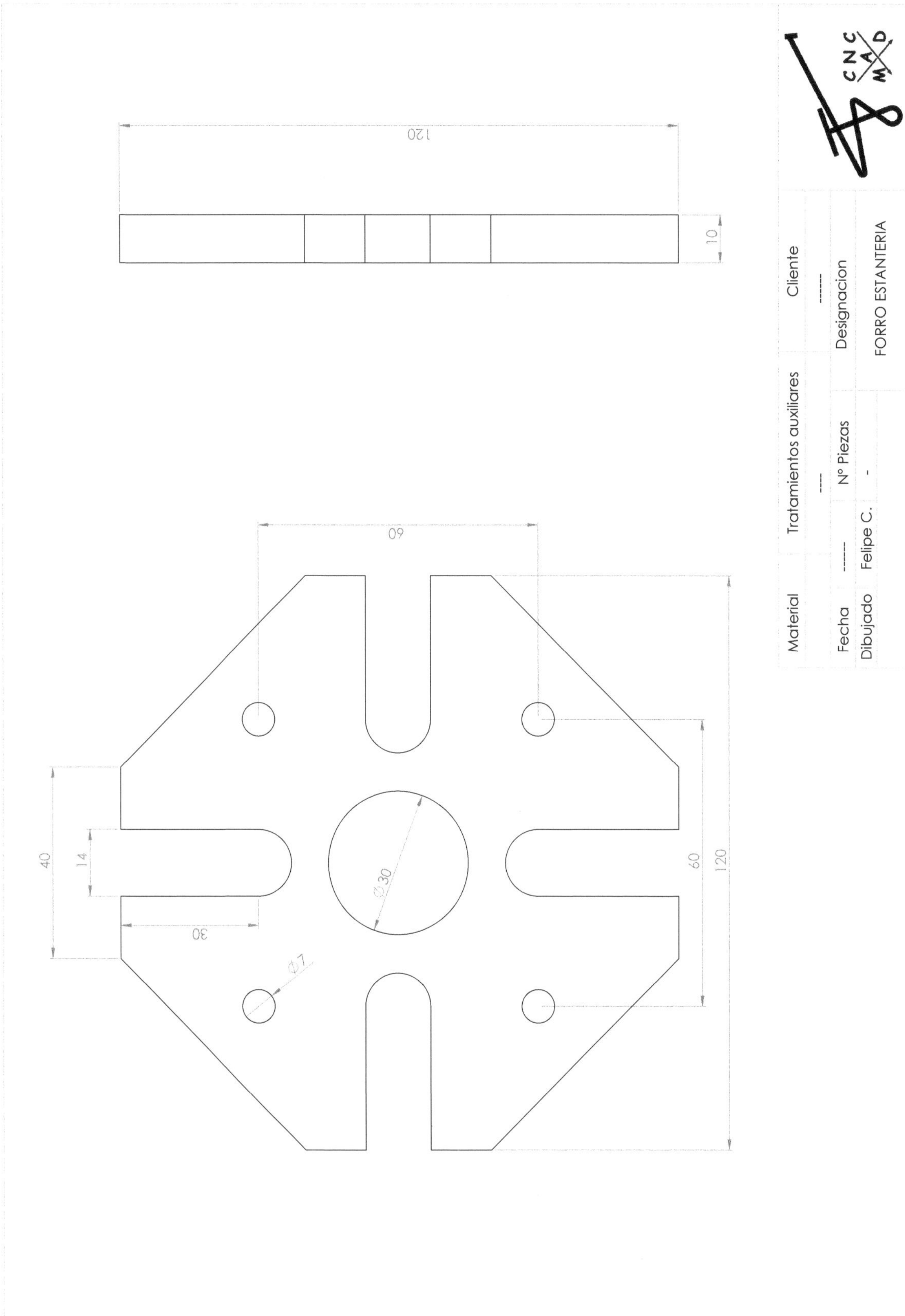

Tenemos un bruto de 130 × 130 × 10 para fabricar esta pieza.

Vamos a insertar un ciclo de rotación de coordenadas con un incremento y, de esta forma, resultará sencillo hacer los cuatro ranurados:

```
0  BEGIN PGM FORRO ESTANTERIA MM
1  BLK FORM 0.1 Z X-65 Y-65 Z-10
2  BLK FORM 0.2  X+65  Y+65  Z+0
3  TOOL CALL 2 Z S1200
4  ;PLATO DE 50
5  ;MECANIZAR CONTORNO EXTERIOR
6  L  X+0  Y+100  Z+100 R0 FMAX M13
7  L  Z+0 R0 FMAX
8  LBL 1
9  L IZ-1 R0 FMAX
10 APPR LCT  X+0  Y+60 R5 RL F950
11 L  X+60
12 CHF 40
13 L  Y-60
14 CHF 40
15 L  X-60
16 CHF 40
17 L  Y+60
18 CHF 40
19 L  X+0
20 DEP LCT  Y+100 R5 FMAX
21 CALL LBL 1 REP9
22 L  Z+100 R0 FMAX
23 TOOL CALL 14 Z S1000
24 ;BROCA 7 HSS
25 ;HACER 4 TALADROS DE 7
26 CYCL DEF 200 TALADRADO ~
   Q200=+2      ;DISTANCIA SEGURIDAD ~
   Q201=-13     ;PROFUNDIDAD ~
   Q206=+100    ;AVANCE PROFUNDIDAD ~
   Q202=+4      ;PASO PROFUNDIZACION ~
   Q210=+0      ;TIEMPO ESPERA ARRIBA ~
   Q203=+0      ;COORD. SUPERFICIE ~
   Q204=+10     ;2A DIST. SEGURIDAD ~
   Q211=+0      ;TIEMPO ESPERA ABAJO ~
   Q395=+0      ;REFERENCIA PROFUNDIDAD
27 L  X-30  Y+30  Z+100 R0 FMAX M13 M99
28 L  Y-30 R0 FMAX M99
29 L  X+30 R0 FMAX M99
```

```
30 L  Y+30 R0 FMAX M99
31 L  Z+200 R0 FMAX
32 TOOL CALL 6 Z S3000
33 ;FRESA 16
34 ;CAJERA CENTRAL DE 30
35 CYCL DEF 252 CAJERA CIRCULAR ~
   Q215=+0        ;TIPO MECANIZADO ~
   Q223=+30       ;DIAMETRO CIRCULO ~
   Q368=+0.2      ;SOBREMEDIDA LATERAL ~
   Q207=+900      ;AVANCE FRESADO ~
   Q351=+1        ;TIPO DE FRESADO ~
   Q201=-10       ;PROFUNDIDAD ~
   Q202=+1.5      ;PASO PROFUNDIZACION ~
   Q369=+0        ;SOBREMEDIDA PROFUND. ~
   Q206=+700      ;AVANCE PROFUNDIDAD ~
   Q338=+5        ;PASADA PARA ACABADO ~
   Q200=+2        ;DISTANCIA SEGURIDAD ~
   Q203=+0        ;COORD. SUPERFICIE ~
   Q204=+200      ;2A DIST. SEGURIDAD ~
   Q370=+1        ;SOLAPAM. TRAYECTORIA ~
   Q366=+0        ;PUNZONAR ~
   Q385=+800      ;AVANCE ACABADO ~
   Q439=+0        ;REFER. AVANCE
36 L  X+0  Y+0  Z+100 R0 FMAX M13 M99
37 TOOL CALL 7 Z S5000
38 ;FRESA 10
39 ;HACER 4 RANURAS CON REPETICIONES
40 LBL 3
41 L  X+0  Y+70  Z+20 R0 FMAX M13
42 L  Z+0 R0 FMAX
43 LBL 2
44 L IZ-2 R0 FMAX
45 APPR LCT  X-7  Y+60 R2 RL F800
46 L  Y+30
47 CT  X+7
48 L  Y+60
49 DEP LCT  X+0  Y+70 R2 FMAX
50 CALL LBL 2 REP4
51 L  Z+10 R0 FMAX
```

```
52 CYCL DEF 10.0 GIRO
53 CYCL DEF 10.1 IROT+90
54 LBL 0
55 CALL LBL 3 REP3
56 L  Z+200 R0 FMAX M30
57 END PGM FORRO ESTANTERIA MM
```

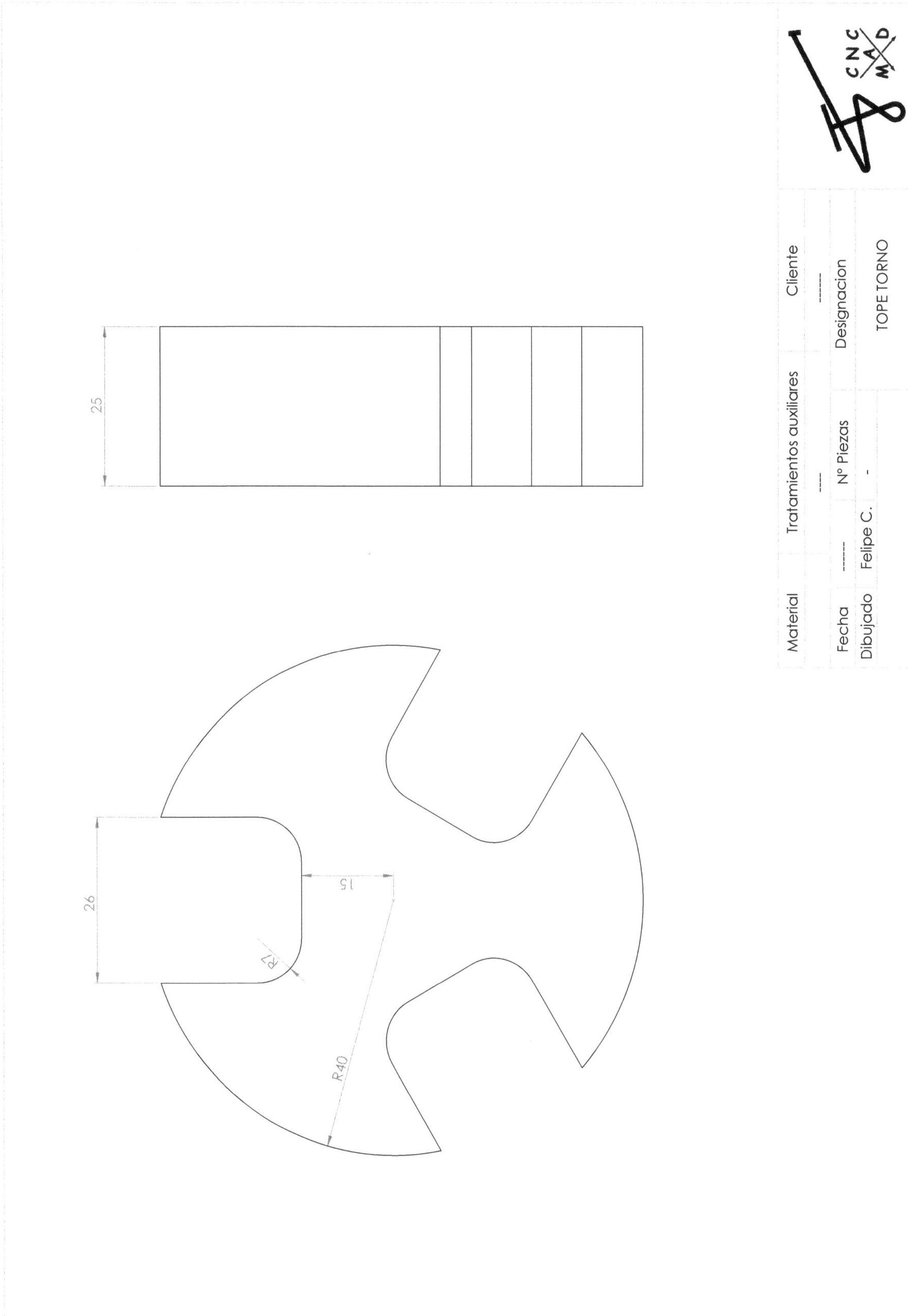

Para mecanizar esta pieza, partimos de un bruto redondo de diámetro 80 y 25 mm de longitud.

Vamos a practicar un poco más las repeticiones y los giros de coordenadas:

```
0  BEGIN PGM TOPE TORNO MM
1  BLK FORM CYLINDER Z R40 L25
2  TOOL CALL 6 Z S3500
3  ;FRESA 14
4  LBL 2
5  L  X+0  Y+50  Z+20 R0 FMAX M13
6  L  Z+0 R0 FMAX
7  LBL 1
8  L IZ-1 R0 FMAX
9  APPR LCT  X-13  Y+40 R5 RL F800
10 L  Y+15
11 L  X+13
12 L  Y+40
13 DEP LCT  X+0  Y+50 R5 FMAX
14 CALL LBL 1 REP24
15 L  Z+20 R0 FMAX
16 ;INCREMENTAR CICLO DE ROTACION
17 CYCL DEF 10.0 GIRO
18 CYCL DEF 10.1 IROT+120
19 LBL 0
20 CALL LBL 2 REP2
21 ;ANULAR CICLO DE ROTACION
22 CYCL DEF 10.0 GIRO
23 CYCL DEF 10.1  ROT+0
24 L  Z+200 R0 FMAX M30
25 END PGM TOPE TORNO MM
```

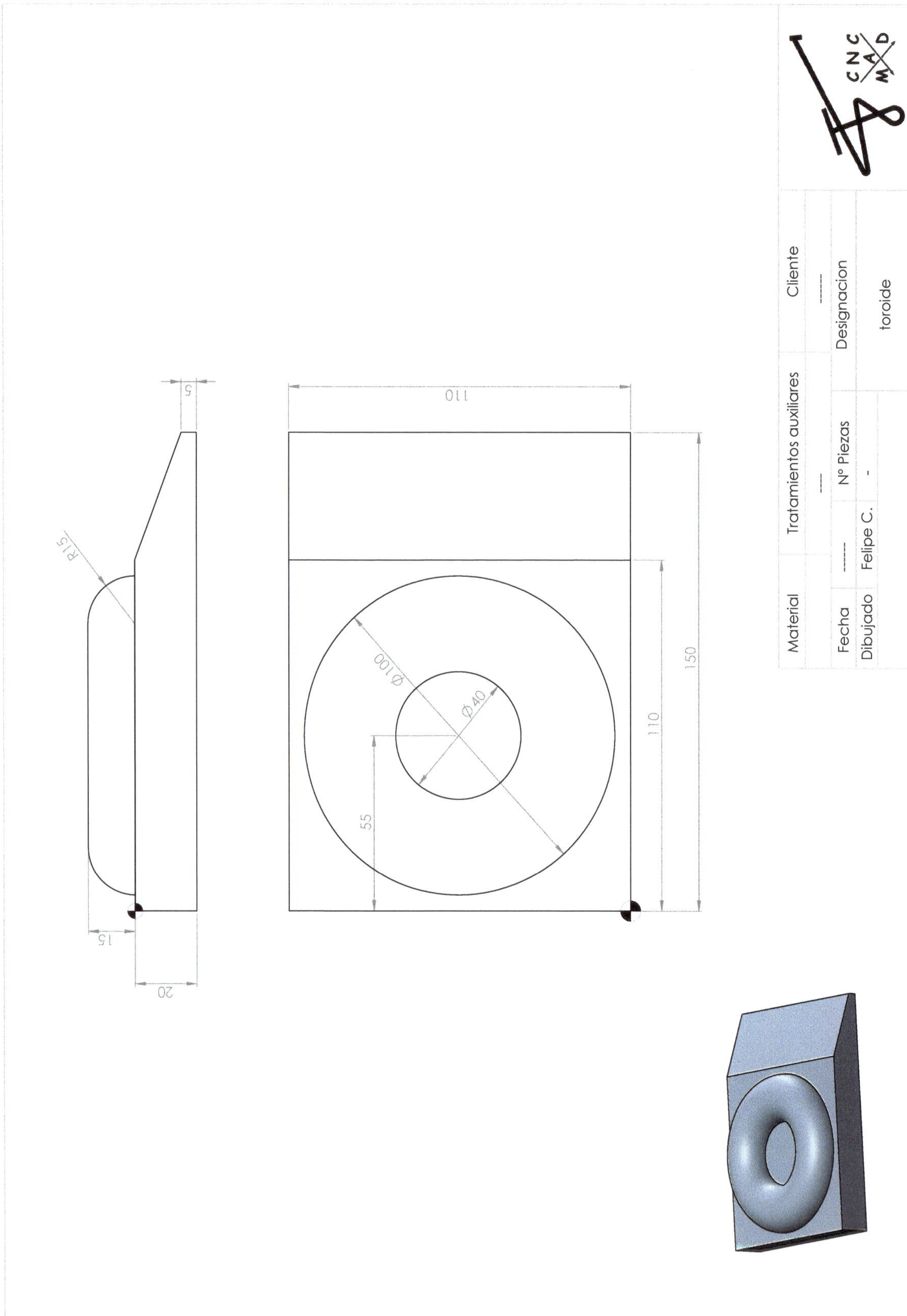

Tenemos un bruto de 150 × 110 × 35.

Esta pieza no la vamos a planear ni contornear. Programaremos un desbaste rápido de la zona donde se encuentra el chaflán para, después, hacer el diámetro exterior de nuestro toroide. Luego, mecanizamos el diámetro interior y programaremos el toroide mediante copiado y el uso de repeticiones y giros de coordenadas. El chaflán también lo haremos con un copiado:

```
0  BEGIN PGM TOROIDE MM
1  BLK FORM 0.1 Z X+0 Y+0 Z-20
2  BLK FORM 0.2  X+150  Y+110  Z+15
3  TOOL CALL 2 Z S1200
4  ;PLATO 50
5  ;DESBASTE RAPIDO ZONA CHAFLAN
6  L  X+140  Y-30  Z+100 R0 FMAX M13
7  L  Z+15 R0 FMAX
8  LBL 1
9  L  Y+140 IZ-1 R0 F2000
10 L  Y-30 IZ-1
11 CALL LBL 1 REP6
12 L  Z+0
13 L  Y+140
14 L  Z+20 R0 FMAX
15 ;MECANIZAR EXTERIOR TOROIDE
16 CYCL DEF 257 ISLA CIRCULAR ~
   Q223=+100    ;DIAMETRO TERMINADO ~
   Q222=+120    ;DIAMETRO BRUTO ~
   Q368=+0      ;SOBREMEDIDA LATERAL ~
   Q207=+1500   ;AVANCE FRESADO ~
   Q351=+1      ;TIPO DE FRESADO ~
   Q201=-15     ;PROFUNDIDAD ~
   Q202=+2      ;PASO PROFUNDIZACION ~
   Q206=+1000   ;AVANCE PROFUNDIDAD ~
   Q200=+2      ;DISTANCIA SEGURIDAD ~
   Q203=+15     ;COORD. SUPERFICIE ~
   Q204=+20     ;2A DIST. SEGURIDAD ~
   Q370=+1      ;SOLAPAM. TRAYECTORIA ~
   Q376=+1      ;ANGULO INICIAL ~
   Q215=+1      ;TIPO MECANIZADO ~
   Q369=+0      ;SOBREMEDIDA PROFUND. ~
   Q338=+0      ;PASADA PARA ACABADO ~
   Q385=+500    ;AVANCE ACABADO
17 L  X+55  Y+55 R0 FMAX M99
18 TOOL CALL 5 Z S2200
19 ;FRESA 20
```

```
20 ;DESBASTAR INTERIOR TOROIDE
21 CYCL DEF 208 FRESADO DE TALADROS ~
   Q200=+2        ;DISTANCIA SEGURIDAD ~
   Q201=-15       ;PROFUNDIDAD ~
   Q206=+2000     ;AVANCE PROFUNDIDAD ~
   Q334=+0.5      ;PASO PROFUNDIZACION ~
   Q203=+15       ;COORD. SUPERFICIE ~
   Q204=+20       ;2A DIST. SEGURIDAD ~
   Q335=+40       ;DIAMETRO NOMINAL ~
   Q342=+30       ;DIAMETRO PRETALAD. ~
   Q351=+1        ;TIPO DE FRESADO
22 L  X+55  Y+55  Z+100 R0 FMAX M13 M99
23 ;DESPLAZAR EL CERO DE PIEZA
24 CYCL DEF 7.0 PUNTO CERO
25 CYCL DEF 7.1  X+55
26 CYCL DEF 7.2  Y+55
27 ;MECANIZAR TOROIDE
28 L  X+0  Y+0  Z+20 R0 FMAX
29 L  Z+0 R0 F2000
30 LBL 2
31 L  X+10  Z+0 R0 F800
32 CR  X+25  Z+15 R+15 DR+
33 L IX+20
34 CR  X+60  Z+0 R+15 DR+
35 L  Z+20 R0 F2000
36 L  X+0
37 L  Z+0
38 CYCL DEF 10.0 GIRO
39 CYCL DEF 10.1 IROT+1
40 CALL LBL 2 REP359
41 L  Z+50 R0 FMAX
42 ;ANULAR TRASFORMACION DE COORDENADAS
43 CYCL DEF 7.0 PUNTO CERO
44 CYCL DEF 7.1  X+0
45 CYCL DEF 7.2  Y+0
46 CYCL DEF 10.0 GIRO
47 CYCL DEF 10.1  ROT+0
48 ;MECANIZAR CHAFLAN POR COPIADO
49 L  X+160  Y-10  Z+20 R0 FMAX
```

```
50 L  Z+0 R0 F5000
51 LBL 5
52 L  Z-15
53 L  X+120  Z+0 R0 F2000
54 L  X+160 R0 F5000
55 L IY+0.5
56 CALL LBL 5 REP240
57 L  Z+200 R0 FMAX M30
58 END PGM TOROIDE MM
```

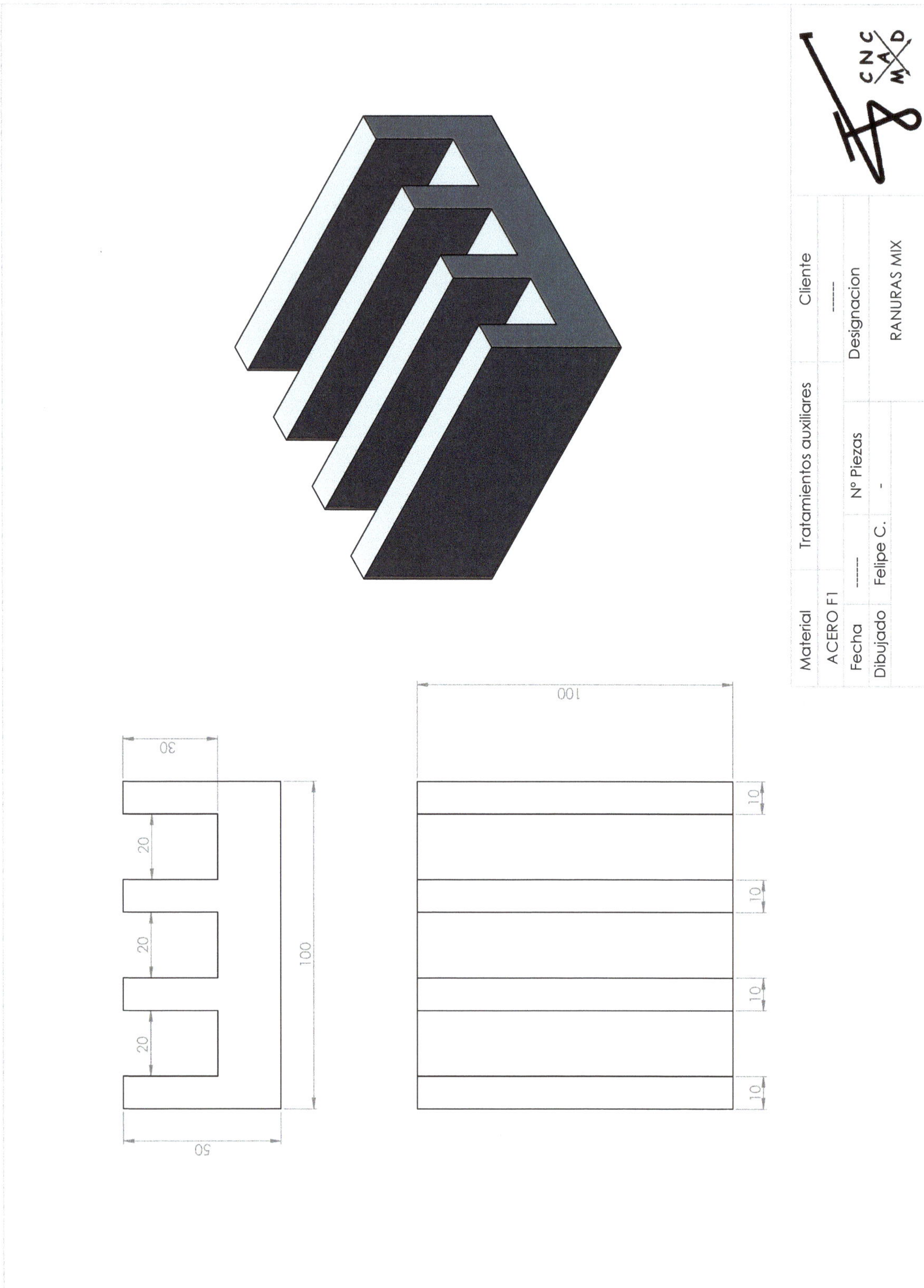

Para hacer esta pieza, partimos de un bruto de 100 × 100 × 50.

Simplemente, mecanizaremos las ranuras. Quiero que practiques diferentes maneras de hacer el mismo trabajo y que pienses y analices el método que resulte más eficaz, rápido y fácil de programar... Ningún método es el mejor ni el que podrás emplear siempre, de ahí mi insistencia en aprender a hacer cualquier trabajo de varias formas:

```
0  BEGIN PGM RANURAS MIX MM
1  BLK FORM 0.1 Z X+0 Y+0 Z-50
2  BLK FORM 0.2  X+100  Y+100  Z+0
3  TOOL CALL 26 Z S4000
4  ;FRESA 12 MD
5  ;PRIMERA RANURA CON CICLO FIJO
6  CYCL DEF 253 FRESADO RANURA ~
   Q215=+1      ;TIPO MECANIZADO ~
   Q218=+120    ;LONGITUD RANURA ~
   Q219=+20     ;ANCHURA RANURA ~
   Q368=+0      ;SOBREMEDIDA LATERAL ~
   Q374=+90     ;ANGULO GIRO ~
   Q367=+2      ;POSICION RANURA ~
   Q207=+1500   ;AVANCE FRESADO ~
   Q351=+1      ;TIPO DE FRESADO ~
   Q201=-30     ;PROFUNDIDAD ~
   Q202=+2      ;PASO PROFUNDIZACION ~
   Q369=+0      ;SOBREMEDIDA PROFUND. ~
   Q206=+900    ;AVANCE PROFUNDIDAD ~
   Q338=+0      ;PASADA PARA ACABADO ~
   Q200=+2      ;DISTANCIA SEGURIDAD ~
   Q203=+0      ;COORD. SUPERFICIE ~
   Q204=+50     ;2A DIST. SEGURIDAD ~
   Q366=+2      ;PUNZONAR ~
   Q385=+500    ;AVANCE ACABADO ~
   Q439=+3      ;REFER. AVANCE
7  L  X+20  Y+0  Z+100 R0 FMAX M13 M99
8  ;SEGUNDA RANURA CON LBLS
9  L  X+50  Y-15  Z+100 R0 FMAX
10 L  Z+0 R0 FMAX
11 LBL 1
12 L IZ-2 R0 FMAX
13 L  X+60  Y+0 RL F1500
14 L  Y+110
15 L  X+40
16 L  Y+0
17 L  X+50  Y-15 R0 FMAX
```

```
18 CALL LBL 1 REP14
19 L  Z+100 R0 FMAX
20 ;TERCERA RANURA MECANIZADO A.V.
21 TOOL CALL  S5300
22 CYCL DEF 7.0 PUNTO CERO
23 CYCL DEF 7.1  X+80
24 L  X+0  Y-10  Z+100 R0 FMAX
25 L  Z-30 R0 FMAX
26 LBL 3
27 L  X+10 RL F8000
28 L IY+1
29 CT  X-10
30 L  X+0 R0 F20000
31 CALL LBL 3 REP110
32 L  Z+200 R0 FMAX M30
33
34
35 ;PRIMERA RANURA 3.40 MINUTOS
36 ;SEGUNDA RANURA 2.20 MINUTOS
37 ;TERCERA RANURA 0.50 MINUTOS
38
39
40 ;ESTOS DATOS SON APROXIMACIONES
41 ;SOLO QUIERO MOSTRARTE LAS DIFERENCIAS
42
43 ;ES MUY IMPORTANTE EL TIPO DE HTA
44 ;
45 END PGM RANURAS MIX MM
```

He intentado hacer una programación variada, incluyendo diferentes ciclos fijos, repeticiones, giros y transformaciones de coordenadas y tratando, en general, de mostrarte una programación sencilla, rápida, intuitiva y empleando el menor número de líneas.

Recuerda, como te he dicho durante todo el libro, que existen muchas maneras diferentes de hacer el mismo trabajo y todas pueden ser igual de buenas.

Ahora te toca empezar a crear tu propio estilo de programación y practicar, practicar y practicar.

No te confundas: ninguna profesión se aprende leyendo un libro, mirando el ordenador o asistiendo a clases teóricas. Una vez que tienes la base, es hora de mancharse las manos.

Mucha suerte y vamos a arrancar viruta...

Capítulo 17
Información adicional

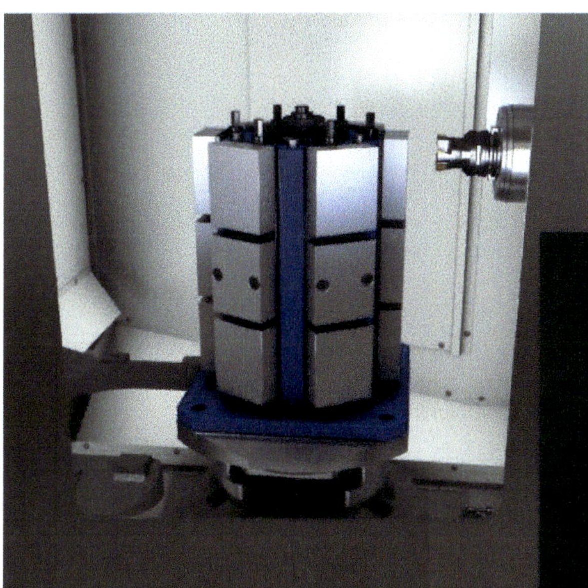

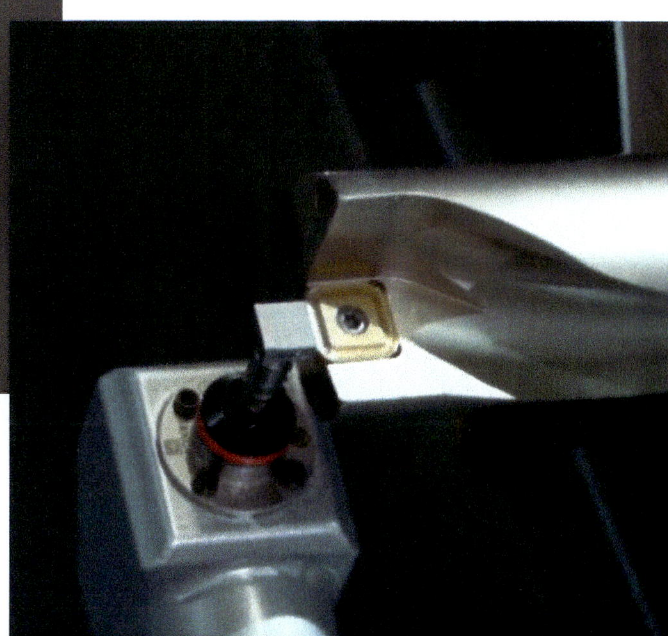

Ferias de máquina herramienta

Este sector cuenta con varias ferias, en las cuales los principales fabricantes de máquinas y herramientas nos muestran sus novedades.

En España, contamos con dos ferias muy importantes, como la Bienal de Bilbao y MetalMadrid.

La bienal de maquinaria es una de las ferias más importantes a nivel mundial que se celebra cada dos años en el recinto BEC de Bilbao. A ella acuden los fabricantes de máquinas y herramientas de todo el mundo y exponen sus productos. En esta feria, puedes ver toda clase de máquinas, sin importar su tamaño e incluso muchas de ellas en pleno funcionamiento, con el fin de mostrarnos sus capacidades.

Otra feria, aunque con una trayectoria mucho más corta que la Bienal, es MetalMadrid.

Se celebra todos los años en Madrid y, aunque comenzó siendo una feria pequeña, cada año cuenta con mayor aceptación y muestra de ello es que cada año amplía su capacidad y más fabricantes se unen a ella para exponer sus productos.

Otra feria muy importante de este sector se celebra en Alemania.

Se trata de la EMO de Hannover.

Si te gusta este trabajo, y tienes ganas de ver y aprender cosas nuevas, te recomiendo que no dejes de visitar, siempre que puedas, alguna feria de máquina herramienta.

Yo llevo varios años asistiendo siempre que puedo y, en todas las ferias, aprendo algo nuevo, descubro herramientas modernas y cómo los fabricantes incorporan las últimas tecnologías en sus productos.

Abre tu mente al futuro y al presente, que ya está aquí.

> «Nunca te conformes cuando te digan sobre un trabajo que siempre se hizo así.
> Eso solo lo dicen quienes no quieren aprender nada nuevo.»

Existen grandes profesionales que llevan muchos años en el sector, personas a quienes les gusta su trabajo y se esfuerzan en aprender continuamente. Los años dedicados a su trabajo les han aportado grandes conocimientos y sabiduría.

Si tienes la suerte de compartir tu trabajo con una de esas personas, serás afortunado. Escúchala, fíjate cómo se desenvuelve con las herramientas y las máquinas y aprende todo lo que puedas.

Como buen profesional, no tendrá ningún problema en enseñarte todo lo que quieras saber.

Pero también hay otros trabajadores que llevan toda la vida haciendo el mismo trabajo y no se han molestado en mejorar ni aprender cosas nuevas. El tiempo, por sí solo, no es capaz de crear profesionales.

Imagen de Hoffmann Group.

Farresa Electrónica, S.A., es el distribuidor de Heidenhain en España.

Cuenta con instalaciones en Madrid, Bilbao y Barcelona.

Ofrecen cursos y seminarios de toda clase de productos Heidenhain.

En la imagen superior, se muestra una de sus aulas, con las estaciones de programación.

Puedes buscar información en su página web o directamente en el siguiente enlace: https://www.klartext-portal.com/es/formacion/seminarios-en-farresa/?no_cache=1.

CMZ Academy

Todos los tornos del fabricante CMZ disponen de controles Fanuc.

Para ayudar al operario a conocer fielmente el control, la programación y sacar el máximo rendimiento a sus máquinas, han creado CMZ Academy.

Disponen de cursos para todos los niveles.

Tienes toda la información en su página web o puedes acceder directamente desde el siguiente enlace: https://www.cmz.com/es/cursos-programacion-tornos-cnc.

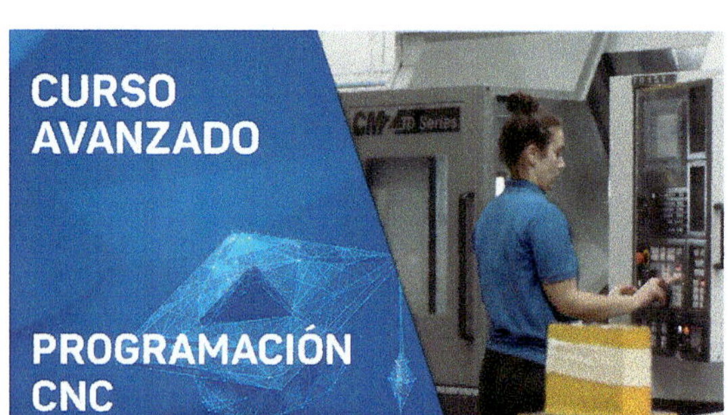

MIS ANOTACIONES:

Capítulo 18
Webgrafía y agradecimientos

Quiero agradecer a las siguientes empresas comerciales y fabricantes por las imágenes que he utilizado, con el único objetivo de enriquecer los conocimientos transmitidos y notificar acerca de las últimas tecnologías a los lectores de este libro a modo formativo.

Tanto las empresas fabricantes de máquinas y herramientas como las de mecanizado necesitan que se formen personas, para continuar con esta profesión en constante innovación.

Nos hallamos ante un gran problema. La tecnología avanza muy rápido, los fabricantes crean máquinas y herramientas cada vez más sofisticadas y nos encontramos sin profesionales para poder seguir en esta profesión. Estaría bien mentalizarse y dejar de pensar en esos trabajos del futuro que todavía no se han inventado y centrarse en el presente, el cual no tendrá ningún futuro si dejamos morir los recursos actuales.

Como es de bien nacido ser agradecido, te invito a visitar las páginas web de las siguientes empresas, donde encontrarás todo lo que necesitas para desarrollar tu trabajo de una forma profesional.

Imagen de Hoffmann Group.

Voy a hacerte una recomendación especial. Si quieres ver vídeos de gran calidad y buenos contenidos didácticos, no dejes de visitar la dirección https://www.youtube.com/user/haasautomation.

El fabricante de maquinaria Haas Automation Inc. dispone de un canal en YouTube, en el cual ver tornos y centros de mecanizado CNC en pleno funcionamiento, además de muchos vídeos didácticos preparados especialmente para la formación, donde se explica, de una forma muy visual, las últimas tecnologías y procedimientos, las herramientas de corte y la programación ISO.

Dentro de ese canal, hay una sección llamada «Tip of the Day», donde descubriréis a Mark Terryberry, quien enseña todo lo que necesitas saber sobre el mecanizado por arranque de viruta.

Mientras escribía el libro, he tenido la suerte de conocerlo. Sin duda, es un gran profesional del mecanizado CNC.

Muchas gracias, Mark.

HAAS
Haas Automation Inc.

Una gran mayoría de las imágenes incluidas en el libro son gentileza de Hoffmann Group.

Se trata de una firma dedicada a la fabricación de herramientas para mecanizado que, además, aporta a las empresas mobiliario de taller, equipos de protección y una gran variedad de productos.

El grupo Hoffmann trabaja continuamente muy cerca de sus clientes, con el fin de ofrecerles las últimas novedades, además de organizar jornadas de formación, para mostrar cómo realizar los trabajos de una forma efectiva y consiguiendo la máxima productividad.

Desde su página web, puedes acceder a la tienda *online,* donde comprar todo lo que necesites de un modo sencillo y rápido.

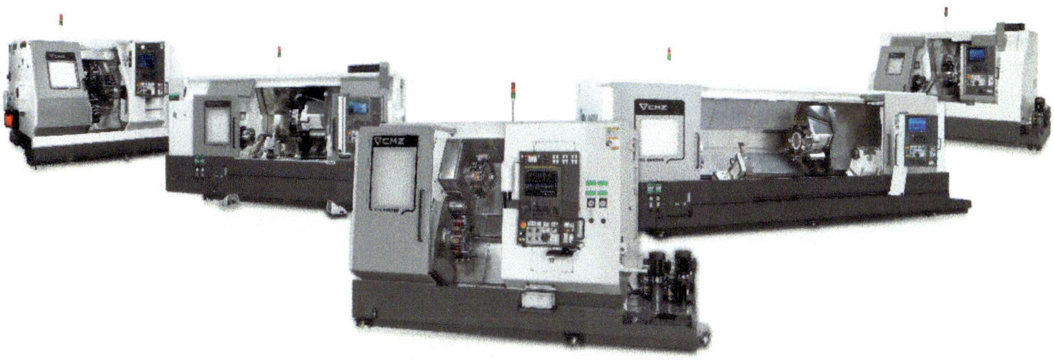

Siempre a la vanguardia del mecanizado, CMZ constituye una empresa familiar fundada en la localidad vizcaína de Zaldibar, que ha crecido exponencialmente en los últimos años, hasta adquirir una notable dimensión y un reconocido prestigio en el sector.

Por su parte, la empresa Blum-Novotest GmbH es un reputado fabricante de tecnología de medición y control, innovador y preciso. Desarrolla y fabrica soluciones con los máximos estándares de calidad, con el objetivo de incrementar la productividad de sus clientes.

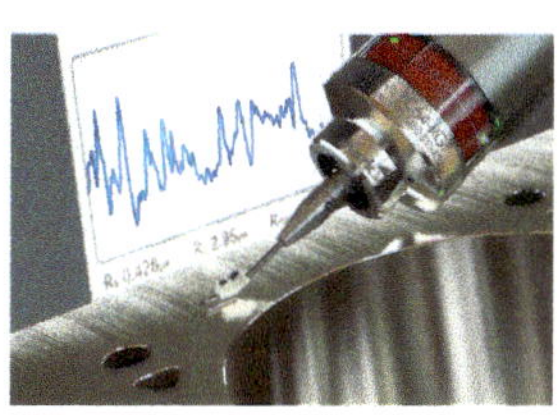

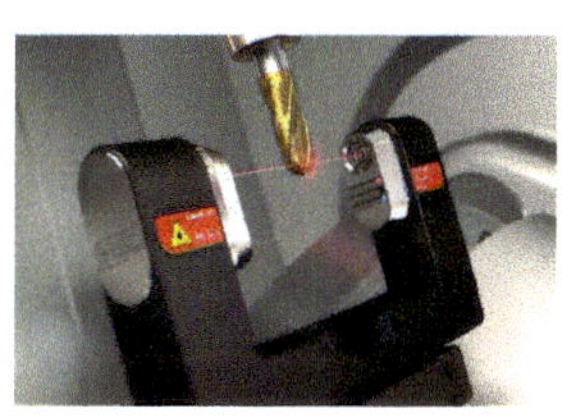

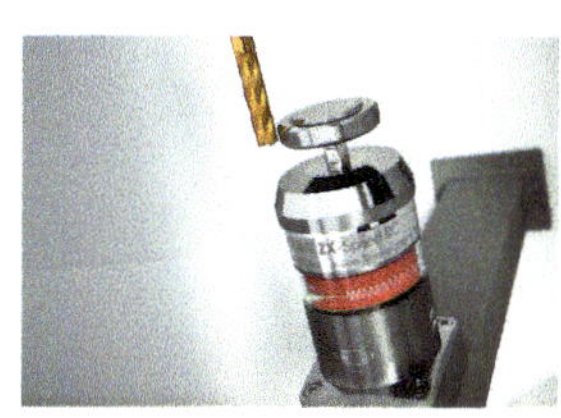

Además de las sondas de medición por contacto, de control láser y los palpadores de medición sobre los que hemos hablado en el libro, también disponen de medidores de rugosidad, de cabezales de medición de orificio y mucho más.

AlecopGroup
Knowledge & Technology

WinUnisoft

Alecop es la empresa de la Corporación Mondragón, especializada en el desarrollo de proyectos de educación y formación técnico-profesional, y líder en el mercado español en el diseño y fabricación de equipamiento didáctico técnico.

En cuanto a WinUnisoft, conforma uno de los muchos productos que desarrollan. Quiero dar las gracias a todo el equipo por su generosidad y por permitirnos aprender sobre programación ISO en un simulador tan versátil y actualizado.

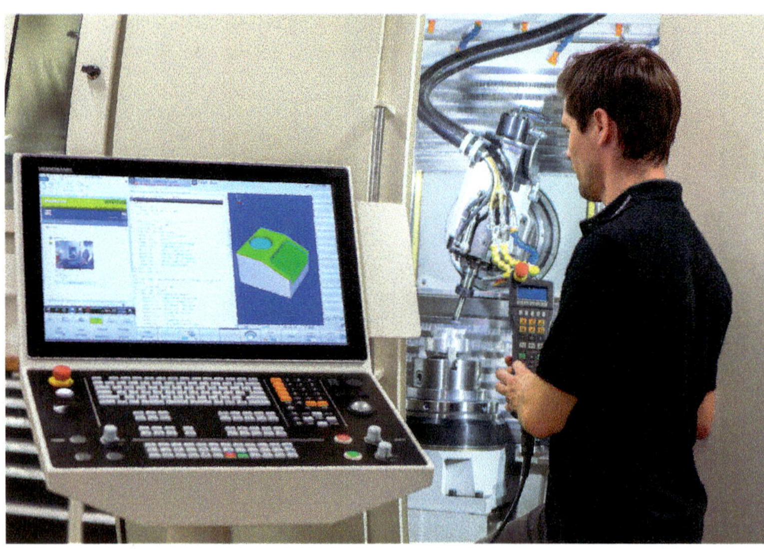

Imagen de Dr. Johannes Heidenhain GmbH.

Gracias a la firma Dr. Johannes Heidenhain GmbH, hemos podido conocer y practicar con uno de los mejores controles numéricos para máquinas CNC.

Muchas gracias también a Farresa Electrónica, S.A., por permitirme dar a conocer al lector la programación Heidenhain.

Estoy seguro de que las imágenes de Soraluce no te han dejado indiferente.

Soraluce es líder mundial en tecnología de fresado, mandrinado y torneado. Asimismo, forma parte de Danobatgroup, la división de máquina herramienta de la Corporación Mondragón, uno de los grupos empresariales más importantes de Europa.

Ibarmia, por su lado, fabrica centros de mecanizado de última generación. Desarrolla una intensa actividad de **I + D + i** desde su departamento de ingeniería de nuevos desarrollos, con el objetivo de aportar soluciones de alto valor añadido.

Garant®	**HOFFMANN GROUP** https://www.hoffmann-group.com
CMZ	**CMZ** https://www.cmz.com
SORALUCE	**SORALUCE** https://www.soraluce.com
AlecopGroup Knowledge & Technology	**ALECOPGROUP (WINUNSOFT)** https://www.alecop.com
EROWA® system solutions	**EROWA** https://www.erowa.com
BLUM NOVOTEST	**BLUM-NOVOTEST** https://www.blum-novotest.com
IBARMIA your machine-tool point	**IBARMIA** https://www.ibarmia.com
HAAS Haas Automation Inc.	**HAAS AUTOMATION** https://www.haascnc.com
Ibermática	**IBERMÁTICA (SOLIDWORKS Y CAMWORKS)** https://ibermatica.com/

HEIDENHAIN TNC 640	**HEIDENHAIN** https://www.heidenhain.es
FARRESA	**FARRESA** https://www.farresa.es
LNS	**LNS** https://lns-europe.com/
METOSA GROUP	**METOSA GROUP (PINACHO)** https://www.metosagroup.com
MECO MACHINES	**MECO MACHINES** https://www.meco-industries.com
CMA® MACHINE TOOLS	**CMA MACHINE TOOLS** https://cmamachines.com
HEXAGON METROLOGY	**HEXAGON METROLOGY** https://www.hexagonmi.com
OPTIMUM® MASCHINEN - GERMANY	**OPTIMUM** https://www.optimum-machines.com/
Marcombo Tecnología, Ciencia y Formación 1945-2020 75 años	**MARCOMBO** https://www.marcombo.com/

También quiero dar las gracias a la editorial Marcombo. No resulta fácil conseguir el apoyo de una gran editorial cuando eres un autor novel y ellos han confiado en mí.

Y, por supuesto, el mayor agradecimiento es para ti, como lector de este libro. Espero que te haya sido de ayuda y que suponga un apoyo para mejorar como profesional.

Ha sido todo un reto escribir mi primer libro y me gustaría pensar que no será el último.

Gracias.